光学合成孔径成像的共相位误差检测方法

赵伟瑞 ◎ 著

COPHASING ERROR DETECTION FOR OPTICAL SEGMENTED IMAGING SYSTEMS

北京理工大学出版社
BEIJING INSTITUTE OF TECHNOLOGY PRESS

内 容 简 介

光学合成孔径成像技术是指对多个小孔径成像系统或多子镜拼接主镜成像系统进行共相位拼接处理，使其等效于一个大孔径整镜成像系统的成像性能，以提高系统的分辨率和集光能力，为高分辨率观测及激光束合成领域之亟需，广泛应用于遥感与成像，天文观测，环境、大气及海洋监测等。本书介绍了合成孔径成像技术的发展现状和基本原理，对其中的关键技术——共相位误差检测方法进行了研究和阐述，其中包括基于经典光学原理的检测方法、近年来研究的空域到频域转换法以及新兴的基于深度学习的检测方法等，对各种方法的理论依据、原理、数学模型的建立、误差影响因素等进行了详细阐述，并给出了相应的实验验证系统及分析。

本书是作者多年来从事光学合成孔径成像相关科研工作的总结和凝练，目的是为从事光学合成孔径成像的相关科研人员及在校研究生提供一本内容丰富的参考书；本书也可作为相关专业研究生的教材。

图书在版编目（CIP）数据

光学合成孔径成像的共相位误差检测方法 / 赵伟瑞著. -- 北京：北京理工大学出版社，2022.4

ISBN 978-7-5763-0848-8

Ⅰ. ①光… Ⅱ. ①赵… Ⅲ. ①雷达成像 Ⅳ. ①TN957.52

中国版本图书馆 CIP 数据核字（2022）第 064187 号

出版发行 / 北京理工大学出版社有限责任公司
社　　址 / 北京市海淀区中关村南大街 5 号
邮　　编 / 100081
电　　话 / （010）68914775（总编室）
（010）82562903（教材售后服务热线）
（010）68944723（其他图书服务热线）
网　　址 / http://www.bitpress.com.cn
经　　销 / 全国各地新华书店
印　　刷 / 保定市中画美凯印刷有限公司
开　　本 / 710 毫米×1000 毫米　1/16
印　　张 / 19.75
字　　数 / 313 千字
版　　次 / 2022 年 4 月第 1 版　2022 年 4 月第 1 次印刷
定　　价 / 88.00 元

责任编辑 / 刘　派
文案编辑 / 李丁一
责任校对 / 周瑞红
责任印制 / 李志强

图书出现印装质量问题，请拨打售后服务热线，本社负责调换

前　　言

高分辨率光学遥感成像已成为人们获取空间信息、捕获和识别目标的重要手段之一，被广泛应用于天文学研究、深空探测、飞行导航及跟踪以及对地面观测和灾害预警等领域。角分辨率是评价光学遥感成像系统观测能力的重要技术指标，角分辨率越高，对观测目标细节的分辨能力就越强，获取的信息越多，但要求主镜的直径就越大。为实现高分辨率观测，光学合成孔径成像技术被采用，它很好地解决了大口径高分辨率光学成像系统的单一大整镜的瓶颈问题，但同时也引入了新的问题，光学共相位就是其中之一。光学合成孔径成像系统的像场不再是连续波面，为获得与其等效口径成像系统相当的分辨率，要求各子波面必须实现同相位拼接，并且在观测过程中实时保持这种共相位状态。

为实现共相位拼接，必须对各子波面间的共相位误差进行检测，本书作者对共相位误差检测方法进行了多年研究，将研究内容作为本书的重点进行阐述。

全书共 7 章，内容安排如下：

第 1 章，介绍光学合成孔径成像技术的基本概念、分类及国内外发展现状；针对实现该技术的关键问题之一——共相位问题进行了概述，对共相位误差检测方法的国内外研究进行了介绍和比较。

第 2 章，简述研究共相位误差检测方法所必备的数学基础知识，如傅里叶变换、卷积、相关等运算、线性系统分析，以及物理基础知识，如菲涅耳衍射和夫琅禾费衍射、光学系统的空间域和频率域描述、典型像质评价指标之间的关系。

第 3 章，针对利用空间域中的像质评价指标实现共相位误差检测的方法进行深入分析，阐述了各种方法的原理、实现方法、特点及其影响因素。这类方法需与其他方法配合才能完成相位误差的大动态范围、高精度检测，因此需要将共相位误差检测分为粗检测和精检测两个阶段完成。另外，本章还给出了共相位误差的电学检测方法，重点阐述了利用电容测微技术实现共相位误差检测的方法，介绍了该方法的原理、实验验证及影响因素分析。

第4章，针对大动态范围、高精度共相位误差检测方法进行深入分析，这类方法借助色散元件、或带有离散孔结构的光阑、或专用的衍射元件，对亚毫米范围内的共相位误差实现了纳米量级的高精度检测，使得共相位误差检测不需再分阶段完成，阐述了这些方法的原理、实现方法及其影响因素。重点提出了基于夫琅禾费型衍射干涉的共相位误差同步检测方法，该方法只需在分块镜的共轭面设置带有离散孔结构的光阑，通过傅里叶分析，建立空间频率域中的像质评价指标与共相位误差的函数关系，借此实现共相位误差的大动态范围、高精度的同步检测。

第5章，提出了基于夫琅禾费型衍射干涉的共相位误差多路并行同步检测方法，该方法只需在分块镜共轭面上设置一个带有离散孔结构的光阑，通过对离散孔进行非冗余排列设计，实现多子镜的共相位误差的并行检测；介绍了离散孔非冗余排列的方法，并对该方法进行了仿真及实验验证。

第6章，建立了用于研究共相位成像原理及共相位误差检测方法的实验验证平台，介绍实验平台的组成、功能及性能，给出了典型的共相位误差检测方法在此平台上的验证实验及结果。

第7章，对用于共相位误差检测的深度学习与神经网络的知识进行了概述；提出了基于夫琅禾费型衍射干涉模型的多网络协作的共相位误差检测方法，该方法实现了共相位误差的大动态范围高精度检测；对该方法的原理、数据集的生成以及网络模型的搭建和测试进行了介绍。

本书获得国家自然科学基金项目“分块主镜共相位误差的全口径同步检测方法研究”（项目号：11874086）的资助，特此致谢。还要感谢参与项目研究的同事和研究生，是大家的共同努力推进了研究的不断前行。本书借鉴了国内外学者的部分研究成果，在参考文献中均予以列出，在此向他们致以深切的谢意。

在本书的成稿过程中，实验室的张璐博士参与了第 5 章中部分内容的编撰工作，王浩硕士参与了第 7 章中部分内容的编撰工作，葛子豪硕士参与了书中部分图表的编辑工作。各位为本书的顺利完稿做出了贡献，在此表示感谢。

由于作者水平有限，书中难免存在不妥或疏漏之处，诚请各位专家和读者批评指正。

赵伟瑞　于北京理工大学求是楼

目　　录

第 1 章 光学合成孔径成像

1.1 概　　述

高分辨率成像在天文观测、深空探测、军事应用及灾害预警等方面有着十分重要的意义，已成为人们获取空间信息、捕获和识别目标的重要手段。在天文学的研究中，通过高分辨率成像实现天文观测，收集足够量的天体辐射，从中分析得到所需的天文信息，发现天体及其现象的存在，揭示其本质，促进天文学的发展；在军事方面，通过高分辨率成像实现对卫星的监测、对飞行器的跟踪探测以及对地面特定目标的侦察等。

由衍射成像理论可知，光学系统的角分辨率随入瞳直径的增大而提高，因而对角分辨率要求高的大型地基天文望远镜、空间望远镜和强激光武器系统等应用领域，大口径反射式主镜发挥着重要作用，望远镜主镜直径越大收集的光越多，衍射受限的分辨率也越高。角分辨率是评价望远镜观测能力的重要技术指标，角分辨率越高，对观测目标细节的分辨能力就越强，获取的信息越多。在衍射受限条件下，角分辨率 α 与望远镜主镜直径 D 有如下关系：

$$\alpha = 1.22D/\lambda \tag{1-1}$$

式中：λ 为观测用波长。

由式（1-1）可知，为提高光学系统的分辨率，在一定工作波段下，需要增大光学系统的口径。

但是在实际应用中，仅靠增大传统望远镜系统主镜口径来保证高分辨率观测是不现实的，一般会面临以下几个问题。

（1）大镜的坯料制备，大镜的加工、检测和运输。

（2）大镜的面形畸变问题。对于大口径地基望远镜，由于重力和温度变化等因素的影响，大口径主镜即使选用了温度系数低且刚度好的材料，并配以复杂的支撑结构，光学系统在工作过程中也难以保持良好的面形和精确的调整状态；对于空间望远镜，光学系统除了要承受发射过程中的 10 倍重力加速度，还要受到空间温度场分布的影响。

（3）飞行器对质量和有效载荷舱体积的限制。1990 年，美国发射的哈勃（Hubble）空间望远镜，主镜直径 2.4m、质量 817.2 kg，角分辨率 7×10^{-3}弧分，望远镜总质量达 11.25 t，光学系统总长约 13.1 m，发射时占据了航天飞机的整个货舱，已经达到了当时系统设计和经济承受的极限。

（4）发射成本。空间望远镜的发射成本主要由它的质量和体积决定。图 1－1 给出了当等效口径为 10 m 的情况下，采用拼接式主镜的光学系统，其发射质量约为单一整镜主镜系统的 1/4；另外，根据经验和统计规律，望远镜系统的制造成本与孔径的 2.76 次方成正比。

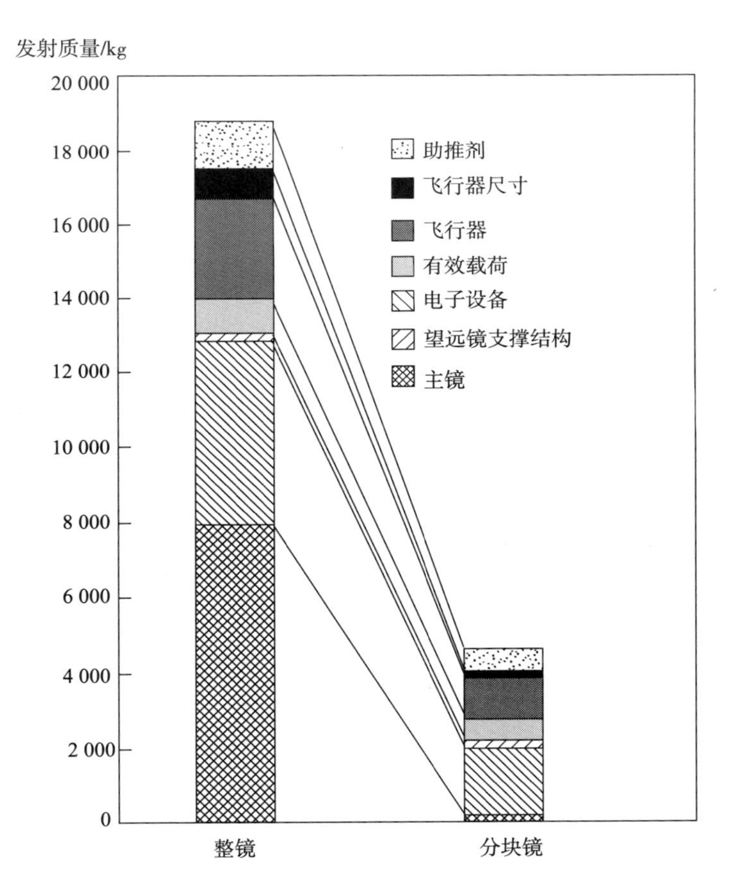

图 1－1　等效口径为 10 m，分别采用单一整块主镜和拼接主镜的光学系统的发射质量比较

目前，对于遥感光学系统而言，一般情况下其系统发射口径要小于 4.5 m；对于地基天文望远镜，10 m 主镜口径已达到了极限。

20世纪70年代，美国天文学家Wilson提出使用多块小的反射镜进行机械拼接，在一定相位精度要求下代替单块大口径反射式主镜，这种拼接主镜的思想为建造大口径高分辨率光学成像系统带来了新途径；美国科学家Meinel又提出了光学合成孔径的概念，通过一系列易于制造的小口径望远镜系统组合拼接成大口径光学系统，又称为位相阵列系统，以实现大口径系统的高分辨率要求。随后，Golay、Goodman及Shack等开展了相关的理论研究，由于当时技术条件的限制，直至20世纪90年代，合成孔径成像技术才得以快速发展，目前美国、俄罗斯、法国、德国及中国都十分重视光学合成孔径技术的研究，并已取得许多突破性进展。

与传统的单一整镜式主镜望远镜相比，拼接式主镜和位相阵列式望远镜降低了系统加工难度和制造成本；体积小，质量轻，有利于降低发射体积和质量，特别适用于航天遥感应用；对于合成孔径而言，系统分辨率不受单个口径尺寸限制，根据需要，合成孔径的子孔径数目和布局可以不同，系统设计和组装灵活多变。

但是，这种拼接式或位相阵列式成像技术也引入了新的问题。根据光学成像理论可知，光学系统成像必须满足几何光学的等光程条件和物理光学的同相位条件。因此，各分块子镜、各小孔径系统必须实现光学共相位拼接，从而达到等效口径系统的角分辨率，实现衍射受限成像。为实现光学共相位成像，涉及很多技术领域，共相位误差检测是其中的关键技术之一。根据目前的技术水平，共相位的初始误差约为0.1 mm，为实现衍射受限成像，要求共相位误差最终要达到几十分之一波长（均方根，RMS），这种大动态范围、高精度的要求对共相位误差检测方法而言是一个挑战。从拼接成像概念的提出到现在，人们一直没有停止对此方法的研究。

1.2 光学合成孔径成像原理

按照成像原理的不同，光学合成孔径成像技术可分为基于迈克尔逊（Michelson）型瞳面干涉原理的重构成像和基于菲索（Fizeau）型像面干涉原理的直接成像两大类。目前，光学合成孔径的镜面结构有三种形式：镜面拼接、稀疏孔径和位相阵列系统。一般地，稀疏孔径成像系统采用 Michelson 型结构，遵循 Michelson 型瞳面干涉原理；拼接主镜和相控阵列式成像系统采用 Fizeau 型结构，遵循 Fizeau 型像面干涉原理。

图 1-2 所示为基于重构成像和直接成像原理的光学合成孔径成像系统示意图。

图 1-2（a）所示为基于重构成像原理的稀疏孔径结构的成像系统。稀疏孔径是指由多个小口径子镜，按照一定形式排列等效成大口径主镜。所谓重构成像，是以天文光干涉技术为基础发展而来的合成孔径成像技术。它根据范西特-泽尼克（Van Cittert-Zernike）定理，当观测目标和观测区域的线度均远远小于二者间的距离时，首先利用干涉图样测量目标源的复相干度谱；然后利用傅里叶逆变换（IFT）得到光源的大小和强度分布，实现对目标的间接成像。在观测过程中，由两个或几个小孔径构成基线光干涉阵，一条基线对应一个频率分量，通过旋转孔径阵或改变子孔径的相对位置，不断改变干涉仪基线的方向和长度，获得不同的空间频率分量，直到对观测目标的傅里叶频谱抽样覆盖达到重构图像的要求，再经傅里叶逆变换实现观测目标的二维图像重构。这种方式不能直接成像，需要较长的采集时间逐步获得足够多的观测目标的空间频域信息，并且要逐点测试傅里叶逆变换所需的目标谱；又由于空间相干性限制，只适合对静止不变、轮廓简单的目标成像，主要用于天文观测。

图 1-2（b）和（c）所示为基于 Fizeau 型像面干涉直接成像原理的合成孔径结构的成像系统。直接成像由多个小孔径光学成像系统排列而成。这些小孔径光学系统可以是图 1-2（b）所示的拼接式主镜光学成像系统，也可以是图 1-2（c）所示的由多个独立的光学系统构成的相控阵列成像系统。在观测过程中，各子系统测得的目标像将在共同的像面上进行相干综合，可一次同时获得观测目标的全部频率信息，直接产生目标的像；成像视场可达到与等效口径相当的系统的视场；可对观测目标进行实时跟踪成像；系统的分辨率由子孔径的间距和子孔径的尺寸共同决定。

对于拼接式主镜系统，可以首先单独加工各分块子镜；然后将它们共相位地“拼接”在一起构成主镜，并共用一个次镜，采用传统的光学方式成

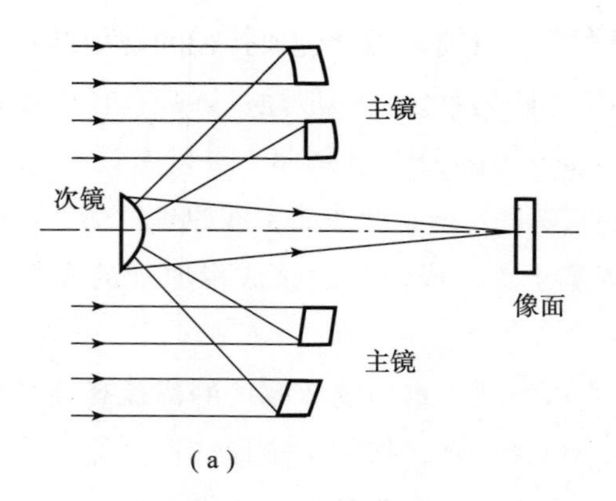

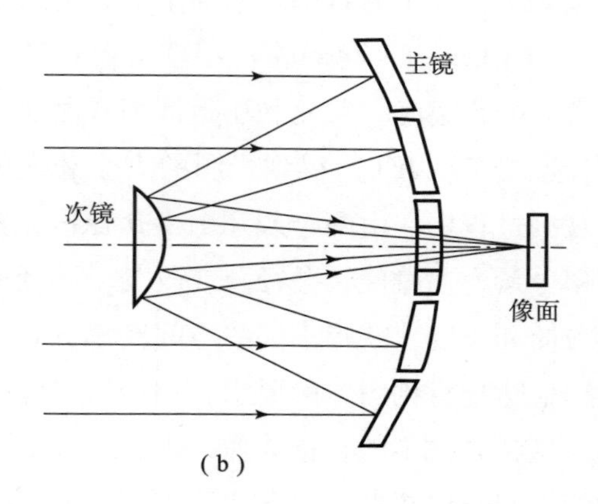

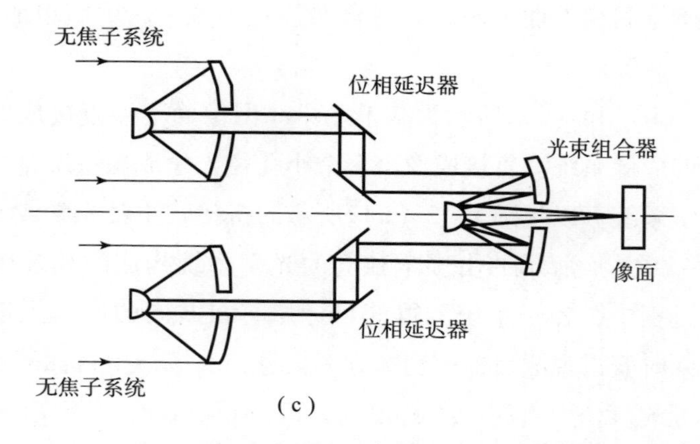

图 1-2 基于重构成像和直接成像原理的光学合成孔径成像系统示意图

(a) 基于重构成像原理的稀疏孔径结构的 Michelson 型成像系统；(b) 基于直接成像原理的拼接主镜结构的 Fizeau 型成像系统；(c) 基于直接成像原理的位相阵列结构的 Fizeau 型成像系统

像。这种镜面拼接技术是光学合成孔径技术中发展较快、较成熟的一种，目前已被地基望远镜广泛应用。将该项技术用于空间遥感器时，分块主镜将设计为可折叠展开的形式，并且整个成像系统也采用折叠结构。在发射阶段采用折叠结构以满足有效载荷舱对尺寸和质量的要求，发射到规定的轨道高度后依次展开光学系统主结构、分块主镜及其他部件。对于这种可折叠展开拼接式主镜望远镜，为实现高分辨率衍射受限成像，关键之一是各分块子镜能够共相位地拼接成一块整镜，因此需要波前检测和校正系统，确保波前正确匹配，而不是将多块子镜产生的图像简单地交叠。该项技术已应用于由美国国家航空航天局（National Aeronautics and Space Administration，NASA）研究的空间望远镜系统——詹姆斯·韦伯太空望远镜（JSWT），该望远镜历时三十多年的研制，于 2021 年 12 月成功发射。

对于由多个独立的小口径望远镜子系统组成的相控阵列系统，各子系统按照一定的规律排列，通过相位匹配、光路调整及光束合成，使通过各子孔径的光束在共同的焦平面上满足共相位要求，在像面处实现光场的相干叠加成像，以达到与其通光口径相当的单一大口径系统的衍射受限分辨率。目前，相控阵列结构在地基望远镜中的应用较为广泛，其中最具代表性的是美国亚利桑那大学联合德国、意大利的研究机构在 2004 年合作研制完成的大型双筒望远镜（Large Binocular Telescope，LBT）。

比较拼接式主镜和多子系统的相控望远镜阵列，这两种孔径合成方式各有优劣。前者可充分利用现有的望远镜系统设计，并且容易实现较大视场观测。但是，如果主镜为非球面或更复杂的高次曲面，那么加工若干个离轴子镜相对困难、并且成本较高。后者则避免了这一问题，又由于它的每个子系统各自独立，可以减小大口径系统像差的影响。但是，由于每个子系统各自的焦点仅对一个物点重合，对其他物点均会产生离焦和错位，类似彗差的情形，因此不易获得较好的大视场观测。

对比上述重构成像和直接成像原理，其基本思想都是采用容易实现的小口径系统合成大口径系统，通过不同途径提高系统对观测目标的空间频率信息的覆盖率，实现高分辨率成像。

1.3 光学合成孔径成像技术发展现状

合成孔径按其技术实现方式可以分为镜面拼接（segmented mirror）、稀疏孔径（sparse aperture）和位相阵列（phased array）式，已广泛应用于地基和天基的大口径高分辨率望远镜成像系统。

无论是对天文观测还是实现光学遥感探测，对望远镜的要求主要集中在分辨率、聚光本领和视场范围这三个方面。分辨率决定了能够分辨距离多近的两个天体或目标的大小，聚光本领决定了能观测多远或多弱的天体和目标，视场角则决定了在一次观察中能捕获多少个观测目标。为实现这些观测要求，地基望远镜的等效口径越做越大，也催生了合成孔径成像技术。但是，对于地基望远镜而言，大气层严重影响了观测效率和可用频段。在光学窗口，大气扰动严重影响了波阵面的相位一致性，使得除了口径极小的和设置了自适应光学系统的地基望远镜外，均无法获得望远镜的衍射极限所确定的分辨能力和成像质量。为了摆脱地球大气层的限制，一个最有效的办法就是将望远镜发射到空间轨道上，建立空间望远镜。这样不但可以获得与理论衍射极限相当的空间分辨率，还可以在电磁波的所有频段对目标进行全天候观测；另一个放置空间望远镜的理想位置是月球表面，在月球上同样没有大气和风的影响，所以月球上的光学望远镜也可获得和轨道望远镜相同的效果。同样，为了获得高分辨率高质量观测，空间望远镜也采用了合成孔径成像技术。下面对一些代表性的采用合成孔径技术的望远镜做简单介绍。

1.3.1 镜面拼接式望远镜

镜面拼接技术是光学合成孔径技术中发展较快、较成熟的方式，主要用于构建超大口径望远镜，目前在地基系统中广泛采用，NASA 于 2021 年年底发射的天基系统詹姆斯 · 韦伯空间望远镜（James Webb Space Telescope,

JWST）也采用了镜面拼接技术。

1.3.1.1　拼接主镜式地基望远镜

1. Keck 望远镜

由美国加利福尼亚大学、加利福尼亚理工学院和 NASA 合作研制的 Keck Ⅰ和 Keck Ⅱ望远镜主镜采用了镜面拼接技术，该望远镜系统安装在美国夏威夷莫纳克亚，分别于 1993 年和 1996 年投入科学运行。它们是最早的拼接镜面主动光学望远镜，如图 1－3 所示。Keck 望远镜工作在红外波段，由两台等效口径为 10 m 的望远镜组成，主镜由 36 块对角距离为 1.8m 的正六边形子镜拼接而成，镜面厚度为 7.5 cm。每块子镜背部均与高精度微位移致动器耦合，在相邻子镜边界处设置高精度位置传感器探测高低差，并在拼接主镜的共轭面处设置探测共相位误差的光学系统，用实时检测到的误差信号控制微位移致动器以校正子镜位置，实现分块主镜的共相位拼接。Keck Ⅰ和 Keck Ⅱ望远镜相距 140 m，既可单独使用，也可以同时使用组成基线为 140 m 的望远镜阵列干涉成像，获得更高的分辨率，Keck 望远镜在红外波段达到了衍射受限的成像质量。另外，Keck 望远镜主镜还采用了轻量化技术和自适应光学技术，该望远镜用于研究恒星的形成和演化、地外星、银河系、黑洞及暗物质等。

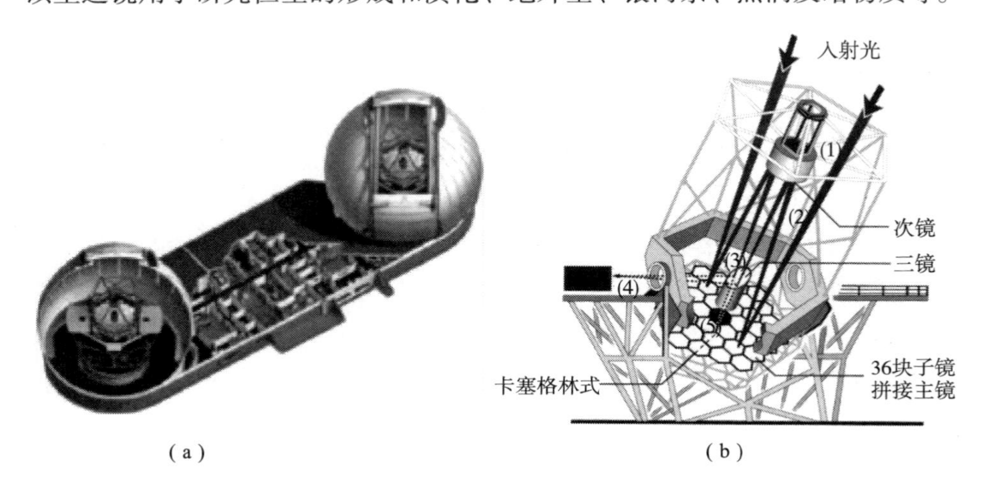

（a）　　（b）

图 1－3　Keck 望远镜

（a）Keck Ⅰ和 Keck Ⅱ望远镜；（b）Keck 望远镜结构

2. 霍比－埃伯利望远镜（Hobby－Eberly Telescope，HET）

1983 年，美国宾夕法尼亚大学首先提出研制 9m 口径的光学红外光谱巡天望远镜计划；然后由美国德州大学奥斯汀分校、宾夕法尼亚州立大学、斯坦福大学、德国的慕尼黑大学、哥廷根大学联合研制，于 1997 年落成，安装在美国麦克唐纳天文台，如图 1－4 所示。

(a)

(b)

图 1－4 HET

(a) HET 外观；(b) HET 拼接主镜

HET 的主镜为 11.1 m×9.8 m 的六边形球面镜，由 91 块六边形子镜拼接而成，每个子镜面外接圆直径为 1 m，厚度为 5 cm，材料为零膨胀微晶玻璃；拼接后的等效口径为 9.2 m，焦距为 13.1 m，集光面积为 77.6 m^2；镜阵可在水平方向做 360°旋转，可覆盖赤纬为－10°～71°的天区；为校正重力造成的镜面变形，望远镜采用了主动光学技术，在镜面下方设置了 273 个致动器，用于校正面形畸变和共相位误差。

2005 年，建造完成的南非大型望远镜（South African Large Telescope，SALT）基本上是 HET 的仿制，只是增加了一圈子镜，增大了口径，以获得更好的集光能力和分辨率。

3. 大天区面积多目标光纤光谱天文望远镜（Large Sky Area Multi - Object Fiber Spectroscopy Telescope，LAMOST）

2008年，我国首创的世界上天体光谱获取率最高的天文望远镜——大天区面积多目标光纤光谱天文望远镜（LAMOST）研制成功，安装在中国科学院国家天文台兴隆观测站，如图1－5所示。

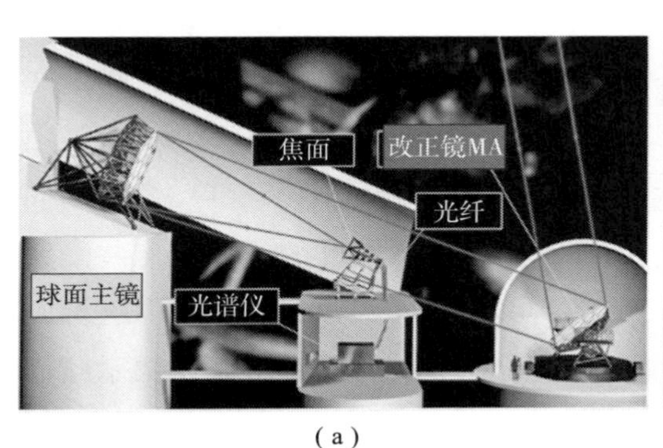

（a）

（b）

图1－5　LAMOST

（a）LAMOST光学系统示意图；（b）LAMOST实物照片

LAMOST在结构上由反射施密特改正镜MA、球面主镜及焦面三部分组成。来自天体的光由施密特改正镜MA反射至球面主镜，再成像于直径为1.75 m的焦面上；焦面上设置了4 000根光纤，将来自天体的光传输到焦面下的16台光谱仪中，从而可同时获得4 000条光谱。

LAMOST主镜为球面镜，其口径为6.67 m×6.05 m，采用拼接镜面主动光学技术，由37块对角线长1.1 m、厚75 mm的等边六边形子镜组成。反射施密特改正镜MA为非球面反射镜，其口径为5.72 m×4.40 m，采用拼接镜面主动光学和薄镜面主动光学相结合的技术，由24块对角线长1.1 m、厚25 mm的正六边形子镜组成，通过调整平面镜的面形来校正球面镜产生的像差，通过转动改正镜观测不同天体或对同一天体进行跟踪；LAMOST的工作波长为350～1 300 nm。

LAMOST创造性地应用主动光学技术实现了传统方法不能得到的主动反射施密特望远镜光学系统，突破了大视场望远镜和大口径不可兼得的瓶颈，其等效通光直径为3.6～4.9 m，视场为5°，是世界上大视场兼大口径光学望远镜之最，用于星系、类星体和宇宙大尺度结构等研究。

4. 下一代超大望远镜

在对口径为8～10 m量级拼接式主镜望远镜成功研制的基础上，人们也对更大口径——下一代超大望远镜进行了研究。

图1－6所示为位于美国夏威夷群岛的30 m口径望远镜（Thirty Meters Telescope，TMT），它的30 m直径主镜由492块、对角距离为1.4m的正六边形子镜拼接而成，集光能力为655 m^2。其工作波段为0.31～28 μm，焦距为450 m，有效视场为20′。该望远镜由美国加州理工大学（CIT）和加利福尼亚大学（UC）联合中国科学院、加拿大、日本和印度的研究机构共同研制，其成像清晰度为哈勃望远镜的12倍，可在紫外到中红外波段内进行天体观测，研究恒星、行星的形成，以及宇宙中大规模结构的发展，揭示暗物质和暗能量的本质，理解黑洞、探查地外行星等，科学家可通过它看到距地球约130亿光年远的地方。

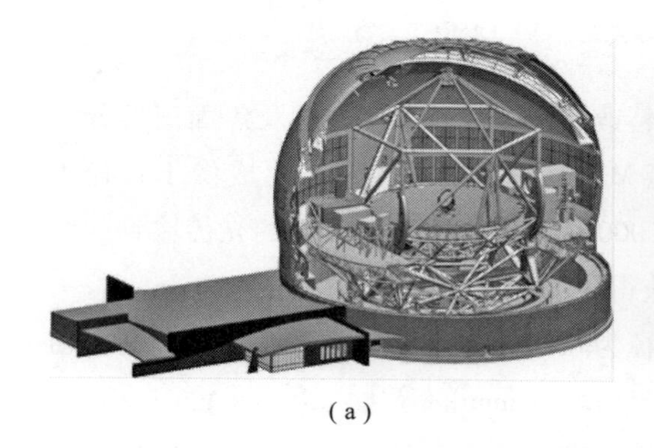

（a）

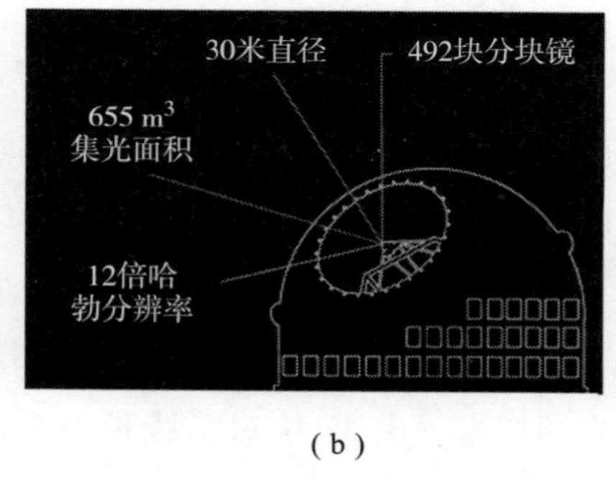

（b）

图1－6 TMT

（a）TMT外观示意图；（b）TMT主镜参数示意图

图1－7所示为位于智利阿马索内斯山的欧洲极大望远镜（European Extremely Large Telescope，E－ELT），该望远镜由欧洲南方天文台成员国研制而成。其主镜直径为39 m，由906块、对角距离为1.45 m的等边六边形子镜拼接而成，分辨率可达0.001″～0.6″，集光面积为1 116 m^2。该望远镜配备了先进的自适应光学系统，可自动调整和校正由地球大气层引发的波面畸

变，从而提高地基望远镜的观测能力。其观测能力优于哈勃望远镜，成像分辨率是哈勃望远镜的16倍。该望远镜对于人类了解暗物质和暗能量，了解宇宙，具有重大的意义。该望远镜用于观测宇宙中的恒星和星系，对系外行星的物理和化学特性、原行星盘和行星形成机制、太阳系历史、超大质量黑洞演化和高红移星系进行研究。

图1-7　E-ELT

另外，欧洲南方天文台还开展了100 m级的天文望远镜（Overwhelmingly Large Telescope，OLT）预研。计划直径100 m的主镜由3048块对角距离为1.6 m的正六边形子镜拼接而成，25.6 m的次镜用216块对角距离为1.6 m的正六边形进行拼接。该望远镜计划采用多个自适应和主动光学补偿镜对各类扰动进行补偿。

我国在超大望远镜方面也展开了广泛研究，图1-8所示为中国巨大望远镜（Chinese Future Giant Telescope，CFGT）总体示意图，该望远镜由中国科学院南京天文光学技术研究所提出，用于探测和研究星系的形成和演化，观测太阳系外行星、暗物质、暗能量及黑洞。CFGT是一个主镜口径为30 m的地平装置望远镜，主镜为非球面，由1 122块长宽均为80 cm、厚为4 cm的环扇形子镜拼接而成，通过采用主动光学技术改变子镜的面形、倾斜和平移，使得同一个主镜能满足CFGT中的不同光学系统的消像差要求，在不同视场获得很好的像质。

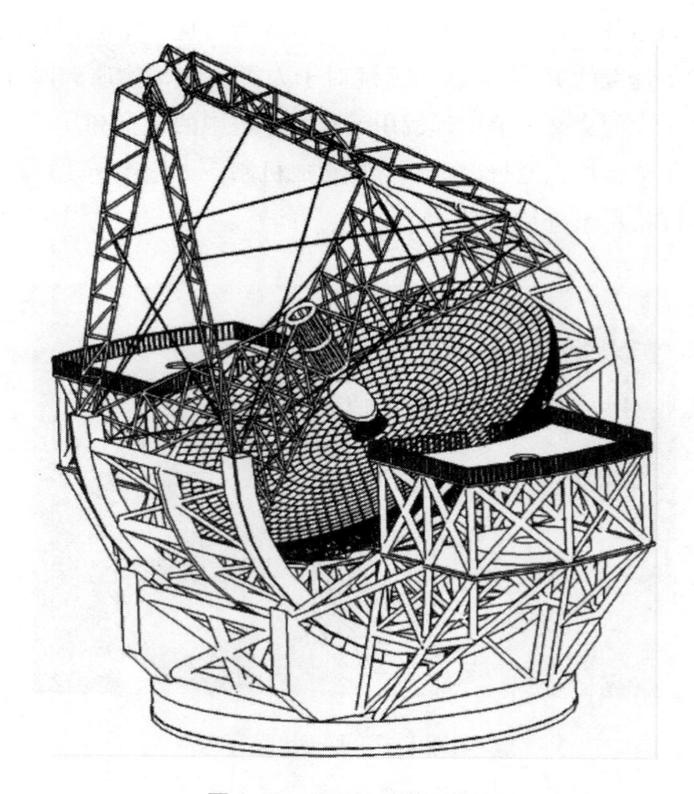

图 1-8　GFGT 总体示意图

1.3.1.2　拼接主镜式空间望远镜

图 1-9 所示为 NASA 研制的 JWST。自 1996 年起，NASA、欧洲航天局（European Space Agency，ESA）和加拿大航天局（Canadian Space Agency，CSA）就开始合作设计、建造这架世界第一台拼接主镜式空间望远镜，最终于 2021 年 12 月 25 日发射成功，它将用于探测宇宙大爆炸、行星的形成和生命起源等科学主题。

JWST 主镜口径为 6.5 m，由 18 块边长为 1.32 m 的正六边形分块子镜拼接而成，子镜重约 20 kg，每块子镜均可进行六自由度调整以实现共相位拼接，主镜集光面积约为 25 m^2，观测波长为 0.6 ~ 28.5 μm，角分辨率为 0.1″。在发射时，JWST 首先以折叠状态收拢在运载火箭整流罩中，如图 1 -

(a)

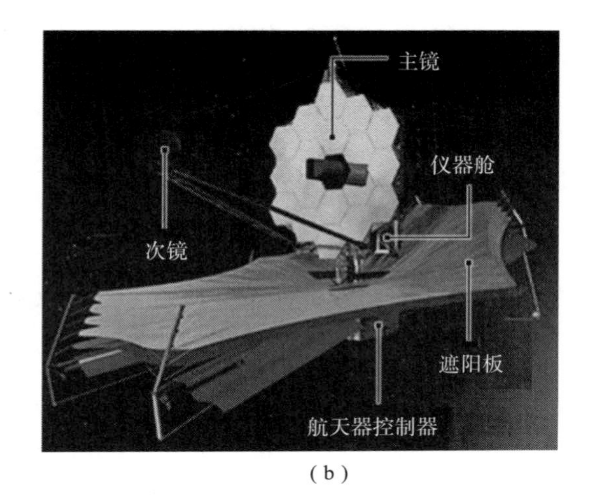

(b)

图1-9　JWST

(a) 发射前火箭整流罩中处于折叠状态的JWST；(b) 进入预定轨道主镜和遮阳板展开后的JWST

9 (a) 所示；一旦进入预定轨道，望远镜的主动结构会将遮阳板及分块式拼接主镜展开成如图1-9 (b) 所示的工作状态；然后经过后续的捕获、粗共相位和精共相位的检测及校正，实现分块主镜的共相位拼接等环节，可在红外波段实现衍射受限成像。

另外，为追求更高分辨率及更远的探测，美国空间望远镜研究所对9.2 m口径的先进技术大口径空间望远镜（The Advanced Large Aperture Space Telescope，ATLAST-9.2）的可行性进行了研究论证。图1-10所示为ATLAST-9.2示意图。

ATLAST-9.2主镜由36块口径为1.315 m的正六边形子镜拼接而成，工作波段为紫外波段，在波长500 nm处达到衍射极限成像。ATLAST-9.2的集光面积为50 m^2，灵敏度是JWST的7倍，不同于JWST必须工作在低温环境中，ATLAST-9.2工作在常温下。在太空中，没有大气湍流的影响，ATLAST-9.2可以观测到几十光年以内的类地行星光谱，通过检测光谱中包含的水和氧的信号寻找其他适合人类居住的星球；同时，ATLAST-9.2还有助于获得星系和黑洞之间的关联信息。

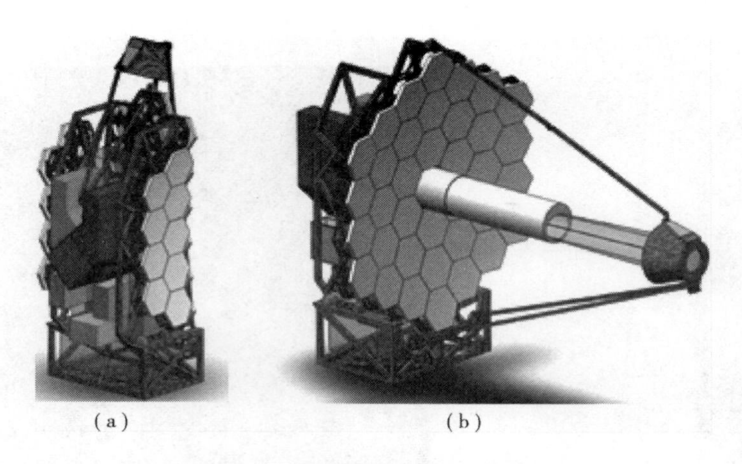

图 1－10 ATLAST－9.2 示意图

1.3.2 稀疏孔径式望远镜

稀疏孔径是指采用多个小尺寸子孔径，按照一定方式排列构成某一等效大口径主镜，以实现高空间分辨率观测。早在 20 世纪 70 年代初，Meinel、Golay、Goodman、Shack 等就开始对稀疏孔径成像技术进行了理论研究，此项技术首先用于建造大口径地基望远镜。

图 1－11 所示为由美国哈佛大学、芝加哥大学和亚利桑那大学等 8 个单位与澳大利亚国立大学合作研制的大麦哲伦望远镜（Giant Magellan Telescope，GMT），采用了稀疏孔径光学系统。GMT 采用格里高利结构，等效口径 21.4 m 的主镜由 7 块口径为 8.4 m 的反射子镜组成，一块位于光轴上，其余 6 块在其周围对称分布，集光面积约 360 m^2。GMT 的工作波段为 0.32～25 μm，在波长 0.5 μm 时角分辨率为 0.21″～0.13″。该望远镜预计在 2025 年投入使用。

为了在地球同步轨道近地点获得 2 m 的地面分辨率，要求主镜口径为 7 m。为此，欧洲航天局提出了光学稀疏孔径的概念，如图 1－12 所示。通过在直径 5 m 的圆周上设置 6 个口径为 2 m 的子镜，实现了 7 m 的等效口径要求，其焦距为 108 m，视场角为 0.1°，卫星发射质量为 8 662 kg，在轨展开机构尺寸为 10 m×14.3 m×6 m。

图1-11 GMT

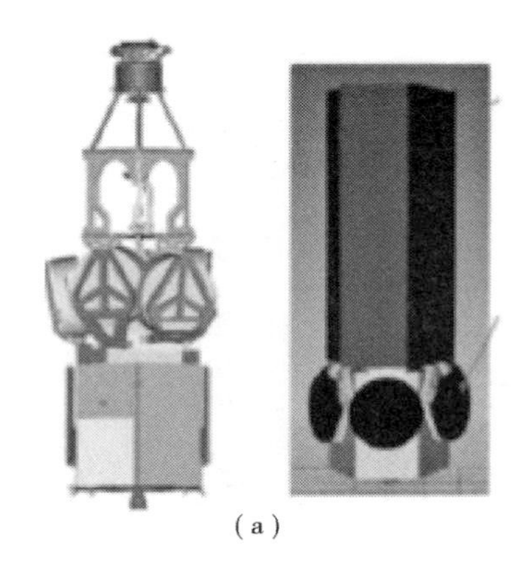

(a)

(b)

图1-12 ESA望远镜

(a) ESA发射前收拢状态；(b) ESA展开状态

1.3.3 位相阵列式望远镜

位相阵列式望远镜由多个子望远镜组成，是最早开始研究的技术方案。

1978 年，美国建造了最早的阵列望远镜（Multiple Mirror Telescope，MMT），它由 6 个口径为 1.8 m 的子望远镜系统组成，等效孔径为 4.45 m。但是由于当时的技术限制，只有很小一部分视场可以被共相，同时需要有经验的人员进行人工调整，所以分辨率提高不明显。1988 年，美国空军实验室（AFRL）研制了多用途阵列望远镜实验平台（Multipurpose Multiple Telescope Test bed，MMTT）用于实验室研究，该实验平台上固定了 4 个口径为 20 cm 的望远镜，合成一个视场角为 30′的系统。MMTT 是第一个宽视场位相阵列望远镜。

目前，位相阵列结构发展得比较成熟，广泛应用于地基望远镜系统中。其中，最具代表性的是用于天文观测的地基光学稀疏孔径成像系统——大双筒望远镜（Large Binocular Telescope，LBT），LBT 由美国亚利桑那大学联合德国、意大利的研究机构合作研制，如图 1－13 所示。LBT 采用 Fizeau 型干涉成像光路，用两个 8.4 m 的反射镜作为主镜，被固定在同一个基座上，系统最长基线为 22.8 m。所以，其分辨率与 22.8 m 的单片望远镜相当；在工作波长为 550 nm 时，系统角分辨率达 6.1 mas。

图 1－13 LBT

图 1－14 所示为 ESO 研制的甚大望远镜（Very Large Telescope，VLT），

安装于智利的帕瑞纳天文台。VLT 由 4 台排列在一条直线上、口径均为 8 m 的望远镜组成，其等效口径为 16m。ESO 在 VLT 近旁相继建造了 4 台口径为 1.8 m 的辅助望远镜，它们与 4 台口径为 8.2 m 望远镜共同组成甚大望远镜干涉仪（VLTI）。这些辅助望远镜不会显著增加干涉仪的聚光面积，但可有效增加基线数目，改善成像质量。组成 VLTI 的望远镜组成一个干涉阵，既可以两两干涉，也可以单独使用。其最大基线长度可达 200 m，角分辨力为 0.001″，为单个望远镜独立工作时的 25 倍；工作波长为 300 nm ~ 24 μm。

图 1-14 VLT

地基位相阵列式望远镜系统应用还有很多，如采用干涉成像的英国剑桥光学合成孔径望远镜（Cambridge Optical Aperture Synthesis Telescope, COAST）等。

目前，天基位相阵列式望远镜还没有实际应用，但是很多国家已经开展了相关的地面研究工作。美国麻省理工学院研制了 Adaptive Reconnaissance Golay-3 Optical Satellite（ARGOS）系统。该系统采用 Fiezau 型结构，孔径排列方式采用 Golay-3 型，每个子孔径口径 0.21 m，等效口径为 0.62 m，工作波段 400 ~ 700 nm，视场角为 3′ × 3′，该系统的主要目的是研究系统孔径结构以及相位差控制和该结构天基运用的可靠性。美国洛克希德·马丁公司研制了一系列位相阵列望远镜系统，用于天基遥感应用的研究。该系列主要样机有 Radial Telescope Array Testbed、STAR－9 Distributed Aperture Test－bed 和 MIDAS Concept。三种样机分别对 Y 型、Golay－9 型和 Cornwell 型孔径排列方式进行研究。

1.4 光学合成孔径成像中的共相位问题

合成孔径成像技术解决了大口径高分辨率望远镜的单一大整镜的瓶颈问题，但同时也引入了新的问题，光学共相位就是其中之一。

根据几何光学成像理论，系统成理想像必须满足等光程条件，也就是物理光学中的同位相。与主镜为整镜的成像系统相比，光学合成孔径系统的像场不再是连续波面，而是由各子波面构成的离散波面，为获得与其等效口径成像系统相当的分辨率，要求各子波面实现同位相拼接，产生相干叠加；否则，只能起到提高光能接收能力的作用。因此，为实现高分辨率成像，必须使分块主镜的各子镜、阵列式望远镜系统的各个子系统实现光学共相位拼接，并且在观测过程中实时保持这种共相位状态。分块镜光学共相位误差、分块子镜数量及系统成像质量三者之间的关系为

$$\mathrm{SR} = \frac{1 + \exp(-\sigma^2)(n-1)}{n} \tag{1-2}$$

式中：SR 为像质评价指标斯特列尔比，其理想值为1；$\sigma = 4\pi d/\lambda$，d 为各分块子镜镜面高度差的 RMS；n 为分块子镜的数量。

图1－15 所示为式（1－2）的曲线。由图可知，在相同的共相位误差情况下，SR 随拼接分块子镜数量的增加而降低；为获得相同的成像质量，随子镜数量的增加对共相位拼接精度的要求就越高。例如，为获得好的成像质量，要求 $\mathrm{SR} \geqslant 0.95$，若取 $n=8$，$\lambda=550$ nm，则要求各分块镜镜面之间的高度差的 RMS $\delta \leqslant 10$ nm；若进一步增加子镜数量 n，对共相位拼接的要求将更高。因此，为借助合成孔径成像系统获得较好的成像效果，必须将各个离散子波面之间的拼接误差控制在纳米量级。

然而，在实际应用中，各子望远镜系统所处平台的相对运动、平台抖

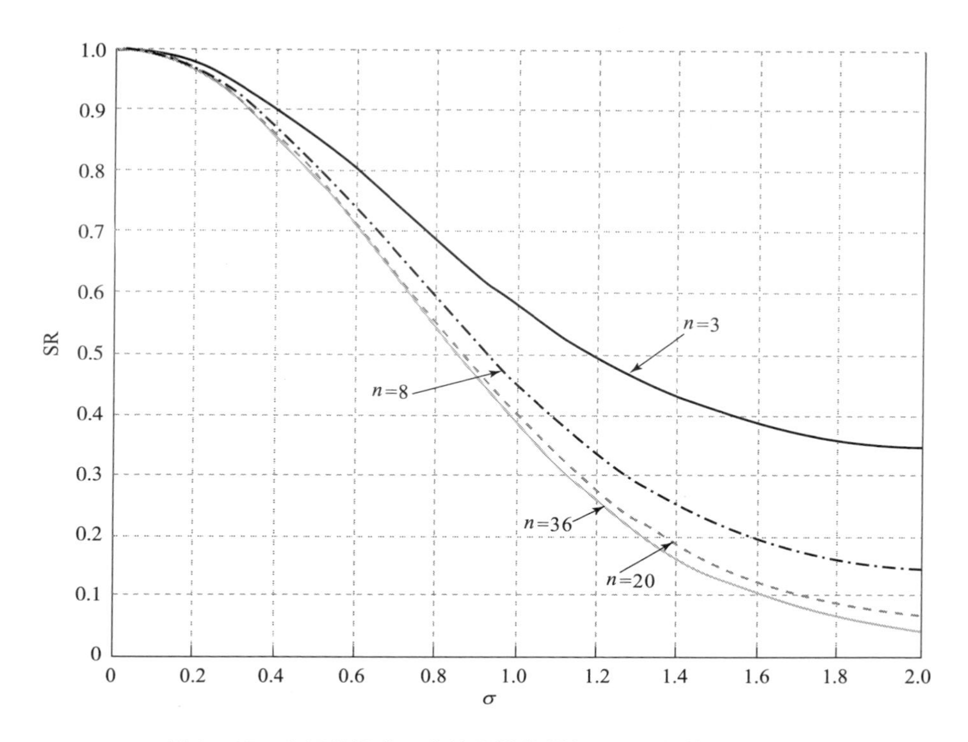

图 1-15　共相位误差、分块子镜数量与 SR 之间的关系曲线

动、各拼接子镜或稀疏子镜支撑结构的稳定性、分块镜的折叠展开机构的展开精度及其稳定性等，都使共相位拼接成为一个极具挑战性的问题。

为实现共相位拼接，首先要对各子波面间的共相位误差进行检测，国内外对此进行了大量研究。共相位误差一般指的是分块子镜之间的相对位置误差，在检测方法研究中，一般将共相位误差定义在合成孔径成像系统的出瞳面上去讨论。

对于天基拼接主镜式望远镜及工作波长大于 3 μm 的地基拼接主镜式望远镜，要求其共相位误差优于几十分之一波长，这就要求把几何尺寸为米量级的各子镜十分精确地调整到“一个理想的大镜面”上，并在使用过程中始终保持良好的拼接状态；而天基分块主镜展开机构的复位误差及地基分块子镜的机械定位误差约为 0.1 mm，因此要求共相位误差检测方法应具有大动态范围、高精度的特点，这给共相位误差检测方法及其实现提出了挑战。各分块子镜的位置误差造成的各子光瞳间的共相位误差是指倾斜误差（tip－tilt 误差）和沿光轴的平移误差（piston 误差）。合成孔径成像系统完成合像后即开始进行共相位拼接，共相位拼接首先是对 tip－tilt 误差进行检测并校正；然后再对 piston 误差进行检测和校正。tip－tilt 误差检测采用较成熟的质心探测法实现，共相位误差检测的难点集中表现在 piston 误差的检测。

20 世纪 80 年代，piston 误差检测方法的报道偶见于美国军方合成孔径激光武器的研制过程。随着 Keck 望远镜的成功应用和多个大型地基、天基拼接主镜式空间望远镜计划的提出以及高分辨率对地观测的需求，自 20 世纪 90 年代中后期，piston 误差检测方法的研究逐渐被各国天文学家和航天科技工作者关注，2000 年以来，形成了以美国加州大学（KECK 天文台）、NASA、ESO 等机构为主要代表的研究热潮，美国、英国、俄罗斯、中国、法国、德国、西班牙、墨西哥等多个国家都投入了大量的财力和人力对 piston 误差的检测方法展开了深入研究。

美国加州大学以 Keck 望远镜为研究平台，提出了宽带哈特曼－夏克法（BSH）、窄带哈特曼－夏克法（NSH）及相位不连续传感法（Phase Discontinuity Sensing，PDS），实现了 piston 误差检测，这些方法被目前的地基拼接主镜式望远镜采纳。

1998—2000 年，美国加州大学的 Gary Chanan 以 Keck 望远镜 piston 误差检测为研究背景，提出了 BSH 法和 NSH 法。这两种方法在望远镜出瞳面设置了一个特殊光阑，在光阑上设置了离散分布的圆形采样孔，采样孔的位置位于出瞳处拼接子镜交界的中间位置，相邻子镜的反射光波通过该采样孔后、经成像透镜，即可在透镜焦面上获得衍射干涉图样。为实现所有相邻子镜间的 piston 误差的并行检测，在光阑后设置了棱镜阵列将各采样孔径的干涉衍射图样成像在电荷耦合器件（CCD）上。通过对衍射图样的标定和处理，两种方法配合，实现 piston 误差的大动态范围高精度检测。其中，BSH 可对 $\pm 30\ \mu m$ 范围内的 piston 误差实现粗测，测量精度为 $1\ \mu m$；NSH 可对 $\pm \lambda/4$ 范围内的 piston 误差实现精测，测量精度为 6 nm，满足合成孔径成像对共相位拼接的要求。1999 年，Gary Chanan 提出 PDS 法，并将其用于 Keck 望远镜的 piston 误差检测。PDS 法分析得到了焦前、焦后对应点的光强分布以及焦前焦后图像的平均光强与 piston 误差的函数关系，因此可通过采集一对离焦面的光强，再根据此函数关系计算得到 piston 误差。该方法对 piston 误差检测的动态范围为 $\lambda/8$，精度为 $\lambda/80$；但是，为了获得焦前、焦后图像，检测过程中需移动探测器，或采用分光元件在焦前、焦后位置分别设置探测器。西班牙学者 Rodríguez – Ramos 提出用曲率传感法测量拼接主镜的 piston 误差，并进行了较为详尽的仿真实验研究。但是，其测量原理是基于子镜存在 piston 误差时，边缘处的径向斜率会发生改变。由于子镜曲率半径的不一致也会引起类似的变化，故其不适用于子镜曲率半径可调或半径一致性稍差的场合。

在下一代空间望远镜 JWST 项目的推动下，人们针对空间拼接主镜望远镜在轨 piston 误差检测方法展开了大量研究，最终确定采用色散条纹法（Dispersed Fringe Sensing，DFS）和相位恢复法（Phase Retrieval/Phase Diversity，PR/PD）作为 JWST 的 piston 误差检测方法。前者负责各分块子镜间的 piston 误差粗测；后者负责各分块子镜间的 piston 误差精测及全口径面形误差传感。

PR 法是一个光学求逆问题，其原理根据为：相干光学系统焦平面与出瞳面的复振幅分布满足傅里叶变换关系。1998 年，美国加州大学喷气推进实验室（JPL）的研究人员提出了一种根据焦面和一对关于焦面对称的离焦面的光强，反解出瞳面相位分布的算法。基于该算法的 PR 法传感精度高达 $\lambda/100$，piston 误差的检测范围仅为 $\pm\lambda/4$；PR 法的采样口径充满整个主镜，能够同时测得各拼接子镜间 piston 误差；PR 法具有良好的抗外界扰动和光轴抖动能力，并具有良好的鲁棒性和可靠性。故 PR 法适于空间拼接主镜式望远镜在轨 piston 误差的精测。

2000 年，JPL 的 Fang Shi 等提出了 DFS 法，该方法在 BSH 检测光路中引入色散元件，将不同波长的衍射光斑沿平行于相邻两子镜拼缝方向或与之成 ±60°夹角的方向进行色散。采用最小二乘法对色散方向的某一行的光强信号进行拟合，求得相邻子镜间的 piston 误差。DFS 的测量范围为 ±100 μm，精度优于 100 nm。为实现各子镜间的 piston 误差的同时测量，该方法需要在检测光路中引入数量与子镜拼缝数量相等的色散元件，增加了系统复杂度，而且对检测装置及元件的抗冲击性、定位装调精度等提出了高要求。

以上所介绍的方法均把 piston 误差检测分为粗测和精测两个阶段，不同阶段采用不同的检测方法，需要配置不同的检测装置，势必增加系统的复杂程度，尤其对于天基空间望远镜而言，这些检测装置还需承受发射过程中约10倍重力加速度的冲击。另外，为了能够同时测量全口径范围内的piston误差，需增设光学阵列元件，有些阵列元件还需要定期标定，给使用带来了限制。因此，近几年的重点聚焦在结构简单、易于实现、既具有大动态范围又具有高精度的piston误差检测方法研究。

2012年，澳大利亚悉尼天文研究院的Anthony C Cheetham等提出了Fizeau型干涉共相位（Fizeau Interferometric Cophasing of Segmented Mirrors，FICSM）方法。该方法在望远镜系统的出瞳面设置带有离散圆孔结构的光阑，各离散圆孔分别采集由各分块子镜反射的光波，相邻两子光波在后继检测系统像面处发生衍射－干涉，其光强分布随piston误差及tip－tilt误差的变化而变化，利用这种光强分布与共相位误差之间的关系实现了共相位误差的检测。该方法首先以单色光为光源，根据像面光场信息进行傅里叶分析提取相位分布的斜率，实现tip－tilt误差检测；为消除2π不定性对piston误差粗测的影响，该方法在不存在tip－tilt误差时，以宽光谱为光源，首先标定不同piston误差时像面光场的光强分布及对应的相位分布，作为标准图样；进行piston误差粗测时，将实际测得的光场强度分布和相位分布与标准图样比较，得到piston误差并进行校正，直到piston误差小于λ/2后进入精测阶段，精测可根据傅里叶分析得到的相位值计算piston误差。仿真结果表明，该方法的piston误差检测的动态范围为150 μm，测量精度为0.75nm RMS；倾斜误差检测的动态范围为0.5″，测量精度为$10^{-3}\times 3.7''$ RMS。

2009年，北京理工大学朱秋冬、曹根瑞、王姗姗等提出二维色散条纹法，对piston误差实现了大动态范围、高精度检测。该方法以宽光谱为光源，基于瑞利干涉原理，在成像系统出瞳面设置带有一对矩形孔的光阑，分别采集相邻两子镜拼接处反射的光波，使其发生干涉衍射；通过在piston误差测量光路中引入色散元件，将不同波长的干涉衍射条纹在空间上分开；利用色散方向的条纹信息及与其垂直方向上的干涉信息解算得到piston误差，从而实现了大量程、高精度piston误差检测。该方法的测量范围为200 μm，在0～500 nm量程内的测量精度优于4.49 nm。通过转动光阑，可依次实现各相邻分块子镜间的piston误差检测。

2016年，北京理工大学的赵伟瑞等提出了一种大动态范围、高精度的piston误差检测方法。该方法在合成孔径成像系统的出瞳面设置带有离散子孔径结构的光阑，各离散子孔径采集对应的各分块子镜反射的子光波，使各子光波发生干涉衍射；对此干涉衍射场进行傅里叶分析得到调制传递函数（MTF），借助推导得到的MTF旁瓣中心幅值与piston误差的函数关系，实现piston误差检测。该方法的测量范围为所用光源的相干程长，测量精度为纳米量级。若利用该方法实现全口径内的piston误差的同时检测，则要求MTF呈非冗余分布。为此，又进一步对离散子孔径结构光阑的设计方法进行了研究，并给出了离散孔的排布与频域像质评价指标的关系，提出了离散孔非冗余排布的规则，以JWST拼接主镜为模型实现了离散孔的非冗余排布，对其18块子镜间的piston误差实现了并行检测。该方法所需的结构简单，只需在瞳面设置一个具有离散孔结构的光阑。

参考文献

[1] Born M E. Wolf principles of optics [J]. Pergamon Press, 1980, 6: 188-189.

[2] Endelman L L. The Hubble Space Telescope mission, history, and system [C]//19th International Congress on High-Speed Photography and Photon, Proc. SPIE, 1990, 1358: 422-441.

[3] Coulter D R, Jacobson D N. Technology for the Next Generation Space Telescope [C]//Proc. SPIE, 2000, 4013: 784-794.

[4] Fender J, Future Trends in Large Space Optics [C]//Proc. SPIE, 2000, 4013: 682-686.

[5] Belle G T, Meinel A B, Meinel M P. The scaling relationship between telescope cost and aperture size for very large telescope [C]//Proc. SPIE, 2004, 5489: 563-570.

[6] Wilson R N, Franza F, Noethe L, et al. A system for optimizing the optical

quality and reducing the costs of large telescopes [J]. Journal of Modern Optics, 1987, 34 (4).

[7] Meinel A B. Aperture synthesis using independent telescopes [J]. Applied Optics, 1970, 9 (11): 2501 -2504.

[8] 吕乃光. 傅里叶光学 [M]. 北京: 机械工业出版社, 2006.

[9] Chanan G, Troy M, Dekens F, et al. Phasing the mirror segments of the Keck telescopes: the broadband phasing algorithm [J]. Appl. Opt., 1998, 37 (1): 140 -155.

[10] Chanan G, Ohara C, Troy M, Phasing the mirror segments of the Keck telescopes Ⅱ: the narrow - band phasing algorithm [J]. Appl. Opt., 2000, 39 (25), 4706 -4714.

[11] Wizinowich P L, Mignant D L, Bouchez A, et al. Adaptive optics developments at Keck Observatory [J]. Proc. SPIE - The International Society for Optical Engineering, 2004, 5490: 1 -11.

[12] Mclean I S, Adkins S M. Instrumentation at the W. M. Keck Observatory [C]//SPIE Astronomical Telescopes + Instrumentation. International Society for Optics and Photonics, 2014: 701402.

[13] Ramsey L W, Adams M T, Booth J A, et al. Early performance and present status of the Hobby - Eberly Telescope [J]. Proc. SPIE - The International Society for Optical Engineering, 1998, 3352: 34 -42.

[14] Hornschemeier A E, Randt W N B, Garmire G P, et al.. The Chandra Deep Survey of the Hubble Deep Field - North Area [J]. The Astrophysical J., 2001, 554 (2): 742.

[15] Stobie R, Meiring J G, Buckley D A H. Design of the Southern African Large Telescope (SALT) [C]//Proc. PIE, 2000, 4003: 355 -362.

[16] 苏洪钧, 崔向群. 大天区面积多目标光纤光谱天文望远镜 (LAMOST) [J]. 中国科学院院刊, 1999 (5): 835 -835.

[17] LAMOST. 大天区面积多目标光纤光谱天文望远镜 [C]//2005 宇宙暗物质和暗能量研讨会, 2005.

[18] 中国科学院国家天文台. 中国天文科学大型装置的研制与应用

（二）——大天区面积多目标光纤光谱天文望远镜（LAMOST）[J]. 中国科学院院刊，2009，24（3）：317－320.

[19] Feder T. Thirty meter telescope [J]. Physics Today，2010，63（1）：26－26.

[20] Macintosh B，Troy M，Doyon R，et al. Extreme adaptive optics for the Thirty Meter Telescope [C]//Proc. SPIE，2006，6272：62720N－15.

[21] Gilmozzi R，Spyromilio J. The 42m European ELT：status [J]. Proc. SPIE－The International Society for Optical Engineering，2008，7012：701219－701219－10.

[22] Dierickx P，Gilmozzi R，Progress of the OWL 100－m telescope conceptual design [C]//Astronomical Telescopes and Instrumentation. International Society for Optics and Photonics，Munich，Germany，2000：290－299.

[23] Lenzen R，Brandl B，Brandner W. The science care for exoplanets and star formation using mid－IR instrumentation at the OWL telescope [C]//The Scientific Requirements for Extremely Large Telescopes，2005，1（232）：329－333.

[24] 苏定强，王亚男，崔向群. 一个巨型望远镜方案 [J]. 天文学报，2004，45（1）：105－114.

[25] Su Ding－qiang，Wang Ya－nan，Cui Xiangqun. Configuration for Chinese Future Giant Telescope [C]//Proc. SPIE，2004，5489：429－440.

[26] Xu Xinqi，Dong Zhiming，Zhou Wangping. Mount control system for CFGT Telescope [C]//Proc. SPIE Proc，2006，6267，62672B.

[27] Nella J. James Webb Space Telescope（JWST）observatory architecture and performance [C]//Space 2004 Conference and Exhibit，2004：5986.

[28] Author（s）：Mark Clampin. Status of The James Webb Space Telescope [C]//Proc. SPIE，2006，38（41）：1187.

[29] Oegerle W R，Feinberg L D，Purves L R，et al. ATLAST－9.2m：a large－aperture deployable space telescope [C]//Proc. SPIE，2010，7731（2）：52－56.

[30] Johns M，Angel J R P，Shectman S，et al. Status of the giant magellan

telescope（GMT）project [J]. Proc. SPIE，2004，5489：441 - 453.

[31] 朱仁璋，从云天，王鸿芳，等，全球高分光学量概述（二）：欧洲 [J]. 航天器工程，2016，25（1）：95 - 118.

[32] 李蓉芳．直接形成图像的望远镜多孔径合成系统（下）[J]. 光机电信息，1995，12（3）：20 - 25.

[33] Beckers J M，Ulich B L，Williams J T. Performance of The Multiple Mirror Telescope（MMT）I. MMT - the first of the advanced technology telescopes [C]//1982 Astronomy Conferences. International Society for Optics and Photonics，Munich，Germany，1982：2 - 8.

[34] Hill J M，Ashby D S，Brynnel J D，et al. The large binocular telescope：binocular all the time [C]//Proc. SPIE，2014，9145：914502.

[35] Bonanos A Z，Stanek K A. Reanalysis of very large telescope data for M83 with image subtraction - nicefold increase in number of cepheids [J]. Astrophysical J.，2003，591（2）：L111 - L114.

[36] Chung S J，Miller D W，Weck O L D. ARGOS testbed：study of multidisciplinary challenges of future spaceborne interferometric arrays [J]. Optical Engineering，2004，43（43）：2156 - 2167.

[37] Pitman J T，Duncan A，Stubbs D，et al. Remote sensing space science enabled by the multiple instrument distributed aperture sensor（MIDAS）concept [C]//Proc. SPIE，2004，5555：301 - 310.

[38] Butts R R，Cusumano S J，Fender J S，et al. Phasing concept for an array of mutually coherent laser transmitters [J]. Optical Engineering，1987，26（6）：553 - 558.

[39] Chanan G，Troy M，Dekens F，et al. Phasing the mirror segments of the Keck telescopes：the broadband phasing algorithm [J]. Applied Optics，1998，37（1）：140 - 155.

[40] Chanan G，Troy M，Nelson J，et al. Phasing the mirror segments of the W. M. Keck telescope [C]//Proc. SPIE，1998，2199：622 - 637.

[41] Chanan G，Ohara C，Troy M. Phasing the mirror segments of the Keck telescopes Ⅱ：the narrow - band phasing algorithm [J]. Applied Optics，

2000, 39 (25): 4706 -4714.

[42] Chanan G, Troy M, Sirko E. Phasing the Keck Telescope with Out - of - Focus Images in the Infrared [C]//Proc. SPIE, 1998, 3352: 632 -642.

[43] Chanan G, Troy M, Sirko E. Phase discontinuity sensing: a method for phasing segmented mirrors in the infrared [J]. Applied Optics, 1999, 38 (4): 704 -713.

[44] Rodríguez - Ramos J M, Fuensalida J J. Piston Detection of a Segmented Mirror Telescope using a Curvature Sensor [C]//Proc. SPIE, 1997, 2871: 613 -616.

[45] Rodríguez - González J M, Fuensalida J J. Results of diffraction effects in segmented mirrors: co - phasing with integrated curvature signal [C]// Proc. SPIE, 2003, 4837: 737 -748.

[46] Shi F, Redding D, Bowers C, et al. DCATT Dispersed Fringe Sensor: Modeling and Experimenting with the Transmissive Phase Plates [C]// Proc. SPIE, 2000, 4013: 757 -762.

[47] Shi F, Redding D C, Lowman A F, et al. Segmented Mirror Coarse Phasing with a Dispersed Fringe Sensor: Experiment on NGST's Wavefront Control Testbed [C]//Proc. SPIE, 2003, 4850: 318 -328.

[48] Shi F, Chanan G, Ohara C, et al. Experimental verification of dispersed fringe sensing as a segment phasing technique using the Keck telescope [J]. Applied Optics, 2004, 43 (23): 4474 -4481.

[49] Shi F, Redding D C, Green J J, et al. Performance of segmented mirror coarse phasing with a dispersed fringe sensor: modeling and simulations [C]//Proc SPIE, 2003, 5487: 897 -908.

[50] Shi F, Ohara C M, Chanan G, et al. Experimental verification of dispersed fringe sensing as a segment phasing technique using the Keck Telescope [C]//Proc. SPIE, 2004, 5489: 1061 -1073.

[51] Shi F, Basinger S A, Redding D C. Performance of Dispersed Fringe Sensor in the Presence of Segmented Mirror Aberrations - Modeling and Simulation [C]//Proc. SPIE, 2006, 6265, 62650Y: 1 -12.

[52] Redding D, Basinger S, Lowman A E, et al. Wavefront Sensing and Control for a Next Generation Space [C]//Proc. SPIE, 1998, 3356: 758 - 772.

[53] Acton D S. et al. James Webb Space Telescope wavefront sensing and control algorithms [C]//Proc. SPIE, 2004, 5487: 887 - 896.

[54] Redding D, Basinger S, Cohen D, et al. Wavefront Control for a Segmented Deployable Space Telescope [C]//Proc. SPIE, 2000, 4013: 546 - 558.

[55] Shi F, Redding D C, Lowman A F, et al. Segmented Mirror Coarse Phasing with a Dispersed Fringe Sensor: Experiment on NGST's Wavefront Control Testbed [C]//Proc. SPIE, 2003, 4850: 318 - 328.

[56] Shi F, Chanan G, Ohara C, et al. Experimental verification of dispersed fringe sensing as a segment phasing technique using the Keck telescope [J]. Applied Optics, 2004, 43 (23): 4474 - 4481.

[57] Anthony C. Cheetham, Peter G Tuthill, Anand Sivaramakrishnan, and James P. Lloyd. Fizeau interferometric cophasing of segmented mirrors [J]. Optics Express, 2012, 20 (28): 29457 - 29471.

[58] 王姗姗，朱秋东，曹根瑞. 空间拼接主镜望远镜共相位检测方法 [J]. 光学学报，2009，29 (9)，2435 - 2440.

[59] Wang Shanshan, Zhu Qiudong, Zhao Weirui, et al. Performance of Dispersed Rayleigh Interferometer on the Active Cophasing and Alignment Testbed [J]. Chinese Optics Letters, 2009, 07 (11): 1007 - 1009.

[60] Wang Shanshan, Zhu Qiudong, Huang Tao. Co - phasing of segmented mirrors using dispersed rayleigh interferometry in the presence of background star [C]//Proc. SPIE, 2010, 7654, 76540X.

[61] Jiang Junlun, Zhao* Weirui. Phasing piston error in segmented telescopes [J]. Optics Express, 2016, 24 (17): 19123 - 19137.

[62] Zhao Weirui, Zeng Qingchong. Simultaneous multi - piston measurement method in segmented telescopes [J]. Optics Express, 2017, 25 (20): 24540 - 24552.

第 2 章 光学合成孔径成像理论基础

2.1 数学基础

2.1.1 傅里叶变换

2.1.1.1 傅里叶变换与逆变换

1. 傅里叶变换

若非周期函数 $g(x,y)$ 满足狄利克雷条件，且绝对可积，即

$$\iint_{-\infty}^{+\infty} |g(x,y)| \,\mathrm{d}x\mathrm{d}y < +\infty \tag{2-1}$$

则函数 $g(x,y)$ 的二维傅里叶变换定义为

$$G(f_x,f_y) = \iint_{-\infty}^{+\infty} g(x,y)\exp[-\mathrm{j}2\pi(f_x x + f_y y)]\,\mathrm{d}x\mathrm{d}y \tag{2-2}$$

式中：$G(f_x,f_y) = F[g(x,y)]$，函数 $G(f_x,f_y)$ 为 $g(x,y)$ 的傅里叶变换；$\exp[-\mathrm{j}2\pi(f_x x + f_y y)]$ 称为傅里叶积分变换的核函数。

一个二维空间域中的函数 $g(x,y)$ 通过如式（2-2）所示的含参变量 f_x 和 f_y 的积分变换，转变为空间频率域中的函数 $G(f_x,f_y)$，f_x 和 f_y 是函数 $G(f_x,f_y)$ 与笛卡儿坐标系中 x 和 y 两个方向对应的频率变量。

2. 傅里叶逆变换

表达式

$$g(x,y) = \iint_{-\infty}^{+\infty} G(f_x,f_y)\exp[\mathrm{j}2\pi(f_x x + f_y y)]\,\mathrm{d}f_x\mathrm{d}f_y \tag{2-3}$$

称为 $G(f_x,f_y)$ 的傅里叶逆变换，记为 $g(x,y) = F^{-1}[G(f_x,f_y)]$，函数 $g(x,y)$ 为 $G(f_x,f_y)$ 的傅里叶逆变换。

利用式（2-3），可将一个非周期函数表达为连续频率分量的积分，$G(f_x,f_y)$ 为各个连续频率成分的权重因子。

$G(f_x,f_y)$ 为 $g(x,y)$ 的傅里叶变换的像函数；$g(x,y)$ 为 $G(f_x,f_y)$ 的像原函数，即像函数 $G(f_x,f_y)$ 与像原函数 $g(x,y)$ 构成了一对傅里叶变换对。

3. 广义傅里叶变换

利用傅里叶变换和逆变换，可以在不同域中对同一信号进行分析，有助于对其性能的充分了解，也是研究中经常采用的手段。由傅里叶变换的定义可知，进行变换的函数必须满足狄利克雷条件和式（2-1）的绝对可积条件。但是很多常用函数，如单位阶跃函数、正弦函数、余弦函数等都不满足绝对可积条件，限制了傅里叶变换的应用。为此，人们借助 δ 函数引入了广义傅里叶变换，这对现代物理学及工程技术研究具有重要意义。

1) δ 函数

δ 函数是一个广义函数，它没有通常意义下的函数值。δ 函数是一个定义在实数域上、且满足等式

$$\int_{-\infty}^{+\infty}\delta(x)\varphi(x)\mathrm{d}x = \varphi(x)\big|_{x=0} = \varphi(0) \tag{2-4}$$

的广义函数，其中 $\varphi(x)$ 为具有任意阶导数的普通意义下的函数。

令 $\varphi(x)=1$，可得 δ 函数的积分性质：

$$\int_{-\infty}^{+\infty}\delta(x)\mathrm{d}x = 1 \tag{2-5}$$

δ 函数具有筛选性质：

$$\int_{-\infty}^{+\infty}\delta(x-x_0)\varphi(x)\mathrm{d}x = \varphi(x_0) \tag{2-6}$$

δ 函数的坐标缩放性质，设 a 为常数、且不为零，则

$$\delta(ax) = \frac{\delta(x)}{|a|} \tag{2-7}$$

令 $a=-1$，代入式（2-7），可得 δ 函数为偶函数的推论：$\delta(-x) = \delta(x)$。

二维 δ 函数表示为 $\delta(x,y)$，是位于 xOy 平面坐标原点处的一个单位脉冲。

二维 δ 函数是可分离变量函数，即

$$\delta(x,y) = \delta(x)\cdot\delta(y) \tag{2-8}$$

上述一维 δ 函数的性质依然适用于二维 δ 函数。

2) δ 函数的傅里叶变换及傅里叶逆变换

根据傅里叶积分变换的定义式（2-2）和 δ 函数的定义式（2-4），可得 $\delta(x,y)$ 函数的傅里叶变换

$$\begin{aligned} F[\delta(x,y)] &= \iint_{-\infty}^{+\infty} \delta(x,y)\exp[-\mathrm{j}2\pi(f_x x+f_y y)]\mathrm{d}x\mathrm{d}y \\ &= \exp[-\mathrm{j}2\pi(f_x x+f_y y)]\big|_{\substack{x=0\\y=0}} = 1 \end{aligned}$$

同理，$\delta(x-x_0,y-y_0)$ 的傅里叶变换：

$$\begin{aligned} F[\delta(x-x_0,y-y_0)] &= \iint_{-\infty}^{+\infty} \delta(x-x_0,y-y_0)\exp[-\mathrm{j}2\pi(f_x x+f_y y)]\mathrm{d}x\mathrm{d}y \\ &= \exp[-\mathrm{j}2\pi(f_x x_0+f_y y_0)] \end{aligned}$$

因此，$\delta(x,y)$ 与 1 互为傅里叶变换对，$\delta(x-x_0,y-y_0)$ 与 $\exp[-\mathrm{j}2\pi(f_x x_0+f_y y_0)]$ 互为傅里叶变换对。

同样，根据傅里叶积分变换的定义式（2-3）和 δ 函数的定义式（2-4），可得 $\delta(f_x,f_y)$ 函数的傅里叶逆变换

$$\begin{aligned} g(x,y) &= \iint_{-\infty}^{+\infty} \delta(f_x,f_y)\exp[\mathrm{j}2\pi(f_x x+f_y y)]\mathrm{d}f_x\mathrm{d}f_y \\ &= \exp[\mathrm{j}2\pi(f_x x+f_y y)]\big|_{\substack{f_x=0\\f_y=0}} = 1 \end{aligned}$$

同理，若 $\delta(f_x-f_{x0},f_y-f_{y0})$ 的傅里叶逆变换为

$$\begin{aligned} g(x,y) &= \iint_{-\infty}^{+\infty} \delta(f_x-f_{x0},f_y-f_{y0})\exp[\mathrm{j}2\pi(f_x x+f_y y)]\mathrm{d}f_x\mathrm{d}f_y \\ &= \exp[\mathrm{j}2\pi(f_{x0}x+f_{y0}y)] \end{aligned}$$

因此，1 与 $\delta(f_x,f_y)$ 互为傅里叶变换对，$\exp[\mathrm{j}2\pi(f_{x0}x+f_{y0}y)]$ 与 $\delta(f_x-f_{x0},f_y-f_{y0})$ 互为傅里叶变换对。

这样，对于不满足绝对可积条件、但满足狄利克雷条件的函数，如指数函数、常值函数以及正余弦函数等，可借助 δ 函数对其进行广义傅里叶变换得到其频域表达。

2.1.1.2 傅里叶变换的性质

1. 线性性质

设 $G_1(f_x,f_y)=F[g_1(x,y)]$，$G_2(f_x,f_y)=F[g_2(x,y)]$，k_1，k_2 为常数，

则

$$F[k_1g_1(x,y)+k_2g_2(x,y)]=k_1F[g_1(x,y)]+k_2F[g_2(x,y)] \tag{2-9}$$

即函数的线性组合的傅里叶变换等于函数的傅里叶变换的相应线性组合。同样道理，傅里叶逆变换也具有类似的线性性质，即

$$F^{-1}[k_1G_1(f_x,f_y)+k_2G_2(f_x,f_y)]=k_1F^{-1}[G_1(f_x,f_y)]+k_2F^{-1}[G_2(f_x,f_y)] \tag{2-10}$$

2. 对称性质

若已知 $G(f_x,f_y)=F[g(x,y)]$，则

$$F[G(x,y)]=g(-f_x,-f_y) \tag{2-11}$$

若 $g(x,y)$ 为偶函数，则式（2-11）变为

$$F[G(x,y)]=g(f_x,f_y) \tag{2-12}$$

3. 位移性质

设 $F[g(x,y)]=G(f_x,f_y)$，则

$$F[g(x\pm x_0,y\pm y_0)]=\exp[\pm \mathrm{j}2\pi(f_xx_0+f_yy_0)]G(f_x,f_y) \tag{2-13}$$

说明函数在空间域中发生平移，将带来空间频率域中的线性相移。同样，有

$$F^{-1}[G(f_x\pm f_{x0},f_y\pm f_{y0})]=\exp[\mp \mathrm{j}2\pi(f_{x0}x+f_{y0}y)]g(x,y) \tag{2-14}$$

说明函数在空间域中的相移，在空间频率域中表现为频谱的位移。

4. 坐标缩放性质

坐标缩放性质又称相似性。设 a、b 为不等于零的实常数，若 $F[g(x,y)]=G(f_x,f_y)$，则

$$F[g(ax,by)]=\frac{1}{|ab|}G\left(\frac{f_x}{a},\frac{f_y}{b}\right) \tag{2-15}$$

空间域中 $g(x,y)$ 坐标 (x,y) 的扩展或变窄，将导致频率域中坐标 (f_x,f_y) 的压缩或展宽、以及频谱幅值的变化。

5. 乘积定理

若 $G_1(f_x,f_y)=F[g_1(x,y)]$，$G_2(f_x,f_y)=F[g_2(x,y)]$，则

$$\iint_{-\infty}^{+\infty} g_1(x,y)g_2(x,y)\mathrm{d}x\mathrm{d}y = \iint_{-\infty}^{+\infty} \overline{G_1(f_x,f_y)}\,G_2(f_x,f_y)\mathrm{d}f_x\mathrm{d}f_y$$
$$= \iint_{-\infty}^{+\infty} G_1(f_x,f_y)\,\overline{G_2(f_x,f_y)}\,\mathrm{d}f_x\mathrm{d}f_y \tag{2-16}$$

式中：$\overline{G_1(f_x,f_y)}$、$\overline{G_2(f_x,f_y)}$ 分别为 $G_1(f_x,f_y)$、$G_2(f_x,f_y)$ 的复共轭函数。

6. 帕塞瓦尔（Parseval）定理

若 $F[g(x,y)] = G(f_x,f_y)$，则

$$\iint_{-\infty}^{+\infty} |g(x,y)|^2\mathrm{d}x\mathrm{d}y = \iint_{-\infty}^{+\infty} |G(f_x,f_y)|^2\mathrm{d}f_x\mathrm{d}f_y \tag{2-17}$$

该定理表明，信号在空间域中的能量与其在空间频率域中的能量守恒。

2.1.2 卷积和相关函数

2.1.2.1 卷积及其性质

1. 卷积

卷积是由含参变量的广义积分定义的函数，与傅里叶变换有着密切联系，它的运算性质使傅里叶变换得到更广泛的应用。

定义在 xOy 平面上的函数 $f(x,y)$、$h(x,y)$，称由包含两个参变量 x'、y' 的二重无穷积分所确定的函数

$$g(x,y) = \iint_{-\infty}^{+\infty} f(x',y')h(x-x',y-y')\mathrm{d}x'\mathrm{d}y' \tag{2-18}$$

为函数 $f(x,y)$ 与 $h(x,y)$ 的卷积，记为 $g(x,y) = f(x,y) * h(x,y)$。

进行卷积的两个函数可以是实函数，也可以是复函数。卷积运算一般会产生两个效应：展宽效应和平滑效应。卷积函数的宽度为被卷积函数宽度之和；被积函数经过卷积运算，其微细结构在一定程度上被消除，函数本身的起伏变得平缓圆滑。

2. 卷积的性质

（1）交换性质：

$$f(x,y) * h(x,y) = h(x,y) * f(x,y) \tag{2-19}$$

（2）结合性质：

设二重积分 $f(x,y) * h(x,y) * g(x,y)$ 存在，则

$$f(x,y) * h(x,y) * g(x,y) = f(x,y) * [h(x,y) * g(x,y)] \tag{2-20}$$

（3）线性性质：设 k_1, k_2 是任意常数，则

$$\begin{aligned}[k_1 f(x,y) + k_2 h(x,y)] * g(x,y) &= k_1 f(x,y) * g(x,y) + k_2 h(x,y) * g(x,y) \\ &= k_1 [f(x,y) * g(x,y)] + \\ &\quad k_2 [h(x,y) * g(x,y)]\end{aligned} \tag{2-21}$$

（4）平移不变性质：设给定卷积 $g(x) = f(x) * h(x)$，则

$$f(x - x_1) * h(x - x_2) = \int_{-\infty}^{+\infty} f(x' - x_1) h(x - x' - x_2) \mathrm{d}x' = g(x - x_1 - x_2) \tag{2-22}$$

该性质说明，参与卷积的两个函数发生平移后，卷积结果也发生相应的平移，平移量等于参与卷积的两个函数平移量的代数和，相应的曲线形状不变。

（5）卷积定理：若给定两个二元函数卷积 $f(x)$、$h(x)$ 的傅里叶变换存在，即 $G(f_x, f_y) = F[g(x)]$、$H(f_x, f_y) = F[h(x)]$，则

$$F[g(x) * h(x)] = G(f_x, f_y) \cdot H(f_x, f_y) \tag{2-23}$$

$$F[g(x) h(x)] = G(f_x, f_y) * H(f_x, f_y) \tag{2-24}$$

式（2-23）说明，空间域中的两个函数的卷积，对应于空间频率域中这两个函数各自的傅里叶变换的乘积，因此，可以通过两个函数的像函数相乘、再做傅里叶逆变换求得两个函数的卷积。式（2-24）为得到两个函数的卷积提供了又一途径，即两个函数相乘、再进行傅里叶变换即可。

（6）函数与 δ 函数的卷积：对给定一个二元函数 $f(x,y)$，有

$$f(x,y) * \delta(x,y) = \iint_{-\infty}^{+\infty} f(x', y') \delta(x - x', y - y') \mathrm{d}x' \mathrm{d}y' = f(x,y) \tag{2-25}$$

$$f(x,y) * \delta(x - x_0, y - y_0) = f(x - x_0, y - y_0) \tag{2-26}$$

由此得到结论：任意函数 $f(x,y)$ 与 $\delta(x,y)$ 的卷积等于函数本身；任意函数 $f(x,y)$ 与 $\delta(x - x_0, y - y_0)$ 的卷积等于函数被平移到 δ 函数所在的空间位置

(x_0, y_0) 处。

图 2－1 所示为上述结论的图形描述。

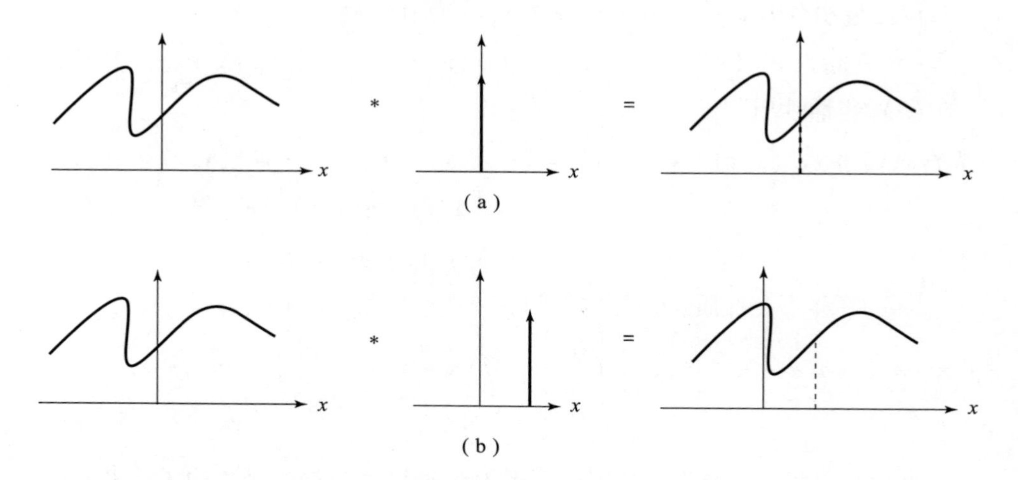

图 2－1 函数与 δ 函数的卷积

(a) $f(x, y) * \delta(x, y)$；(b) $f(x, y) * \delta(x-x_0, y-y_0)$

利用函数与 δ 函数的卷积，也可用于描述重复的物理结构，如光栅、双缝、稀疏子孔径等。

2.1.2.2 相关函数及其性质

相关函数是分析线性系统极为有用的工具。

1. 互相关函数

（1）两个函数 $f(x,y)$ 和 $g(x,y)$ 的互相关定义：

$$R_{fg} = \iint_{-\infty}^{+\infty} f^*(\alpha - x, \beta - y) g(\alpha, \beta) \mathrm{d}\alpha \mathrm{d}\beta \tag{2-27}$$

记为 $R_{fg} = f(x,y) \otimes g(x,y)$。

式中：f^* 为函数 f 的共轭；$\otimes$表示相关运算。

令 $\alpha - x = \alpha', \beta - y = \beta'$，可以得到互相关定义的另一种形式：

$$R_{fg} = \iint_{-\infty}^{+\infty} f^*(\alpha, \beta) g(\alpha + x, \beta + y) \mathrm{d}\alpha \mathrm{d}\beta \tag{2-28}$$

（2）互相关的卷积表达式：

$$R_{fg}=f(x,y)\otimes g(x,y)=f^{*}(-x,-y)*g(x,y) \tag{2-29}$$

若 $f(x,y)$ 为实偶函数，由式（2－29）可得

$$R_{fg}=f(x,y)\otimes g(x,y)=f^{*}(x,y)*g(x,y) \tag{2-30}$$

（3）互相关的性质：

①不再满足交换律，即 $R_{fg}(x,y)\neq R_{gf}(x,y)$，而满足

$$R_{fg}(x,y)=R_{gf}^{*}(-x,-y) \tag{2-31}$$

因此，在进行相关运算时应注意两个函数的顺序及哪个函数取共轭。

② $|R_{gf}(x,y)|^{2}\leqslant R_{ff}(0,0)R_{gg}(0,0)$。

（4）归一化的互相关函数：

$$\gamma_{fg}=\frac{|R_{fg}(x,y)|}{[R_{ff}(0,0)R_{gg}(0,0)]^{\frac{1}{2}}} \tag{2-32}$$

式中：$0\leqslant\gamma_{fg}\leqslant1$。

2. 自相关

（1）当函数 $f(x,y)=g(x,y)$ 时即可得到函数 $f(x,y)$ 自相关定义：

$$R_{ff}=\iint_{-\infty}^{+\infty}f^{*}(\alpha-x,\beta-y)f(\alpha,\beta)\mathrm{d}\alpha\mathrm{d}\beta \tag{2-33}$$

记为 $R_{ff}=f(x,y)\otimes f(x,y)$。

（2）自相关的卷积表达式：

$$R_{ff}=f^{*}(-x,-y)*f(x,y) \tag{2-34}$$

（3）归一化的自相关函数：

$$\gamma=\frac{|R_{ff}(x,y)|}{R_{ff}(0,0)} \tag{2-35}$$

式中：$0\leqslant\gamma\leqslant1$。

3. 关于互相关和自相关的说明

（1）互相关是两个信号之间存在多少相似性的量度。两个完全不同的、毫无关系的信号，对所有位置，它们互相关的值应为零。假如两个信号由于某种物理上的联系，在一些部位存在相似性，在相应的位置上就存在非零的互相关。

（2）自相关是自变量相差某一值时，函数值间相关的量度。当 $x=0$，$y=0$ 时，自相关最大。当信号相对本身有平移时，就改变了位移为零时具

有的逐点相似性，自相关的模减小。但是，只要信号本身在不同位置存在相似结构，相应部位仍会产生不为零的自相关值，当位移足够大时，自相关值可能趋于零。

2.1.3 线性空间不变系统

1. 系统

系统，是一个能把输入转换成相应输出的装置，其性质由输出和输入之间的对应关系来描述。所以，系统的概念只涉及输入和输出，不直接涉及它的内部结构，因此也可将其称为“黑箱”。正因为系统概念上的这种高度抽象性，使它的适用领域非常广泛。

对于一个电子线路，如果给它的输入端加置随时间变化的信号 $r(t)$，在其输出端将得到相应的输出信号 $c(t)$，输入/输出信号之间有确定的联系。这个电子线路就是一个系统，其性质由 $c(t)$ 和 $r(t)$ 的对应关系描述。

对于一个光学成像装置，可把物方的光分布 $\sigma(x,y)$ 看作输入，把像方的光分布 $\sigma'(x',y')$ 视为输出，并采用像分布和物分布之间的关系来描述光学成像系统的性质。因此，这个光学成像装置也是一种系统，在分析和描述方法上与上述的电子线路系统有许多共同点。但是，这两种系统的物理结构和功能是相异的，电子线路的输入/输出是一维的时间信号，而光学成像系统的是二维空间信号。

一般地，对于一个任意系统，其输出和输入关系比较复杂，当很难对其进行定量描述时，会对系统的特性作一些近似或假设，以简化分析和描述。

2. 线性系统

设某一系统对输入 $\sigma_1(x,y)$ 和 $\sigma_2(x,y)$ 的输出响应分别为 $\sigma_1'(x',y')$ 和 $\sigma_2'(x',y')$，如果以

$$\sigma(x,y) = k_1\sigma_1(x,y) + k_2\sigma_2(x,y) \tag{2-36}$$

作为系统的输入信号，其中 k_1、k_2 为两个任意常数，系统的总输出为

$$\sigma'(x',y') = k_1\sigma_1'(x',y') + k_2\sigma_2'(x',y') \tag{2-37}$$

则称该系统为线性系统。

式（2-37）表明，线性系统满足叠加原理，即系统对若干个信号的线性组合的响应等于各信号单独作用系统时的响应的线性组合。

如果可将线性系统的输入信号分解成某些基元信号的线性组合，系统的响应输出就可以通过对这些基元信号的响应输出的线性组合来求得。例如，对于光学系统，如果输入面上各点发射的光波完全相干，由叠加原理可知，它对光波的复振幅分布而言是线性系统；如果输入面上各点发射的光波不相干，则它对光强度分布而言是线性系统。

3. 不变系统

当系统的输入信号发生移动时，其输出信号的形式不变，只是随着输入的移动而移动，称该系统为不变系统。

例如，对于光学系统，其“不变”的具体含义：系统对输入分布 $\sigma(x,y)$ 的输出分布为 $\sigma'(x',y')$，当输入分布变为 $\sigma(x-x_0,y-y_0)$ 时，其输出分布为 $\sigma'(x'-x_0',y'-y_0')$。其中，x_0'、y_0' 分别与 x_0、y_0 成正比。对于理想的光学成像系统，“不变”性质是一个必要条件。因为理想成像系统不仅要求位于某个特定位置的物分布能产生与之相似的像分布，而且要求物体在视场内的任意位置都能给出与之相似的像。

对于电子线路，输入的“移动”是指时间的推迟或提前，对应的不变性质称为“时间不变性”。相应地，上述光学系统的不变性质可称为“空间不变性”。

4. 线性不变系统

若系统既是线性系统，又是不变系统，则称其为线性不变系统。

对于线性不变系统，设其输入/输出分别为 $r(x,y)$ 和 $c(x,y)$，二者在空间域和空间频率域中的关系为

$$\begin{cases} c(x,y) = r(x,y) * h(x,y) \\ C(f_x,f_y) = R(f_x,f_y)H(f_x,f_y) \end{cases} \tag{2-38}$$

式中：$R(f_x,f_y)$、$C(f_x,f_y)$ 分别为输入 $r(x,y)$ 和输出 $c(x,y)$ 的频谱；$h(x,y)$ 为描述系统输入 $r(x,y)$ 和输出 $c(x,y)$ 关系的函数；$H(f_x,f_y)$ 为系统的传递函数，表征系统对输入所包含的不同频率的基元信息的传递能力。

传递函数一般是复函数，它的模表示对不同频率基元的幅值传递能力，

其辐角表示对不同频率基元的相位改变。系统输入信号中任意频率基元成分作用于系统后模和相位发生变化，形成系统输出信号中同一频率基元成分，所有这些基元成分叠加构成输出信号。

2.2 物理基础

2.2.1 菲涅耳衍射与夫琅禾费衍射

1. 菲涅耳－基尔霍夫公式

光的衍射是指光波传播过程中遇到障碍物时，所发生的偏离直线传播的现象。衍射现象是无限多个相干光波叠加引起的光强的重新分布，基尔霍夫从微分波动方程出发，利用格林定理，给出了惠更斯－菲涅耳原理较完善的数学表达，对衍射光场中任意一点的复振幅进行描述，这一数学表达称为菲涅耳－基尔霍夫公式。

如图 2－2 所示，光波通过衍射光阑所在的光瞳面 Σ 后照亮观察面 Π，瞳面到像面的距离为 d，两个面平行。

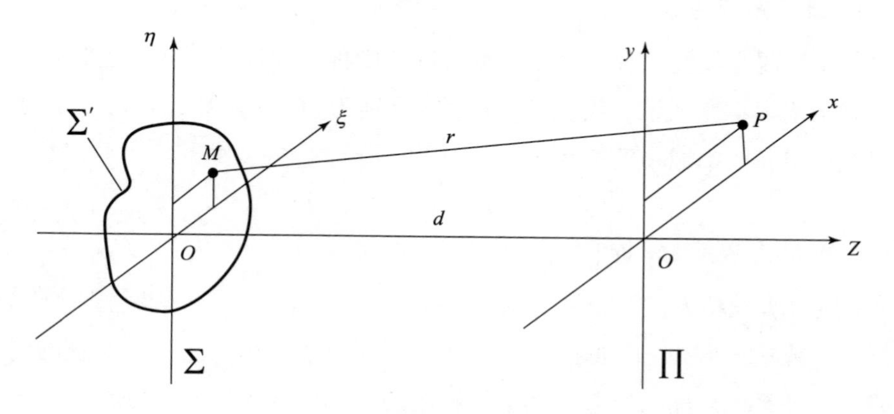

图 2－2 衍射的几何关系示意图

像面任意一点 P 的复振幅由菲涅耳－基尔霍夫公式给出：

$$E(p) = K\iint_{\Sigma}{}' A(\xi,\eta)\frac{\exp(\mathrm{j}kr)}{r}\mathrm{d}\sigma \tag{2-39}$$

式中：$K=1/\mathrm{j}\lambda$，λ 为波长；r 为瞳面上 M 点到观察面上 P 点的距离；$\mathrm{d}\sigma=\mathrm{d}\xi\mathrm{d}\eta$；$A(\xi,\eta)$ 为瞳面任意一点的复振幅，可表示为

$$A(\xi,\eta) = B(\xi,\eta)\cdot T(\xi,\eta) \tag{2-40}$$

式中：$B(\xi,\eta)$ 是任意形状的简谐入射波在瞳面 Σ 上的表达式；$T(\xi,\eta)$ 为衍射屏的透射系数，可以取 0～1 的任何数值。

2. 菲涅耳衍射

由图 2－2 可知

$$r = [(x-\xi)^2+(y-\eta)^2+d^2]^{\frac{1}{2}} \tag{2-41}$$

当观察点到衍射光阑的距离远大于光阑 Σ' 和观察范围的尺寸，即 $r\gg\xi$、η、x、y 的最大值时，对式（2－41）进行近似，仅保留其右端二项式展开的前两项

$$r\approx d+\frac{(x-\xi)^2+(y-\eta)^2}{2d} = d+\frac{x^2+y^2}{2d}-\frac{x\xi+y\eta}{d}+\frac{\xi^2+\eta^2}{2d} \tag{2-42}$$

用于表示式（2－39）中位相部分的“r”，此即“菲涅耳近似”。此时可进一步将式（2－39）的被积函数分母的“r”近似为 d。因此，在菲涅耳近似下，基尔霍夫公式变为

$$E(p) = \frac{K}{d}\iint_{\Sigma}{}' A(\xi,\eta)\exp(\mathrm{j}kd)\cdot\exp\left\{\mathrm{j}\frac{k}{2d}[(x-\xi)^2+(y-\eta)^2]\right\}\mathrm{d}\xi\mathrm{d}\eta \tag{2-43}$$

满足菲涅耳近似条件时观察到的衍射图形称为“菲涅耳衍射图形”，此时的衍射称为“菲涅尔衍射”。

3. 夫琅禾费衍射

在满足菲涅耳近似条件 $r\gg\xi$、η、x、y 的基础上，再满足 x、y 的最大值远大于 ξ、η 最大值的条件，则可对式（2－43）作进一步的近似，将其最后一项忽略不计，得到夫琅禾费近似，此时的基尔霍夫公式为

$$E(p) = \frac{K}{d}\exp\left[jk\left(d + \frac{x^2 + y^2}{2d}\right)\right]\iint_{\Sigma}{}'A(\xi,\eta) \cdot \exp\left[-j\frac{k}{d}(x\xi + y\eta)\right]d\xi d\eta \tag{2-44}$$

式中：x、y 的最大值远大于 ξ、η 最大值的含义为，保持衍射光阑 Σ' 尺寸不变的情况下，增大光阑与观察面之间的距离 d，使衍射图形随之增大，形成观察范围远大于光阑尺寸的情形。

满足夫琅禾费近似条件时观察到的衍射图形称为“夫琅禾费衍射图形”，此时的衍射称为“夫琅禾费衍射”。

图 2-3 给出了借助透镜观察夫琅禾费衍射现象的方法示意图。在衍射光阑 Σ' 的后方设置一个透镜 L，在透镜后焦面上即可呈现夫琅禾费衍射图形。这是因为透镜可以将无穷远处的图像成像在其后焦面上，所以在图 2-3 中透镜的后焦面上的辐照度分布与图 2-2 中当 $d \to \infty$ 时观察面 Π 上的辐照度分布是相似图形，因此在透镜后焦面上可以观察到夫琅禾费衍射图形。

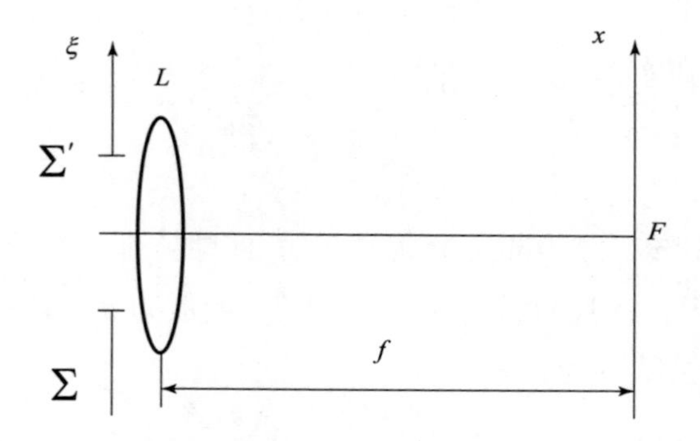

图 2-3 观察夫琅禾费衍射现象方法示意图

引入参量 f_ξ、f_η，且满足

$$f_\xi = \frac{x}{\lambda d}, f_\eta = \frac{y}{\lambda d} \tag{2-45}$$

式（2-44）可进一步整理写为

$$\begin{aligned} E(x,y) &= E(p) \\ &= \frac{K}{d}\exp(jkd) \cdot \exp\left(jk\frac{x^2 + y^2}{2d}\right)\iint_{\Sigma}{}'A(\xi,\eta) \cdot \exp[-j2\pi(f_\xi\xi + f_\eta\eta)]d\xi d\eta \\ &= \frac{K}{d}\exp(jkd) \cdot \exp\left(jk\frac{x^2 + y^2}{2d}\right) \cdot a(f_\xi,f_\eta) \end{aligned}$$

$$= \frac{K}{d}\exp(\mathrm{j}kd) \cdot \exp\left(\mathrm{j}k\frac{x^2+y^2}{2d}\right) \cdot a\left(\frac{x}{\lambda d},\frac{y}{\lambda d}\right) \tag{2-46}$$

式中：$a(f_\xi,f_\eta)$ 是瞳面复振幅函数 $A(\xi,\eta)$ 对空间变量 (ξ,η) 的二维傅里叶变换。

由此可知，夫琅禾费衍射场的复振幅分布与衍射光阑处的光波 $A(\xi,\eta)$ 的傅里叶变换仅差一个常数和一个“二次位相因子”。所以，只需根据 $A(\xi,\eta)$ 求出 $a(f_\xi,f_\eta)$ 即可得到夫琅禾费衍射场的光强分布

$$I(x,y) = E(x,y) \cdot E^*(x,y) = \frac{KK^*}{d} \cdot a(f_\xi,f_\eta) \cdot a^*(f_\xi,f_\eta) \tag{2-47}$$

4. 两种典型光瞳

在对合成孔径成像系统的共相位误差进行检测时，常用的光瞳形状有矩形和圆形两种。

1）矩形光瞳

设矩形光瞳在 ξ 和 η 两个方向上的尺寸分别为 a 和 b，其振幅透射比表示为

$$A(\xi,\eta) = \mathrm{rect}\left(\frac{\xi}{a}\right)\mathrm{rect}\left(\frac{\eta}{b}\right) = \begin{cases} 0, & \text{在 } a \times b \text{ 的光瞳外} \\ 1, & \text{在 } a \times b \text{ 的光瞳内} \end{cases} \tag{2-48}$$

式中：rect(·) 为矩形函数符号。

根据上述分析，其夫琅禾费衍射场光强分布为

$$I(x,y) = F[A(\xi,\eta)] \cdot \{F[A(\xi,\eta)]\}^* = \frac{a^2b^2}{\lambda^2 f^2}\mathrm{sinc}^2\left(\frac{ax}{\lambda f}\right) \cdot \mathrm{sinc}^2\left(\frac{by}{\lambda f}\right) \tag{2-49}$$

2）圆形光瞳

设圆形光瞳半径为 R，在极坐标 (ρ,θ) 中描述，其振幅透射比表示为

$$A(\rho) = \mathrm{circ}\left(\frac{\rho}{R}\right) = \begin{cases} 0, & \text{在圆光瞳外} \\ 1, & \text{在圆光瞳内} \end{cases} \tag{2-50}$$

式中：circ(·) 为圆函数符号。

同理，夫琅禾费衍射场光强分布为

$$I(P) = F[A(\rho)] \cdot \{F[A(\rho)]\}^* = \frac{\pi^2 R^2}{\lambda^2 f^2}\left[2\frac{J_1\left(\frac{2\pi Rr}{\lambda f}\right)}{\frac{2\pi Rr}{\lambda f}}\right]^2 \quad (2-51)$$

式中：观察点 P 的位置坐标为 (r,α)。

2.2.2 光学系统的空间域和频率域描述

在下面的讨论中，定义物空间的坐标系为 (xOy)、像空间的坐标系为 $(x'Oy')$。

1. 空间域描述——卷积运算

根据傅里叶光学理论，光学成像系统可近似为一个线性空间不变系统。把“物”作为光学系统的输入，“像”作为系统的输出。

用 $\sigma(x,y)$ 表示物分布，可以把物平面分解为大量面积为 $\mathrm{d}x\mathrm{d}y$ 的面元，则位于 (x_0,y_0) 处的点源的辐射功率或复振幅可表示为

$$\sigma(x_0,y_0)\delta(x-x_0,y-y_0)\mathrm{d}x_0\mathrm{d}y_0 \quad (2-52)$$

整个物分布由这些点源组成，可表示为

$$\sigma(x,y) = \iint \sigma(x_0,y_0)\delta(x-x_0,y-y_0)\mathrm{d}x_0\mathrm{d}y_0 \quad (2-53)$$

式（2-53）数学上表示了 δ 函数的筛选性质；物理上表达了任意物分布是由大量“点基元”$\delta(x-x_0,y-y_0)$ 构成的，每个基元所占比重正比于 $\sigma(x_0,y_0)$。

又因为光学系统是线性不变系统，归一化的像分布为

$$\sigma'(x',y') = \iint \sigma(x,y)\gamma(x'-x,y'-y)\mathrm{d}x\mathrm{d}y = \sigma(x',y') \otimes \gamma(x',y') \quad (2-54)$$

式（2-54）表示 $\sigma(x,y)$ 和 $\gamma(u,v)$ 的卷积运算，其中，$\gamma(x',y')$ 为物方点源所形成的像分布，称为点扩散函数，描述系统的性能。

因此，光学成像系统的像是物和点扩散函数的卷积。即光学系统对物实现了一个特定的卷积运算，此过程又称为“卷积成像过程”。

2. 空间频率域描述——传递函数

上述把物像分布用 $\sigma(x,y)$ 和 $\sigma'(x',y')$ 来描述，实质上是点基元描述。设 $\tilde{\sigma}(f_x,f_y)$ 是 $\sigma(x,y)$ 的傅里叶变换，即

$$\tilde{\sigma}(f_x,f_y) = \iint\sigma(x,y)\exp[-\mathrm{j}2\pi(f_x x + f_y y)]\mathrm{d}x\mathrm{d}y \tag{2-55}$$

对其进行傅里叶逆变换，可得物分布

$$\sigma(x,y) = \iint\tilde{\sigma}(f_x,f_y)\exp[\mathrm{j}2\pi(f_x x + f_y y)]\mathrm{d}f_x\mathrm{d}f_y \tag{2-56}$$

若把式中的 $\exp[\mathrm{j}2\pi(f_x x + f_y y)]$ 看作空间频率为 f_x，f_y 的余弦基元，式（2-56）表明：物像分布用 $\sigma(x,y)$ 由大量余弦基元叠加而成，表征每个 f_x，f_y 的基元成分大小的系数是 $\sigma(x,y)$ 的傅里叶变换 $\tilde{\sigma}(f_x,f_y)$，即在余弦基元表示法中，物分布用 $\tilde{\sigma}(f_x,f_y)$ 描述。

类似地，像分布的余弦基元表示法可写为

$$\sigma'(x',y') = \iint\tilde{\sigma}'(f_x,f_y)\exp[\mathrm{j}2\pi(f_x x' + f_y y')]\mathrm{d}f_x\mathrm{d}f_y \tag{2-57}$$

式中，$\tilde{\sigma}'(f_x,f_y)$ 是 $\sigma'(x',y')$ 的傅里叶变换。

对于线性不变系统而言，以余弦基元作为系统的输入时，其输出依然是同频率的余弦基元成分，只是在幅值和位相上与输入不同。为方便说明这一点，采用一维的物分布进行讨论，其结果依然适用于二维分布的情况。

设物分布为 $\sigma(x) = \exp(\mathrm{j}2\pi f_x x)$，根据式（2-54），像分布为

$$\begin{aligned}\sigma'(x') &= \int\exp(\mathrm{j}2\pi f_x x)\gamma(x'-x)\mathrm{d}x \\ &= \exp(\mathrm{j}2\pi f_x x')\int\exp[-\mathrm{j}2\pi f_x(x'-x)]\gamma(x'-x)\mathrm{d}(x'-x) \\ &= \exp(\mathrm{j}2\pi f_x x')\tilde{\gamma}(f_x)\end{aligned} \tag{2-58}$$

式中：$\tilde{\gamma}(f_x)$ 为 $\gamma(x')$ 的傅里叶变换。

式（2-58）表明：像分布与物分布具有同频率的余弦基元成分，其系数和位相分别受 $\tilde{\gamma}(f_x)$ 的模和辐角调制；在余弦基元法中，物像的基元成分一一对应；系统的性质由点扩散函数的傅里叶变换描述。

再根据式（2-56），可得整个像分布为

$$\sigma'(x') = \int\tilde{\sigma}(f_x)\tilde{\gamma}(f_x)\exp(\mathrm{j}2\pi f_x x')\mathrm{d}f_x \tag{2-59}$$

写成二维形式，即

$$\sigma'(x',y') = \iint \tilde{\sigma}(f_x,f_y)\tilde{\gamma}(f_x,f_y)\exp[\mathrm{j}2\pi(f_x x + f_y y)]\mathrm{d}f_x\mathrm{d}f_y \quad (2-60)$$

与式（2-57）比较，可得

$$\tilde{\sigma}'(f_x,f_y) = \tilde{\sigma}(f_x,f_y)\tilde{\gamma}(f_x,f_y) \quad (2-61)$$

此即空间频率域中的物象关系，是乘积的关系，比空间域中的卷积关系简单。其中的表征系统性质的函数 $\tilde{\gamma}(f_x,f_y)$ 称为系统的“传递函数”，它是系统点扩散函数 $\gamma(x',y')$ 的傅里叶变换，可进一步写成下列形式，即

$$\tilde{\gamma}(f_x,f_y) = \frac{\tilde{\sigma}'(f_x,f_y)}{\tilde{\sigma}(f_x,f_y)} \quad (2-62)$$

3. 点扩散函数与传递函数的关系

由上述分析可知，点扩散函数和传递函数分别在空间域和空间频率域中描述光学成像系统的性能。点扩散函数是光学系统对理想点目标所成像斑能量分布的数学描述，表征了该成像系统的分辨本领；光学传递函数是成像系统对目标所成实际像的频谱与理想像的频谱的比值，反映了成像系统把目标光强分布中所包含的各频率分量传递到像面上的能力。

为与光学系统分析中常用符号统一，在此规定：点扩散函数用 PSF（Point Spread Function）表示，光学传递函数用 OTF（Optical Transfer Function）表示。

用单色光做光源，对于理想照明情况下，系统的点扩散函数可通过对系统的光瞳函数进行傅里叶变换，再取其模的平方求得，可以表示为

$$\begin{aligned}\mathrm{PSF}(x,y) &= |F[A(\xi,\eta)]|^2 \\ &= \left|\iint A(\xi,\eta)\exp[-\mathrm{j}2\pi(f_\xi \xi + f_\eta \eta)]\mathrm{d}\xi\mathrm{d}\eta\right|^2\end{aligned} \quad (2-63)$$

式中：$A(\xi,\eta)$ 为成像系统的广义光瞳函数；瞳面坐标系为 $\xi O\eta$，像面坐标系为 xOy。

光学传递函数可以通过对系统的点扩散函数进行傅里叶变换获得，即

$$\mathrm{OTF}(f_x,f_y) = F[\mathrm{PSF}(x,y)] = \iint \mathrm{PSF}(x,y)\exp[-\mathrm{j}2\pi(f_x x + f_y y)]\mathrm{d}x\mathrm{d}y \quad (2-64)$$

也可通过对光瞳函数进行自相关获得：

$$\mathrm{OTF}(f_x,f_y) = \frac{\iint A(\xi,\eta)A^*(\xi+\lambda d'f_x,\eta+\lambda d'f_y)\mathrm{d}\xi\mathrm{d}\eta}{\iint |A(\xi,\eta)|^2\mathrm{d}\xi\mathrm{d}\eta} \tag{2-65}$$

由式（2－65）可以看出光学传递函数的几何意义：分母是光瞳的总面积，分子是平移后的光瞳与原光瞳的重叠面积，光学传递函数为二者的比值，可理解为计算归一化的重叠面积，而重叠面积取决于错开的光瞳的相对位置，与空间频率 f_x, f_y 有关，如图 2－4 所示。

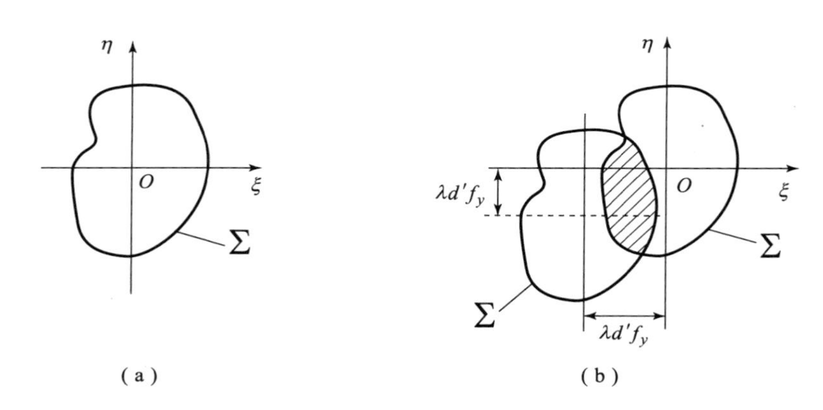

图 2－4　光瞳位置示意图

（a）原光瞳位置；（b）光瞳平移后与原光瞳的重叠情况

通常，把光学传递函数的模称为光学系统的调制传递函数（Modulation Transfer Function，MTF），MTF 反映了系统对目标中的各频率分量对比度的传递能力；光学传递函数的辐角称为相位传递函数（Phase Transfer Function，PTF），PTF 表示系统物分布中各个频谱分量相对零频分量的空间移动。因此，OTF 可表示为

$$\mathrm{OTF}(f_x,f_y) = \mathrm{MTF}(f_x,f_y)\cdot\exp[\mathrm{jPTF}(f_x,f_y)] \tag{2-66}$$

因此，光学传递函数反映了光学系统对物分布中不同频率成分的传递能力，能够全面、定量地反映光学系统的衍射和像差所引起的综合效应。若把光学系统看作线性不变系统，目标物经光学系统传递后，所包含的各种基元成分的频率不变，但其对比度下降、相位发生偏移；对比度的降低和相位的偏移随空间频率的不同而不同；空间频率增大至一定值时，对比度降为零，该频率称为光学系统的截止频率。另外，光学传递函数可以根据光学系统的

结构参数直接计算得到，使得在系统设计阶段即可对系统的成像质量进行预估。

图2－5给出了光瞳函数、点扩散函数、光学传递函数、调制传递函数及相位传递函数的关系示意图。

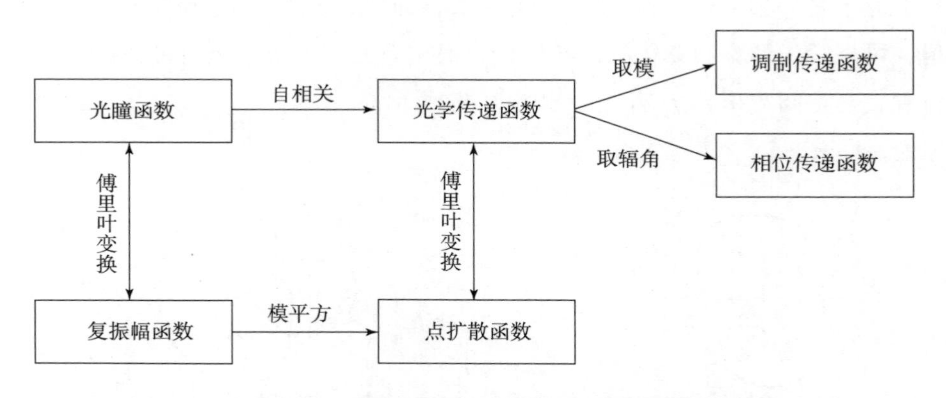

图2－5 光瞳函数、点扩散函数、光学传递函数、调制传递函数及相位传递函数的关系示意图

共相位误差的存在将引起成像系统出瞳波面的畸变，使得各离散子波面之间存在着相对平移和倾斜的位置误差，根据式（2－63）和式（2－64），共相位误差的存在将直接体现在被积函数的相位部分，从而使系统的这两个像质评价指标发生变化。同样，调制传递函数和相位传递函数也会随之发生变化，最终影响成像效果。因此，共相位误差检测方法的研究一般是从像质评价指标入手，重点讨论和研究点扩散函数、调制传递函数以及相位调制传递函数与共相位误差之间的关系，借此实现共相位误差的检测。

参考文献

吕乃光．傅里叶光学［M］．北京：机械工业出版社，2006.

第 3 章 经典共相位误差检测方法

如第 1 章中提到的，合成孔径成像技术突破了高分辨率成像中的大口径主镜的瓶颈，但同时也引入了新的亟须解决的问题，共相位误差检测就是其中之一。共相位误差是由分块式主镜的折叠展开机构的展开精度及其稳定性、各拼接子镜或稀疏子镜支撑结构的稳定性、各子望远镜系统所处平台的相对运动、平台抖动等因素引入的。对共相位误差检测方法的研究，最初是从分块拼接式主镜望远镜系统展开的。

对于地基望远镜，其分辨率并不完全取决于望远镜口径和分块式主镜的拼接情况，它还受大气扰动的影响。当波长小于 3 μm 时，像斑直径取决于大气扰动的影响，即系统的分辨率取决于大气扰动，此时需采用自适应光学技术对大气扰动进行校正。对于共相位误差，只需校正其中的倾斜误差使各子镜共焦即可，无须对 piston 误差进行校正。但是，当波长取在中远红外波段时，系统的分辨率将由分块子镜的衍射决定，若想实现高分辨率观测，共相位的倾斜和 piston 误差均需要进行校正，而且校正精度随波长的增加而增加。以 Keck 望远镜为例，大气相干长度 $r_0 = 20\text{cm}$，当波长大于 12 μm 时，系统的分辨率取决于子镜的拼接精度，并且要求很高，约为 0. 1 μm。

对于天基拼接式主镜空间望远镜，由于空间环境的特殊性，基本上可忽略大气扰动对望远镜成像质量的影响，共相位误差对分辨率的影响是主要的。因此，在可见光和红外波段需要进行共相位误差的高精度检测及精确校正，以满足衍射受限成像的要求。以 Keck 望远镜为例，图 3 - 1 给出了共相位 piston 误差与像质评价指标斯特列尔比 SR 的关系曲线。由图可知，当 SR≈0. 91 时，对应的 piston 误差的均方根值为 0. 05 μm，即为 $\lambda/40$ RMS。另外，piston 误差对成像指标 MTF 的影响主要反映在中、低空间频率范围，如图 3 - 2 所示。

综合上述地基和天基望远镜的情况，当子镜的衍射效应直接影响系统分辨率时，必须对 piston 误差进行高精度的检测和校正，其精度要求优于 $\lambda/40$ RMS。另外，由于目前的分块主镜的机械展开及支撑机构的定位精度约为 0. 1 mm，这将作为 piston 误差的初始值去考虑。因此，对 piston 误差检测的要求为，量程为 0. 1 mm，精度约为 10 nm，其测量的动态范围为 10^4 量级。

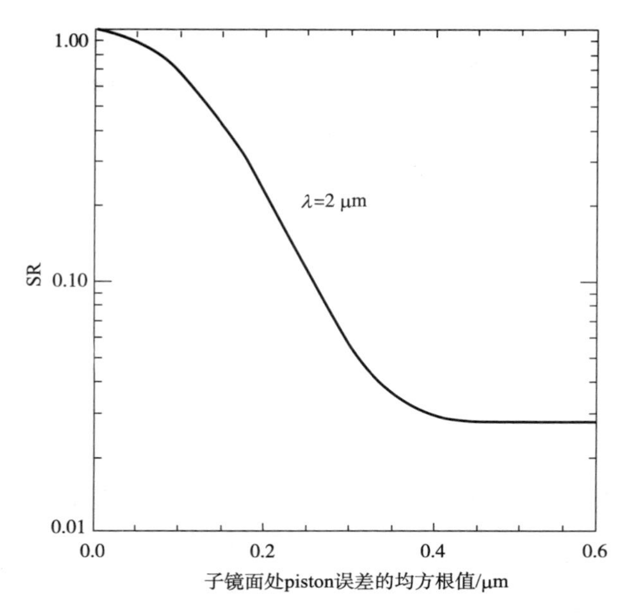

图3-1　Keck望远镜Piston误差与S.R的关系曲线

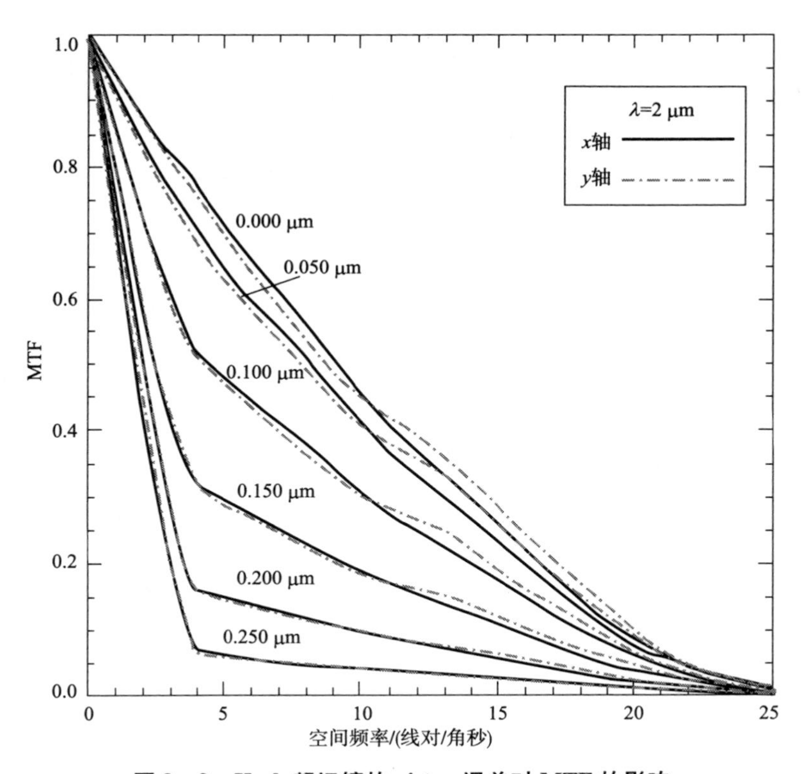

图3-2　Keck望远镜的piston误差对MTF的影响

piston 误差检测方法分为电学检测和光学检测法两大类。由于 piston 误差检测的动态范围很大，很少有哪一种光学检测方法能够达到这一要求，因此光学检测方法一般将 piston 误差检测划分为粗测和精测两个阶段，不同阶段采用动态范围不同的方法。其中，粗测的量程为0.1 mm、精度约0.1 μm；精测的量程为0.1 μm 或几个波长，精度为纳米量级。

在介绍各种 piston 误差检测方法之前，先对共相位误差做一个说明。以拼接式分块主镜为例，共相位误差指的是各子镜间的 tip－tilt 误差和 piston 误差，如图3－3 所示。图中，拼接子镜形状为正六边形，图3－3（a）和（b）分别为子镜间存在 tip－tilt 误差和 piston 误差的情况。

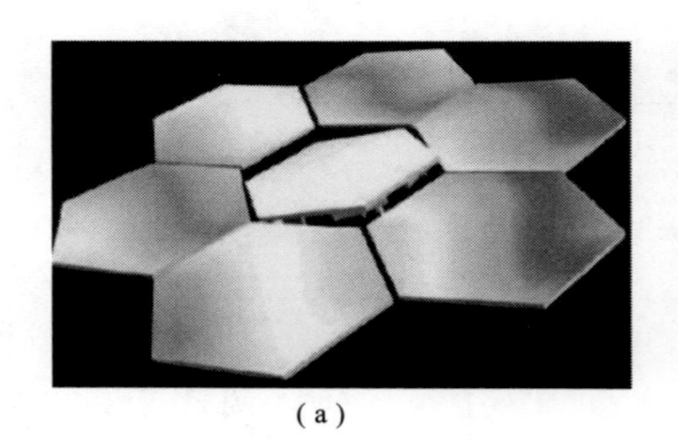

（a）

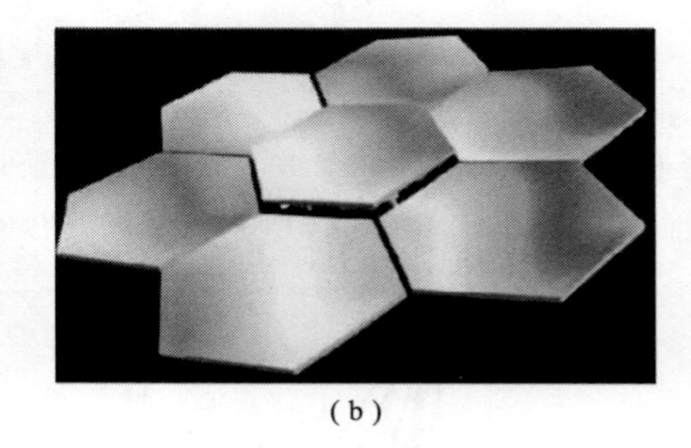

（b）

图3－3　拼接子镜间共相位误差示意图

（a）子镜间 tip－tilt 误差示意图；（b）子镜间 piston 误差示意图

要使拼接主镜达到与等效单块主镜相当的分辨率，在完成主镜展开、系统调焦和像斑捕获后，首先需要对 tip－tilt 误差进行检测和校正，使各子镜在焦面上的光斑相互重合实现“共焦”；然后再进行 piston 误差的检测和校正，使得各光斑同相位叠加实现“共面”，这两个检测及校正过程是不断交替进行的，直至实现衍射受限的共相位要求；最后通过闭环控制，使分块子镜保持共相位状态。

对于共相位误差电学检测方法，一般将传感器或检测装置设置在分块子镜的边缘或背部，近似看成在分块子镜的表面位置检测共相位误差。而共相位误差光学检测方法，通常是在系统的瞳面或焦面位置探测带有共相位误差的信息，再通过后续处理、解算共相位误差。为方便叙述，在下面的光学共相位误差检测方法的叙述过程中，将 piston 误差定义在成像系统的出瞳面上，如图 3 – 4 所示。图中的 d 为分块子镜沿其法线方向相对理想位置的偏移量，在光学系统出瞳面，这一偏移量将导致与其对应的子波面沿光轴方向偏移 p ，使出瞳面处的波面不再是一个理想的平面波。由于主镜的反射作用，子波面偏离其理想位置或称为参考波面位置的轴向光程差约为子镜位置偏移量的 2 倍，即 $p = 2d$ ，对应子波面间的相位差 $\varphi = 2\pi p/\lambda$ 。来自无穷远的入射光经分块主镜反射后进入望远镜成像系统，所形成的各个子波面携带了共相位误差的信息，按照探测面位置的不同，可将 piston 误差的光学检测方法分为焦面检测法、离焦面检测法及出瞳面检测法。

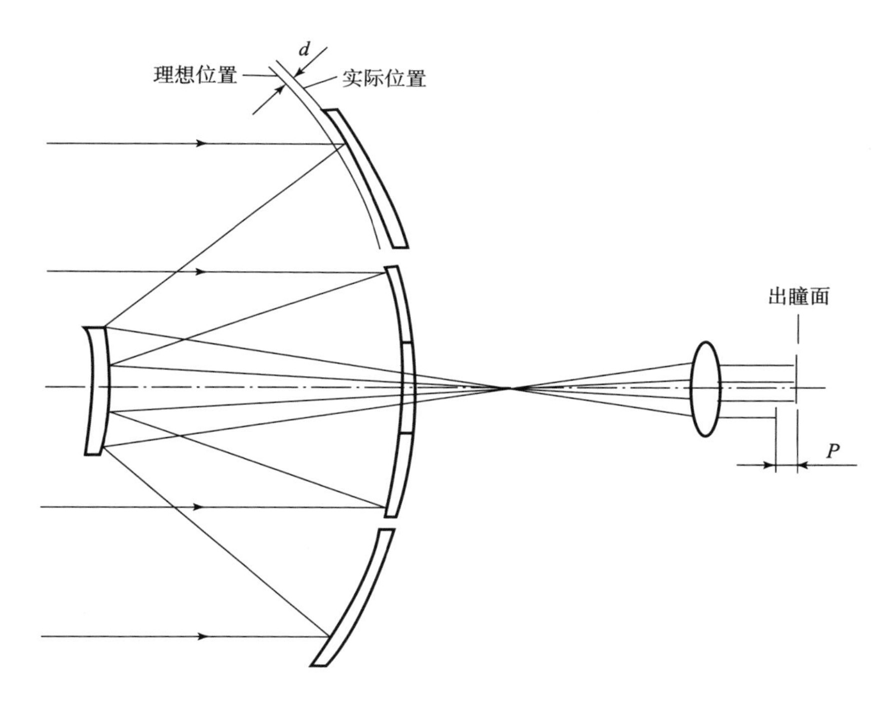

图 3 – 4　理想成像系统 piston 误差示意图

3.1　焦面检测方法

所谓焦面检测法，是指在光学系统焦平面上探测光强分布实现分块子镜

piston 误差检测的方法。

3.1.1 样板比较式 piston 误差检测方法

该方法是在望远镜的出瞳面上设置一个特殊的光阑，光阑上设置了稀疏排布的采样圆孔，圆孔位于相邻拼接子镜的拼接处，两个半圆分别落在两个子镜上，圆心位于拼接处的中间位置，如图 3-5 所示。图中的正六边形表示分块镜，相邻分块子镜拼接处的小圆孔代表采样孔。通过将实际的采样圆孔的衍射图与样板衍射图进行比较，实现相邻子镜间的 piston 误差检测。采样圆孔的精确定位是该方法的一个关键环节。另外，为避免大气扰动对测量的影响，取圆孔直径小于大气相干长度，即取其直径小于 20 cm。

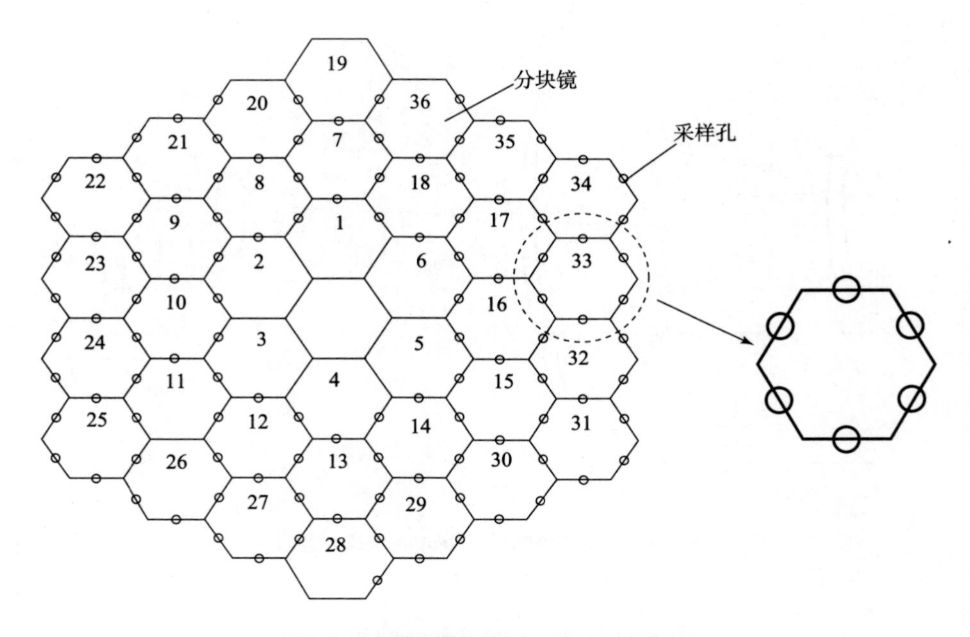

图 3-5 望远镜出瞳面上的采样孔设置

设瞳面坐标系为 $(\xi O\eta)$，对应的极坐标为 (ρ,θ)；像面坐标系为 (xOy)，对应的极坐标为 (r,ψ)。各分块子镜反射的光波，通过出瞳处的采样圆孔发生衍射，在圆孔后设置透镜，可在其像面处观察或采集到衍射图样，衍射图样与两个子镜的 piston 误差有关。

设采样孔的直径为 D，在出瞳面上对应的两相邻子镜及采样圆孔的相对位置如图3-6所示。设相对于理想位置，Ⅰ号子镜的 piston 误差为 δ，Ⅱ号子镜的 piston 误差为 $-\delta$，不考虑其他波像差，在单色光情况下，光瞳函数为

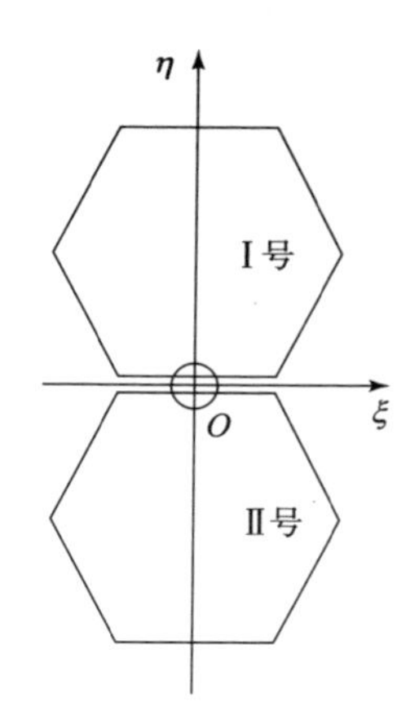

图3-6 出瞳面上对应的两相邻子镜及采样圆孔的相对位置示意图

$$G(\rho,k\delta)=\begin{cases}\exp(\mathrm{j}k\delta) & \eta\geqslant 0,\rho\leqslant D\\ \exp(-\mathrm{j}k\delta) & \eta<0,\rho\leqslant D,\\ 0 & \rho>D\end{cases}\tag{3-1}$$

式中：$k=2\pi/\lambda$，λ 为波长。

对式（3-1）做傅里叶变换，可得与任意 δ 相对应的像面上的复振幅分布：

$$\begin{aligned}A(r,k\delta)&=\mathrm{FT}[G(\rho,k\delta)]\\&=\frac{1}{\pi D^2}\int_0^{\pi}\int_0^{D}\exp(\mathrm{j}k\delta)\exp(\mathrm{j}k\rho\cdot r)\rho\mathrm{d}\rho\mathrm{d}\theta\\&\quad+\frac{1}{\pi D^2}\int_{-\pi}^{0}\int_0^{D}\exp(-\mathrm{j}k\delta)\exp(\mathrm{j}k\rho\cdot r)\rho\mathrm{d}\rho\mathrm{d}\theta\\&=\frac{2}{\pi D^2}\int_0^{\pi}\int_0^{D}\cos(k\delta+k\rho\cdot r)\rho\mathrm{d}\rho\mathrm{d}\theta\end{aligned}\tag{3-2}$$

进一步求得像面光强分布：

$$\begin{aligned}I(r,k\delta)&=A(r,k\delta)\cdot A^*(r,k\delta)\\&=\left[(\cos k\delta)A(r,0)+(\sin k\delta)A\left(r,\frac{\pi}{2}\right)\right]^2\end{aligned}\tag{3-3}$$

式中：$A(r,0)$ 为共相位时的像面复振幅，对应的光强分布

$$I_N(r,0)=A(r,0)\cdot A^*(r,0)=\left[\frac{2J_1(kDr)}{kDr}\right]^2\tag{3-4}$$

为艾里斑；$A\left(r,\frac{\pi}{2}\right)$ 为 $\delta=\lambda/4$ 时的像面复振幅，且表示为

$$A\left(r,\frac{\pi}{2}\right)=-\frac{2}{\pi D^{2}}\int_{0}^{\pi}\int_{0}^{D}\sin(k\rho\cdot r)\rho\mathrm{d}\rho\mathrm{d}\theta$$

$$=\frac{2}{\pi}\int_{0}^{\pi}\frac{v\cos v-\sin v}{v^{2}}\mathrm{d}\theta \qquad (3-5)$$

式中：$v=kDr\cos(\theta-\psi)$。

根据式（3－4），可计算得到不同的 piston 误差，即 δ 取不同值时的衍射图样，以此为样板图样。图 3－7 给出了一组样板图样，它是以 $\delta=\lambda/22$ 为步距，在 $\lambda/2$ 范围内根据式（3－4）计算得到的。

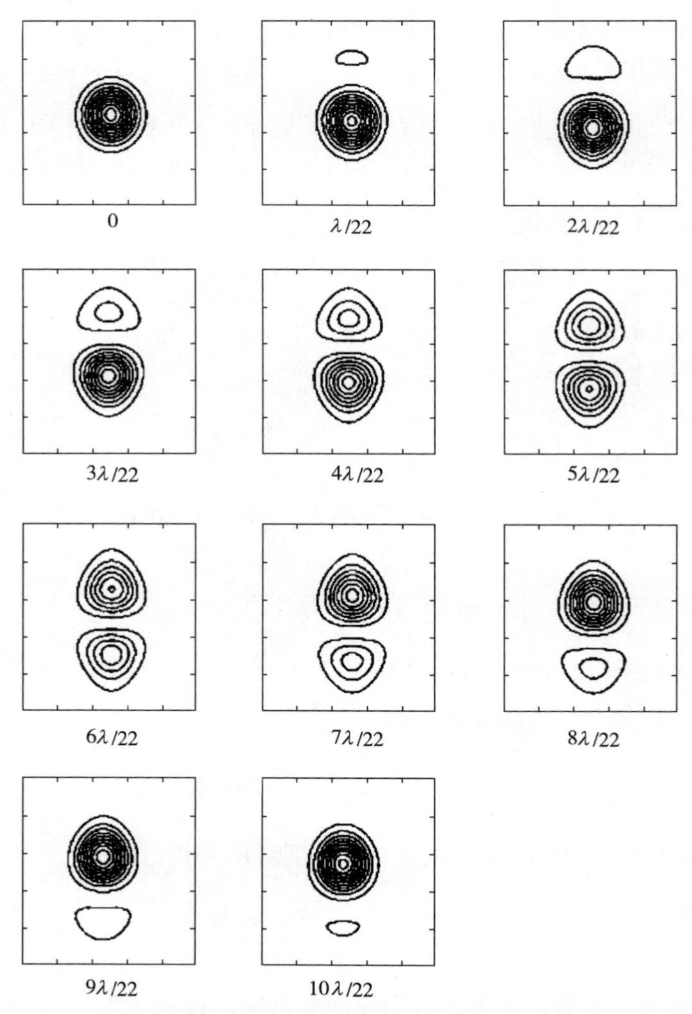

图 3－7　单色光下，相邻子镜间的不同位置偏差所对应的圆孔衍射样板图样

由图3-7可知，衍射图样随 piston 误差的变化而变化。当相邻子镜实现共相位拼接时，衍射图样是标准的艾里斑；当偏离共相位状态、piston 误差不为零时，初始的衍射图样下移，而且在其上方出现了第二个衍射图样。随着 piston 误差的增大，衍射图样继续下移，初始的衍射图变小，而第二个衍射图样变大；当 piston 增大至 $\lambda/4$ 时（对应的子镜、位置误差为 $\lambda/8$），两个衍射图样的峰值强度相等。随着 piston 误差继续增大至 $\lambda/2$ 时（对应的子镜位置误差为 $\lambda/4$），第二个衍射图样的分布与最初的第一个衍射图样一致，无法区分。随着 piston 误差的增大，衍射图样的变化将重复上述过程。

由上述分析可知，由于衍射图样的周期性，在单色光情况下，根据衍射图样识别子镜相对理想位置的偏差仅为 $\pm\lambda/4$，不满足 piston 误差检测对动态范围的要求。

为扩大检测范围，可采用具有一定谱宽的光源。设光源的谱宽为 $\Delta\lambda$，则其相干程长为

$$L = \frac{\lambda^2}{\Delta\lambda} \tag{3-6}$$

式中：$\Delta\lambda \approx 2\pi\Delta k/k^2$。

可将光源的中心波长 λ_0 替代式（3-6）中的 λ 对相干程长进行估算。

将式（3-3）对波长积分可得宽光谱下情况下衍射图样，设光谱分布 $S(\lambda)$ 为高斯分布，即

$$S(k) = \frac{1}{\sqrt{2\pi\sigma_k^2}}\exp\left[-\frac{(k-k_0)^2}{2\sigma_k^2}\right] \tag{3-7}$$

式中：$\sigma_k = 1.334/L$，则衍射图样为

$$\begin{aligned} I_B(r,k\delta) &= \int_k I_N(r,k\delta)\,\mathrm{d}k \\ &= \alpha_1 A^2(r,0) + \alpha_2 A(r,0)A\left(r,\frac{\pi}{2}\right) + \alpha_3 A^2\left(r,\frac{\pi}{2}\right) \end{aligned} \tag{3-8}$$

其中，

$$\begin{cases} \alpha_1 = \dfrac{1}{2}[1 + \exp(-2\sigma_k^2\delta^2)\cos 2k_0\delta] \\ \alpha_2 = \exp(-2\sigma_k^2\delta^2)\sin 2k_0\delta \\ \alpha_3 = \dfrac{1}{2}[1 - \exp(-2\sigma_k^2\delta^2)\cos 2k_0\delta] \end{cases} \tag{3-9}$$

当 $\sigma_k\delta \to 0$ 时，对应单色光情况；当 $\sigma_k\delta \to \infty$ 时，单圆孔内两个半圆区域的光波为非相干叠加，其光强分布为

$$I_B(r,\infty) = \frac{1}{2}\left[I(r,0) + I\left(r,\frac{\pi}{2}\right)\right] \tag{3-10}$$

即随着 $\sigma_k\delta$ 的增大，衍射图样的细节逐渐消失。

因此采用宽光谱光源，有望将 piston 误差的测量范围扩大到光源的相干程长。

（1）以被测子镜的当前位置为中心，在光源的相干程长范围 $[-L,L]$ 内、以 $L/5$ 为步距、沿子镜法线方向对称移动，在每一个位置采集一帧观测到的衍射图，可得到 11 张衍射图样。例如，采用宽光谱光源，设置中心波长为 891 nm、带宽为 10 nm 的滤光片，对应的相干程长为 40 μm，在［－30 μm，30 μm］内，以 6 μm 为间隔对称移动被测子镜以改变其 piston 误差，依次记录衍射图样，如图 3－8 所示。

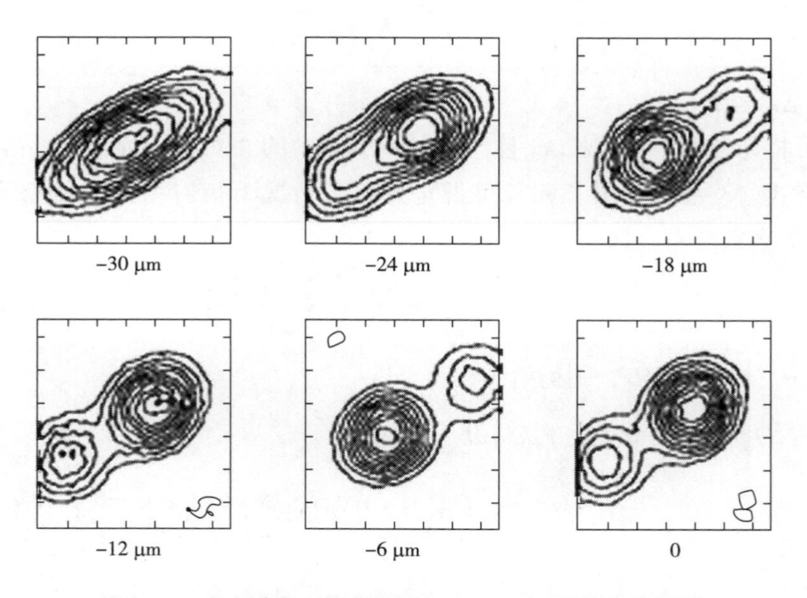

图 3－8　宽光谱下，与不同的 piston 误差对应的衍射图样

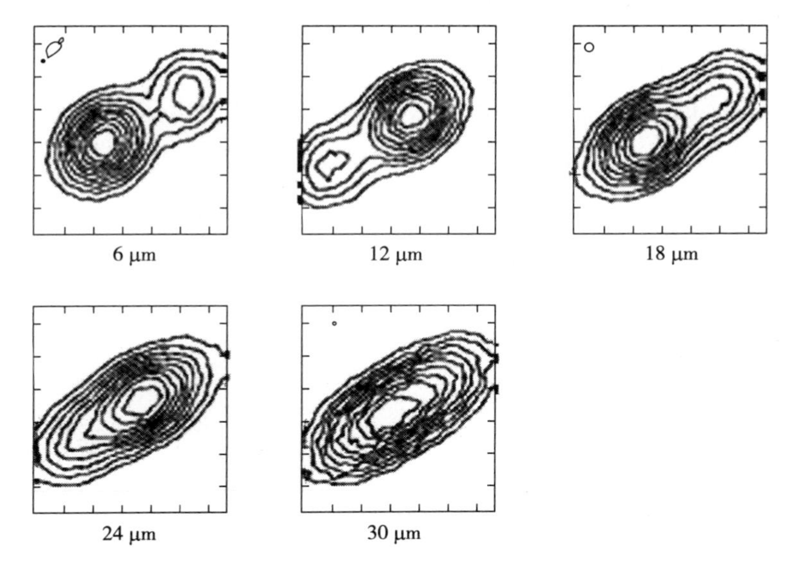

图3－8　宽光谱下，与不同的piston误差对应的衍射图样（续）

（2）旋转图样的方位，使之与图3－7样板图样的方位一致，分别计算11张观测到的衍射图样与样板图样的相干系数，即观测到的衍射图样与样板比较得到的最大相关系数减最小相关系数，再进行高斯曲线拟合，得到如图3－9所示的相干系数曲线，曲线峰值位置即为被测子镜的piston误差。

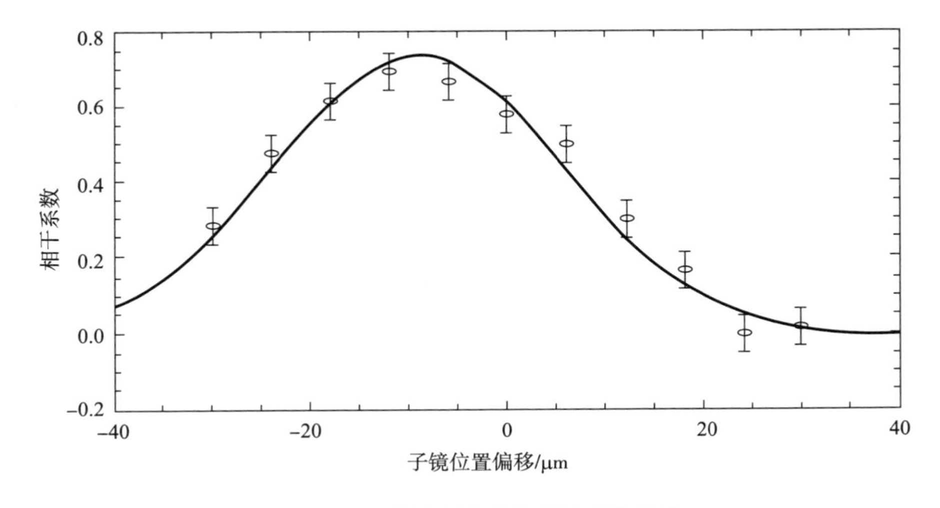

图3－9　子镜位置偏移与相干系数曲线

下面，通过改变滤光片的带宽，来改变 piston 误差的测量范围，随着测量范围的增加，步距增大，从而使测量精度减小。例如，对应上述 10 nm 带宽、±30 μm 的测量范围，piston 误差的测量精度为 1 μm；若取带宽为 200 nm，则其测量范围为 ±1 μm，piston 误差的测量精度可达 30 nm。通过选用不同的带宽，最终把测量范围确定在 $\pm\lambda/4$ ，这样就可以采用单色光光源，提高 piston 误差检测精度，满足衍射受限成像对共相位的要求。

当被测子镜的位置偏差小于 $\lambda/4$ 时，通过将实际探测到的窄带衍射图样与图 3－7 的样板图样作相关及插值处理，即可求得 piston 误差，测量精度可达 6 nm。

样板比较式检测方法可实现全口径内的 piston 误差检测，宽带和窄带探测相配合，可在几十微米范围内对 piston 误差实现纳米级精度的检测。但是，在测量过程中需要多次进行子镜沿法线方向的高精度扫描，还需要将采集到的图像分别与样板图像进行相关运算，计算量大，随着子镜数量的增多，这种检测方法的结构就会更加复杂、测量耗时非常大。

3.1.2 色散条纹 piston 误差检测方法

该方法可在［－100 μm，100 μm］的范围内对 piston 误差实现粗测，为此采用了一个专用光学元件——透射式光栅棱镜，该元件将光栅蚀刻在棱镜面上，是一种棱镜和光栅复合而成的色散元件。将该色散元件设置在 3.1.1 节中介绍的样板比较式 piston 误差检测方法的光路中，将不同波长的衍射光斑图样沿相邻子镜的拼接线方向进行色散，根据色散得到的图样系列的特征，解算 piston 误差。图 3－10 所示为其原理示意图。

沿用 3.1.1 节中的坐标设置，并且仍取相邻子镜相对于理想位置的 piston 误差分别为 δ 和 $-\delta$ ，则其像面上衍射光斑强度分布如式（3－3）所示。由衍射原理可知，式中第一项和第二项的 $A(r,0)$ 和 $A(r,\pi/2)$ 沿 x 方向的张角为 λ/D 。为方便讨论，式（3－3）可进一步写为

$$I(r,k\delta) = I_1(r) + I_2(r)\sin(2k\delta) + I_3(r)\cos(2k\delta) \qquad (3-11)$$

定义衍射光斑的对比度为

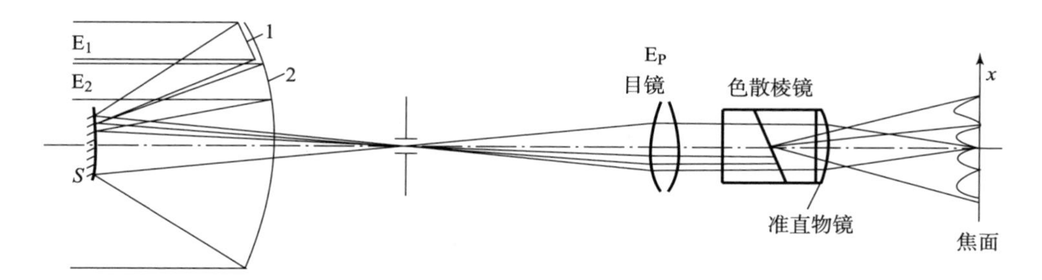

图 3－10　色散瑞利干涉法原理

1—偏离共相位的子镜；2—共相位的子镜

$$\gamma = \frac{I_{max} - I_{min}}{I_{max} + I_{min}} \tag{3-12}$$

式中：I_{max}、I_{min} 分别指光强极大和极小值。

当 $\gamma = 1$ 时，有

$$I_1^2 = I_2^2 + I_3^2 \tag{3-13}$$

为实现大动态范围的 piston 误差检测，在样板式检测装置的平行光路中设置透射式光栅棱镜，将宽光谱光源的不同谱线成分沿 x 方向（相邻分块子镜的拼接方向）分开，使衍射光斑按不同波长成像在 CCD 的不同位置上。光栅棱镜的色散率与波长近似为线性关系：

$$\lambda(x) = \lambda_0 + \frac{\partial \lambda}{\partial x}x = \lambda_0 + C_0 x \tag{3-14}$$

式中：λ_0 为中心波长，C_0 为色散率。

对式（3－11）沿色散方向积分，可得探测器各点处的光强分布为

$$\begin{aligned} I(x,y) &= I_0\{1 + \gamma\cos[2k\delta + \phi_0(y)]\} \\ &= I_0\left\{1 + \gamma\cos\left[4\pi\frac{\delta}{\lambda(x)} + \phi_0(y)\right]\right\} \end{aligned} \tag{3-15}$$

式中：I_0 为光强幅值；$\phi_0(y)$ 为与 y 有关的初始相位；δ 为分块子镜的 piston 误差。

将式（3－14）代入式（3－15），可得

$$I(x,y) = I_0\left\{1 + \gamma\cos\left[4\pi \cdot \frac{\delta}{\lambda_0 + C_0 \cdot x} + \phi_0(y)\right]\right\} \tag{3-16}$$

采用最小二乘法对探测到的光强信号分别逐行拟合，即可得到 piston 误差 δ 、

以及其他三个参数 $I_0, \gamma, \phi_0(y)$。

在像面上，可观察到明暗相间的图样。凡是满足下述相位条件的点（x, y），对应亮条纹

$$4\pi \frac{\delta}{\lambda(x)} + \phi_0(y) = 2m\pi \tag{3-17}$$

满足下述相位条件的点（x,y），对应暗条纹为

$$4\pi \frac{\delta}{\lambda(x)} + \phi_0(y) = 2(m+1)\pi \tag{3-18}$$

式中：$m = 0, \pm 1, \pm 2, \cdots$。

通过分析式（3-16）可以得到以下结论。

（1）piston 误差的测量范围为

$$\delta_0 \approx \pm 0.23 \frac{\lambda_0 D}{C_0} \tag{3-19}$$

因此，在确定了子孔径直径 D 后，通过设计适当的色散率 C_0 及选择中心波长 λ_0 获得需要的测量范围。

（2）根据条纹的空间频率测量 piston 误差值。在给定带宽范围内，随着 piston 误差值的增大，条纹周期变小，即衍射光斑中的条纹变密，条纹数量与相邻子镜间的光程差成正比；当两子镜处于共相位状态时，衍射图样中观察不到条纹。

（3）根据色散条纹方向判断子镜平移方向。在位相部分引入 π，相当于将子镜沿反方向移动，结合相邻几行的光强分布可以观察到条纹的倾斜方向发生变化，由原来的向左倾斜变为向右倾斜。图 3-11 给出了分别引入 $-100\ \mu m$ 和 $+20\ \mu m$ 两个不同方向的 piston 误差时的色散条纹，由图可以看出，两组条纹的倾斜方向相反；同时也可以看到随着 piston 误差的增大，条纹变密。

（4）测量 $\delta \geqslant 1\ \mu m$ 的 piston 误差。当 piston 误差接近 0 时，式（3-16）近似为常数，此时条纹不足 1/2 个周期，导致拟合程序中断，无法给出正确的 piston 误差。因此，在使用该方法时，将其应用范围界定在 $\delta \geqslant 1\ \mu m$ 的范围；对于 $\delta < 1\ \mu m$ 的情况，可人为预置 $1\ \mu m$ 的 piston 误差，以保证测量的正确执行。

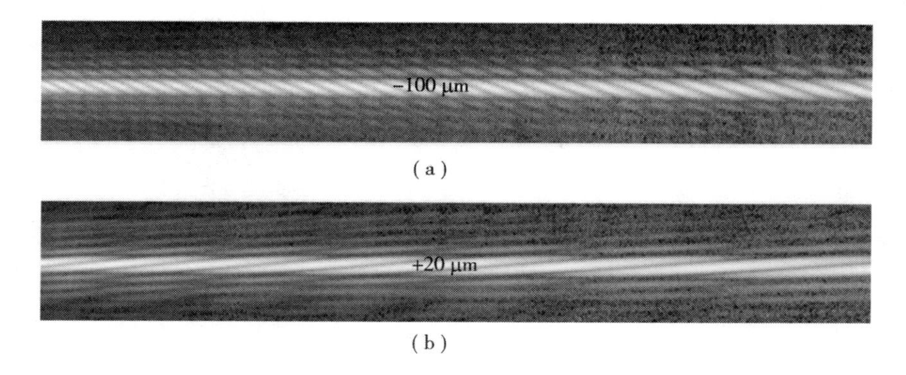

图3-11　引入相反方向 piston 误差时的色散条纹

另外，该方法的研究中，设定了色散方向与子镜的边的方向平行或一致，如果不满足此条件，会给测量结果引入误差。如图3-5所示，子镜为正六边形，其各边与像面坐标 x 轴的夹角分别为0°、±60°共三个方向。这就要求，在 piston 误差的测量过程中转动色散元件，使其色散方向满足上述条件。还有一点值得注意，该方法只能检测相邻子镜间的 piston 误差，当需要检测其他相邻子镜的 piston 误差时，需转动色散条纹检测装置，使其位于另一对子镜的拼接处。随着子镜数量的增加，这将大大延长共相位检测所需的时间。为克服这些弊端，需要研制色散棱镜阵列，实现多对子镜间的 piston 误差的并行测量。图3-12所示为将此方法用于 JWST 的 piston 误差粗测的阵列式色散条纹传感器的示意图。它设置了两组这样的传感器，如图3-12（a）和（b）所示，图3-12（c）为实物照片。将带有稀疏圆子孔径的光阑设置在主镜的共轭面位置，对应于10对子镜，每个子孔径横跨于一对相邻子镜的拼接处，而且每对子镜对应一个色散棱镜，所形成的色散条纹分别成像于探测器的特定位置上；两组传感器的色散方向夹角为60°，可同时确定20个子镜的 piston 误差，再采用线性重构算法最终确定18块子镜的 piston 误差，实现全口径的共相位误差的粗测。随着 piston 误差检测和校正的进行，piston 误差变小，粗相位算法的精度随之降低；当条纹消失时，该方法将无法给出准确的 piston 值。为避免这种现象的出现，JWST 在已知的小 piston 误差的基础上附加约3 μm的 piston 误差。

该方法的可靠测量范围为［±100 μm，±1 μm］，小于1 μm的 piston 误

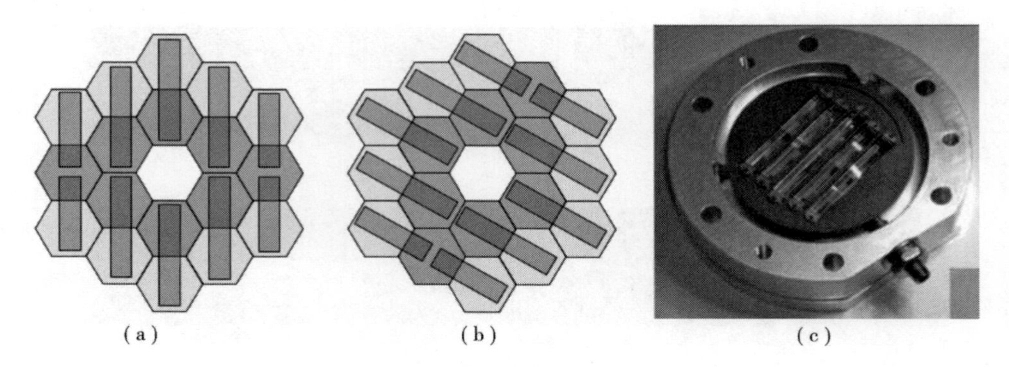
(a) (b) (c)

图 3-12 阵列式色散条纹传感器示意图

差的检测还需要后续的精测方法去实现。另外，在使用该方法前，需要对各光谱成像在探测器上的位置进行严格的标定，并且这一标定过程需要定期核准。

3.2 离焦面检测方法

离焦面检测方法是通过测量光学系统一对或几对离焦面（有的也含焦面）上的光强分布，检测拼接子镜间 piston 误差的方法。

3.2.1 曲率传感器法

该方法是为研究如何探测不连续波面的相位分布而提出的，其基本原理是通过采集焦前与焦后的一对离焦面光强分布，并以其归一化的值作为信号，对波前信息进行解算。

这个归一化的差值可表示为

$$S = \frac{I_+ - I_-}{I_+ + I_-} \tag{3-20}$$

式中：I_+、I_- 分别是距离焦平面为 l 的一对离焦面上的光强分布。

由于焦前与焦后图像发生反转，所以在进行计算前，需预先将焦后图像旋转 180°，以确保同一条光线入射到焦前、焦后两个面的同一个像素上。归一化处理，可消除光学系统照明不均匀的影响。由于该方法的研究最初是用于 Keck 望远镜的 piston 误差检测，所以，考虑到大气扰动的影响，实际应用该方法时需满足两个条件。

（1）有足够大的离焦量，使拼接子镜像的大小远大于子镜边缘衍射的影响，满足

$$\frac{\lambda f}{d} \ll \frac{dl}{f} \tag{3-21}$$

式中：d 为分块子镜的外围尺寸。

（2）子镜衍射作用要大于大气衍射作用，满足 $r_0(\lambda) \gg d$。

对于 Keck 望远镜，要想满足第（2）个条件，其测量用波长 λ 应大于 3.3 μm。

图 3-13 所示为 Keck 望远镜的分块主镜示意图，分块子镜上的数字是对子镜进行的编号。

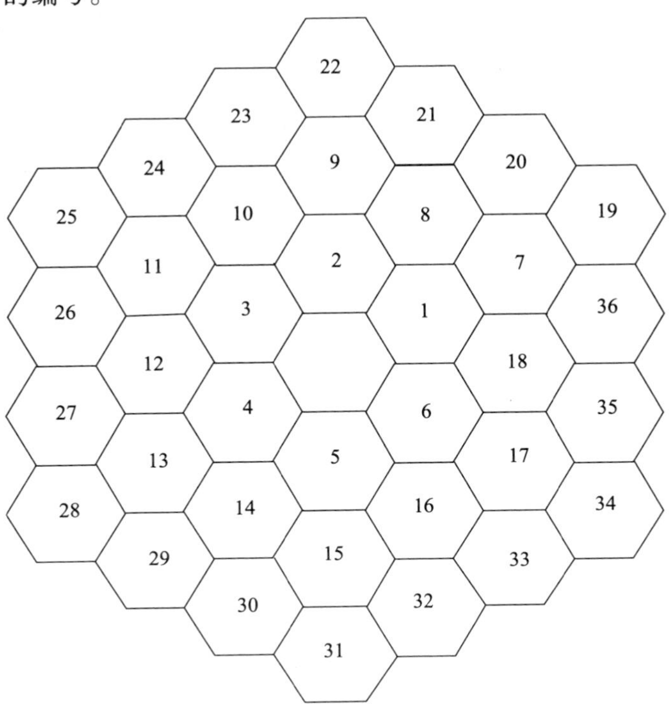

图 3-13　Keck 望远镜的分块主镜示意图

当Keck望远镜主镜处于共相位状态时，只给13号子镜引入$\lambda/8$（400 nm）的piston误差。图3－14所示为其此状态下的焦前图像。

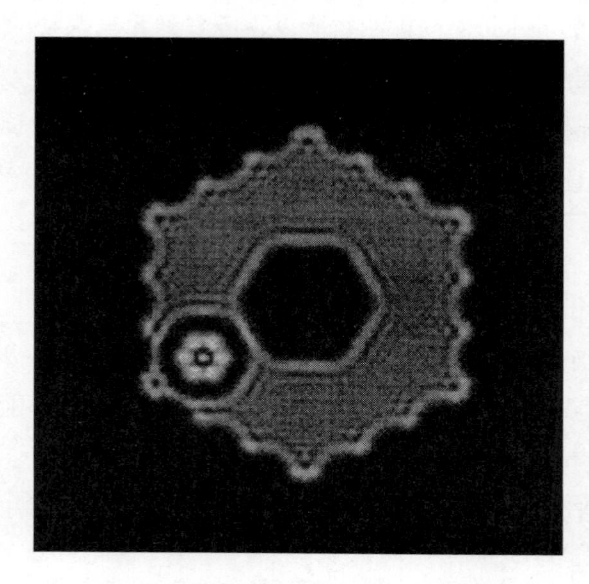

图3－14　第13号子镜存在$\lambda/8$的piston误差时，仿真计算得到的离焦面的光强分布

由于piston误差引入的特征图像的位置，与瞳面中所讨论的子镜的位置有明显的一一对应关系，对于实际中小于$\lambda/8$的piston误差，特征图像的强度随piston误差做单调变化，因此可以从误差图像中提取piston误差信息。

因此，在满足上述两个条件的情况下，piston误差可由下式得到：

$$p = \frac{\lambda}{8}c(\eta,\xi) \tag{3-22}$$

式中：$c(\eta,\xi)$可表示为

$$c(\eta,\xi) = \frac{\sum(\eta_{ij} - \bar{\eta})(\xi_{ij} - \bar{\xi})}{\sum(\xi_{ij} - \bar{\xi})^2} \tag{3-23}$$

式中：η_{ij}、ξ_{ij}分别为别是焦前、焦后对应点的光强；$\bar{\eta}$、$\bar{\xi}$分别为焦前、焦后图像的平均光强。

根据式（3－22）和式（3－23），可得piston误差为

$$p=\frac{\lambda}{8}\cdot\frac{\sum(\eta_{ij}-\bar{\eta})(\xi_{ij}-\bar{\xi})}{\sum(\xi_{ij}-\bar{\xi})^{2}} \tag{3-24}$$

根据式（3－24），可通过仿真计算，得到离焦面光强分布及 piston 误差，按此方法得到的 piston 误差作为估计值，其与实际值的比较结果如图 3－15 所示。图中的横坐标为 piston 误差的实际值，纵坐标为 piston 误差的估计值；图中的 45°直线为实际值和估计值相等的情况，在此作为进行比较的参考。因此，越贴近这条直线，说明估计值越准确。图 3－15 中在直线上方的曲线是根据式（3－24）估计的结果，与参考直线有一定距离，而且随 piston 误差的增大，误差变大；图 3－15 中直线下方的曲线在幅值上是上方曲线的 0.7 倍，在 piston 误差较小时（小于 λ/8 时），与参考直线非常贴近。因此，在用这种方法对 piston 误差进行测量时，往往采用图 3－15 中的下方曲线。经多次检测与校正后，piston 误差可收敛到 0。

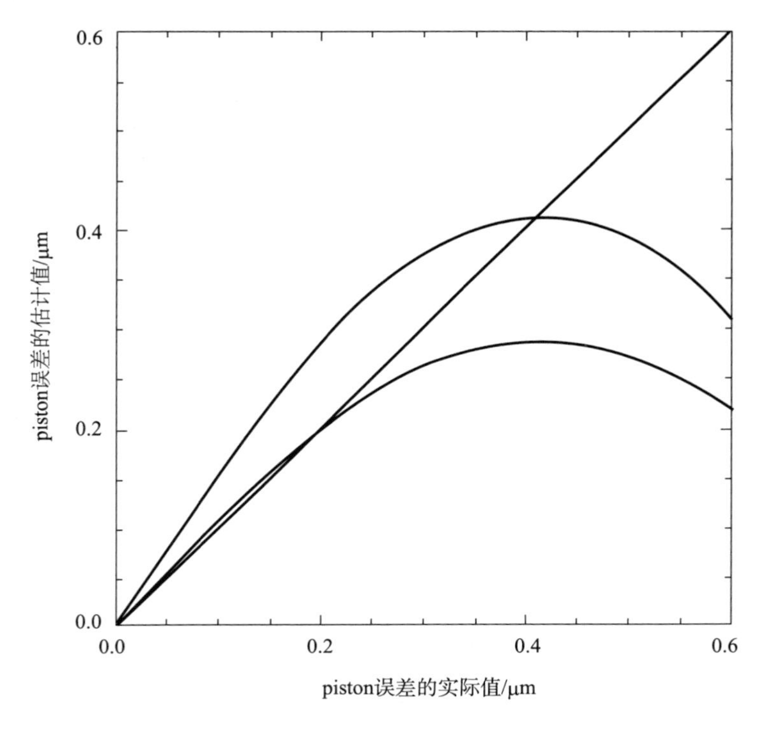

图 3－15 piston 误差的估计值与实际值的比较结果

将此方法用于 Keck 望远镜上的实验结果表明，它可使 36 块子镜可靠地收敛到共相位的位置，在测量波长为 3.3 μm 的情况下，其测量精度为 40 nm，piston 误差为 $\lambda/80$。该方法精度很高，但测量范围小。

3.2.2 相位恢复法

相干光学系统焦平面与出瞳面的复振幅分布满足傅里叶变换关系，由焦面的复振幅分布进行逆傅里叶变换后可精确计算出瞳面复振幅分布。但是，由于光波频率远高出现有任何探测器的响应频率，光学系统中仅能探测光强而无法探测复振幅分布。相位恢复法即是一个“已知出瞳面和焦平面的振幅分布，求解各自的相位分布”的光学求逆问题。相位变更相位恢复法是一种在被测波前中添加相位变更量（phase diversity）并基于相位恢复法传感思路的间接传感方法，研究用于扩展目标的相位恢复波前传感。另外，通过焦面和一对离焦面（关于焦面对称）的光强数据反解出瞳面相位分布，又可将离焦型相位变更应用于点目标的相位恢复波前传感中。

相位变更相位恢复法的传感系统相对简单，传感原理和相应算法比较复杂，目前难以用于快速变化波前的传感。但是，传感波前的空间分辨率高、空间频率范围大、精度高，相比于 H－S 传感的某些性能有明显的优势。因此，当波前传感对实时性要求不高时（在主动光学中），它是首选的波前传感方案。

基于点光源的相位变更相位恢复（Phase Diverse Phase Retrieval，PDPR）算法主要可分为两类：基于 G－S 算法、经典的迭代傅里叶变换算法的迭代变换算法和基于最优化理论的参数最优化算法。对于简单的波前传感场合，这两种算法的波前传感结果均较为理想，并且波前传感的性能各有优势：参数最优化算法具有相对更大的传感范围；而迭代变换算法具有相对更高的传感空间频率。但是，对应用于复杂的波前传感场合，如大动态范围、大空间频率范围或复杂的波前分布等，还存在许多亟待解决的技术难点。

对于由点光源发出的光波在光学系统瞳面上的波前相位分布，PDPR 算法的传感思路是基于光瞳面和光瞳频谱面之间的傅里叶变换关系，已知两个面的光强分布，求解光瞳面的相位分布，如图 3－16 所示。正透镜，又称为 PR 透镜，其焦距为 f，物面位于透镜前 d_1 处，观察面位于透镜后 d_2 处。

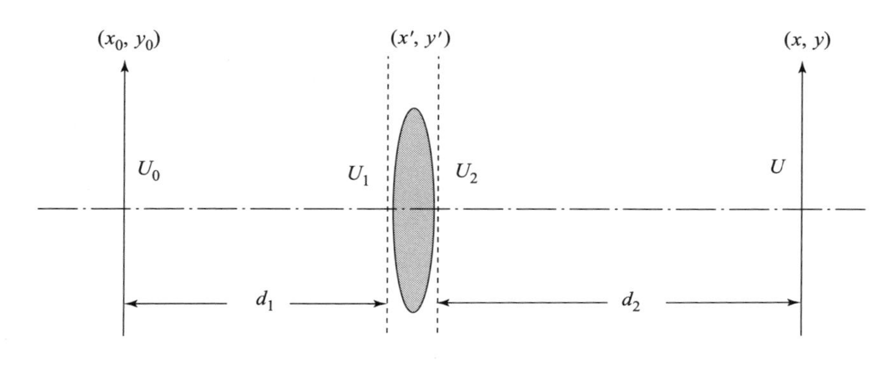

图 3－16　透镜的变换效应

观察图 3－16 平面上的光场分布 $U(x, y)$：

$$U(x,y) = \frac{\exp[jk(d_1 + d_2)]}{j\lambda\varepsilon d_1 d_2}\exp\left[\frac{jk}{2\varepsilon d_1 d_2}\left(1 - \frac{d_1}{f}\right)(x^2 + y^2)\right]\cdot$$
$$\iint_{(-\infty,+\infty)} U_0(x,y)\exp\left\{\left[\frac{jk}{2\varepsilon d_1 d_2}\left(1 - \frac{d_2}{f}\right)(x^2 + y^2) - 2(x_0 x + y_0 y)\right]\right\}dx_0 dy_0 \tag{3-25}$$

式中：$\varepsilon = \frac{1}{d_1} + \frac{1}{d_2} - \frac{1}{f}$。

当 (d_1, d_2) 取 $(0, f)$ 或 (f, f) 时，式（3－25）等号右边的复杂积分式均可简化为傅里叶变换式。根据 $(0, f)$ 或 (f, f) 设置瞳面和观察面相对于透镜的位置关系，观察面即为光瞳频谱面，这是相位恢复算法中常用的两种数学模型。这样，相位恢复问题就归结为：已知傅里叶变换对的各自振幅分布，求解相位分布。实现这一求逆问题的经典的迭代傅里叶变换算法称为 G－S 算法。图 3－17 所示为 G－S 算法的流程图。

将离焦型“相位变更”引入相位恢复模型中，可解决 G－S 算法无法保证解的唯一性的问题。

所谓“相位变更”，是在瞳面上附加已知的相位分布（“相位变更”），从而获得附加前、后的多幅焦面光强分布，继而根据数量倍增的已知条件，

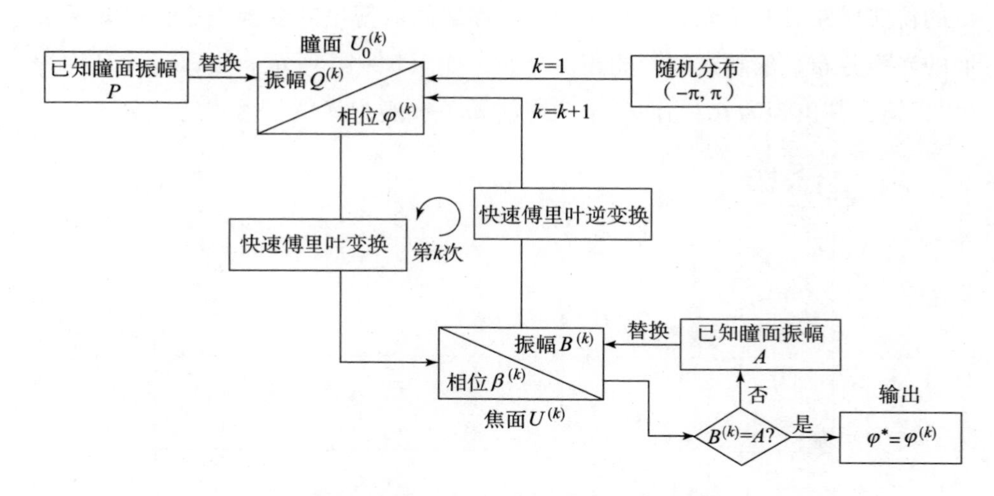

图 3-17　G-S 算法的流程图

排除仅满足任何单一条件的解，得到同时满足所有条件的解，大大提高解的唯一性。

将式（3-25）中的（d_1，d_2）取为（f，f_{d}），式（3-25）变为

$$U(x,y) = \frac{\exp[\,\mathrm{j}k(2f+d)\,]}{\mathrm{j}\lambda f}\cdot$$

$$\iint\limits_{(-\infty,+\infty)} U_0(x,y)\exp\left\{\left[\mathrm{j}kd\,\frac{(x^2+y^2)}{2f^2}+2\pi\,\frac{(x_0x+y_0y)}{\lambda f}\right]\right\}\mathrm{d}x_0\mathrm{d}y_0 \tag{3-26}$$

式中：$f_d = f + d$，d 为离焦距离，方向沿光传播方向。

在 f_d 处探测离焦面 PSF，等效于在光瞳面引入离焦“相位变更”后探测焦面 PSF，并且不同离焦面上的空间频域采样间隔均保持一致，因此（f，f_{d}）相位变更模型适用于实际波前传感要求。

PDPR 模型中的目标函数为前 S 阶 Zernike 多项式，光瞳相位分布可描述为

$$\varphi(x_0,y_0) = \sum_{u=1}^{S}\alpha_u Z_u(x_0,y_0) \tag{3-27}$$

式中：u 为阶数；$Z_u(x_0,y_0)$ 为第 u 阶 Zernike 多项式表达式；α_u 为第 u 阶多项式系数。

将式（3-27）代入式（3-26），使用快速傅里叶变换（FFT）实现傅里叶变换并取模的平方，可获得离焦面f_d处的光强分布为

$$I_{\text{Model}}(x,y,f_d,\boldsymbol{\alpha}) = -\frac{1}{(\lambda f)^2}\cdot \text{FFT}\{P\cdot\exp(i\cdot\varphi)\cdot\exp(i\cdot\varphi_{\text{Diversity}})\}\cdot \text{FFT}^*\{P\cdot\exp(i\cdot\varphi)\cdot\exp(i\cdot\varphi_{\text{Diversity}})\} \tag{3-28}$$

式中：P 代表 $P(x_0, y_0)$；φ 代表 $\varphi(x_0,y_0,\boldsymbol{\alpha})$；$\varphi_{\text{Diversity}}$代表 $\varphi_{\text{Diversity}}(x_0,y_0,d)$；$\boldsymbol{\alpha}$ 为前 S 阶 Zernike 系数构成的向量；上标 * 表示取复共轭。

同时，由探测器测得离焦面f_d上的光强分布为 $I_{\text{Sensor}}(x,y,f_d)$，对两个光强分布各自进行归一化得 $\hat{I}_{\text{Model}}$ 和 $\hat{I}_{\text{Sensor}}$，可以建立离散形式下参数最优化算法的目标函数：

$$F(\alpha) = \sum_{m=1}^{M}\sum_{n=1}^{N}[\hat{I}_{\text{Sensor}}(m,n,f_d) - \hat{I}_{\text{Model}}(m,n,f_d,\boldsymbol{\alpha})]^2 \tag{3-29}$$

式中：$M\times N$ 为离散矩阵的大小。

稳健的 G-S（Modified G-S，MGS）算法除了使用焦面光强数据外，还引入两个离焦面（其离焦位置关于焦面对称）的光强数据。基于式（3-26）并行建立三组 G-S 迭代，每一次循环中各组均使用相同的迭代相位初值，并在完成一次 G-S 迭代之后进行加权平均，从而获得下一次循环的迭代相位初值，重复以上步骤直至各组 G-S 迭代的焦面（离焦面）光强均收敛至测量值、各组 G-S 迭代的瞳面相位趋于一致，如图 3-18 所示。

MGS 算法的实质是在不增加变量维数的前提下，通过获得关于待求变量更多的信息，求解唯一、准确收敛的解分布，它的提出标志着迭代变换算法逐步走向成熟应用阶段。

基于 MGS 算法的相位恢复法传感精度高达 100λ，全口径波前传感量程可达几个波长，但受限于 2π 不定性的影响，piston 误差的测量范围仅为 ±λ/4。相位恢复法的采样口径充满整个主镜，能够同时测得各个拼接子镜间的 piston 误差。采用分光的方式，同时得到各离焦面的光强分布信息，使之具有良好的抗外界扰动和光轴抖动能力，并具有良好的鲁棒性和可靠性，故适于空间分块主镜望远镜和遥感相机的在轨 piston 误差的精测。

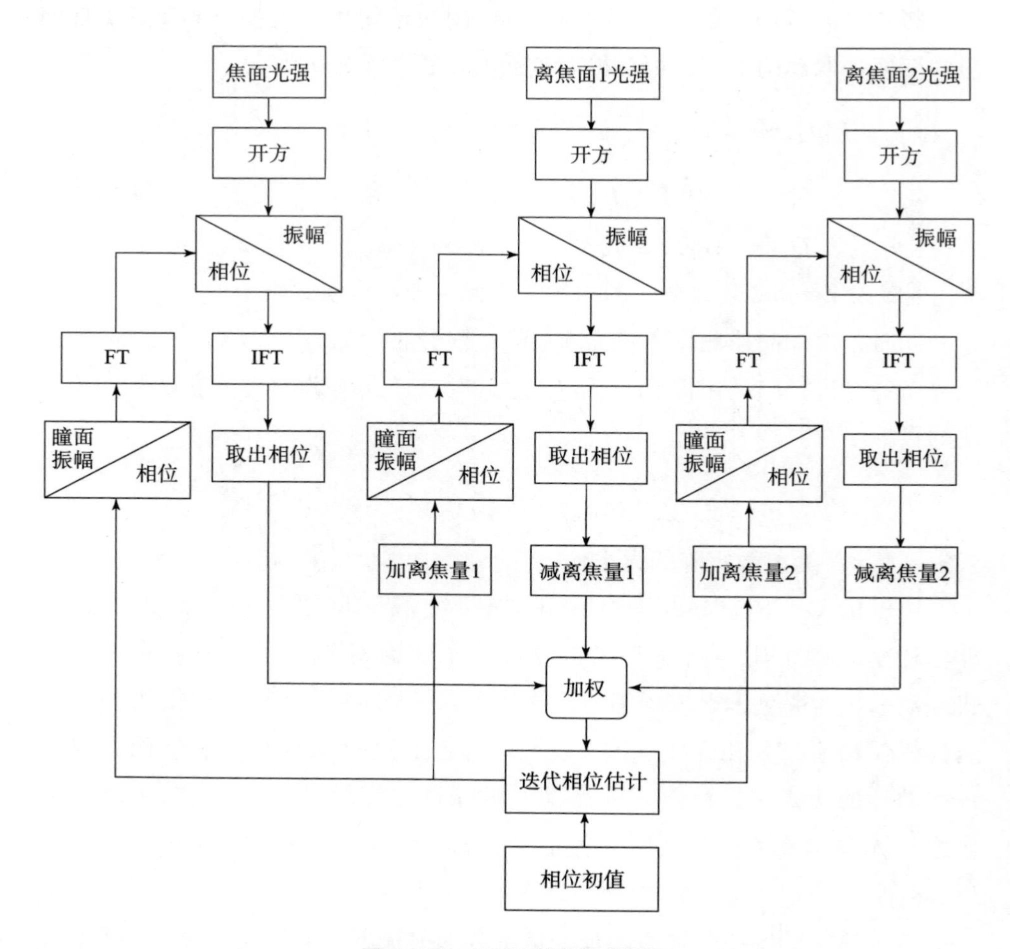

图 3-18 MGS 算法流程图

3.3 出瞳面检测方法

出瞳面检测方法通过检测光学系统出瞳面或其共轭面上形成的干涉条纹检测 piston 误差。出瞳面上形成的干涉图为常见的余弦规律分布干涉条纹，迈克尔逊干涉法、点衍射干涉法、金字塔波前传感器（PYPS）、马赫-泽德尔干涉检测法、朗契检验法、剪切干涉法等 piston 误差检测方法，都属于此类。

3.3.1　迈克尔逊干涉检测法

图 3－18 所示为利用迈克尔逊干涉法检测 piston 误差的原理示意图。如图 3－18（a）所示，系统采用钨丝卤素灯作光源，由它发出的光经光纤耦合至后续的干涉测量系统，在光纤前端设置中性和窄带滤光片，用于调节光强和用于测量的光波的波长，可形成白光或准单色光的点光源。由光源出射的光经分光棱镜 BSC 后，一部分经透射到达参考元件 RS 并被反射作为参考光，而且按原路返回。由 BSC 反射的光波到达两个相邻分块镜（Segment1、Segment2）的拼接处被表面反射作为检测光，并按原路返回，检测光携带了分块子镜间的共相位误差信息。返回的参考光和检测光二次到达 BSC，分别被反射和透射，相遇后发生干涉，形成两组干涉条纹，分别为两个相邻子镜的检测光波与参考子镜的参考光波相干形成。两组干涉条纹由后续的成像系统接收。如果两相邻子镜间不存在共相位误差，则其干涉条纹平行、无错位，如图 3－18（b）所示。若其边界处存在 piston 误差，两组条纹相互错开，如图 3－18（c）所示，错位量与 piston 误差成正比。调整分块镜的轴向位置使零级条纹错位量小于半个条纹宽度后，换用单色光源，精确测定两组条纹间的错位量，可进一步提高共相位误差的测量精度。另外，当两相邻子镜存在倾斜误差时，会引起干涉条纹的倾斜，如图 3－19（d）和（e）所示。该方法的 piston 误差测量范围为 30 μm，不确定度为 5 nm，零位精度和测量重复性如图 3－20 和图 3－21 所示。

迈克尔逊干涉法测量 piston 误差灵敏度很高，使用白光光源可解决 2π 不定性的问题，扩大测量范围。该测量方法采用仪器自带光源，可在主镜装校过程中检测子镜间的 piston 误差。对于主、次镜等都装校完的光学系统，首先通过将该检测装置移入望远镜光路，置于主、次镜之间进行 piston 误差检测，测量校正完毕后，移出光路进行观测，故其适于地面应用，用于

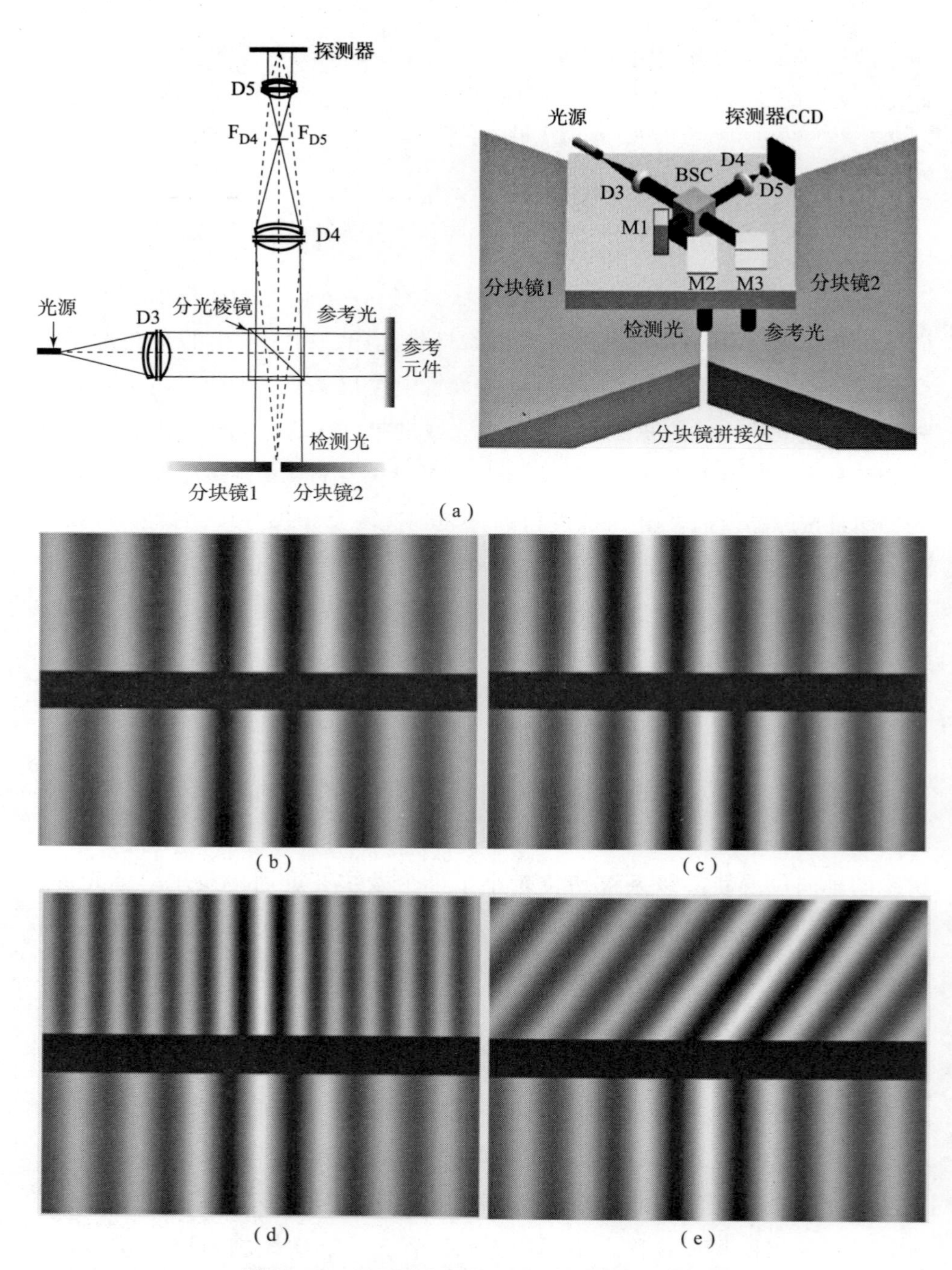

(a)

(b)

(c)

(d)

(e)

图 3-19　利用迈克尔逊干涉法检测 piston 误差

(a) 实验系统及光路原理示意图；(b) 理想的白光干涉条纹；(c) 有 piston 误差时的干涉条纹；(d) 存在 tip 误差时的干涉条纹；(e) 存在 tilt 误差时的干涉条纹

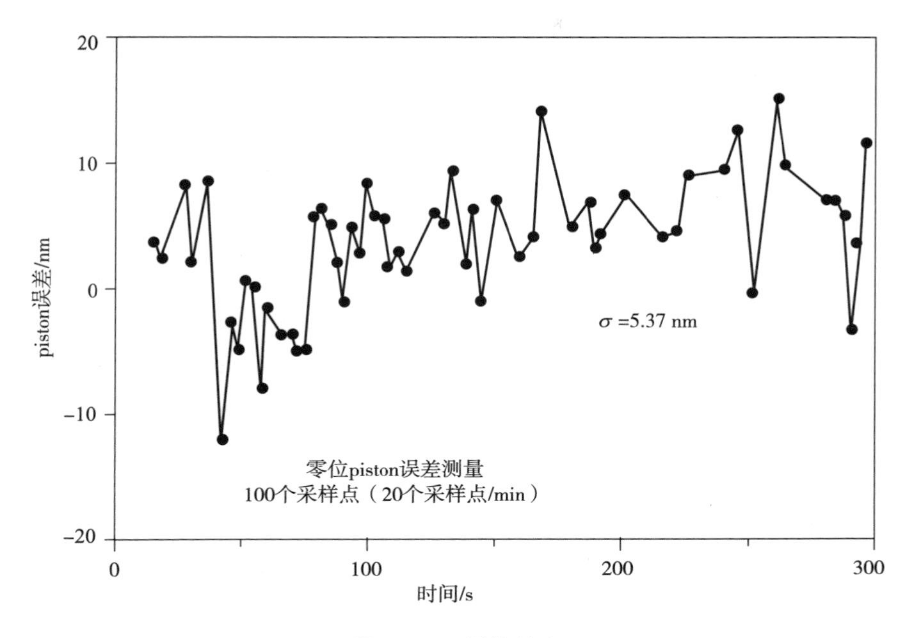

图 3-20　零位精度

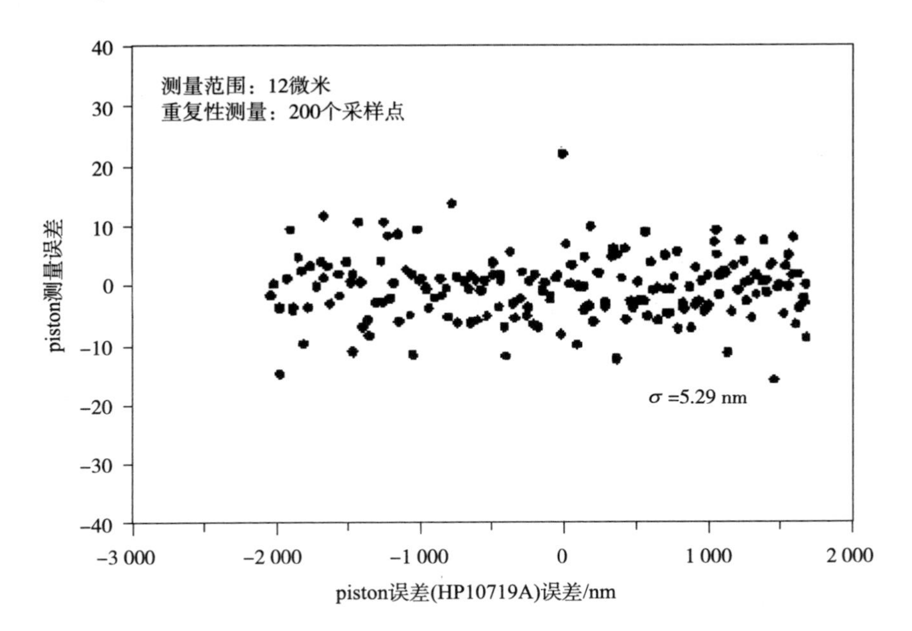

图 3-21　12 μm 量程重复性

空间分块主镜光学系统的 piston 误差检测的可能性较小。同时，由于测试臂与参考臂不完全共光路，该方法会受到环境扰动，如振动、气流、温度等因素的影响。

3.3.2 点衍射干涉法

该方法可用于测量波前的相位分布，也可用于分块镜的 piston 误差检测。点衍射干涉法（Point Diffraction Interferometer，PDI）的基本原理如图 3-22 所示。如图 3-22（a）所示，该板为一个镀有金属吸收膜层的透明基底（通常选用经抛光的玻璃平板或者云母片），在金属吸收膜层上有一个透明针孔。应用此种衍射针孔板进行点衍射干涉测量的原理如图 3-22（b）所示。待测波前聚焦在点衍射针孔板上形成弥散斑，通过吸收膜层直接透射的

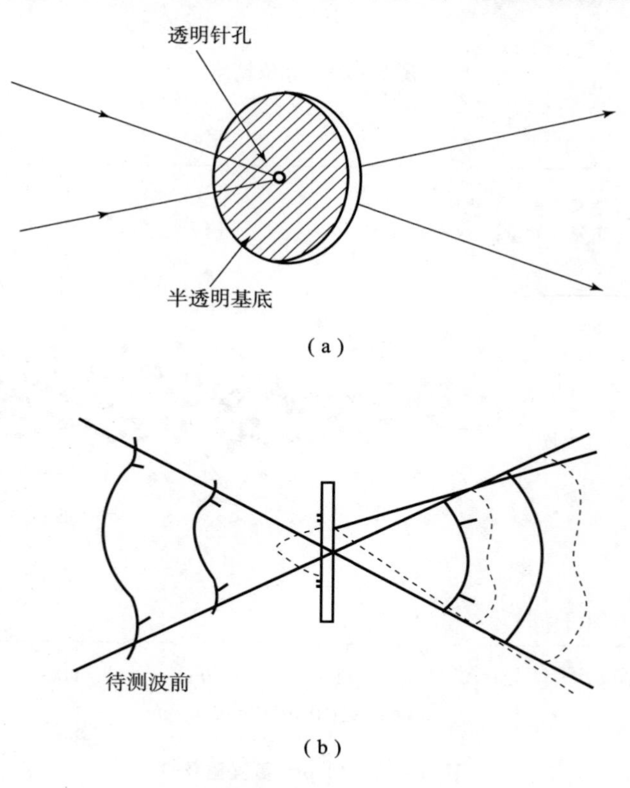

图 3-22 PDI 原理图

光的波前形状不变，但其振幅被吸收膜层衰减，这部分光保留了原来的待测波前形状，将其作为检测波；而另一部分光则透过针孔衍射形成接近理想球面的参考波前，两路光束在针孔板的后方干涉形成干涉条纹。对于大型天文望远镜波前的实时检测来说，这是一种简单、经济、有效的检测手段。

由于点衍射干涉仪不需要标准参考镜，可通过点衍射产生大数值孔径参考波前，因此对所测系统的孔径没有特殊限制，对显微物镜（具有较小的系统孔径）和大型天文望远镜（具有极大的系统孔径）均能进行有效检测。将 PDI（Point Diffraction Interferometer）用于分块镜 piston 误差检测的基本原理如图 3 – 23 所示。

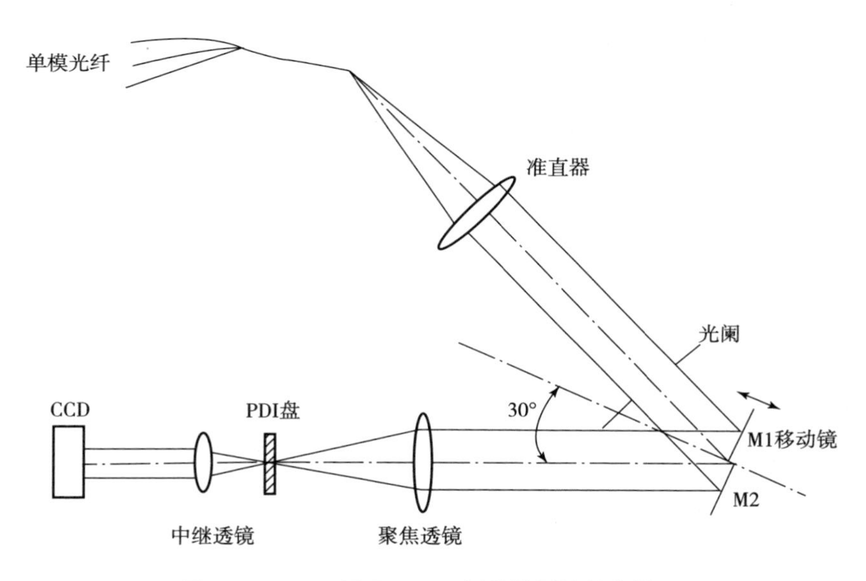

图 3 – 23　PDI 用于 piston 误差检测的基本原理

图 3 – 23 中 M1 和 M2 均为反射镜。采样光阑跨骑在出瞳面两分块子镜的边界上。为保证点衍射干涉法中参考波面的相位仅由其中一个子波面确定，可使点衍射干涉板稍有离焦，让针孔完全位于一块子镜（或采样光瞳）的离焦像斑上。存在 piston 误差时，两个子镜对应的干涉条纹相互错开，如图 3 – 24 所示。

类似于迈克尔逊干涉法，条纹对比度是两个变量的函数：光程差（Optical Path Difference，OPD）和光源相干长度。如果知道光源的相干长

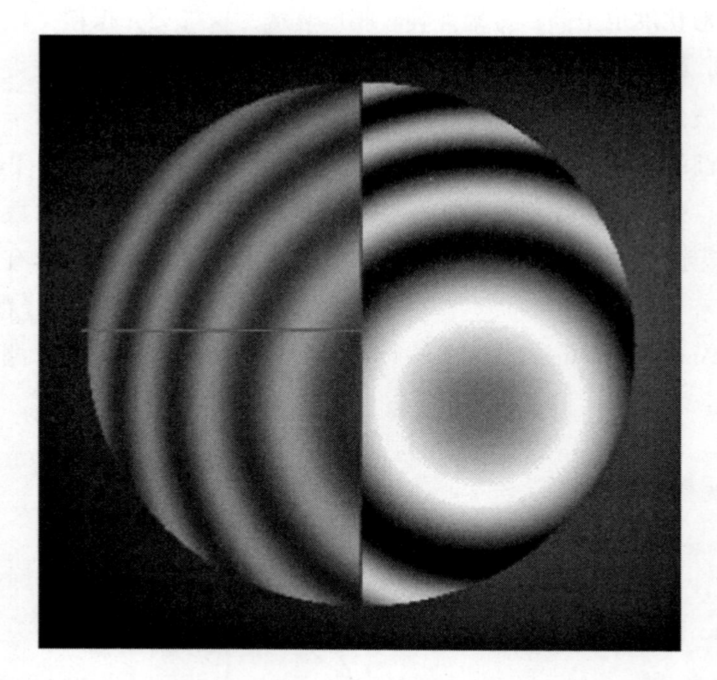

图 3-24 存在 piston 误差时，两个子镜对应的干涉条纹（沿红线提取对比度）

度，就可以解算出光程差 OPD（piston 误差）。

通常情况下，光源相干程长可表示为

$$l_{\mathrm{coh}} = \frac{\bar{\lambda}^2}{\Delta\lambda} \tag{3-30}$$

条纹对比度表示为

$$V = \frac{I_{\max} - I_{\min}}{I_{\max} + I_{\min}} \tag{3-31}$$

光谱分布与对比度之间存在傅里叶变换关系。对于常见的光源如发光二极管（LED），其光谱分布可表示为

$$I = I_0 \mathrm{e}^{-\alpha^2 (k-k_0)^2} \tag{3-32}$$

其中，

$$k = \frac{2\pi}{\lambda}, k_0 = \frac{2\pi}{\lambda_c}, \alpha = \frac{2\sqrt{\ln 2}}{\Delta k} \tag{3-33}$$

式中：λ_c 为光源的中心波长。

由于对比度也呈高斯分布，即

$$V \propto e^{-(\frac{OPD}{2\alpha})^2} \tag{3-34}$$

当对比度降低到50%时，有

$$OPD = 2\alpha\sqrt{\ln 2} = 4\ln 2/\Delta k = \frac{2\ln 2\lambda_c^2}{\pi\Delta\lambda} = 0.44 l_{coh} \tag{3-35}$$

点衍射干涉法用激光光源通过条纹不连续性检测 piston 误差，灵敏度很高，但同样存在 2π 不定性问题，使 piston 误差的检测范围限于 $\pm\lambda/4$ 以内。为扩大检测范围，可使用宽光谱光源，并使被测镜沿法线方向扫描，通过测定条纹对比度确定 piston 误差为 0 的位置进行粗测，如图 3－25 所示。

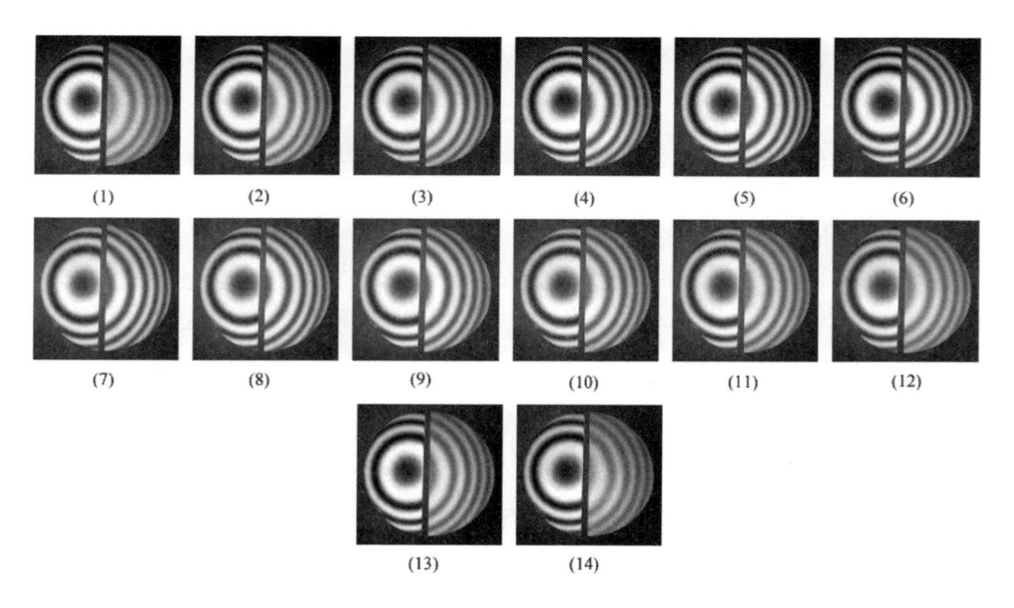

图 3－25 扫描所得点衍射干涉图

条纹对比度曲线从一系列干涉图中获取，如图 3－26 所示。

使用谱带半宽 FWHM＝1.66 nm 的激光二极管作为光源，点衍射干涉法的粗测范围可达到 ±20 μm，但精度较低，尚不能与精测方法的 $\pm\lambda/4$ 量程衔接；还需要使用带宽为 20～40 nm 的 LED 作为光源过渡（其粗测范围约为 ±2 μm），进一步提高精度后，转入使用激光光源，通过干涉条纹不连续性进行 piston 误差的精测过程。

因此，利用 PDI 检测分块镜间的 piston 误差，分为以下两个阶段进行。

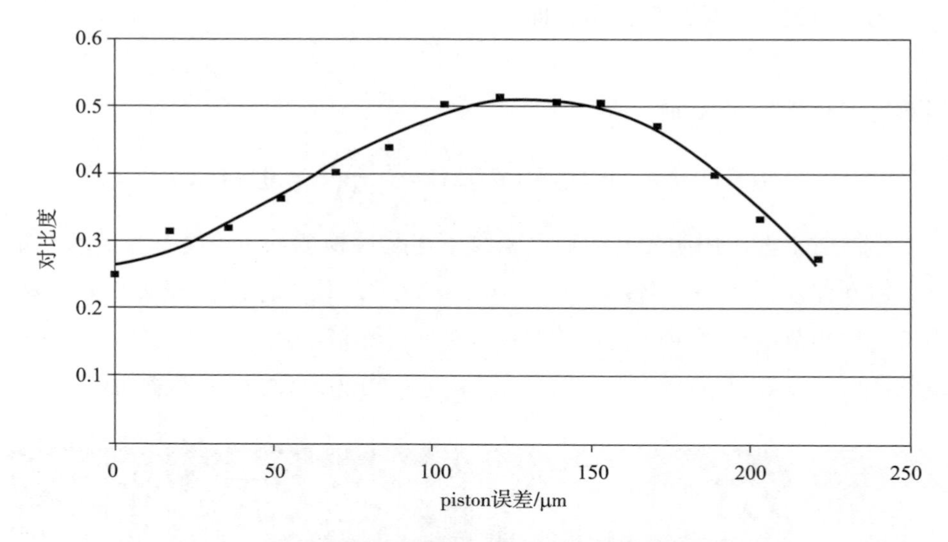

图 3-26　测量所得的对比度与 piston 误差的关系

1）粗测

首先使用具有较窄带宽的光源（激光二极管，LD）。分块镜在窄带光源相干区域扫描，将该区域设置为最大对比度区域。再将光源切换为带宽较宽的光源（LED）。分块镜再次在光源的相干区域扫描。由 CCD 采集一系列干涉图，对比度曲线是从一系列干涉图中获得的。零 piston 误差将通过将对比度曲线拟合到多项式函数来计算。再将步进电机设置为预测的零 piston 误差。在粗对准期间，piston 误差需要减小到几微米。

2）精测

下面，选择两个不同波长的光源。

（1）选择一个波长的光源，并调整分块镜，使干涉条纹与相邻部分的干涉条纹对齐。

（2）切换不同波长的光源，观察分块镜边界是否有不连续性。

（3）如果检测到不连续性，则将分块镜之间的 piston 误差移动一个边缘，并重复步骤（2）。

（4）由于 piston 误差已经减小到几微米，通过多次迭代步骤（3），可以快速找到零 piston 误差。

（5）对选定的分段 piston 误差进行视觉优化后，利用干涉图分析解算

piston 误差。

点衍射干涉法中测试光束与参考光束完全共光路，受外界环境的影响很小。但是，该方法在检测过程中需要切换不同带宽的光源，并且在粗测过程中需要对子镜沿法向进行扫描；为使参考波面完全取自确定的一块子镜像斑，衍射板在垂轴方向的对准精度要求较高。更为重要的是，为使测量光与经小孔衍射得到的参考光能量相当，点衍射干涉板的透过率很低，能量损失严重，因而它不宜用于空间分块主镜光学系统的在轨 piston 误差检验。

3.3.3　金字塔波前传感器法

2001 年，ESO 的天文学家 Esposito 和 Devaney 提出用金字塔波前传感器检测拼接子镜间的 piston 误差，其光路与自适应光学中用金字塔传感器检测波前误差相同，如图 3－27 所示。

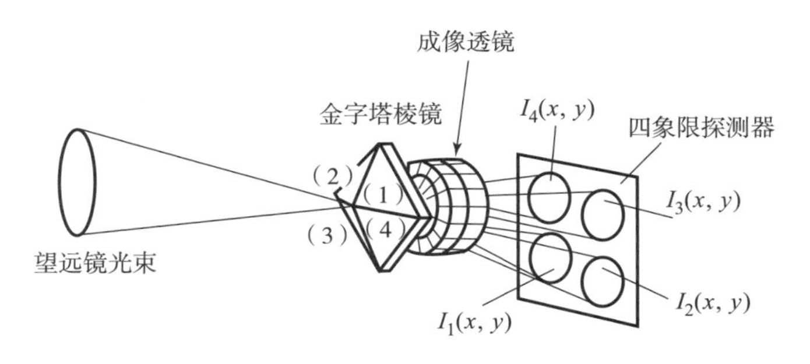

图 3－27　金字塔波前传感器检测 piston 误差光路

相邻两个子镜间存在 piston 误差时，像面（出瞳共轭面）对应位置处光强发生跃变，幅值与 piston 误差成正弦函数关系，如图 3－28 所示。

由图 3－28 的曲线可知，该方法受到 2π 不定性的影响，测量范围仅限于 $\pm\lambda/4$ 以内，并且当 piston 误差较大时，信号幅值与 piston 误差呈现明显的非线性关系。为扩大其测量范围，可采用基于多波长测量原理的子镜扫描法和波长扫描法。两种方法配合使用，可将 PYPS 的测量范围扩大到 $\pm10\lambda$。将该方法测得的 piston 误差用于共相位误差的闭环控制，其测控精度达到 10 nm。

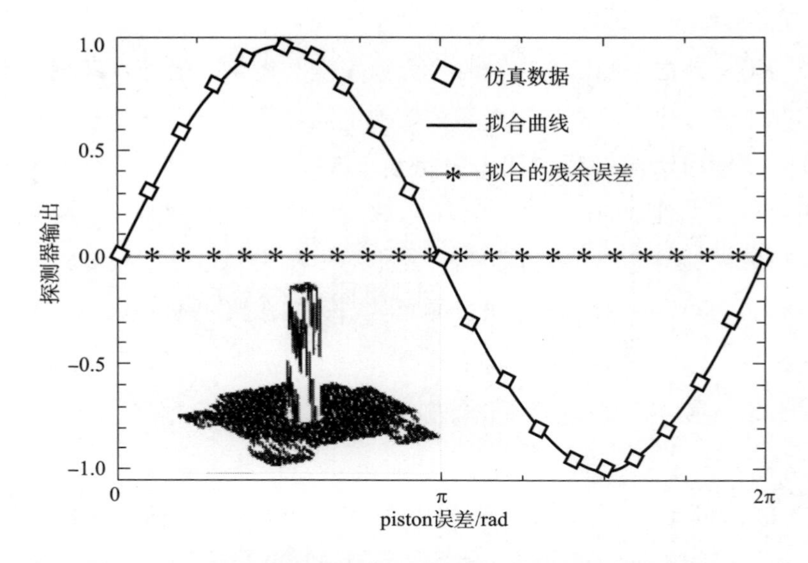

图 3－28　金字塔波前传感器信号与 piston 误差的关系曲线

3.4　电学检测方法

在经典共相位误差检测方法中，除了上述光学方法，还有一类检测方法即电学检测方法。常用的电学检测方法有电感式位移传感器、光纤式位移传感器以及电容式位移传感器三种。

光纤传感器可实现非接触测量，其测量精度高，可抗电磁干扰，耐高压，耐腐蚀，保密性好，质量轻，可挠曲，几何形状具有多方面的适应性，便于与计算机相连接、响应快，能实时在线自动测量和控制。强度调制型光纤位移传感器利用被测目标位置的变化来调制光强，实现对其位移量的检测。图 3－29 所示为光纤位移传感器原理示意图，光源发出的光通过发射光纤到达被测表面，再由被测表面反射、返回，通过接收光纤到达光电转换元件。光电转换元件接收到的光强信号是被测表面位移量的函数，经电路的转换和放大，由计算机进行数据处理，并给出检测结果。

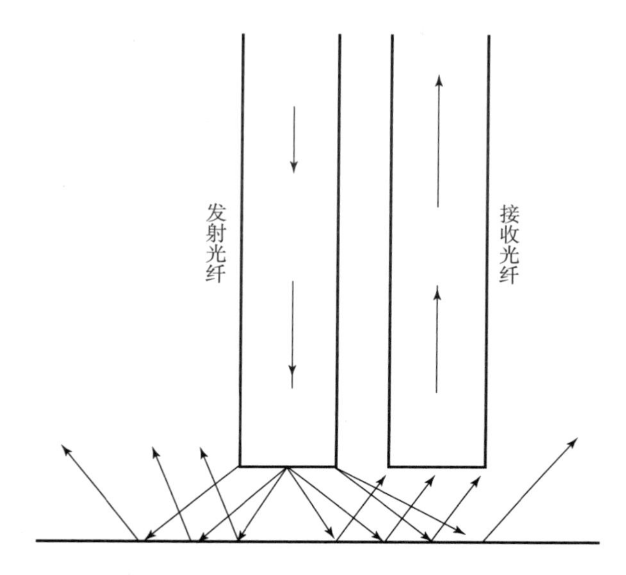

图 3－29　光强调制型光纤位移传感器原理示意图

但是，光纤式位移传感器在使用中存在一些问题。

（1）对光源的稳定性要求极高。

（2）光纤位移传感器工作范围小，测量距离的波动超过特征曲线的极值时，无法判断其位移量。

（3）工作过程中，传感器位置变化，导致出射光与反射面之间夹角的不稳定引起输出结果的不可靠。

（4）长时间工作，造成反射面与光纤端面之间由于端面的氧化或表面灰尘堆积，影响结果输出。

因此，光纤式位移传感器未广泛应用于光学共相位误差检测。

电感式位移传感器最显著的特点就是体积小，质量轻，易于安装；测量范围为［－300 μm，300 μm］，分辨率仅为 20 nm。图 3－30 所示为电感式位移传感器在 HET 系统中的分布情况，电感传感器安装在子镜背后，采用了差动式的设计方式。

传感器的电感量为

$$L = \frac{N^2 \mu_0 S}{2\zeta} \tag{3-36}$$

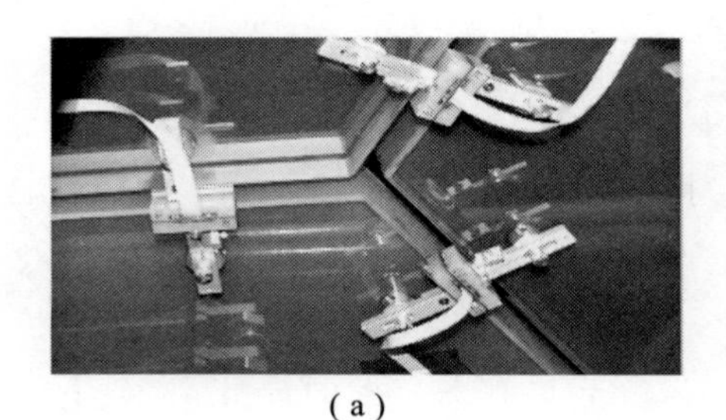

(a)

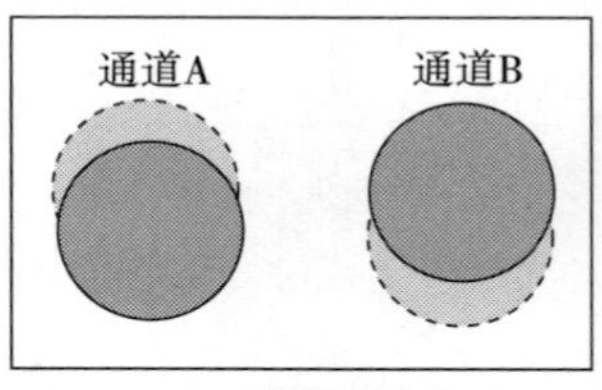

(1) 共相位状态

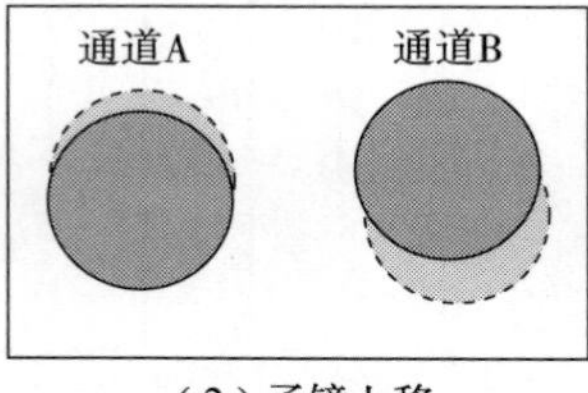

(2) 子镜上移

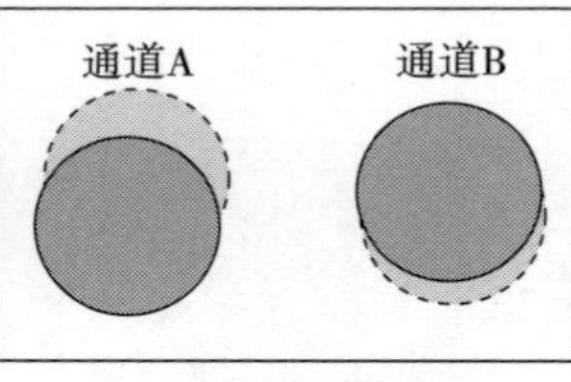

(3) 子镜下移

(b)

图 3－30　电感式位移传感器在 HET 系统中的分布情况

(a) 实物照片；(b) 电感传感器测量方式

式中：N 为线圈匝数；μ_0 为空气磁导率；S 为磁导横截面积；ζ 为空气隙厚度。

由式（3－36）可知，电感的变化与线圈的正对面积成正比，和两个线圈间的间隔成反比。

图 3－30（b）中图（1）所示为共相位状态，两个传感器的对应面积相同，互感相同；当存在共相位误差时，如图 3－30（b）中图（2）和图（3）所示，两个传感器的线圈正对面积发生了变化，两个传感器之间产生感抗差，经后续电路处理转化为电压信号，再根据预先标定的传感器输出电压与共相位误差的关系，计算得到共相位误差。

对于电容式位移传感器，由于它的测量范围大、精度高、有很好的线性，而且可实现非接触式测量，得到了很好的应用和发展，也应用于共相位误差的检测以及共相位状态的监测。下面重点对该方法进行阐述。

3.4.1　电容式位移传感

电容式位移传感器的原理比较简单。众所周知，两块互相平行的金属板可以构成一个电容器，若不考虑边缘效应，其电容可表示为

$$C = \frac{\varepsilon S}{d} \tag{3-37}$$

式中：ε 为两极板间介质的介电常数；S 为两极板正对的公共面积；d 两极板间的距离。

当被测参量的变化导致式（3-37）中的 ε、S 或 d 中的任意参量发生变化时，电容量 C 都将随之发生变化。电容非接触式位移传感器就是基于这种平行极板电容器的工作原理。如图 3-31 所示，设传感器的两个金属电极分别为 A 和 B，固定其中的极板 B，当极板 A 发生平移导致两极板间距或两极板的正对面积发生变化时都将引起电容量 C 的变化，根据电容量 C 的变化可实现位移的测量，据此可构造变间距型和变面积型电容式位移传感器。我们在变间距型电容式位移传感器用于 piston 误差检测方面进行了研究和验证。

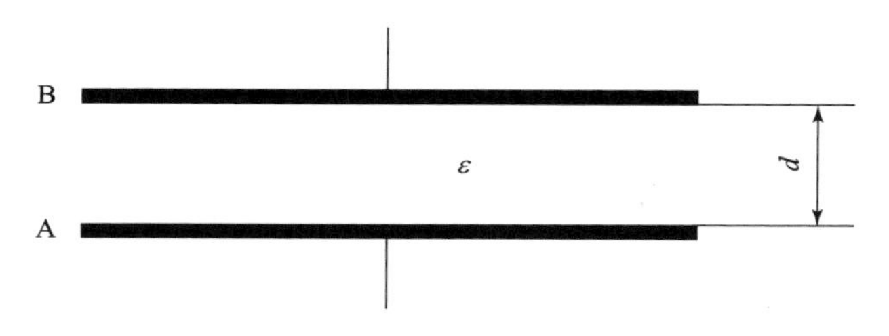

图 3-31　平行极板电容器示意图

由式（3-37）可知，C 与 d 成反比关系，二者的关系曲线如图 3-32 所示。

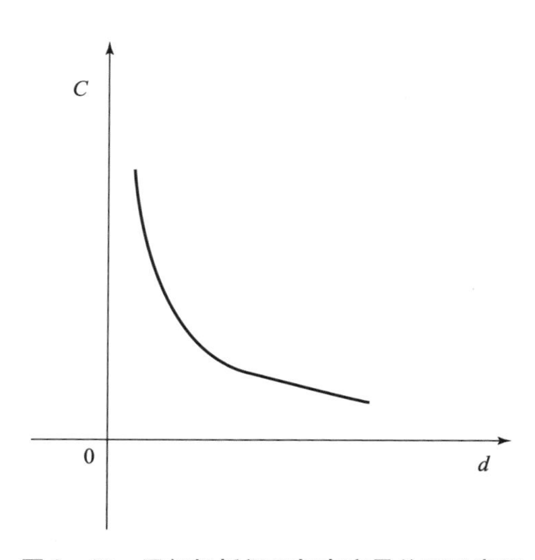

图 3-32　平行极板间距与电容量关系示意图

设初始间距为 d_0，则

$$C_0 = \frac{\varepsilon S}{d_0} \tag{3-38}$$

对于变间距型电容式位移传感器，将可动极板A与被测目标关连在一起。当被测目标发生位移带动极板A，使两极板间的距离发生变化，导致电容量 C 发生变化，当电极位移 Δd 时，则电容量变为

$$C_0 + \Delta C = \frac{\varepsilon S}{d_0 + \Delta d} = \frac{1}{1 + \frac{\Delta d}{d_0}} \cdot C_0 \tag{3-39}$$

电容量的相对变化量为

$$\frac{\Delta C}{C_0} = -\frac{\Delta d / d_0}{1 + \Delta d / d_0} \tag{3-40}$$

若 $\frac{|\Delta d|}{d_0} < 1$，则将式（3-40）做泰勒级数展开，得

$$\frac{\Delta C}{C_0} = -\frac{\Delta d}{d_0}\left[1 - \frac{\Delta d}{d_0} + \left(\frac{\Delta d}{d_0}\right)^2 - \left(\frac{\Delta d}{d_0}\right)^3 + \cdots\right] \tag{3-41}$$

若 $|\Delta d| / d_0 \ll 1$，则

$$\frac{\Delta C}{C_0} \approx -\frac{\Delta d}{d_0} \tag{3-42}$$

相对非线性误差为

$$\delta = \frac{|(|\Delta d| / d_0)^2|}{|\Delta d / d_0|} = \frac{|\Delta d|}{d_0} \times 100\% \tag{3-43}$$

若取 $|\Delta d| / d_0 = 0.1$，则 $\delta = 10\%$，因此如果直接利用电容变化量作为传感器的输出，其测量范围很小，否则将引入较大的非线性度误差。

另外，对式（3-37）求导数，可得电容式位移传感器的灵敏度表达式为

$$\frac{\Delta C}{\Delta d} = -\frac{\varepsilon S}{d^2} \tag{3-44}$$

由此可知，增大极板正对面积、减小极板间距有利于提高传感器的灵敏度。但这需要根据具体的测量目的来确定。例如，若将其用于共相位误差的测量，希望正对面积不要过大，否则将弱化“点”的效应，从而增大平均效果。另外，极板间距的减小，会导致非线性度的增加。

3.4.2　电容式位移传感器的影响因素

电容式位移传感器的影响因素主要有边缘效应、非线性输出、分布电容以及极板不平行等。

3.4.2.1　边缘效应

对于平板电容，其两极板间的电力线在极板边缘处并不是垂直于极板分布的，如图 3－33 所示。边缘效应将给电容传感器引入附加电容，造成测量误差；边缘效应也会增加传感器的非线性输出。这些都是要尽量避免的。

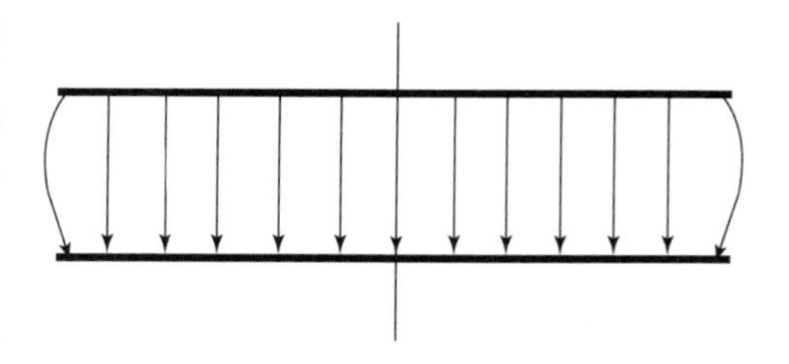

图 3－33　边缘效应

为解决这一问题，需增置保护电极，带有保护电极的平行极板及其电力线分布如图 3－34 所示。图 3－34（a）中的阴影线部分为中心电极和保护

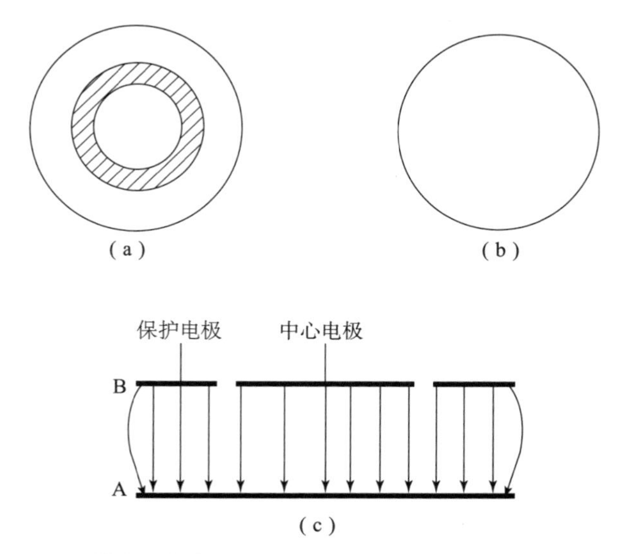

图 3－34　带有保护电极的平行极板电容及其电力线分布示意图

（a）电极 B 俯视图；（b）电极 A 俯视图；（c）带有保护电极的平行极板电容及电力线分布

电极间的绝缘层。这样的设计将边缘效应留给了保护电极，但只有中心电极参与传感，因此有效地避免了边缘效应对位移测量的影响。

3.4.2.2 线性输出的实现

由式（3－44）的分析可知，当直接把电容变化量作为传感器输出进行位移测量时，会引入较大的非线性度误差，为减小此误差就会导致测量范围很小。因此，为扩大量程、同时实现线性测量，就必须寻求一个既与传感器的电容量有关、又与传感器极板间距成线性关系的参量。为此，人们借助了运算放大器，图3－35所示为其原理示意图，这也是电容式位移传感器的原理示意图。将电容传感器 C_t 作为反馈元件，接在开环增益为 A 的运算放大器电路中，其中心电极与电缆芯线相连、接到运算放大器的“虚地点” Σ，保护电极与电缆线的外屏蔽层连接（图3－35中虚线）并与电路“地”相接。

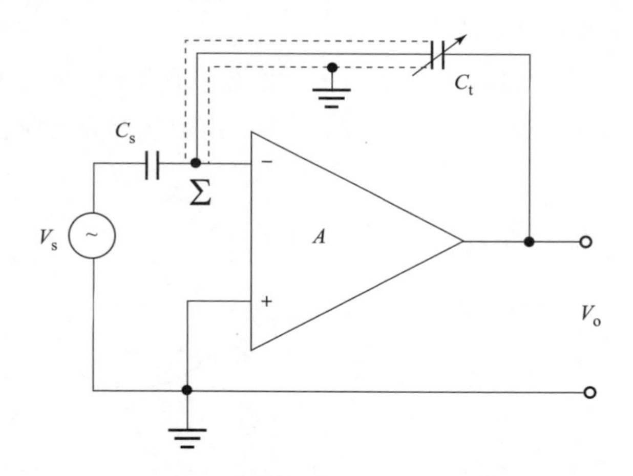

图3－35 电容式位移传感器的原理示意图

根据模拟电路原理可知，输出电压为

$$V_o = -\frac{Z_f}{Z_i}\cdot V_s = -\frac{C_s}{C_t}\cdot V = -\frac{V_s C_r}{\varepsilon S}d \tag{3-45}$$

式中：Z_i 为运算放大器的等效输入阻抗；Z_f 为运算放大器的等效输出阻抗；V_s 为运算放大器的输入电压；C_s 为运算放大器输入端的标准电容；C_t 为平

行极板电容传感器的电容。

由式（3－45）可知，输出电压 V_o 随传感器两极板间距 d 的变化而变化，且二者呈线性关系。因此，在利用电容传感器进行位移测量时，可借助运算放大器构建电容测微仪，将电容传感器 C_t 的一个极板与某一个固定参考面连接，而将其另一极板与被测目标连接；通过实验和线性拟合方法得到 V_o 与 d 之间的函数关系，即可根据构建的电容测微仪的输出电压确定被测目标与固定参考面间的距离，或根据其输出电压的变化量确定被测目标相对参考面的位移。至此，可将测量范围扩展到亚毫米，测量精度为纳米量级。

3.4.2.3　分布电容

电缆的分布电容与传感器电容并联将影响传感器的灵敏度，分布电容的不稳定又会引进虚假信号从而影响测微仪的精度，为此必须尽力消除或减小。

由图 3－35 可知，由于“虚地点”的近似，在传感器电容 C_t 两端并联了附加电容 ΔC，则

$$\Delta C = C_e \frac{V_\Sigma}{V_{C_t}} = C_e \frac{V_\Sigma}{V_\Sigma(1+A)} = \frac{C_e}{1+A} \tag{3-46}$$

式中：C_e 为电缆芯线与屏蔽层之间的电容。

例如，对于 1 m 长的电缆，$C_e = 100$ pF，若取 $A = 60\ 000$，根据式（3－46）可知附加电容为 $\Delta C = 0.001\ 7$ pF，若电传感器两极板间距 $d = 100$ μm，则 $C_t = 0.48$ pF，可计算得到由于附加电容引入的相对误差为

$$\frac{\Delta C}{C_t} = \frac{0.001\ 7}{0.48} \times 100\% = 0.35$$

因此，选择足够大的开环增益 A 可有效减小附加电容，保证所需的测量精度。

3.4.2.4　极板平行

若传感器的两个极板在安装时没有保证平行，使端面的法线与间距的变动方向不一致，会导致测量误差，如图 3－36 所示。

若两极板间的夹角为 α，当图中上方的极板沿自身法线位移 Δd 时，对

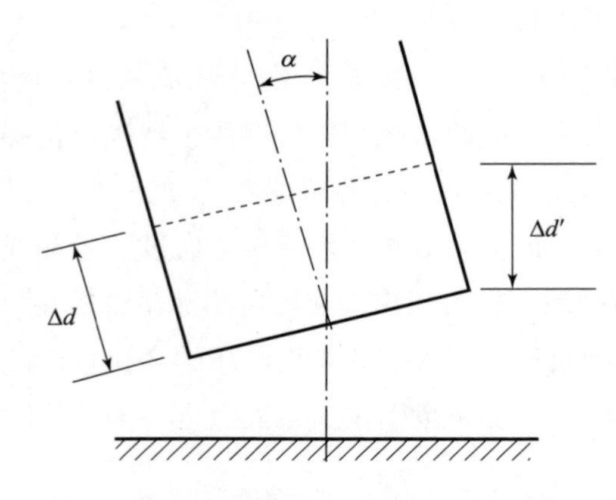

图 3－36 传感器两极板不平行的状态

应的沿预定方向的间距变化为 $\Delta d'$。根据图 3－36 的几何关系，可得

$$\Delta d' = \Delta d \cdot \cos\alpha \tag{3-47}$$

由此产生的测量误差为

$$d_e = \Delta d - \Delta d' = \Delta d(1 - \cos\alpha) \tag{3-48}$$

一般情况下 α 很小，可取 $\cos\alpha \approx 1 - \alpha^2/2$ ，则

$$d_e = \frac{\alpha^2}{2}\Delta d \tag{3-49}$$

由此可知，该误差随间隙变化量的增加而增加，而且 α 越大，此项误差的影响也越大。因此，在进行传感器安装时，需要根据位移量的测量范围以及对测量误差的要求，计算对 α 的限制。

3.4.3 共相位误差的电容测微检测法

由于电容测微仪的结构简单，测量范围大、精度高，完全适用于高分辨率成像对共相位误差检测的要求。

3.4.3.1 测微传感器的设置

为利用电容测微法实现分块子镜间的共相位误差检测，将金属膜镀在被测子镜背部作为电容测微仪的一个极板，将测微仪的带有保护电极的传感探头作为另一个极板固定在参考面上，传感探头与被测子镜背部相对形成电容传感器，并连接到图3－35所示的运算放大器电路中，根据输出电压确定被测子镜相对固定参考面的位置，从而确定分块镜间的共相位误差。下面以两个子镜为例进行阐述。

如图3－37所示，用两块反射镜模拟两个分块子镜。分块子镜2为固定参考镜；分块子镜1为位置可调镜，其背部镀有金属膜，用与分块子镜2的基板相连的夹持器固定电容测微仪探头2、3，探头1与基座相连，三个探头分别穿过分块子镜1的基板上的孔 A、B、C，且端面与分块子镜1背部相

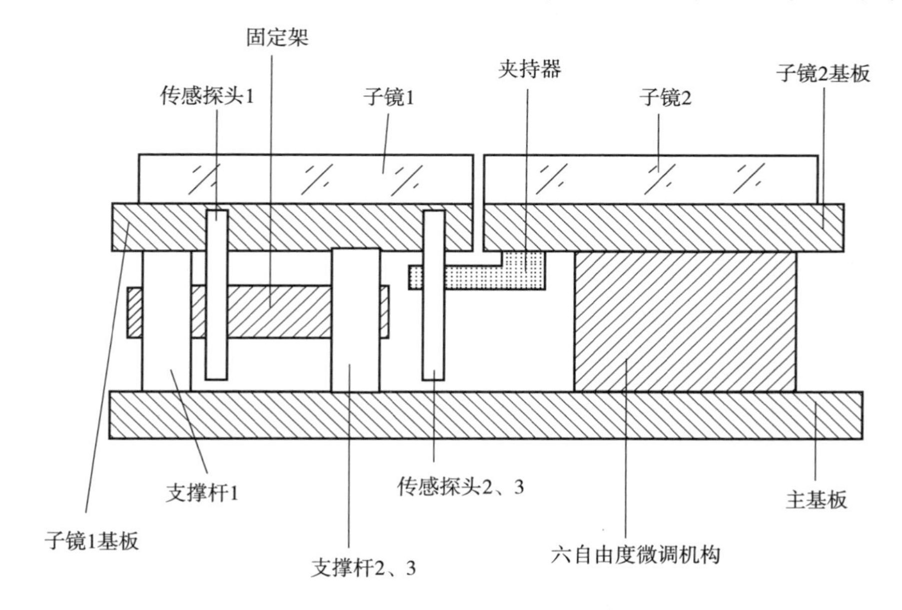

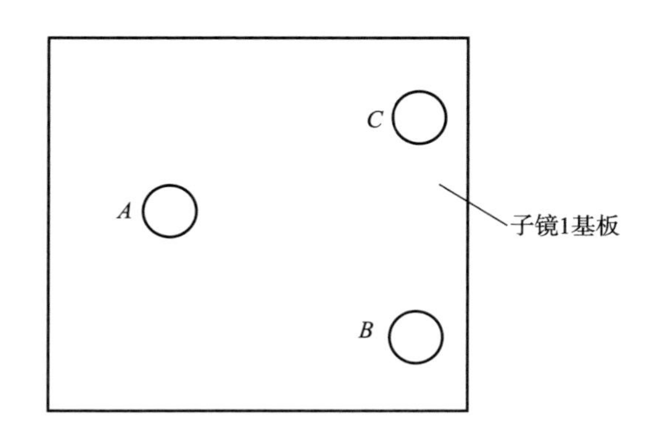

图3－37　电容传感器的设置及分布示意图

对，形成三个电容传感器，孔 A、B、C 的位置即为三个电容传感器的位置。另外，为保证测量过程中极板的正对面积不发生变化，子镜 1 背部的金属镀膜面积远大于传感器探头的端面面积。

另外，在分块子镜 1 的基板的背部以 120°分布设置了三个微位移致动器，可根据输出电压调节微位移致动器两端的电压，对分块子镜 1 进行倾斜与轴向调整以实现与分块子镜 2 的光学共相位拼接。

3.4.3.2 标定

对于图 3 – 37 所示装置的建立，为实现共相位误差的检测和校正，还需要对三路电容测微仪的 V_o-d 关系和分块镜共相位的位置进行标定。

1. 电容测微仪的标定结果

电容测微仪的标定，采用氦氖激光器作光源，搭建双光束干涉光路完成，图 3 – 38 所示为标定用光路示意图。图中带箭头实线表示光束传播方向。两个反射镜安装在倾斜可调的镜架上。位置可调反射镜背部镀有金属膜，与电容测微仪传感探头的端面相对构成电容；微位移致动器与可调反射镜耦合，可使反射镜发生平移；由 CCD 探测干涉场光强随可调反射镜位置的变化，计算反射镜的位移量，同时记录电容测微仪的输出值；对记录的数据进行拟合，得到电容测微仪的 V_o-d 关系。

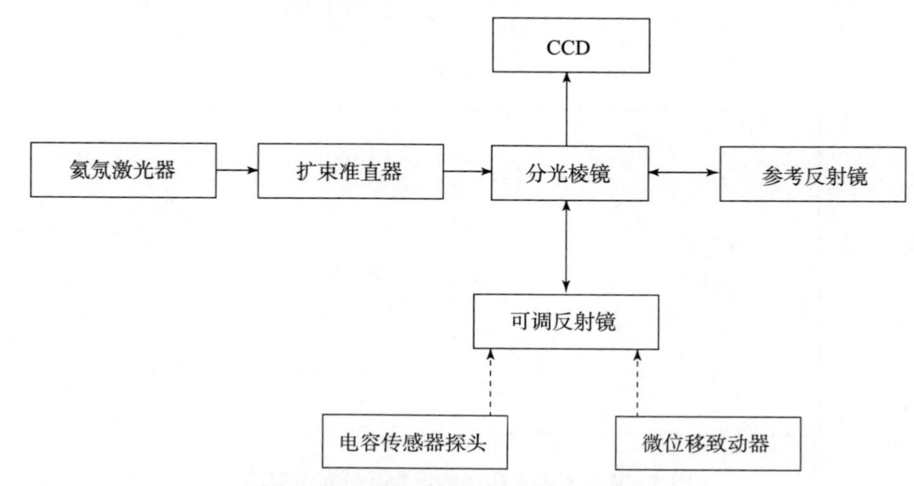

图 3 – 38 电容测微仪标定用光路示意图

所用三路电容测微仪的标定结果：

$$\begin{cases} V_{o1} = 1.2403d_1 - 29.9824 \\ V_{o2} = 1.2952d_2 - 52.3715 \\ V_{o3} = 1.1389d_3 - 23.2136 \end{cases} \tag{3-50}$$

三路的非线性误差分别为3.2%、8.9%、6.3%；分辨率分别为6.2 nm、6.4 nm、5.7 nm；三路电容测微仪的测量范围为200 μm，当传感器探头和反射镜背部的间距大于200 μm时，测微仪无信号输出。也可利用这一特点，判断此时的piston误差大于测微仪的动态范围。

2. 分块镜共相位的位置标定

目的是记录分块子镜1和2实现光学共相位拼接时三路电容测微仪的输出电压，并定义为共相位电压。进行共相位误差的检测和拼接时，由三路电容测微仪的输出电压和已标定的$V_o - d$关系即可计算得到分块子镜1和2的共相位误差，调节微位移致动器可校正共相位误差，直至三路电容测微仪的输出值与标定的共相位电压值相等，即说明两分块子镜实现了光学共相位拼接。

标定是借助干涉测量和Fisba移相干涉仪分四步完成的，其原理如图3－39所示。

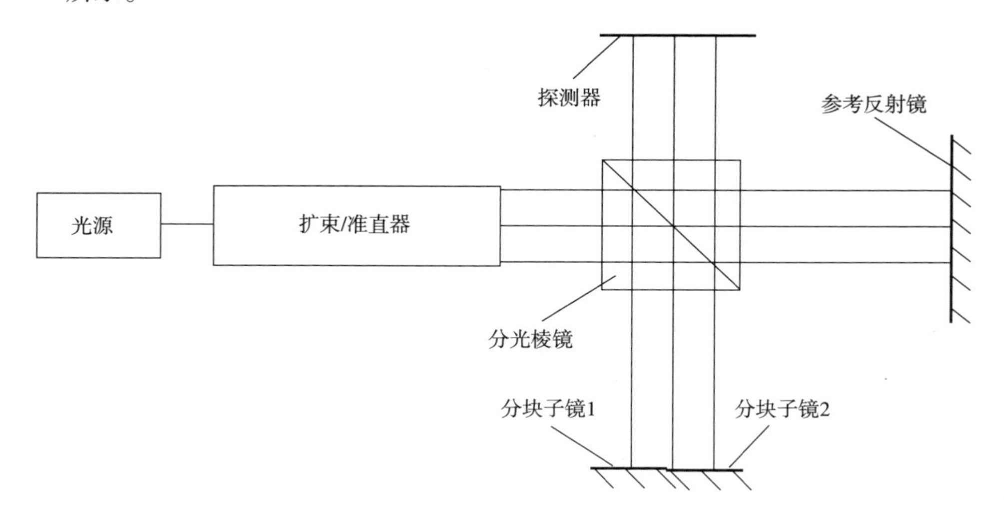

图3－39　共相位电压标定光路原理示意图

（1）以氦氖激光器为光源，借助精密微调机构对分块子镜 1 和 2 与参考反射镜形成的两个干涉场的干涉条纹进行拼接，根据干涉原理可知，此时分块子镜 1 和 2 的表面互相平行。

（2）以钠灯为光源重复上述步骤（1），此时分块子镜 1 和 2 的表面互相平行，且相互间的 piston 误差小于 0.5 mm（钠灯的相干长度）。

（3）以白光为光源重复上述步骤（1），此时分块子镜 1 和 2 的表面互相平行，而且相互间的 piston 误差小于 1 μm（白光的相干长度）。

图 3－40 所示为采集的白光干涉条纹，继续精细调整，使条纹在拼接处对齐，接近共相位状态。

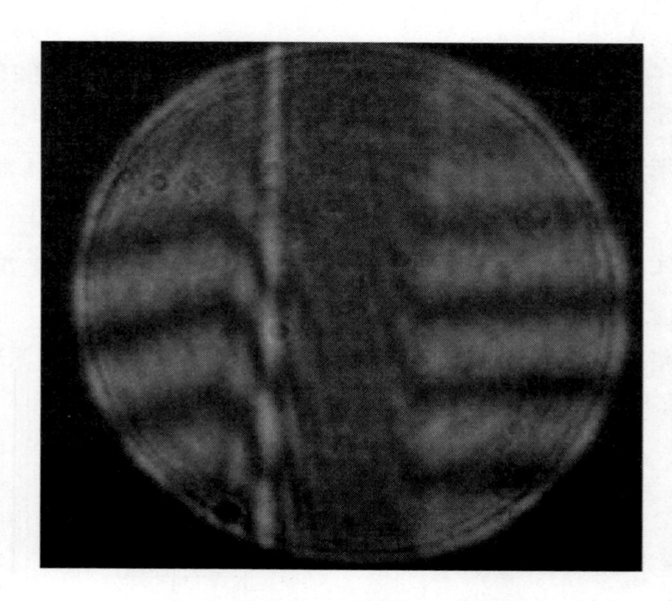

图 3－40　两拼接分块子镜的白光干涉条

（4）将上述步骤（3）状态下的两个分块子镜移入 Fisba 移相干涉仪的测量光路中，图 3－41 所示为对此状态的测量结果；在 Fisba 干涉仪监测下进一步精细调整，使两干涉场中的干涉条纹实现理想拼接，再用 Fisba 干涉仪测量子镜拼接处的面形误差，即为共相位误差为 6.3 nm（Fisba 干涉仪的分辨率 $\lambda/100$，$\lambda=633$ nm），测量结果如图 3－42 所示。记录此时的三路电容测微仪的输出电压，分别为 26.63 mV、44.15 mV、73.55 mV，即为标定的共相位电压。

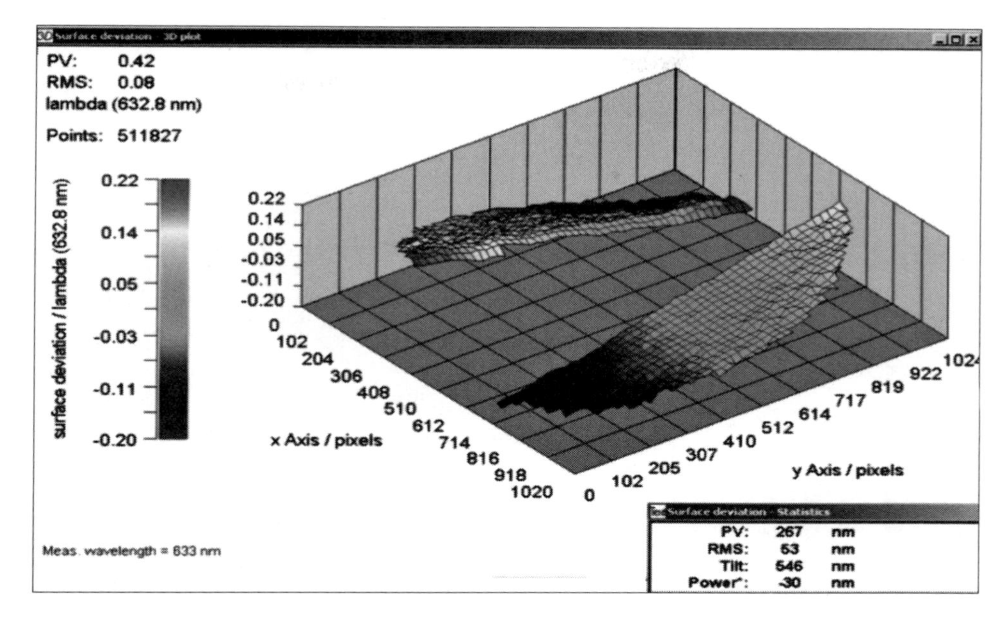

图 3 - 41　以白光为光源，调整的共相位拼接结果

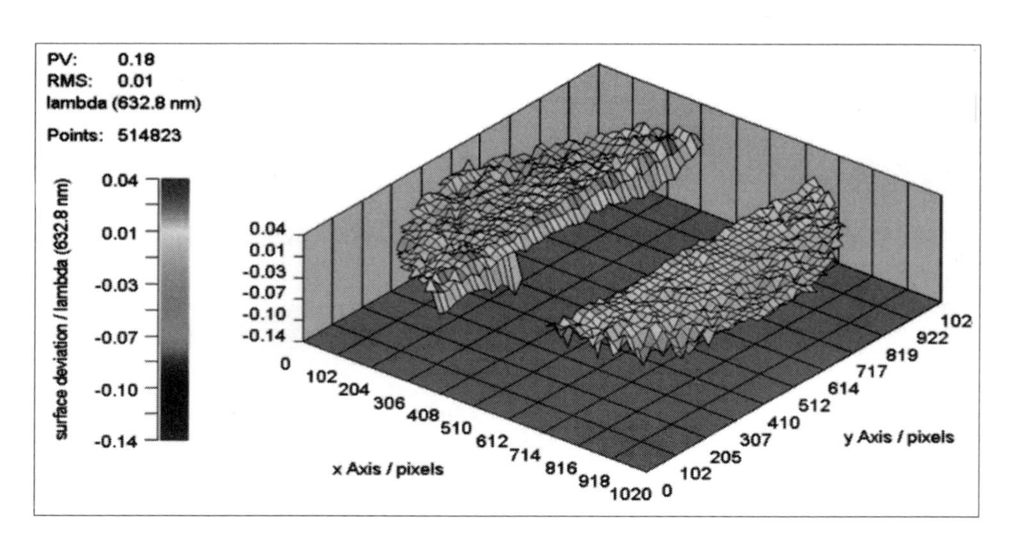

图 3 - 42　利用 Fisba 干涉仪，调整的两个分块子镜的共相位状态

3.4.3.3　实验验证

引入共相位误差，使三路电容测微仪无输出，说明分块子镜的初始共相

位误差大于 200 μm；调节分块子镜 1 背部的微位移致动器减小共相位误差直至电容测微仪有信号输出，调至三路输出信号分别为 26. 23 mV、45. 01 mV 和 74. 19 mV 时，用 Fisba 干涉仪测得的两子镜的状态，如图 3 – 43 所示，此时的 piston 误差为 304. 2 nm，倾斜误差为 719. 0 nm。

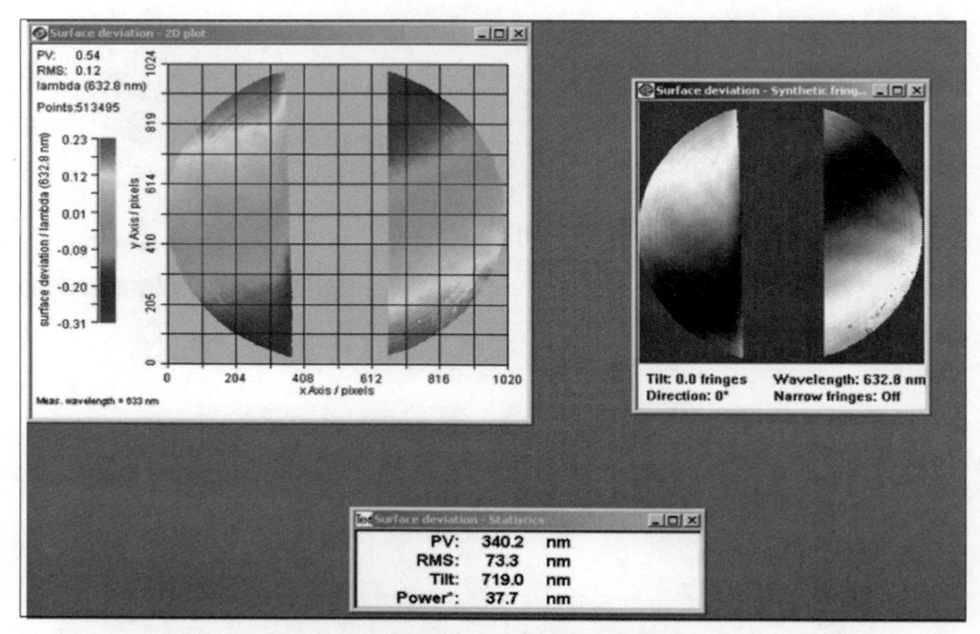

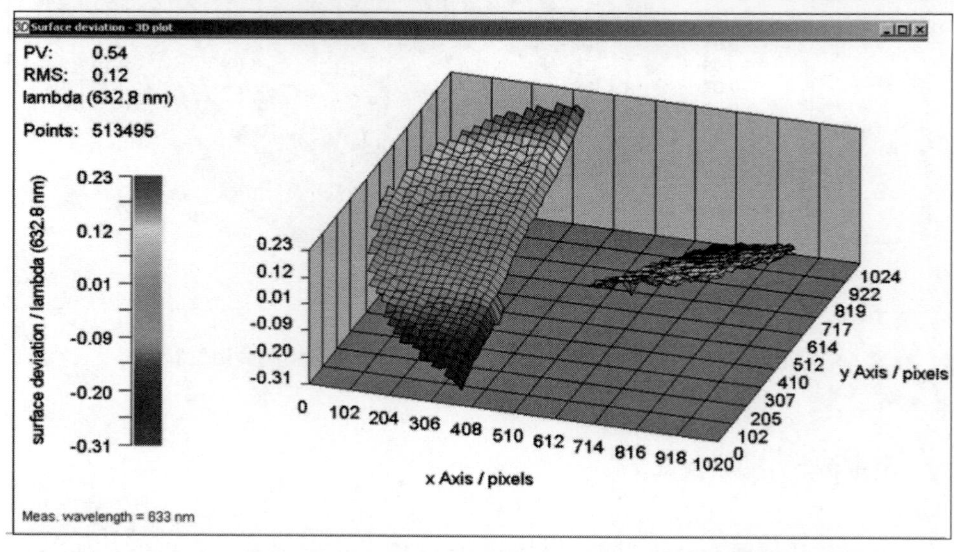

图 3 – 43 piston 误差为 304. 2 nm，倾斜误差为 719. 0 nm 时拼接处的波面状况

根据各路输出信号和标定的 $V_o - d$ 关系式（3 - 50），确定 d_1、d_2、d_3，控制微位移致动器调整分块子镜 1 的位姿，直至三路电容测微仪的输出等于标定的共相位电压值 26.63 mV、44.15 mV、73.55 mV。首先根据共相位位置标定结果，确定此时的共相位误差应为 6.3 nm；然后再用 Fisba 移相干涉仪对拼接结果进行验证，测量拼接处的共相位误差，结果如图 3 - 44 所示，共相位误差为 6.6 nm，与用电容测微法测量的结果基本一致。

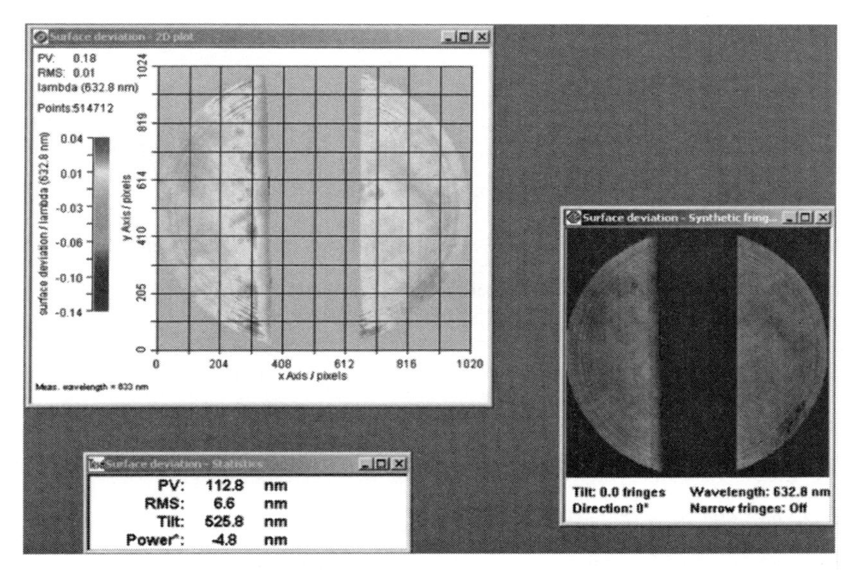

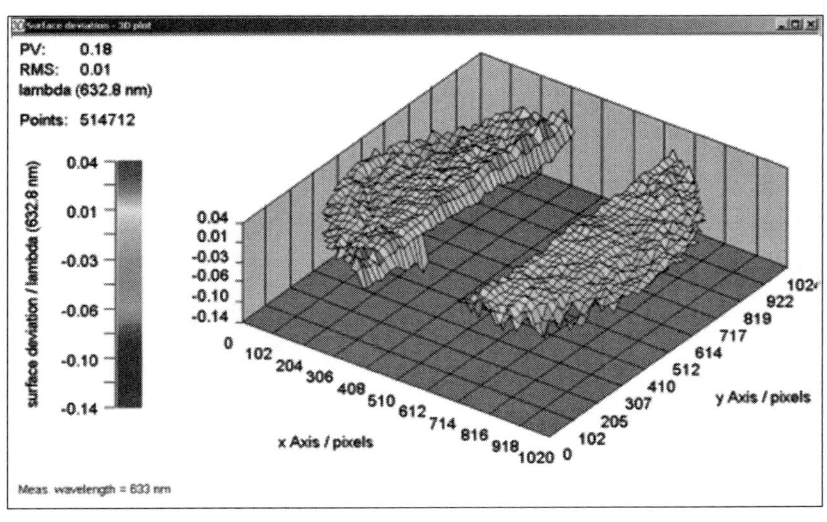

图 3 - 44　用 Fisba 移相干涉仪测量共相位误差的结果

与共相位误差的光学检测方法相比，电学检测方法不增加原光学成像系统的复杂程度；测量的动态范围大、精度高，不必将共相位误差检测分为粗测和精测两个阶段，结构简单，较易实现；可用于记忆分块子镜的共相位位置，只要各路测微仪的输出为预先标定的共相位电压值，即可说明各子镜处于共相位状态。

参考文献

[1] 苏定强，崔向群．主动光学——新一代大望远镜的关键技术［J］．天文学进展，1999，17（1）：1-14.

[2] Chanan G，Troy M. Strehl ratio and modulation transfer function for segmented mirror telescopes as functions of segment phase error［J］. Applied Optics，1999，38（31）：6642-6647.

[3] 王海涛，罗秋凤，徐欣圻，等．用于拼接镜面共焦测量的三种位移传感器［J］．传感技术学报，2003，16（1）：9-12.

[4] 蔡佳慧．光学综合孔径望远镜中电感式位移传感器的研究［D］．南京：南京航空航天大学，2010.

[5] Wang S. Cophasing Methods of Segmented Space Telescope［J］. Acta Optica Sinica，2009.

[6] Vasisht G，Booth A，Colavita M M. Performance and verification of Keck fringe detection and tracking system［C］//Proc. SPIE，2003，4838：824-833.

[7] Colavita M M，Wizinowich P L. The Keck interferometer［C］//Proc. SPIE，2002，4838：79-90.

[8] 赵伟瑞，曹根瑞．分块镜共相位误差的电学检测方法［J］．红外与激光工程，2010，39（1）：148-150.

[9] 张洪刚，吴敬国，郑义忠．电容传感器及其纳米量级定位技术［J］．仪表技术与传感器，2001（10）：3-5.

[10] 杨德华，戚永军．应用在拼接镜面中的电容位移传感器的结构性误差分析及校正［J］．光学精密工程，2006，14（2）：173-178.

第 4 章 大范围高精度共相位误差检测方法

第3章中介绍的经典共相位误差检测方法，除电学检测方法外，其他方法均需把 piston 误差检测分为粗测和精测两个阶段完成，不同阶段采用不同的检测方法，需配置不同的检测装置，势必增加系统的复杂程度。近年来，人们把对共相位误差检测方法的研究重点聚焦在结构简单、易于实现、方法既具有大动态范围又具有高精度的方面。

4.1 二维色散条纹法

二维色散条纹法，是将瑞利干涉原理与色散相结合而形成的，对 piston 误差的测量范围 [-200 μm，200 μm]，测量精度为10 nm。

4.1.1 原理

4.1.1.1 瑞利干涉原理

著名的物理学家 Lord Rayleigh 为了测量气体氩和氦的折射率，提出了瑞利干涉仪，图4-1所示为瑞利干涉原理示意图，这是一种准共光路干涉，由光源出射的光经透镜 L_1 准直后进入两个长度相等的气室1和气室2，两个气室中分别充满已知折射率的气体和待测折射率的气体；由于两种气体的折射率不同，使得经过两气室的平行光束存在光程差，这两束光经过狭缝光阑后聚焦在透镜 L_2 的像方焦点处，发生干涉，如图4-2所示。

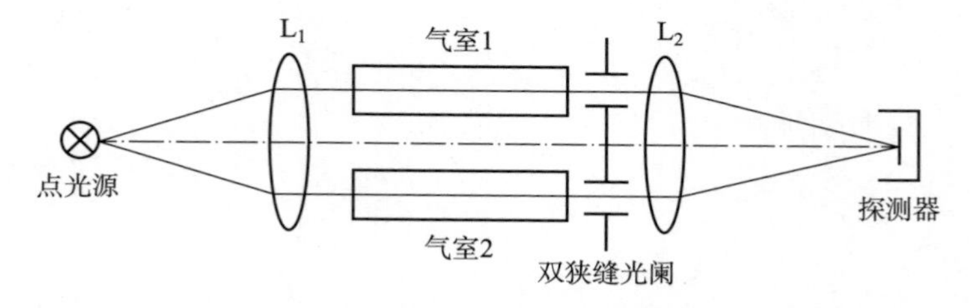

图4-1 瑞利干涉原理示意图

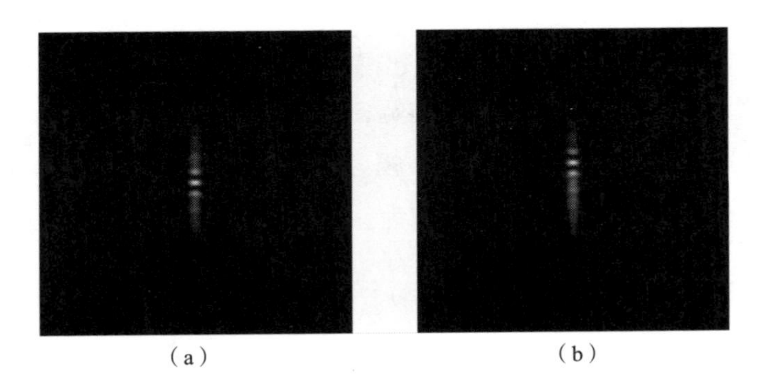

图4-2 瑞利干涉条纹

(a) 光程差为零时的干涉条纹；(b) 光程差不为零时的干涉条纹

由图4-2可知，随着光程差的引入，条纹的极大值将偏离光程差为零时的位置。因此，可根据探测得到的干涉场的光强分布计算光程差，从而确定未知气体的折射率。

经过气室后，两平行光的光程差为

$$\Delta L = (n - n_0)d \tag{4-1}$$

式中：n 为待测气体的折射率；n_0 为已知气体的折射率；d 为气室的长度。

对应的位相差为 $\Delta\Phi = 2\pi \cdot \Delta L/\lambda$，根据干涉极大的位置相对于光程差为零时的偏移量求得 $\Delta\Phi$，即可求得 ΔL，再根据式（4-1）就可以确定待测气体的折射率 n。

4.1.1.2 色散瑞利干涉

如果将瑞利干涉原理用于 piston 误差检测，可以首先将上述双缝光阑设置在相邻子镜的边缘处，每个狭缝对应一个子镜边缘，分别采集子镜反射的光波，光波中携带了两个子镜的相位信息；然后根据瑞利干涉原理，即可实现相邻子镜的 piston 误差检测。设建立的双缝光阑如图4-3所示，光瞳坐标系为 $\xi O\eta$。

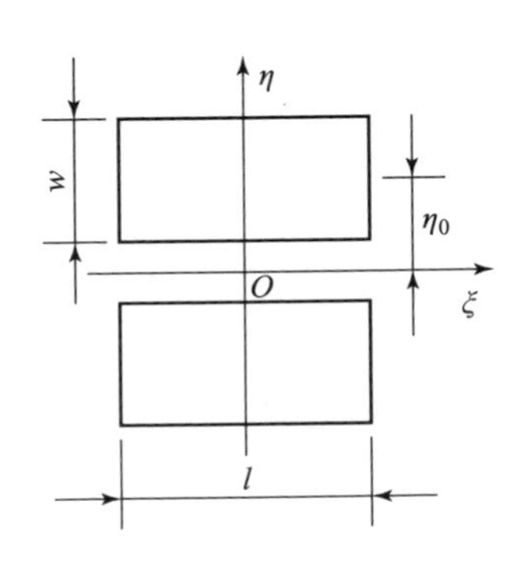

图4-3 双缝光阑

设双缝采样光阑的透过率为

$$T(\xi,\eta) = \mathrm{rect}\left(\frac{\xi}{l},\frac{\eta-\eta_0}{w}\right)+\mathrm{rect}\left(\frac{\xi}{l},\frac{\eta+\eta_0}{w}\right) \tag{4-2}$$

式中：l 为矩形缝的长；w 为矩形缝的宽；η_0 为矩形缝中心到 ξ 轴的距离。

设光源光波均匀分布、且光波振幅为 1，ξ 轴的上方和下方两个采样孔光波相对于理想位置的 piston 误差分别为 $-\delta/2$ 和 $\delta/2$，光瞳函数可表示为

$$P(\xi,\eta) = \mathrm{rect}\left(\frac{\xi}{l},\frac{\eta-\eta_0}{w}\right)\exp\left(-\mathrm{j}\frac{2\pi}{\lambda}\delta\right)+\mathrm{rect}\left(\frac{\xi}{l},\frac{\eta+\eta_0}{w}\right)\exp\left(\mathrm{j}\frac{2\pi}{\lambda}\delta\right) \tag{4-3}$$

设像面坐标系为 xOy，对光瞳函数 $P(\xi,\eta)$ 进行傅里叶变换，可得

$$\begin{aligned} p(f_\xi,f_\eta) &= F[P(\xi,\eta)] = \int_{-\infty}^{\infty}\int_{-\infty}^{\infty}P(\xi,\eta)\exp(-\mathrm{j}2\pi f_\xi\xi)\exp(-\mathrm{j}2\pi f_\eta\eta)\mathrm{d}\xi\mathrm{d}\eta \\ &= lw\mathrm{sinc}(f_\xi l,f_\eta w)\left\{\exp\left[-\mathrm{j}\pi\left(2f_\eta\eta_0+\frac{\delta}{\lambda}\right)\right]+\exp\left[\mathrm{j}\pi\left(2f_\eta\eta_0+\frac{\delta}{\lambda}\right)\right]\right\} \end{aligned} \tag{4-4}$$

式中：f_ξ 和 f_η 为空间频率，$f_\xi = x/\lambda f$，$f_\eta = y/\lambda f$；f 为成像透镜焦距。

根据夫琅禾费衍射可知，像面光场复振幅分布为

$$\begin{aligned} E(x,y) &= \frac{1}{\mathrm{j}\lambda f}\exp\left[\mathrm{j}\frac{2\pi}{\lambda}\left(f+\frac{x^2+y^2}{2f}\right)\right]p(f_\xi,f_\eta) \\ &= \frac{1}{\mathrm{j}\lambda f}\exp\left[\mathrm{j}\frac{2\pi}{\lambda}\left(f+\frac{x^2+y^2}{2f}\right)\right]\cdot lw\mathrm{sinc}\left(\frac{xl}{\lambda f},\frac{yw}{\lambda f}\right)\cdot 2\cos\left[\frac{\pi}{\lambda}\left(\frac{2\eta_0}{f}y+\delta\right)\right] \end{aligned} \tag{4-5}$$

若光源为单色光，像面光强分布为

$$\begin{aligned} I_m(x,y) &= E(x,y)\cdot E^*(x,y) \\ &= 2\left(\frac{lw}{\lambda f}\right)^2\mathrm{sinc}^2\left(\frac{xl}{\lambda f},\frac{yw}{\lambda f}\right)\cdot\left\{1+\cos\left[\frac{2\pi}{\lambda}\left(\frac{2\eta_0}{f}y+\delta\right)\right]\right\} \end{aligned} \tag{4-6}$$

由式（4-6）可知，光场分布由两部分组成：一部分为两矩形孔的衍射

$$I_d(x,y) = 2\left(\frac{lw}{\lambda f}\right)^2\mathrm{sinc}^2\left(\frac{xl}{\lambda f},\frac{yw}{\lambda f}\right) \tag{4-7}$$

是两个矩形孔衍射光场的强度叠加，与 piston 误差无关，称为衍射因子；

另一部分为两矩形孔干涉，即

$$I_R(x,y) = 1 + \cos\left[\frac{2\pi}{\lambda}\left(\frac{2\eta_0}{f}y + \delta\right)\right] \qquad (4-8)$$

是两孔光波干涉的结果，呈周期余弦分布，两个子波间的 piston 误差为余弦函数的初相位，式（4－8）为干涉因子。

可以说，像面的光强分布是由单孔衍射包络的余弦干涉条纹。包络的形状取决于孔径的形状和大小；干涉条纹的周期由孔中心距决定，干涉条纹的极值位置由两相干子波的相位差即 piston 误差决定，位相差的变化将引起干涉条纹的移动。因此，可以从瑞利干涉场中提取相位差的变化，实现余弦函数周期内的 piston 误差检测。图 4－4 给出了像面光强的一维分布，图 4－5 给出了瑞利干涉场即式（4－6）随 piston 误差变化的仿真结果。

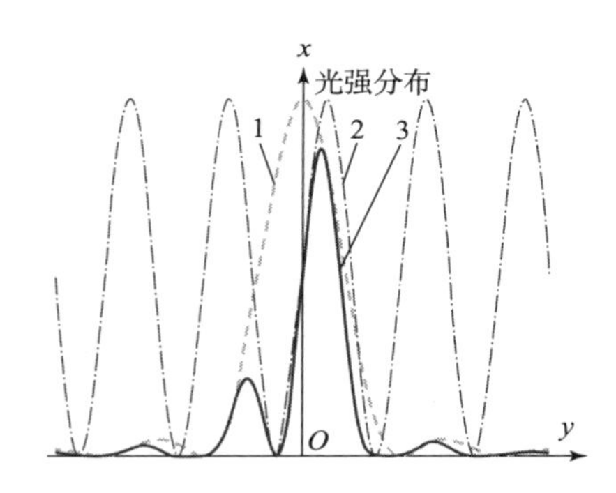

图 4－4　瑞利干涉一维光强分布图

1—单孔点扩散函数包络；2—余弦干涉条纹；3—瑞利干涉条纹

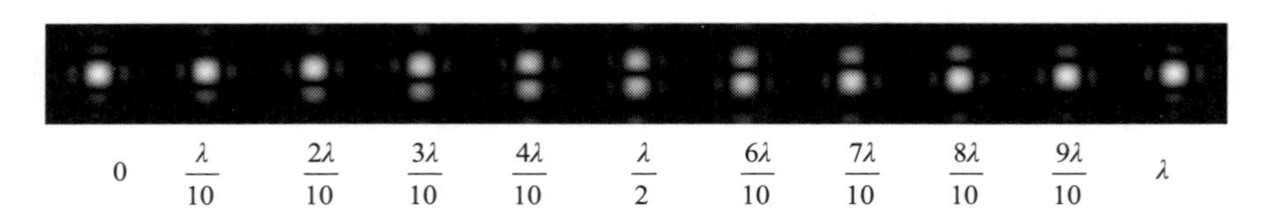

0　$\frac{\lambda}{10}$　$\frac{2\lambda}{10}$　$\frac{3\lambda}{10}$　$\frac{4\lambda}{10}$　$\frac{\lambda}{2}$　$\frac{6\lambda}{10}$　$\frac{7\lambda}{10}$　$\frac{8\lambda}{10}$　$\frac{9\lambda}{10}$　λ

图 4－5　单色瑞利干涉光强分布随光程差的变化

如图 4－5 所示，当两子孔径间的 piston 误差为零时，主峰能量最强，位于包络中心；当 piston 误差变大时，主峰位置偏移，次峰出现，二者的能量此消彼长；当 piston 误差达到 π 时，主峰、次峰的能量相等；相位差继续增大，原来的次峰能量超过主峰，继而成为新的主峰，而原主峰则变为次峰；随着相位差的继续增大，主峰位置继续上升，能量也在增强；当 piston 误差增大至 2π 时，主峰位置回到包络的中心，能量也达到最强，与 piston 误差为零时的光强分布完全一样；继续增大相位差，瑞利干涉光强分布将重复上述变化规律，出现 2π 不定性问题。因此，在一个周期 $[0, 2\pi)$ 的范围内，主峰的位置与 piston 误差存在着一一对应的关系。通过探测主峰的位置，即可计算得到相应的小于一个波长的 piston 误差。

为叙述方便，把 piston 误差看成由两部分组成：波长整数倍部分和小于一个波长的部分。为克服上述的 2π 不定性问题，采用宽光谱光源，在瑞利干涉光路中引入色散元件，将不同波长的瑞利干涉条纹在空间上分开；利用色散方向上的色散信息实现 piston 误差的波长整数倍部分的检测，利用垂直于色散方向上的干涉信息实现小于一个波长部分的 piston 误差检测，二者之和为两子镜间的 piston 误差，从而实现 piston 误差的大动态范围高精度检测。此即二维色散法的原理，也可称为色散瑞利干涉原理，图 4－6 所示为将色散瑞利干涉用于 piston 误差检测的原理示意图。

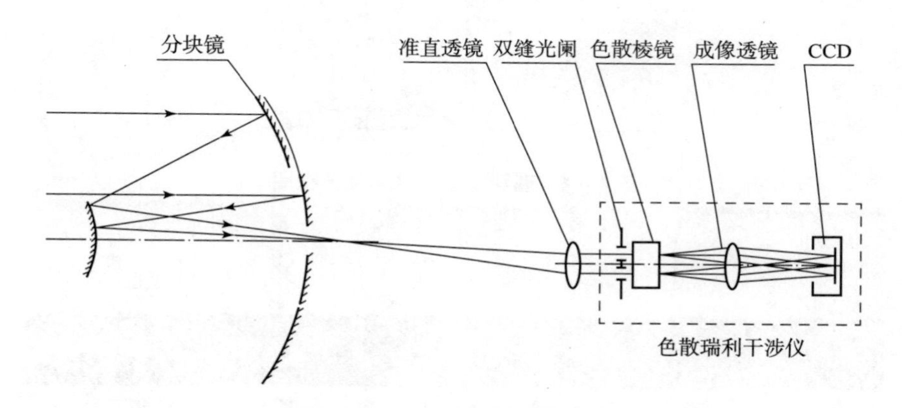

图 4－6　色散瑞利干涉仪检测分块镜 piston 误差原理示意图

在图 4－6 中，色散棱镜将通过光阑形成的白光衍射－干涉条纹沿色散方向展开，形成一系列在空间位置上彼此错开的单色瑞利干涉条纹，各单色条纹的强度叠加形成了色散瑞利干涉条纹。

4.1.1.3　色散方向的确定

色散方向有两种选择：一是平行于两子镜的边长即拼缝方向，称为平行色散；二是垂直于拼缝方向，称为垂直色散。

1. 平行色散

采用平行色散，波长为 λ 的光波经成像透镜后，衍射光斑的中心位于像面坐标系的（x,0）。在线性色散情况下，色散棱镜的色散率与波长的关系如式（3－14）所示。由式（4－6），可得色散瑞利干涉条纹的光强分布为

$$I_c(x,y) = 2\left(\frac{lw}{f}\right)^2 \int_{\lambda_{\min}}^{\lambda_{\max}} S(\lambda)\cdot\frac{1}{\lambda^2}\cdot \mathrm{sinc}^2\left(\frac{(x-x(\lambda))l}{\lambda f},\frac{yw}{\lambda f}\right)\cdot \left\{1+\cos\left[\frac{2\pi}{\lambda}\left(\frac{2\eta_0}{f}y+\delta\right)\right]\right\}d\lambda \tag{4-9}$$

式中：$\lambda_{\min}$、$\lambda_{\max}$ 分别为光源谱段的最小和最大波长。

图 4－7 所示为存在一定 piston 误差时的色散瑞利干涉场光强分布。图中上方所示为一组不同波长的单色瑞利干涉条纹；下方所示为白光作光源时的瑞利干涉条纹，它由各波长的干涉条纹叠加而成。

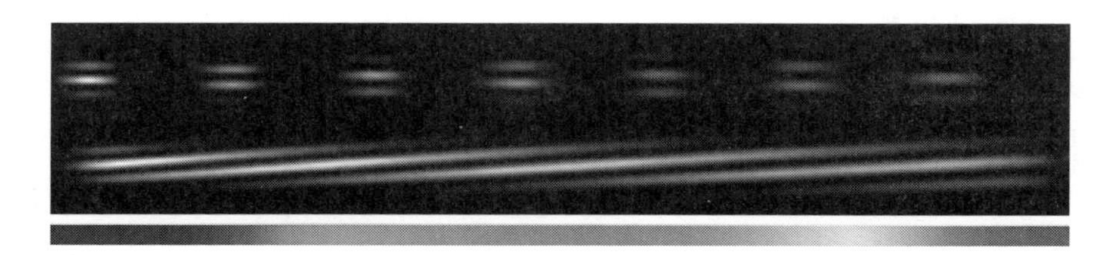

图 4－7　色散瑞利干涉场光强分布

图 4－8 给出了引入不同 piston 误差时得到的色散瑞利干涉条纹。由图可知，条纹的斜率和密度随共相位误差 δ 的增加而增加，当 δ 增大到一定程度时，条纹消失；当反方向加置 δ 时，条纹倾斜方向相反，随着 δ 的增大，条纹变密直至消失。

因此，采用平行色散方式，既可以得到子镜平移的方向，又可以根据色散条纹的分布计算 piston 误差的大小，计算过程中可利用的信息也较多。

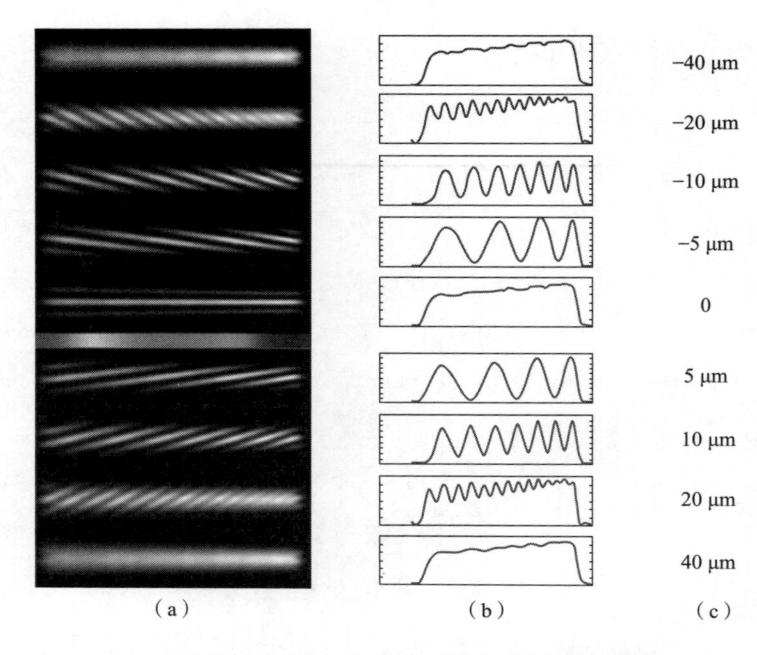

图 4-8 不同 piston 误差的色散瑞利干涉仿真结果

(a) 色散条纹；(b) 色散方向的光强分布；(c) piston 误差

2. 垂直色散

图 4-9 所示为采用垂直色散时，引入不同 piston 误差时得到的色散瑞利干涉条纹。由图可知，条纹方向始终与色散方向垂直，条纹宽度随 δ 增加而变窄，直至条纹消失。与上述平行色散的最大不同是，只在共相位误差 δ 为正（或为负）时有条纹出现，因此无法区分子镜平移的方向；但共相位误差的测量范围基本不变，若平行色散的测量范围为 $\pm\Delta$，则垂直色散的测量范围为 $0\sim2\Delta$。

考虑到垂直色散只能进行一个方向的测量，且条纹的信息量少，不便于高精度处理；而平行色散可在正负两个方向检测共相位误差，条纹信息量大，又有很高的测量灵敏度。因此，在 piston 误差检测中采用平行色散方式。

图4-9 垂直瑞利色散的仿真结果

4.1.2 二维色散条纹法的量程

使用宽光谱光源，并采用平行色散方式，在成像透镜的焦平面上将获得不同波长的单色瑞利干涉条纹沿 x 方向的色散叠加的光强分布，沿 y 方向的每一列都可视为“准单色”瑞利干涉条纹。由于双缝的尺寸有限，考虑到衍射效应，各波长形成的光斑在色散方向上均有一定的弥散，使得沿 y 方向的相近波长的干涉条纹光强分布相互影响，可将相互影响的波长范围理解为参与干涉的谱带宽度。又根据干涉原理可知，当光程差大于谱宽决定的相干程长时，干涉现象消失，可以此为根据确定量程。随着 piston 误差的增大，沿 y 方向的“准单色”瑞利干涉条纹的对比度下降；当 piston 误差增大到一定值时，某一列上的干涉条纹消失，将此时的 piston 误差记为 $\delta_{\max}(\lambda)$；各波长干涉条纹对应的 $\delta_{\max}(\lambda)$ 的最小值决定了二维色散条纹法的量程。

通过仿真分析色散瑞利干涉条纹在 y 方向上的任意一列的光强分布情况，可以进一步理解量程问题。仿真设置：成像透镜的焦距 $f=180$ mm，光阑的矩形缝的长度 $l=8$ mm、宽度 $w=3$ mm，双缝中心距 $2\eta_0=3$ mm，设置为线性色散、且满足 $x(\lambda)=(f/60\ \text{mm})(\lambda-0.45\ \mu\text{m})\times 1\ 000$；在此，取焦距、波长及坐标 x 的单位分别为 mm、μm、μm；波长范围 $\lambda \in [0.45\ \mu\text{m}, 0.65\ \mu\text{m}]$。

图 4 - 10 所示为仿真得到的 $\delta = 27.5\ \mu\text{m}$ 时的色散瑞利干涉条纹，图中长方形框选中的是 y 方向与 $\lambda = 550\ \text{nm}$ 对应的列，图中右侧曲线为该列上的光强分布。每列的光强分布都由该列对应波长的单色瑞利干涉条纹（图 4 - 11（e））和相近各波长的单色瑞利干涉条纹（图 4 - 11（a）~（d）和（f）~（i））在该列的光强分布叠加而成。

图 4 - 10　$\delta = 27.5\mu\text{m}$ 时的色散瑞利干涉条纹

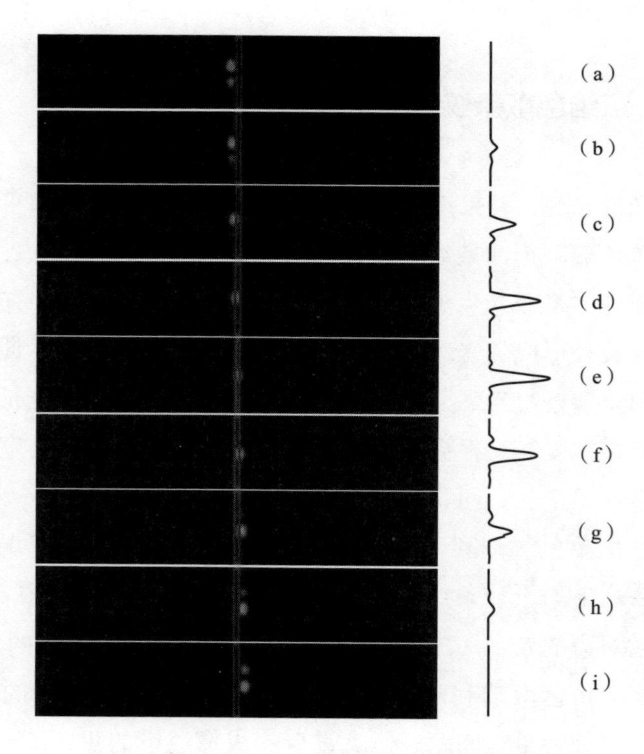

图 4 - 11　$\delta = 27.5\ \mu\text{m}$ 时的色散瑞利干涉条纹

图4－11所示为在相同piston误差情况下，550 nm的各邻近波长的单色瑞利干涉光强分布，对应于图4－11中的（a）~（d）和（f）~（i），图中右侧的曲线对应于该列的光强分布。由图4－11可以看到，对于同样的光程差，邻近各波长的单色瑞利干涉条纹光强分布形状不同，在$\lambda=550$ nm对应的一列处的强度也不相同。离550 nm越远的波长成分，对该列的光强贡献也越小，当偏离量超过x方向的衍射中央亮纹半宽时，对光强的贡献可忽略不计。

因此，将一系列相隔为中央亮斑半宽的一对条纹两两相加，即可得到光谱宽度为$\Delta\lambda/2$的一系列等强干涉条纹，依此计算相干程长。选用与条纹消失最早相对应的波长计算，即可得到二维色散条纹法的量程：

$$\delta_{\max}=\frac{\lambda_{\min}^{2}}{\Delta\lambda/2}=\frac{lC\lambda_{\min}}{f} \tag{4-10}$$

式中：$\lambda_{\min}$为光源中的最短波长；$\Delta\lambda$为在x方向上的衍射中央亮斑宽度内包含的光谱范围；C为色散率。

因此，以线性色散为前提，二维色散条纹法的量程为$[-lC\lambda_{\min}/f, lC\lambda_{\min}/f]$。

4.1.3　piston误差的计算

4.1.3.1　计算方法

由式（4－9）可知，色散瑞利干涉条纹中包含有piston误差信息，利用这一特点，可以从它的x方向上的色散信息和y方向上的干涉信息解算出余弦函数项的初相位，实现piston误差检测。

图4－12所示为色散瑞利干涉条纹的二维光强分布示意图。图（b）中的曲线表示在x方向（色散方向）上的光强分布，对于同一个piston误差值，不同波长对应的相位差不同，在此方向上光强随波长发生周期变化，可表示为

$$I(x,y)=I_0\left\{1+\gamma\cos\left[2\pi\frac{\delta}{\lambda(x)}+\phi_0(y)\right]\right\} \tag{4-11}$$

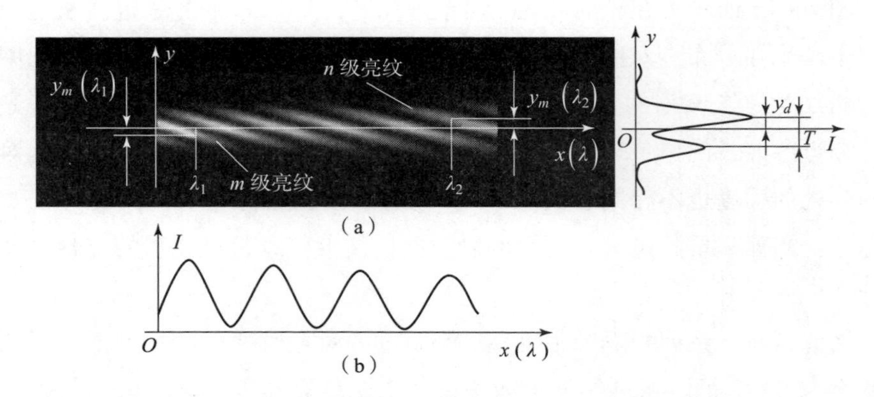

图 4-12 色散瑞利干涉条纹的二维光强分布示意图

图 4-12（a）中右侧曲线表示 y 方向某列的窄带干涉条纹光强分布，光强极大值的位置由 piston 误差决定，条纹周期则与双矩形孔的中心距有关；图中的 T 表示干涉条纹周期，y_d 表示条纹峰值相对于共相位位置的偏离值，由于余弦函数的周期性，根据这个偏离值只能计算得到小于一个条纹周期内的相位值，有

$$\phi_d = 2\pi \frac{y_d}{T} \tag{4-12}$$

式中，ϕ_d 为与 y_d 对应的相位值，是 piston 误差的小于一个波长的部分。

由式（4-12）可知，在单色光情况下，ϕ_d 与 y_d 有很好的线性关系。但对于色散瑞利干涉而言，如 4.1.2 节所述，每一列上的干涉条纹是窄带干涉的结果，这种线性关系是否依然存在？仍选用图 4-11 的仿真设置，依次改变 piston 误差、记录对应的 y_d，计算 ϕ_d，绘制如图 4-13 所示的 $\phi_d - y_d$ 曲线，计算其线性相关系数，大于 99.9%。因此，依然可将二者的关系视为线性的，仍可根据式（4-12）计算小于一个波长的 piston 误差。

对于大于一个波长的 piston 误差的计算，则需要两个波长对应的相位信息以及二者之间的条纹数来实现。

如图 4-12 所示，若设 piston 误差为 δ，在 λ_1、λ_2 处，有下列关系存在：

$$\begin{cases} \dfrac{2\pi}{\lambda_1}\delta = 2m\pi + \phi_d(\lambda_1) \\ \dfrac{2\pi}{\lambda_2}\delta = 2n\pi + \phi_d(\lambda_2) \end{cases} \tag{4-13}$$

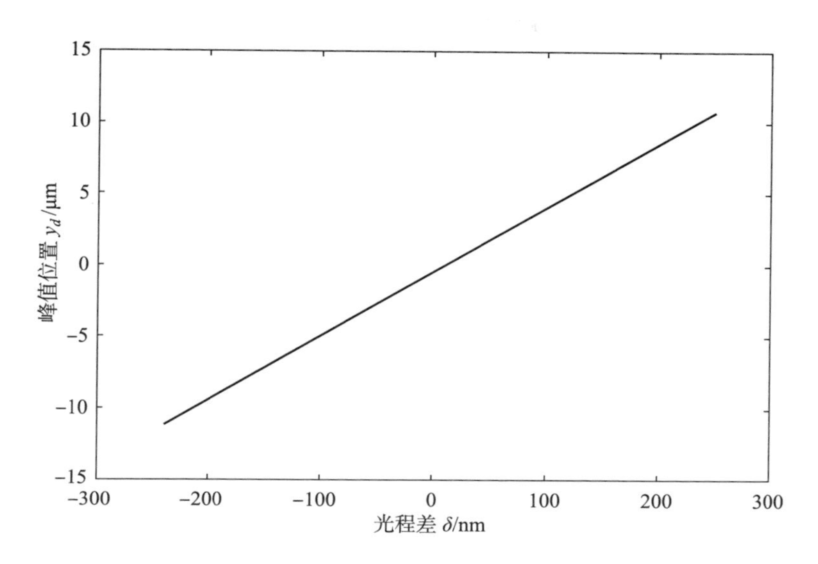

图 4-13　取 $\lambda=500$ nm，峰值位置 y_d 与 piston 误差的关系

式中：m,n 为整数，是亮条纹的级次；ϕ_{1d}、ϕ_{2d} 分别为与 λ_1 和 λ_2 相对应的 piston 误差的小于一个波长的部分。

由式（4-13）可解得 piston 误差：

$$\begin{aligned}\delta &= \frac{\lambda_1\lambda_2}{\lambda_1-\lambda_2}\left[(n-m)+\frac{\phi_d(\lambda_2)-\phi_d(\lambda_1)}{2\pi}\right]\\ &= \lambda_e\left[M+\frac{\phi_d(\lambda_2)-\phi_d(\lambda_1)}{2\pi}\right]\end{aligned} \tag{4-14}$$

式中：λ_e 为等效波长；$M=n-m$ 为波长 λ_1 和 λ_2 之间的条纹数。

由式（4-14）可知，在 λ_1、λ_2 确定时，piston 误差 δ 与 M 成正比。

根据图 4-12 确定计算 piston 误差所需的参数。

（1）沿 x 或色散方向计数确定 M；

（2）根据 y 方向上干涉条纹的峰值位置确定 $y_d(\lambda_1)$、$y_d(\lambda_2)$ 及条纹周期 T；

（3）根据式（4-12）计算得到 $\phi_d(\lambda_1)$ 和 $\phi_d(\lambda_2)$。

将上述确定的参数代入式（4-14）计算 δ，即可得到 piston 误差。

把式（4-14）中的 $[\phi_d(\lambda_2)-\phi_d(\lambda_1)]/2\pi$ 这一项理解为 piston 误差的波长的小数倍；这部分的误差取决于参数 $y_d(\lambda_1)$、$y_d(\lambda_2)$ 及 T 的读取是否

准确。由于等效波长 λ_e 是一个远远大于 1 的数，对 piston 误差的波长小数倍的计算误差有较大的放大作用，这将影响 piston 误差检测的精度。

为解决这一问题，首先将式（4－14）求得的 piston 误差作为一个粗测值 δ_c；然后利用式（4－15）计算某一波长 λ_i 处的绝对干涉级次 K:

$$K = [k(\lambda_i)] = \frac{\delta_c}{\lambda_i} - \frac{\phi_d(\lambda_i)}{2\pi} \tag{4-15}$$

式中：$[k(\lambda_i)]$ 表示对 $k(\lambda_i)$ 取整；K 为取整结果。

最后从色散瑞利干涉条纹中读取 $y_d(\lambda_i)$，计算 $\phi_d(\lambda_i)$，按式（4－16）计算在该波长处得到的 piston 误差

$$\delta_i(\lambda_i) = \left[K + \frac{\phi_d(\lambda_i)}{2\pi}\right]\lambda_i \tag{4-16}$$

可以得到每个波长处的精确的 piston 误差。

为进一步提高精度，可在色散方向上对 N 个波长进行上述计算，对得到的 piston 误差取平均，作为 piston 误差的最终测量结果，即

$$\delta = \frac{1}{N}\sum_{i=1}^{N}\delta_i(\lambda_i) \tag{4-17}$$

这有利于提高测量的重复性，因为对 N 个测量值取平均作为最终的测量结果，与单次测量相比，其重复性可提高 $\sqrt{N}$ 倍。

若 $y_d(\lambda)$ 的读取精度可达到 0.1 像元（对应 $\pi/25$），共相位误差检测精度的理论值可达到 $\lambda/50$。

4.1.3.2 误差分析

根据式（4－16）可对计算 piston 误差的误差源进行分析，为方便叙述，将其进一步整理，可得

$$\delta_i(\lambda_i) = \left[K + \frac{y_d(\lambda_i)}{T(\lambda_i)}\right]\lambda_i \tag{4-18}$$

很明显，计算误差源主要有读取误差和标定误差。读取误差由峰值位置 $y_d(\lambda_i)$ 及 y 方向的干涉条纹周期 $T(\lambda_i)$ 的读取不准引入；标定误差有零位 $y = 0$ 标定不准、及各波长在 CCD 上的位置标定不准。

将式（4－18）分别对 $y_d(\lambda_i)$、$T(\lambda_i)$ 及 λ_i 求偏导数，可得这几个误差

源对计算 piston 误差所引入的误差，偏导结果分别为

$$\partial\delta_i(\lambda_i) = \frac{\lambda_i}{T(\lambda_i)}\partial y_d(\lambda_i) \tag{4-19}$$

$$\partial\delta_i(\lambda_i) = \frac{y_d(\lambda_i)\lambda_i}{[T(\lambda_i)]^2}\partial T(\lambda_i) \tag{4-20}$$

$$\partial\delta_i(\lambda_i) = \left[K + \frac{y_d(\lambda_i)}{T(\lambda_i)}\right]\partial\lambda_i = \frac{\delta_i(\lambda_i)}{\lambda_i}\partial\lambda_i \tag{4-21}$$

1. 峰值位置 $y_d(\lambda_i)$ 误差的影响

由式（4－19）可知，误差 $\partial\delta_i(\lambda_i)$ 与峰值位置误差 $\partial y_d(\lambda_i)$ 成正比。如上所述，峰值定位精度一般为 0.1 个像元，若干涉条纹约占 5 个像元，此定位精度为 $\pi/25$，对应的检测误差为 $\lambda/50$，记为 $\sigma_{y_d} = \lambda/50$。

2. 条纹周期 $T(\lambda_i)$ 误差的影响

周期 $T(\lambda_i)$ 是用于实现条纹位置与相位换算的关键参数。与读取条纹峰值位置的方法相同，分别探测两个接近等强度的峰值位置，二者的位置差即为条纹周期 $T(\lambda_i)$。因此，引入的检测误差与峰值位置误差的相同，记为 $\sigma_T = \lambda/50$。

3. 各波长位置标定误差的影响

利用二维色散条纹法实现 piston 误差检测，必须预先标定各波长 λ_i 在色散方向上的准确位置。将由波长位置标定不准引入的误差 $\partial\delta_i(\lambda_i)$ 记为 σ_λ。由式（4－21）可知，误差 $\partial\delta_i(\lambda_i)$ 与相位差成正比。随着 piston 误差的检测和校正，相位差会逐渐减小，波长位置标定误差对 piston 误差检测的影响也会减小。例如，若取波长 $\lambda = 500$ nm，波长位置标定误差 $\partial\lambda_i = 0.1$ nm，当 piston 误差被校正到 1 μm 时，由式（4－21）计算，$\sigma_\lambda = 0.2$ nm，远远小于对共相位拼接的要求，所以波长位置标定误差可忽略不计。

4. 零位标定误差

零位为 $y = 0$ 的位置，作为峰值位置的计算参考位置。峰值位置确定方法与上述的峰值位置确定方法相同，因此将此项误差引入的检测误差记为 $\sigma_O = \lambda/50$。

所以，总误差为

$$\sigma = \sqrt{\sigma_{y_d}^2 + \sigma_T^2 + \sigma_O^2} \approx \lambda/29$$

实际上，这三项误差主要受系统随机噪声的影响，主要影响相位检测的重复性。可通过多次、多点测量取平均，提高重复性。

4.1.4 实验验证

图 4 - 14 所示为二维色散条纹法的实验验证光路原理示意图。

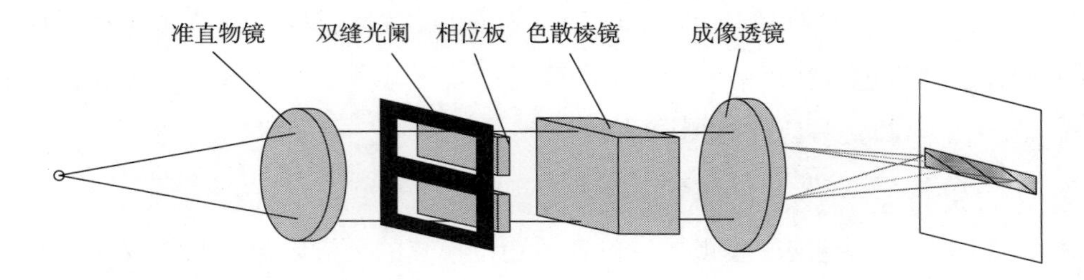

图 4 - 14 二维色散条纹法实验验证光路原理示意图

采用钨丝卤素灯作光源，标定时可换成钠灯、汞灯等光谱灯。用两块相位板模拟分块主镜，其中一块固定相位板，垂直于光轴放置；另一块旋转相位板由转台带动可绕垂直于光轴的轴线转动；改变旋转相位板与光轴的夹角可产生不同大小的 piston 误差。以 Matlab 为实验平台，编制根据二维色散条纹计算 piston 误差的算法程序及旋转相位板的驱动程序。

该方法的测量重复性和精度与量程有关，如表 4 - 1 所示。

表 4 - 1 piston 误差测量精度与重复性

测量范围/μm	1	10	50	200
重复性/nm	0.3	0.5	0.7	0.9
平均测量误差/nm	-2	-4	-9	-19

实验结果表明，二维色散条纹法的测量范围和精度均可满足分块主镜式光学成像系统对共相位误差检测的要求。但是，该方法和第 3 章中介绍的色散条纹法在使用上有近似的特点，一次只能检测相邻子镜的 piston 误差。若想实现全口径的 piston 误差检测，需转动检测装置依次进行，或者是制定专

门的色散棱镜阵列实现 piston 误差的全口径同时测量。另外，还需要对波长位置做定期标定或检查，因此比较适用于地面装校，或是地基分块式望远镜系统。

该方法在第 6 章中介绍的“分块镜共相位成像实验平台”上得以验证和使用，详细情况见第 6 章。

4.2　调制传递函数法

前面所述的 piston 误差检测方法，均是利用像面上的光强分布与 piston 误差间的关系实现 piston 误差检测，为避免有效信息在空间域中的混叠，必须采用透镜阵列或色散棱镜阵列将各对子波面产生的衍射干涉场分开，以便从中提取共相位误差信息。光学阵列元件的使用增加了系统的复杂度。

调制传递函数法，利用傅里叶分析，将空域中的光强分布与共相位误差的关系转换为频域中的描述，借助频域指标——调制传递函数（MTF）实现 piston 误差的检测。这种方法不仅避免了光学阵列元件的介入，还有效突破了 2π 不定性对 piston 误差检测范围的困扰。

4.2.1　原理

下面以三子镜系统为例进行阐述。图 4－15 所示为调制传递函数法检测 piston 误差的光路示意图，图 4－16 所示为分块子镜与带有离散子孔径结构的光阑示意图。图中的正六边形表示分块子镜，圆孔表示光阑上的离散孔。

在进行星体观测时，无穷远的星光由分块主镜反射，各反射子波面携带着分块子镜间的共相位误差信息进入望远镜成像系统，在分块主镜的共轭面处设置带有离散孔结构的光阑，每个离散孔对应一个子镜、并采集该子镜反射的光波；通过离散孔的子波面经由成像透镜汇聚于图 4－15 像面处，对于点目标而言，像面上的光强分布即为系统的点扩散函数（PSF），可设置

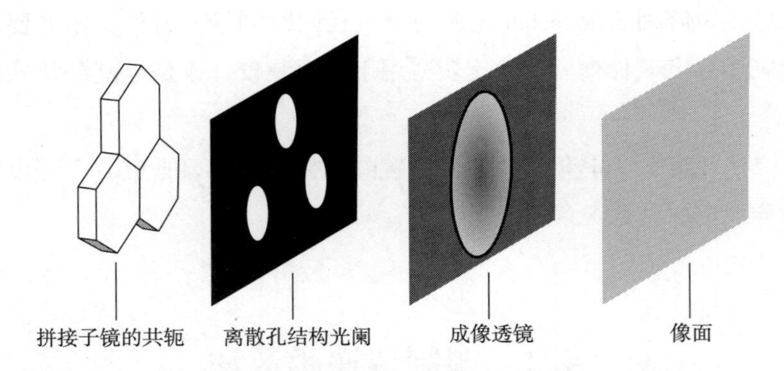

图 4－15 调制传递函数法检测 piston 误差的光路示意图

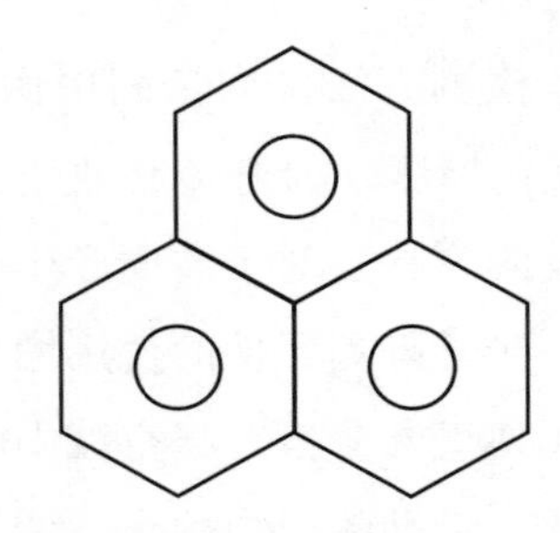

图 4－16 分块子镜与离散光阑孔结构示意图

CCD 探测接收。图 4－15 所示为一个典型的夫琅禾费型衍射光路。

根据物理光学的知识，对系统的光瞳函数进行傅里叶变换即可得到 PSF。光阑为 piston 误差检测系统的入瞳，也是望远镜成像系统的出瞳。设入瞳坐标系为 $\xi O\eta$，像面坐标系为 xOy。光瞳函数为

$$G(\xi,\eta) = A(\xi,\eta) \cdot \exp\left[\mathrm{j} \cdot \mathrm{OPD}(\xi,\eta) \cdot \frac{2\pi}{\lambda}\right] \tag{4-22}$$

式中：$\mathrm{OPD}(\xi, \eta)$ 为定义在光瞳面上的 piston 误差，是分块子镜位置 piston 误差的 2 倍；$A(\xi,\eta)$ 为照明光波在瞳面各点的振幅。

像面上的光强分布，即 PSF 可表示为

$$\begin{aligned}\mathrm{PSF}(u,v) &= |\mathrm{FT}[G(\xi,\eta)]|^2 \\ &= \left|\mathrm{FT}\left[A(\xi,\eta) \cdot \exp\left[\mathrm{j} \cdot \mathrm{OPD}(\xi,\eta) \cdot \frac{2\pi}{\lambda}\right]\right]\right|^2\end{aligned} \tag{4-23}$$

式中：$\mathrm{FT}[\cdot]$ 表示傅里叶变换；u、v 为像面的空间频率坐标，且 $u = x/\lambda f$，

$v = y/\lambda f$，f 为成像透镜的焦距。

进一步对 PSF 做傅里叶变换，可得到系统的光学传递函数（OPD），对 OPD 取模可得系统的调制传递函数：

$$\text{MTF} = |\text{OTF}| = |\text{FT}[\text{PSF}(u,v)]| \tag{4-24}$$

由上述推导过程可知，子镜间的 piston 误差影响 PSF 的分布，势必对经过两次傅里叶变换后取模得到的 MTF 也有影响，MTF 与 piston 误差之间一定存在着某种关系，随着 piston 误差的变化，MTF 如何变化？是否可以借助空间频率域中的指标 MTF 实现 piston 误差的检测？对这个问题的研究是从仿真入手展开的。

如图 4－16 所示，将各离散孔的中心分别设置在分块镜共轭面上各子镜的中心位置，设波长 $\lambda = 633$ nm，谱宽 $\Delta\lambda = 1$ nm；根据式（4－22）~式（4－24）建立仿真程序；对图 4－15 中的一个分块子镜依次引入不同的 piston 误差，仿真得到对应的 PSF 和 MTF 分布。根据波长和谱宽计算光源的相干程长为

$$\Delta L = \frac{\lambda^2}{\Delta\lambda} = 0.633^2 \approx 400\ (\mu\text{m}) \tag{4-25}$$

图 4－17 所示为共相位时的 PSF 和 MTF 分布。由图可知，PSF 和 MTF 分布分别由一个主峰和 6 个旁瓣组成，且各旁瓣的幅值相等，MTF 主峰峰值

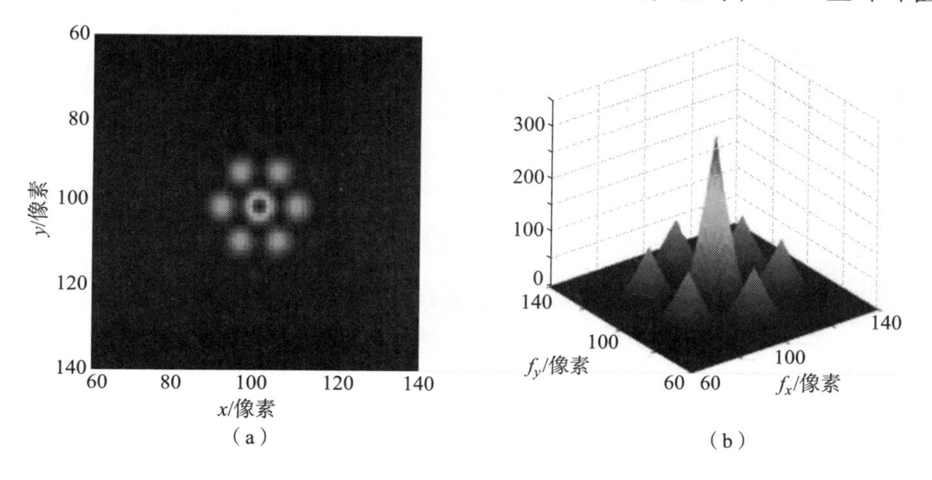

图 4－17　共相位时的 PSF 和 MTF 分布

（a）PSF 分布；（b）MTF 分布

为旁瓣峰值的3倍。分析图4－17（a）的PSF分布，它的6个旁瓣是3个离散孔两两成对、一共3对双孔衍射干涉形成的3对被衍射光斑包络的干涉条纹；对其进行傅里叶变换、取模，即可得到图4－17（b）所示的MTF分布，形成了3对MTF旁瓣。

图4－18给出了不同piston误差时的PSF和MTF分布。由图4－18可知，随着piston误差的增大，引入piston误差的离散孔与其余两个离散孔形成的两对MTF旁瓣的峰值减小，对应PSF的4个旁瓣的对比度下降；当piston误差增大至光源的相干程长400 μm时，4个旁瓣消失，PSF和MTF分布退化为两个离散孔的衍射光斑；但是在整个过程中主峰不随piston误差的变化而变化。注意，这里把piston误差定义在瞳面上，而不是分块子镜表面，因此400 μm的piston误差对应于分块子镜的平移误差为200 μm。400 μm是式（4－25）给出的光源的相干程长，这就意味着该方法的piston误差检测范围较大，为光源的相干程长。

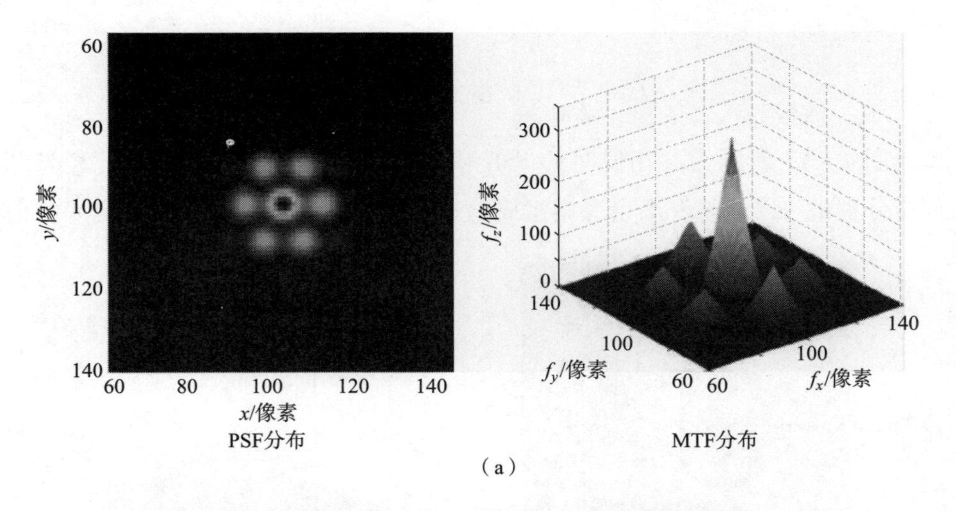

图4－18　不同piston误差时的PSF和MTF分布

（a）piston误差为100 μm时的PSF和MTF分布

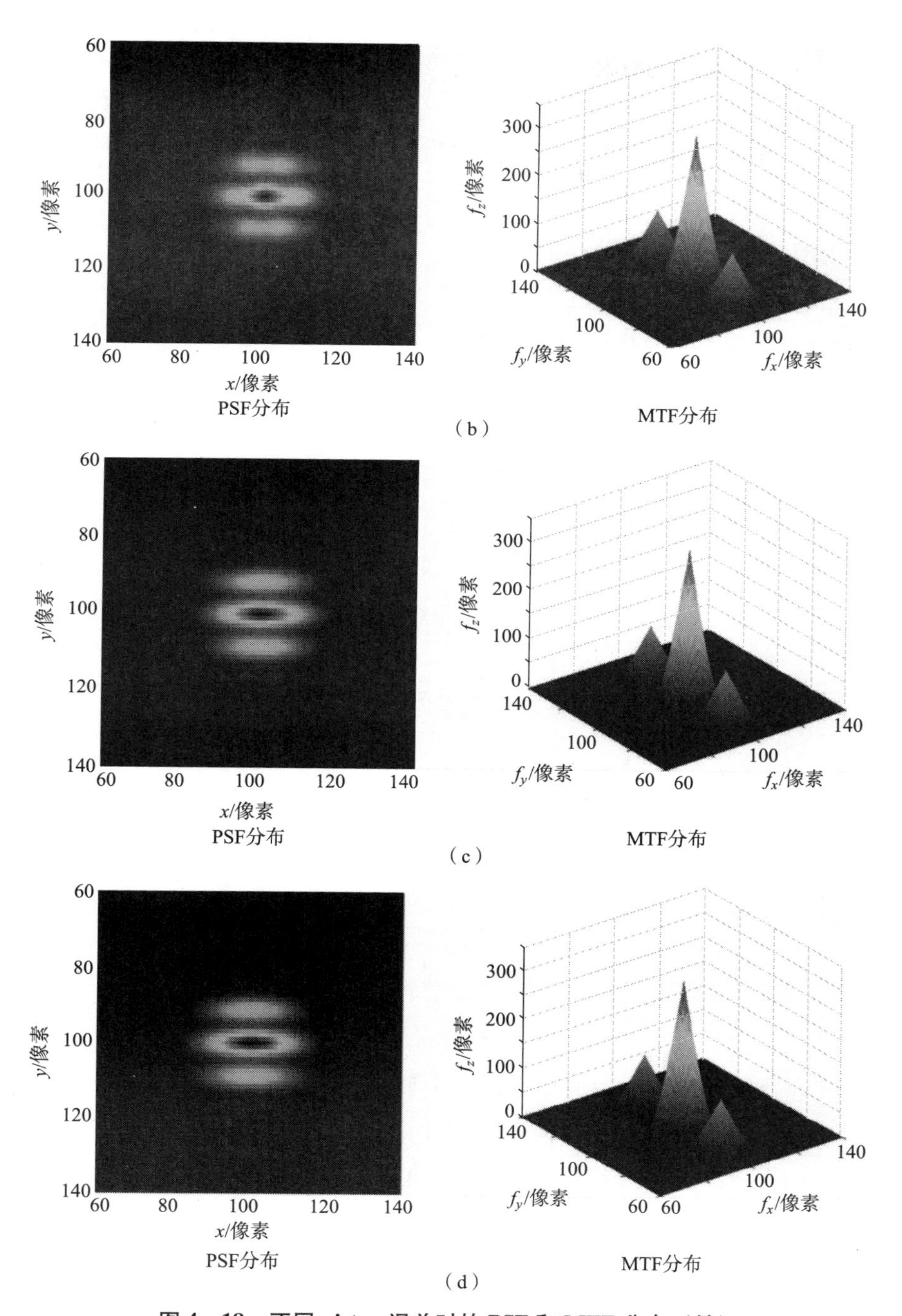

图 4-18　不同 piston 误差时的 PSF 和 MTF 分布（续）

(b) piston 误差为 200 μm 时的 PSF 和 MTF 分布；(c) piston 误差为 300 μm 时的 PSF 和 MTF 分布；(d) piston 误差为 400 μm 时的 PSF 和 MTF 分布

上述仿真分析表明，调制传递函数法通过设置离散孔结构光阑，对所形成的多孔衍射干涉光斑进行傅里叶变换，有效地将各子镜的 piston 误差信息在空间频率域中分开，避免了空间域分析中必须使用的光学阵列元件。

4.2.2 piston 误差计算方法

对仿真得到的 MTF 旁瓣峰值，以 piston 误差为横坐标，相应的 MTF 旁瓣峰值为纵坐标，对二者的仿真曲线进行拟合，与高斯函数比较吻合，二者的关系可以表示为

$$\mathrm{MTF_{nph}} = \exp\left[-\left(\frac{\mathrm{OPD}}{\mathrm{PAR}}\right)^2\right] \tag{4-26}$$

其中，PAR 为拟合系数，可表示为

$$\mathrm{PAR} = \frac{0.25 \cdot \Delta L}{\sqrt{-\ln 0.5}} \tag{4-27}$$

$\mathrm{MTF_{nph}}$是 MTF 旁瓣归一化峰值，可表示为

$$\mathrm{MTF_{nph}} = \frac{\mathrm{MTF_{ph}}}{\mathrm{max_{ph}}} \tag{4-28}$$

式中：$\mathrm{MTF_{ph}}$为 MTF 旁瓣的测量值；$\mathrm{max_{ph}}$为共相位时 MTF 旁瓣的峰值。

根据式（4-26），可得 piston 误差的表达式：

$$\mathrm{OPD} = \mathrm{PAR} \cdot \sqrt{-\ln(\mathrm{MTF_{nph}})} \tag{4-29}$$

由于 MTF 主峰峰值 $\mathrm{MTF_{cph}}$为共相位时的旁瓣峰值的倍数，即

$$\mathrm{MTF_{cph}} = \mathrm{max_{ph}} \cdot n \tag{4-30}$$

式中：n 为分块子镜的个数或离散孔的个数。

根据式（4-28）和式（4-30），可得

$$\mathrm{MTF_{nph}} = \frac{\mathrm{MTF_{ph}}}{\mathrm{MTF_{cph}}} \cdot n \tag{4-31}$$

将式（4-31）代入式（4-29），可得

$$\mathrm{OPD} = \mathrm{PAR} \cdot \sqrt{-\ln\left(\frac{\mathrm{MTF_{ph}}}{\mathrm{MTF_{cph}}} \cdot n\right)} \tag{4-32}$$

因此，通过对探测到的 PSF 进行上述傅里叶分析，得到 MTF 分布，只

需从中读取归一化的 MTF 旁瓣峰值和主峰峰值，利用式（4－32）即可实现 piston 误差的检测，测量范围可达光源的相干程长。

4.2.3　验证

图 4－19 所示为验证调制传递函数法的实验验证光路示意图。卤素灯作光源，采用针孔模拟点目标。离轴抛物镜模拟望远镜的主镜，在其前端设置离散孔光阑；采用平面反射镜及微位移压电致动器引入已知的 piston 误差，滤光片用于改变参与测量的谱宽，CCD 探测不同 piston 误差情况下的 PSF。

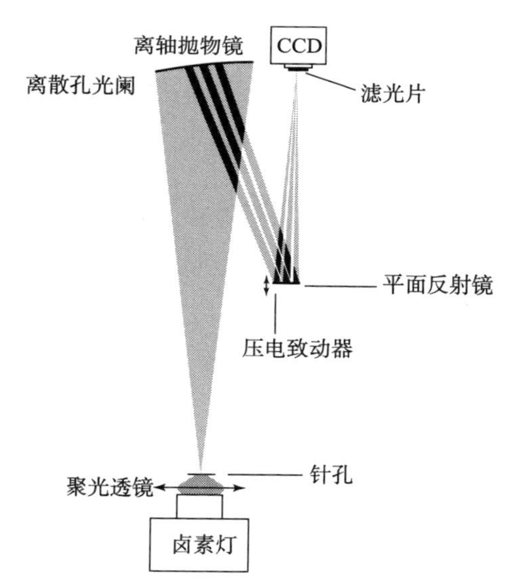

图 4－19　调制传递函数法的实验验证光路示意图

来自无穷远点目标的光通过离散孔光阑到达离轴抛镜，然后被反射到平面反射镜，微位移致动器改变反射镜的位置，给其中的一个子波面引入 piston 误差，再经由后续的 CCD 相机成像在 CCD 上。对 CCD 采集的 PSF 进行傅里叶分析得到 MTF，读取其主峰和旁瓣的峰值，利用式（4－32）计算得到 piston 误差的测量值，再与引入值进行比较，图 4－20 所示为比较结果。由图可知，在测量范围的两端，即接近共相位及共相位误差较大时，测量误差比较大，这一结果与高斯函数的特点有关。高斯函数为非线性函数，在测量范围的两端，其非线性越严重，使误差增大。

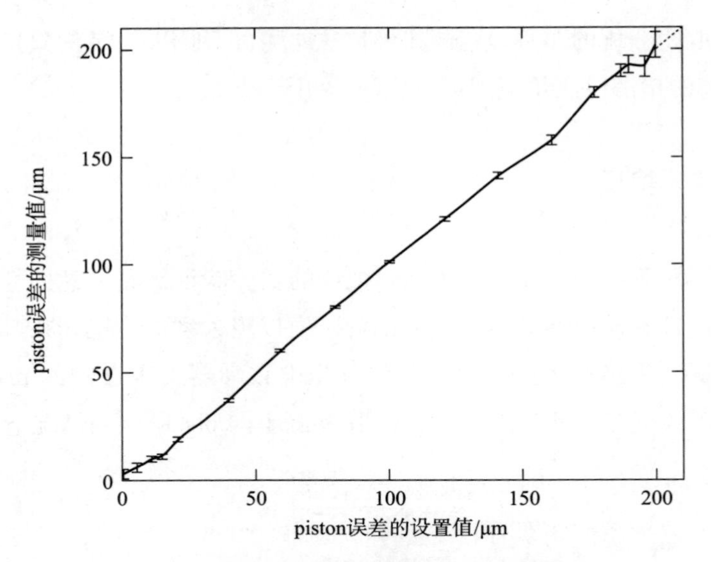

图 4－20 piston 误差的设置值与测量值的比较

图 4－21 所示为整个测量范围内的误差曲线。由误差曲线可知，该方法在小 piston 误差范围内的测量误差无法满足共相位拼接的精度要求，只能用于 piston 误差的粗测。

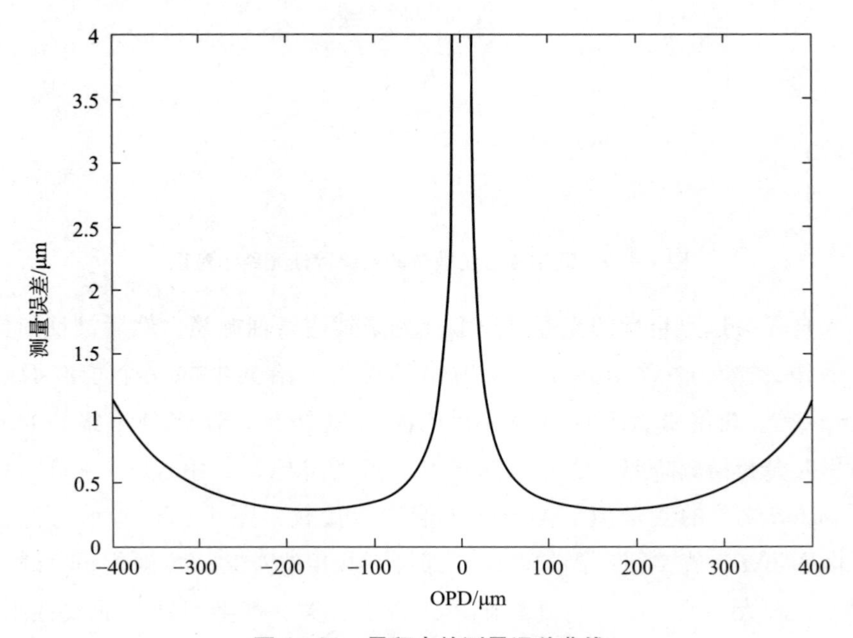

图 4－21 量程内的测量误差曲线

通过上述分析可知，调制传递函数法的测量范围大、结构简单，只需在望远镜系统的出瞳面处设置一个离散孔光阑即可；它的计算方法简单，不需任何复杂的迭代过程；尽管它未能在小的 piston 误差范围内实现高精度测量，但它给出了在空间频率域中实现共相位误差检测的指引，规避了 2π 不定性对误差检测的困扰，避免了光学阵列元件的使用，大大降低了系统的复杂程度，简化了检测过程。

4.3　夫琅禾费型衍射干涉法

该方法以夫琅禾费型衍射及双孔干涉原理为基础，在分块镜共轭面设置离散孔结构光阑，建立夫琅禾费型共相位误差检测光路，对离散子孔径的衍射干涉条纹进行傅里叶分析，利用得到的光学传递函数，在空间频率域中实现分块子镜间的 tip - tilt 误差和 piston 误差的同步检测，检测范围大且精度高，满足拼接成像系统对共相位误差的检测要求。

在一定程度上，该方法是 4.2 节的调制传递函数法的进一步延展，该方法推导建立了 piston 误差和 MTF 旁瓣峰值的函数关系，而不是简单地用高斯函数来描述，从而大大提高了检测精度；另外，该方法还可实现 tip - tilt 误差的检测。

一般地，共相位误差包含 tip - tilt 误差和 piston 误差。目前的共相位误差检测，大都采用质心探测法检测 tip - tilt 误差。当倾斜误差减小到使分块子镜的星点像斑部分重叠时，将无法准确计算像斑质心位置，此时需要多次改变被测子镜的位姿以提高检测精度。tip - tilt 误差的精测最终还是由后续的用于波面检测的 PD/PR 算法来实现；而夫琅禾费型衍射干涉法则不需这种复杂过程即可对 tip - tilt 误差实现大范围高精度检测。piston 误差的检测是在完成 tip - tilt 误差校正后进行的，两个检测和校正过程交替进行，进入到 piston 误差精测阶段，tip - tilt 误差的残余误差仅为毫角秒量级。

4.3.1　原理

共相位误差检测，检测的是两子镜间的位置误差，为叙述方便，在此以两子镜拼接系统为例展开叙述。图 4－22 所示为夫琅禾费型共相位误差检测系统光路原理示意图。在分块子镜共轭面处设置离散孔光阑，离散孔的数量与子镜的数量相同，并与子镜一一对应，分别采集对应子镜反射的光波，各子光波带有子镜间的 tip－tilt 误差和 piston 误差。设瞳面坐标系为 $\xi O\eta$ ，两个离散孔沿 ξ 轴分布，两离散孔中心坐标分别为（$-B/2$，0）、（$B/2$，0），孔中心距为 B ，光阑离散孔的直径为 D ，两孔中心距大于离散孔直径，即 $B>D$ ；像面坐标系为 xOy 。在此依然将共相位误差定义在瞳面处。

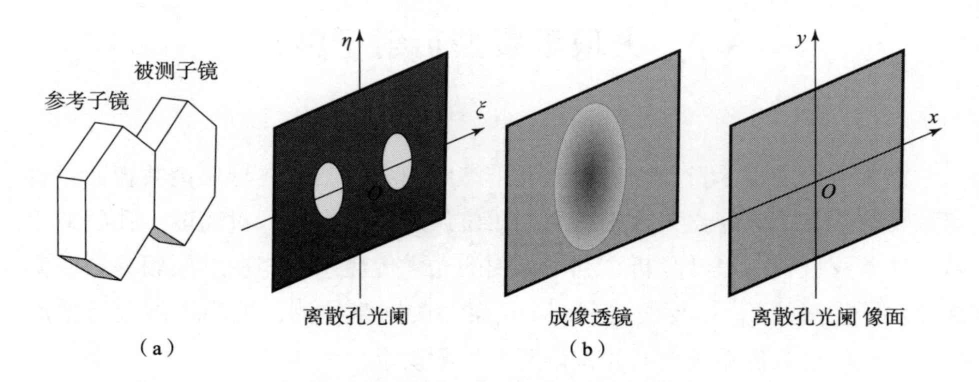

图 4－22　夫琅禾费型衍射干涉共相位误差检测光路示意图

图 4－23 给出了共相位误差的示意图。图中 z 表示光轴方向，p 表示 piston 误差，子镜以 η 为轴旋转 θ 角，使子波面上的点沿光轴 z 方向的平移定义为 tip，子镜以 ξ 为轴旋转 α 角，使子波面上的点沿光轴 z 向的平移定义为 tilt。

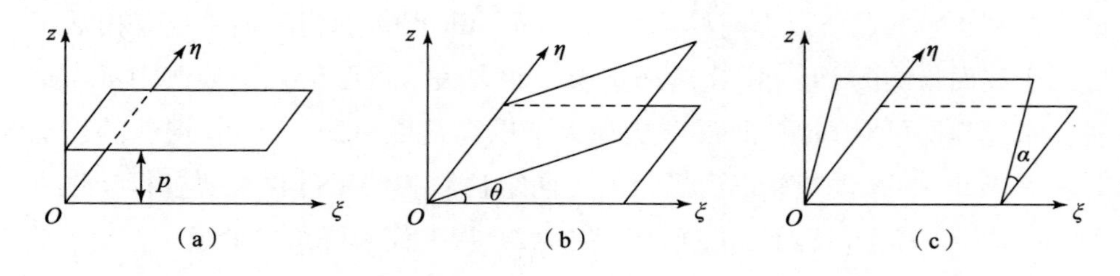

图 4－23　共相位误差示意图

（a）piston 误差示意图；（b）tip 误差示意图；（c）tilt 误差示意图

在单色光情况下，图 4－22 所示系统的光瞳函数为

$$
\begin{aligned}
P(\xi,\eta) &= \mathrm{circ}\left(\frac{\sqrt{\xi^2+\eta^2}}{D/2}\right) * \delta\left(\xi+\frac{B}{2},\eta\right) \\
&\quad + \left[\mathrm{circ}\left(\frac{\sqrt{\xi^2+\eta^2}}{D/2}\right)\exp\left(\mathrm{j}\,\frac{2\pi}{\lambda}p\right)\cdot\exp\left[\mathrm{j}\,\frac{2\pi}{\lambda}\left(\frac{a}{D/2}\xi+\frac{b}{D/2}\eta\right)\right]\right] \\
&\quad * \delta\left(\xi-\frac{B}{2},\eta\right)
\end{aligned} \tag{4-33}
$$

式中：piston 误差 p 对应的相位差为

$$
\Delta\varphi_p = \frac{2\pi}{\lambda}\cdot p \tag{4-34}
$$

a 为由 tip 误差引起的离散孔边界与 ξ 轴的交点沿光轴 z 方向的平移量；b 为由 tilt 误差引起的离散孔边界与 η 轴的交点沿光轴 z 方向的平移量，可分别表示为

$$
a = \frac{D}{2}\tan\theta, b = \frac{D}{2}\tan\alpha \tag{4-35}
$$

倾斜误差对应的相位差为

$$
\Delta\varphi_t = \frac{2\pi}{\lambda}\left(\frac{a}{D/2}\xi+\frac{b}{D/2}\eta\right) \tag{4-36}
$$

设光源照明均匀，其光瞳透过率为

$$
\mathrm{circ}\left(\frac{\sqrt{\xi^2+\eta^2}}{D/2}\right) = \begin{cases}1, & \text{离散孔内} \\ 0, & \text{离散孔外}\end{cases} \tag{4-37}
$$

对式（4-33）的光瞳函数进行傅里叶变换、取模平方得到系统的点扩散函数 PSF，即 CCD 相机在成像透镜焦平面处探测到的光强分布：

$$
\mathrm{PSF}_m(x,y,\lambda) = \frac{1}{\lambda^2 f^2}\cdot\left(\frac{D}{2}\right)^2\cdot\left[A^2+C^2+A\cdot C\cdot 2\cos\left(2\pi\,\frac{\xi}{\lambda f}B-\frac{2\pi}{\lambda}p\right)\right] \tag{4-38}
$$

其中，

$$
A = \frac{J_1\left(\pi D\sqrt{\left(\frac{x}{\lambda f}\right)^2+\left(\frac{y}{\lambda f}\right)^2}\right)}{\sqrt{\left(\frac{x}{\lambda f}\right)^2+\left(\frac{y}{\lambda f}\right)^2}}, C = \frac{J_1\left(\pi D\sqrt{\left(\frac{x}{\lambda f}-\frac{2a}{\lambda D}\right)^2+\left(\frac{y}{\lambda f}-\frac{2b}{\lambda D}\right)^2}\right)}{\sqrt{\left(\frac{x}{\lambda f}-\frac{2a}{\lambda D}\right)^2+\left(\frac{y}{\lambda f}-\frac{2b}{\lambda D}\right)^2}}
$$

由式（4-38）可知，在共相位误差存在时，两离散孔的衍射干涉光强分布由三项组成。

（1）第一项 $I_1 = (D/2\lambda f)^2 \cdot A^2$，为参考子镜对应的离散孔的单孔衍射项，称该离散孔为参考离散孔；

（2）第二项 $I_2 = (D/2\lambda f)^2 \cdot C^2$，为被测子镜对应的离散孔的单孔衍射项，称此离散孔为被测离散孔，该项只与倾斜误差有关，由于 tip - tilt 误差的存在，使衍射光斑发生了位置上的偏移；

（3）第三项 $I_3 = (D/2\lambda f)^2 \cdot A \cdot C \cdot 2\cos(2\pi\xi B/\lambda f - 2\pi p/\lambda)$，为两个离散孔的夫琅禾费型衍射和干涉共同作用形成；$I_d = (D/2\lambda f)^2 \cdot A \cdot C$ 称为衍射因子，$I_r = 2\cos(2\pi\xi B/\lambda f - 2\pi p/\lambda)$ 为干涉因子；倾斜误差只影响衍射因子，也可理解为影响干涉因子的“幅值”；piston 误差为干涉因子的初相位，它的存在和变化将引起条纹的平移。由干涉原理可知，当 piston 误差大于光源的相干程长时，干涉现象消失，式（4 - 38）将退化为两个离散孔的衍射叠加，由于倾斜误差的存在，两个衍射光斑的中心不重合。

当两子镜为共相位状态，即 $a = 0, b = 0, p = 0$ 时，式（4 - 38）变为

$$\mathrm{PSF}_m(x,y,\lambda) = \frac{1}{\lambda^2 f^2} \cdot \left(\frac{D}{2}\right)^2 \cdot 2A^2\left[1 + 2\cos\left(2\pi \frac{\xi}{\lambda f}B\right)\right] \quad (4-39)$$

光强分布为受离散孔衍射包络的干涉条纹，条纹周期与两离散孔中心距有关，图 4 - 24 所示为其光强分布示意图。图（b）为图（a）中央横线处的截面上的光强分布，其中的虚线包络线表示离散孔衍射的包络，内部的实线条纹为两离散孔的干涉条纹。两子镜共相位时，衍射极大和干涉极大重

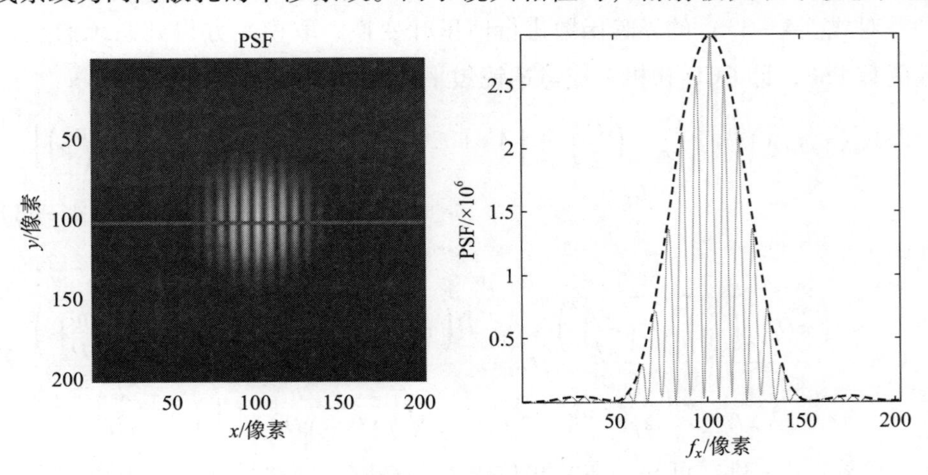

图 4 - 24 两离散孔衍射干涉光强分布

合，使分辨率有效提高。这也正是高分辨率合成孔径成像光学系统要求实现共相位拼接的原因。

由式（4－38）可知，利用它的第二项和第三项有望实现 tip－tilt 误差和 piston 误差的同步检测。但是对于多子镜系统，如果共用一个成像透镜，各对离散孔形成的衍射干涉光斑会重叠在一起，使测量无法实现，这也是为什么前面介绍的方法大都采用阵列光学元件的缘故。夫琅禾费型衍射干涉法利用傅里叶变换，将这些混叠于空间域中的信息在空间频率域中分开。对式（4－38）进行傅里叶变换，得到它的光学传递函数为

$$\begin{aligned}\mathrm{OTF}(f_x,f_y) &= \mathrm{FT}[\mathrm{PSF}_m(x,y)]\\ &= \mathrm{OTF_{sub}}(f_x,f_y)+\mathrm{OTF_{sub}}(f_x,f_y)\cdot\exp\left[-\mathrm{j}2\pi\left(\frac{2af}{D}f_x+\frac{2bf}{D}f_y\right)\right]+\\ &\quad \mathrm{OTF_{sub}}\left(f_x-\frac{B}{\lambda f},f_y\right)\cdot\exp\left(-\mathrm{j}\frac{2\pi}{\lambda}p\right)\cdot\\ &\quad \exp\left[-\mathrm{j}2\pi\left(\frac{2af}{D}\left(f_x-\frac{B}{\lambda f}\right)+\frac{2bf}{D}f_y\right)\right]+\\ &\quad \mathrm{OTF_{sub}}\left(f+\frac{B}{\lambda f_x},f_y\right)\cdot\exp\left(\mathrm{j}\frac{2\pi}{\lambda}p\right)\cdot\\ &\quad \exp\left[-\mathrm{j}2\pi\left(\frac{2af}{D}\left(f_x+\frac{B}{\lambda f}\right)+\frac{2bf}{D}f_y\right)\right]\end{aligned} \tag{4-40}$$

式中：$f_x=\xi/\lambda f$ 和 $f_y=\eta/\lambda f$ 分别为沿 ξ、η 方向的空间频率；$\mathrm{OTF_{sub}}(f_x,f_y)$ 表示直径为 D 的单个圆孔径系统在无相位误差情况下的 OTF，即

$$\mathrm{OTF_{sub}}(f_x,f_y)=\begin{cases}\dfrac{2}{\pi}\left[\arccos\left(\dfrac{\lambda f}{D}\rho\right)-\left(\dfrac{\lambda f}{D}\rho\right)\sqrt{1-\left(\dfrac{\lambda f}{D}\rho\right)^2}\right], & \rho\leqslant\dfrac{D}{\lambda f}\\ 0, & \rho>\dfrac{D}{\lambda f}\end{cases} \tag{4-41}$$

式中：$\rho=\sqrt{f_x^2+f_y^2}$。

由式（4－40）可知，两离散孔系统的 OTF 分布由三部分组成，即中央主峰和两个旁瓣。中央主峰为

$$\mathrm{OTF}_c(f_x,f_y)=\mathrm{OTF_{sub}}(f_x,f_y)+\mathrm{OTF_{sub}}(f_x,f_y)\cdot\exp\left[-\mathrm{j}2\pi\left(\frac{2af}{D}f_x+\frac{2bf}{D}f_y\right)\right] \tag{4-42}$$

式（4－42）由两个单离散孔系统相对应的 OTF 叠加而成，一个对应参考孔；另一个对应带有共相位误差的被测孔，但在中央峰的部分只体现了其中的 tip－tilt 误差，二者的中心空间频率均为（0，0），在空间频率域中的直径为 $D/\lambda f$。由此可知，对于多子镜系统，多对离散孔的 OTF 主峰均将在零频（0，0）处重叠。因此，尽管 OTF 主峰包含两子波面间的倾斜误差信息，由于这种重叠，也无法从主峰中提取倾斜误差信息实现 tip－tilt 误差检测。

下面介绍 OTF 的另外两个部分，它的两个旁瓣为

$$\begin{aligned}\mathrm{OTF_{sl}}(f_x,f_y) = {} & \mathrm{OTF_{sub}}\left(f_x-\frac{B}{\lambda f},f_y\right)\cdot\exp\left(-\mathrm{j}\frac{2\pi}{\lambda}p\right)\cdot\exp\left[-\mathrm{j}2\pi\left(\frac{2af}{D}\left(f_x-\frac{B}{\lambda f}\right)+\frac{2bf}{D}f_y\right)\right]+\\ & \mathrm{OTF_{sub}}\left(f_x+\frac{B}{\lambda f},f_y\right)\cdot\exp\left(\mathrm{j}\frac{2\pi}{\lambda}p\right)\cdot\exp\left[-\mathrm{j}2\pi\left(\frac{2af}{D}\left(f_x+\frac{B}{\lambda f}\right)+\frac{2bf}{D}f_y\right)\right]\end{aligned} \tag{4-43}$$

由式（4－43）可以看到，两个旁瓣在空间频率域中彼此分开，沿两子镜的基线方向对称分布于零频两侧，旁瓣中心坐标分别为（$B/\lambda f$,0）和（$-B/\lambda f$,0）；而且当存在共相位误差时，旁瓣为复数，tip－tilt 误差及 piston 误差体现在复数的相位部分，且为相加的关系，这就给共相位误差的检测提供了很好的条件，可根据 OTF 旁瓣的相位信息实现共相位误差检测。

在第 2 章提到，OTF 可表示为

$$\mathrm{OTF}(f_x,f_y) = \mathrm{MTF}(f_x,f_y)\cdot\exp[\mathrm{jPTF}(f_x,f_y)]$$

因此，上述 OTF 旁瓣的相位部分对应于旁瓣的相位传递函数。

对于多子镜系统，可通过设置离散孔的位置，调整孔中心距 B，使各对离散孔的 OTF 旁瓣不重叠，即可实现多子镜间共相位误差的并行检测。

4.3.2 tip－tilt 误差检测

4.3.2.1 tip－tilt 误差计算方法

由式（4－43）可知，每对离散孔的 OTF 旁瓣所含的共相位误差信息相同，可选取任意一个旁瓣解算倾斜误差。在此，选取 OTF 的右侧旁瓣，即

$$\mathrm{OTF}_{\mathrm{sl}}\left(f_x-\frac{B}{\lambda f},f_y\right)=\mathrm{OTF}_{\mathrm{sub}}\left(f_x-\frac{B}{\lambda f},f_y\right)\cdot\exp\left(-\mathrm{j}\frac{2\pi}{\lambda}p\right)\cdot$$
$$\exp\left[-\mathrm{j}2\pi\left(\frac{2af}{D}\left(f_x-\frac{B}{\lambda f}\right)+\frac{2bf}{D}f_y\right)\right]\quad(4-44)$$

运用复数运算，将其虚部与实部相比再求反正切，计算幅角，得到旁瓣的相位传递函数：

$$\mathrm{PTF}_{\mathrm{ph}}\left(f_x-\frac{B}{\lambda f},f_y\right)=-2\pi\left[\frac{p}{\lambda}+\frac{2af}{D}\left(f_x-\frac{B}{\lambda f}\right)+\frac{2bf}{D}f_y\right]\quad(4-45)$$

由式（4-45）可知，$\mathrm{PTF}_{\mathrm{ph}}$在$f_x$,$f_y$两个方向上的分布随倾斜误差的不同而发生变化，沿光轴方向的分布则随 piston 误差的不同而变化。

图 4-25 给出了不同共相位误差时旁瓣的 PTF 分布。其中，图（a）为共相位时 OTF 旁瓣的 PTF 分布；图（b）为只存在 piston 误差时 OTF 旁瓣的 PTF 分布，波面为水平分布，但相对于共相位时的位置发生了平移；图（c）为 piston 误差和倾斜误差同时存在时 OTF 旁瓣的 PTF 分布，此时的波面中心相对于共相位的位置既有平移、又有倾斜。

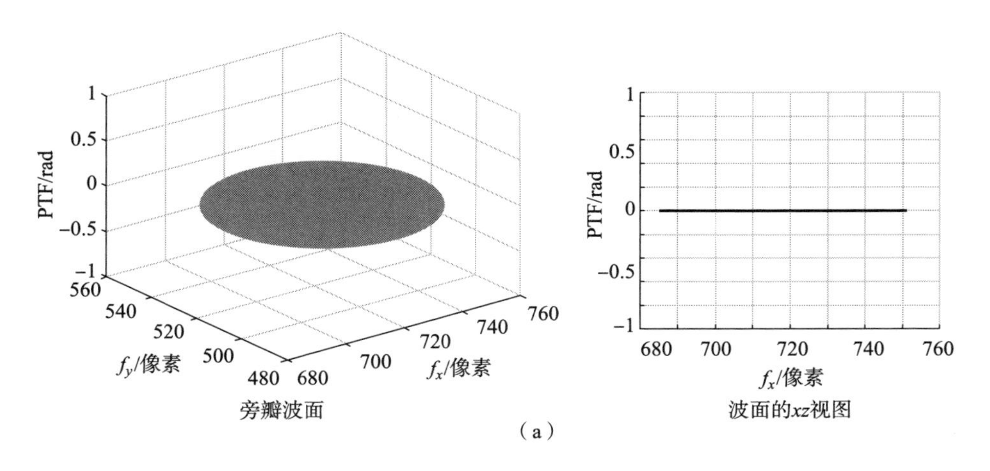

图 4-25　不同共相位误差时旁瓣的 PTF 分布

（a）$p=0$，$a=0$，$b=0$ 时旁瓣的 PTF 分布

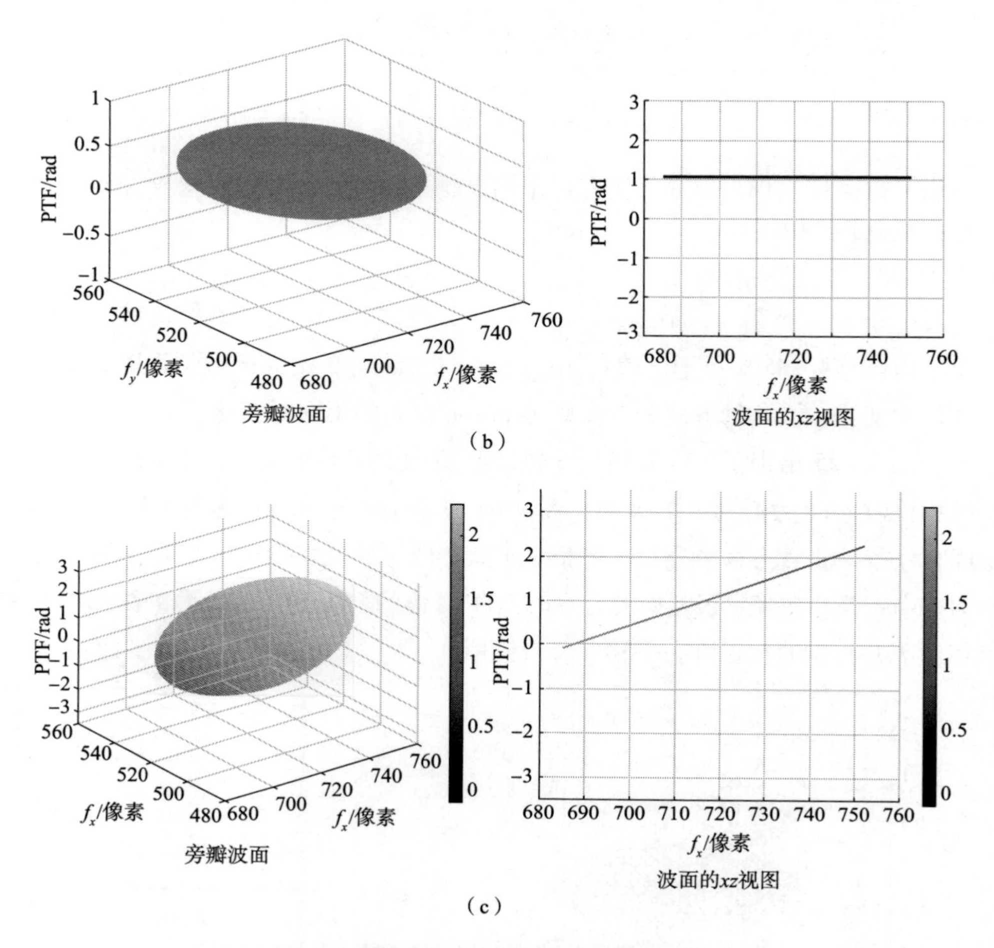

图 4-25 不同共相位误差时旁瓣的 PTF 分布（续）

（b）$p=0.17\lambda$（1.067 像素），$a=0$，$b=0$ 时旁瓣的 PTF 分布；

（c）$p=0.17\lambda$（1.067 像素），$a=0.2\lambda$，$b=0$ 时旁瓣的 PTF 分布

因此，通过求解旁瓣波面 PTF 在 f_x，f_y 两个方向上的梯度即可求得 tip 误差和 tilt 误差，即

$$\text{tip}:a=\frac{-\nabla \text{PTF}_{\text{ph}}\left(f_x-\frac{B}{\lambda f},f_y\right)\Big|_{f_x=\frac{B}{\lambda f}}\cdot D}{4\pi f} \tag{4-46}$$

$$\mathrm{tilt}:b=\frac{-\nabla \mathrm{PTF}_{\mathrm{ph}}\left(f_x-\frac{B}{\lambda f},f_y\right)\Big|_{f_y=0}\cdot D}{4\pi f} \tag{4-47}$$

式中：$\nabla \mathrm{PTF}_{\mathrm{ph}}\left(f_x-\frac{B}{\lambda f},f_y\right)\Big|_{f_x=\frac{B}{\lambda f}}$ 和 $\nabla \mathrm{PTF}_{\mathrm{ph}}\left(f_x-\frac{B}{\lambda f},f_y\right)\Big|_{f_y=0}$ 分别为 $\mathrm{PTF}_{\mathrm{ph}}$ 在 f_x，f_y 两个方向上的相位梯度。

由于相位传递函数是由 OTF 虚部与实部比值的反正切求得，所以当倾斜误差过大时，$\mathrm{PTF}_{\mathrm{ph}}$ 会产生包裹，呈周期分布，如图 4－26 所示。其中，图（a）为 PSF 分布，由于倾斜误差的增大，使得式（4－38）的第二项的位置偏离第一项，可明显观察到两个离散孔衍射光斑的分离；图（b）为 OTF 的一个旁瓣的波面分布，可以明显看到，由于正切函数的周期性，当倾斜误差达到一定程度时，波面分布将产生包裹；在计算倾斜误差时，先对波面进行解包裹，然后再拟合求梯度值，进而解算得到子镜的倾斜误差值；图（c）为解包裹后的波面分布。

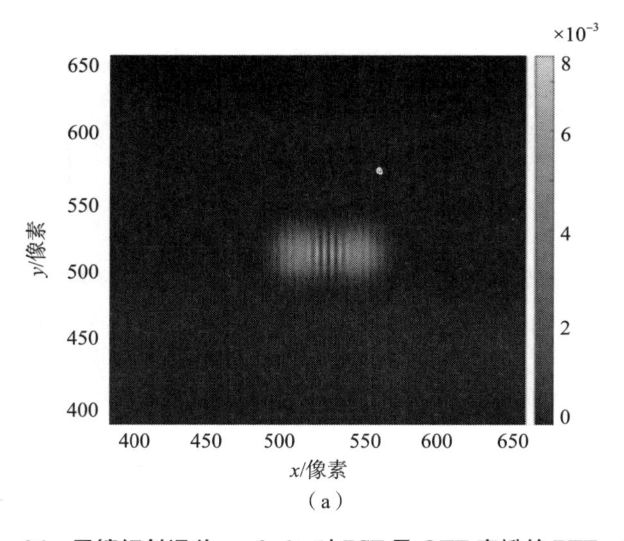

（a）

图 4－26　子镜倾斜误差 $a=0.6\lambda$ 时 PSF 及 OTF 旁瓣的 $\mathrm{PTF}_{\mathrm{ph}}$ 分布

（a）PSF 分布

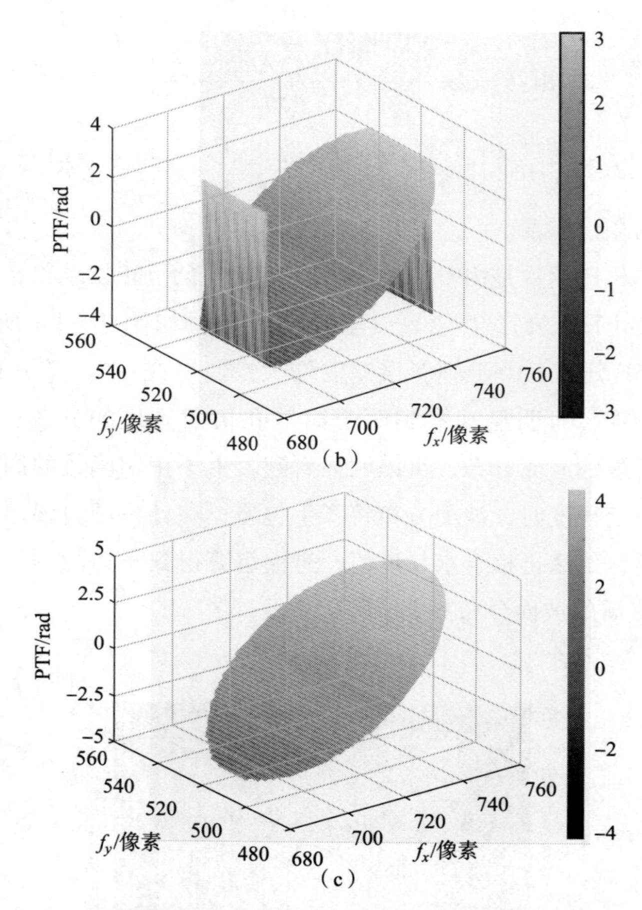

图 4 – 26 子镜倾斜误差 $a = 0.6\lambda$ 时 PSF 及 OTF 旁瓣的 PTF_{ph} 分布（续）

（b）PTF_{ph} 相位包裹情况（c）PTF_{ph} 相位解包裹后的波面分布

因此，利用 OTF 旁瓣的 PTF 分布，及式（4 – 46）和式（4 – 47）可实现倾斜误差的大动态范围检测。

4.3.2.2 精度分析

建立两子镜仿真系统对上述倾斜误差检测方法的精度进行分析，给被测离散孔设置不同的倾斜误差，利用上述方法计算倾斜误差得到测量值，与设置值进行比较，得到方法的测量误差。仿真系统以 JWST 的子镜尺寸为模型，设置两个离散孔的直径 $D = 0.3$ m，两孔的中心距离 $B = \sqrt{3}$m，后继成像

透镜的焦距 $f=131.4$ m，入射光波长 $\lambda=632.8$ nm，CCD 相机分辨率 1 024 × 1 024，像元尺寸 9.6 μm × 9.6 μm。因为检测 tip 和 tilt 误差的方法是一样的，下面只针对 tip 误差进行分析。

测量误差为

$$\varepsilon = a_m - a_s \tag{4-48}$$

式中：a_s 为设置的 tip 误差值；a_m 为依照上述倾斜误差计算方法得到的测量值。

测量误差的均方根值为

$$\varepsilon_{\mathrm{RMS}} = \sqrt{\frac{\sum_{i=1}^{N} \varepsilon_i^2}{N}} \tag{4-49}$$

式中：ε_i 为第 i 组测量数据的测量误差；N 测量数据组数。

1. 理想情况

所谓的理想情况是指系统不含其他误差，只有共相位倾斜误差存在的情况。

1）小倾斜误差

设置 tip 误差以 0.008λ 为步长、从 0 分步依次增加到 0.4λ，共 $N=50$ 组测量数据。图 4-27 所示为 tip 误差设置值和测量值比较的结果。由图（a）可知，在只有 tip 误差存在的情况下，该方法对小范围 tip 误差的测量值与设置值非常吻合；图（b）为测量误差曲线，测量误差分布在 $\pm 2\times10^{-15}\lambda$ 范围内，随着 tip 误差的增加，测量误差有增大的趋势，在 $[0, 0.4\lambda]$ 范围内，测量误差的 RMS 值 $\varepsilon_{\mathrm{RMS}}=6.344\times10^{-16}\lambda$，远优于分块镜的拼接要求 $\lambda/40$RMS。

2）大倾斜误差

设置 tip 误差以 0.04λ 为步长、从 0.4λ 分步依次增加到 2.4λ，共 $N=50$ 组测量数据。图 4-28 所示为 tip 误差设置值和测量值比较的结果。由图可知，在理想情况下，该方法在 $[0.4\lambda, 2.4\lambda]$ 范围内，tip 误差的测量值与设置值的吻合程度没有小倾斜误差的好，但测量误差分布不超过 $\pm 5\times10^{-14}\lambda$，测量误差的 RMS 值 $\varepsilon_{\mathrm{RMS}}$ 为 $8.115\times10^{-15}\lambda$，仍然远优于分块镜的拼接要求 $\lambda/40$RMS。

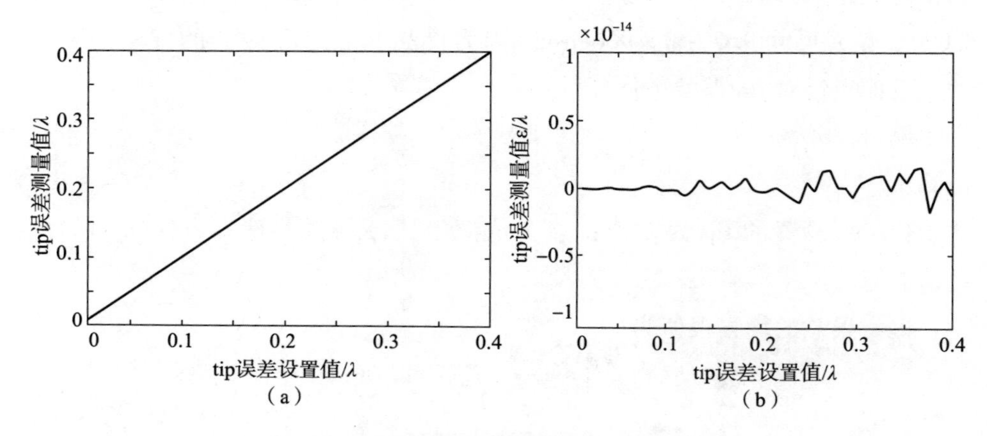

图 4－27 tip 误差的设置值与测量值的比较

（a）设置值与测量值比较曲线；（b）tip 测量误差曲线

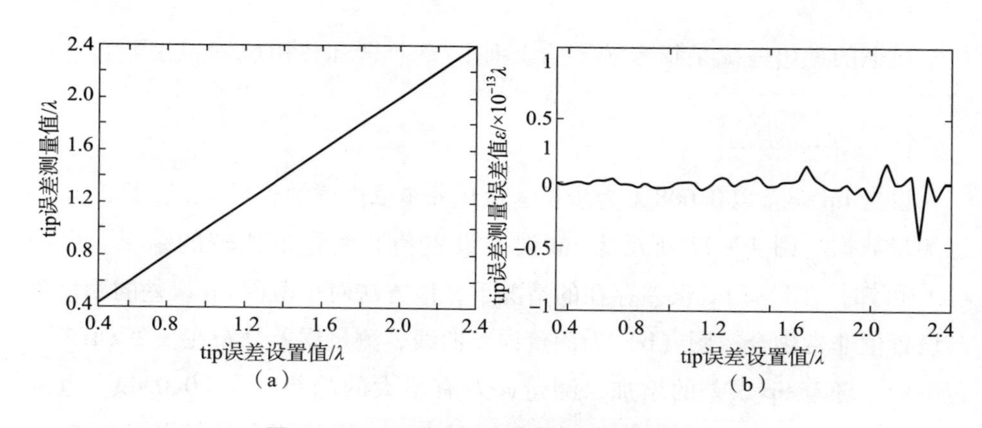

图 4－28 tip 误差的设置值与测量值的比较

（a）tip 误差设置值与测量值比较曲线；（b）tip 误差值的测量误差曲线

上述分析表明，基于夫琅禾费型衍射干涉原理的 tip 误差检测方法，对于只存在 tip 误差的情况，其测量误差的 RMS 值远远满足合成孔径成像系统对共相位的要求。

2. 扰动存在的情况

通常情况下，拼接主镜系统同时存在 piston 误差和 tip 误差，一般的共相步骤是先检测校正 tip 误差，再检测校正 piston 误差。因此，tip 误差的检测一般是在有 piston 误差存在的情况下进行的。另外，分块子镜的面形误差、波像差，以及信号处理系统的噪声等扰动因素也是存在的，它们将影响 tip 误差的检测精度。因此，需要通过分析对有影响的扰动因素提出允差范围。

1）面形误差的影响

离散孔采集的子镜反射的光波除了携带共相位误差，还含有面形误差信息。可用 Zernik 多项式模拟随机的子镜面形误差，取前 36 阶基元阶面，各项系数等权分布，给被测离散孔加上面形误差和 tip 误差。表 4-2 给出了在 tip 误差为［0，0.4λ］范围内，加置不同的面形误差时 tip 的测量误差的仿真结果。由表可见，tip-tilt 的测量误差随面形误差的增大而增大，根据对共相位误差不超过 $\lambda/40$ RMS 的要求，确定子镜面形误差的允差约为 0.05λRMS。

表 4-2 不同面形误差时，小范围倾斜内测量误差（100 次计算统计结果）

面形误差 RMS 值/ λ	tip 值［0，0.4λ］内测量误差 RMS 值/ λ
0.01	0.004 7
0.02	0.009 5
0.03	0.014 2
0.04	0.019 0
0.05	0.023 7
0.06	0.028 5
0.07	0.031 6

为分析基于夫琅禾费型衍射干涉原理的 tip-tilt 误差检测方法所能测量的最小倾斜误差，着重研究当面形误差满足允差要求时在小 tip-tilt 误差［0,0.4λ］范围内该方法的检测效果。图 4-29 给出了面形误差为 0.01λRMS 时，100 组 tip-tilt 的测量值与设置值之间的误差曲线。由图可知，测量误差的绝对值随着 tip-tilt 误差的增大而增大，且测量值总是小于设置值。由测量误差分析结果可知，在 tip-tilt 误差很小时，测量值会

出现小于零的情况，这将造成错误的校正方向。因此，有必要确定发生这种情况的 tip - tilt 误差的临界值，以界定该方法所能检测的最小 tip - tilt 误差。选取出现误判情况的 tip - tilt 误差范围 $[0,0.04\lambda]$，分别在面形误差为 0.01λRMS、0.02λRMS、0.03λRMS、0.04λRMS、0.05λRMS 的情况下，设置 tip 以 0.000 8 λ 为步长依次增加，仿真分析发生 tip - tilt 误差误判的位置，如图 4 - 30 所示。图中标点处为 tip 的设置值和测量值异号的临界位置，即 tip 的设置值再继续减小，其测量值将为负数，导致 tip - tilt 误差的误判。对应面形误差为 0.01λRMS、0.02λRMS、0.03λRMS、0.04λRMS、0.05λRMS 的情况，该临界值分别为 0.004 8λ，0.009 6λ，0.013 6λ，0.018 4λ，0.023 2λ。由此可见，随着面形误差的增大，该方法可检测的最小 tip - tilt 误差增大，但均小于 λ/40 RMS，仍能满足对共相位的拼接要求。因此可以确定，在 piston 误差优于 0.05λRMS 时，基于夫琅禾费型衍射干涉原理的 tip - tilt 误差检测方法可分辨的最小 tip - tilt 误差为 0.023 2λ。

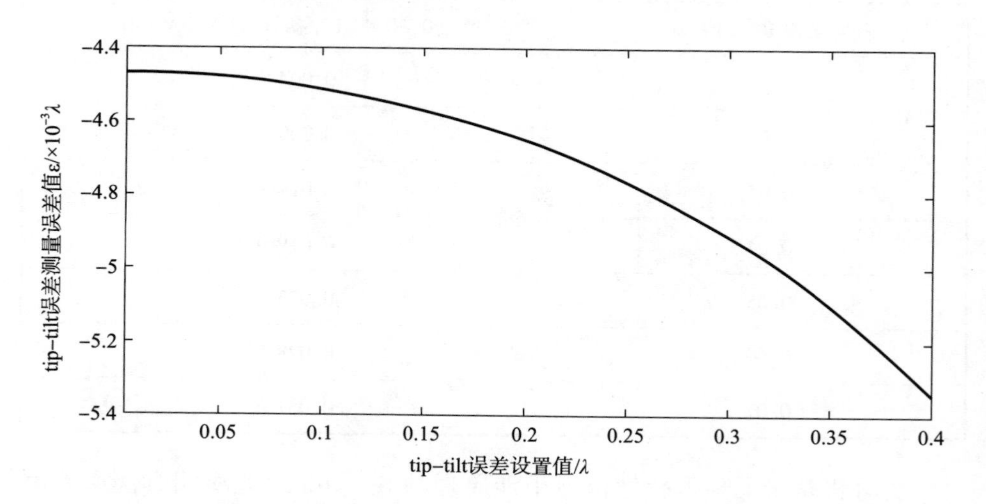

图 4 - 29 面形误差为 0.01λ RMS 时的 tip - tilt 误差

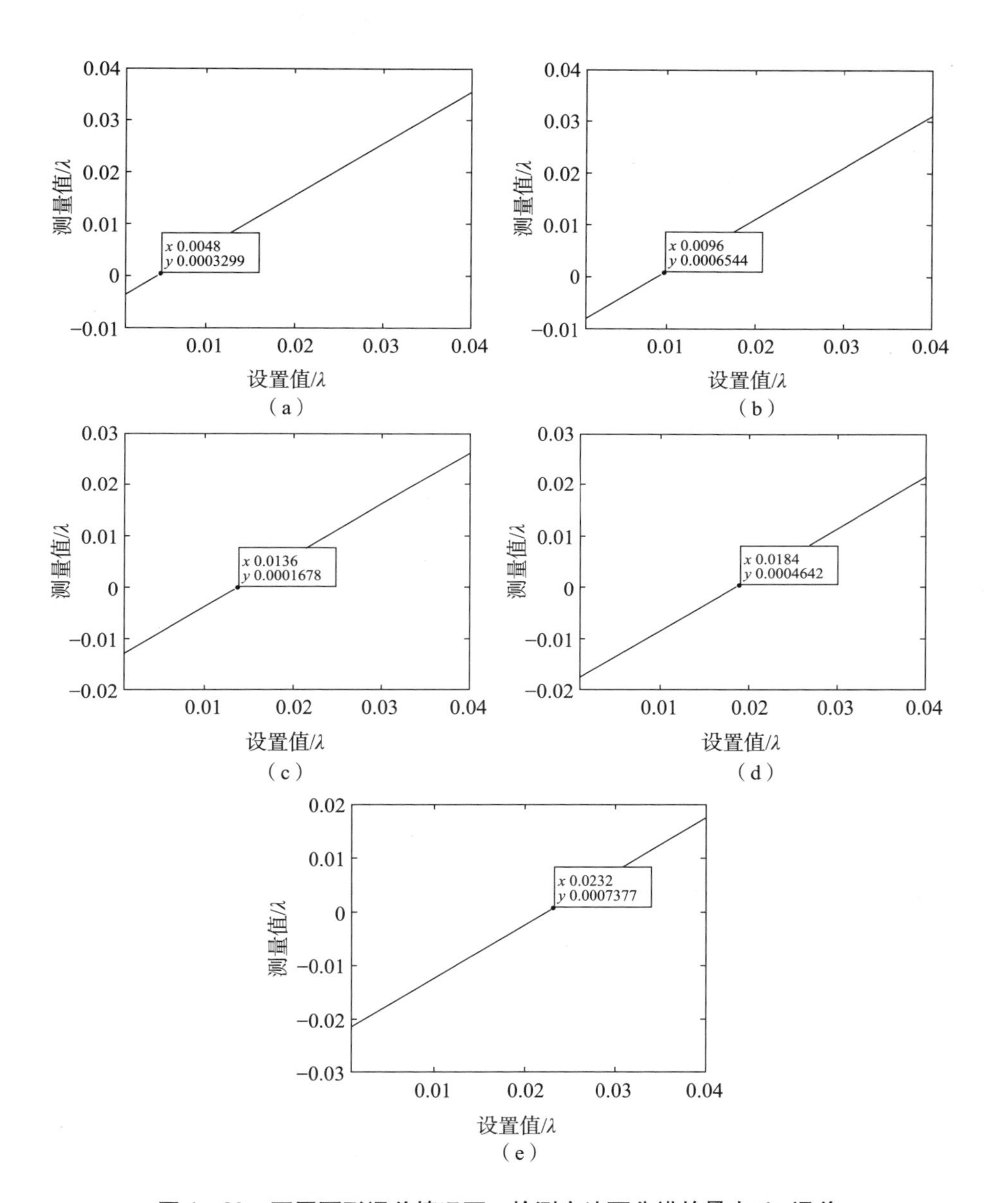

图 4－30　不同面形误差情况下，检测方法可分辨的最小 tip 误差

(a) 面形误差为 0.01λ RMS 时的 tip 误差；(b) 面形误差为 0.02λ RMS 时的 tip 误差；
(c) 面形误差为 0.03λ RMS 时的 tip 误差；(d) 面形误差为 0.04λ RMS 时的 tip 误差；
(e) 面形误差为 0.05λ RMS 时的 tip 误差

2）piston 误差的影响

以 JWST 系统的拼接主镜合像实验为例，拼接主镜经过安装和粗共相之后，系统的 piston 误差小于 1 μm，经过精共相后，piston 误差小于 110 nm。分别在这两个 piston 误差情况下，对 tip 误差的测量误差进行分析。

当 piston 误差为 110 nm 时，重复上述仿真过程，分别在 tip 误差为 [0, 0.4λ] 和 [0.4λ, 2.4λ] 范围内，对 tip 误差的测量误差进行分析。分析结果：在小 tip 误差范围 [0, 0.4λ] 内，tip 误差的测量误差为 $1.223\times10^{-14}\lambda$RMS；在大 tip 误差范围 [0.4λ, 2.4λ] 内，tip 误差的测量误差为 $4.268\times10^{-14}\lambda$RMS。

当 piston 误差为 1 μm 时，在小 tip 误差范围 [0, 0.4λ] 内，tip 误差的测量误差为 $5.638\times10^{-15}\lambda$RMS；在大 tip 误差范围 [0.4λ, 2.4λ] 内，tip 误差的测量误差为 $5.091\times10^{-14}\lambda$RMS。

由上述分析结果可知，piston 误差对 tip 误差检测的影响远远小于对共相位误差的要求 λ/40 RMS，因此可以忽略不计。这一结论，可以根据式（4－45）~式（4－47）分析得到。式（4－45）表明，piston 误差的存在，只是给 PTF_{ph} 的波面引入一个平移量，平移量的引入并不影响计算式（4－46）和式（4－47）中的波面梯度。从原理上说，piston 误差的存在不影响 tip 误差的检测。仅当 piston 误差引入相位包裹时，解包裹运算会引入误差，使 tip 的测量误差有所波动，但也正如上述分析看到的，这种波动很小，可忽略不计。

3）CCD 噪声的影响

共相位误差检测系统采用 CCD 相机作为探测器采集 PSF，用于后续的共相位误差计算，因此需要考虑 CCD 相机噪声的影响，对其噪声指标提出要求。在此，采用高斯噪声模拟 CCD 相机的噪声。

图 4－31 所示为分块子镜的倾斜误差 $a=0.35\lambda$ 时，加入 10dB 高斯噪声前后 OTF 旁瓣的 PTF 分布。由图可见，系统中无噪声时，波面为平滑连续的斜面；加入噪声后，波面位置不变，但是表面变得粗糙不平，有个别比较尖锐凸起的点。

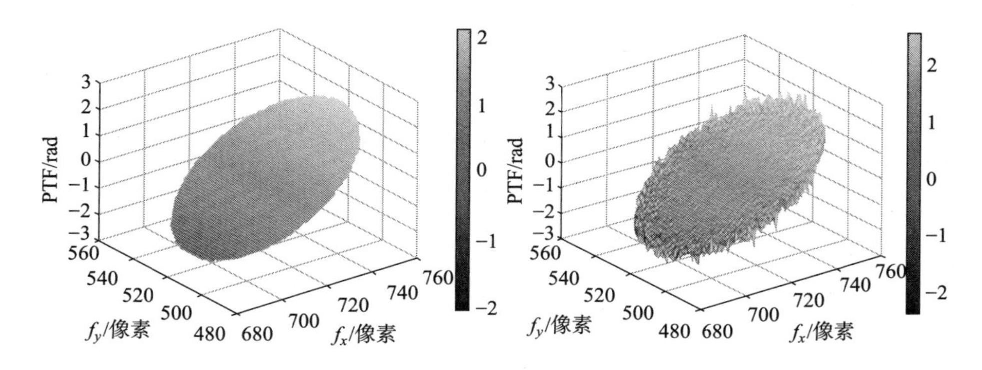

图 4-31 加入 10dB 高斯噪声前后 OTF 旁瓣的 PTF 分布

设置不同的 CCD 相机噪声，重复上述仿真过程，比较 tip 误差的设置值和测量值的误差，结果如表 4-3 所示。结果表明，当信噪比为 40 dB 时，tip 的测量误差小于 $\lambda/40$ RMS；当信噪比为 55 dB 时，tip 误差的测量误差已达到 $5.587\times10^{-6}\lambda$ RMS，完全满足共相位的要求。目前，商用 CCD 相机输出图像信噪比基本都大于 40 dB，这一要求容易实现。

表 4-3 不同 CCD 噪声情况下 tip 的测量误差（100 次计算统计结果）

信噪比/dB	[0, 2.4λ] 范围内的倾斜测量误差 RMS/λ)
10	0.250 2
15	0.187 6
20	0.163 9
25	0.131 0
30	0.076 2
35	0.034 5
40	0.021 2
45	0.009 8
50	0.004 9
55	5.587×10^{-6}

4.3.3 piston 误差检测

4.3.3.1 piston 误差检测原理

一般地，共相位的步骤是首先进行 tip - tilt 误差的检测和校正，当 tip - tilt 误差减小到一定程度时，再进行 piston 误差的检测和校正；然后，两个过程交替进行，直至倾斜误差减小到毫角秒量级，再对 piston 误差进行精测及校正。

因此，国内外在研究 piston 误差检测方法时，均认为实现了 tip - tilt 误差的检测和校正。

1. 以单色光做光源

在单色光照明下，式（4 - 33）给出的光瞳函数可写为

$$P(\xi,\eta,\lambda) = \mathrm{circ}\left(\frac{\sqrt{\xi^2+\eta^2}}{D/2}\right) * \delta\left(\xi+\frac{B}{2},\eta\right) + \left[\mathrm{circ}\left(\frac{\sqrt{\xi^2+\eta^2}}{D/2}\right)\cdot \exp\left(\mathrm{j}\,\frac{2\pi}{\lambda}p\right)\right] * \delta\left(\xi-\frac{B}{2},\eta\right) \tag{4-50}$$

则其点扩散函数为

$$\mathrm{PSF}_m(x,y,\lambda) = 2\,\frac{1}{\lambda^2 f^2}\cdot\left(\frac{D}{2}\right)^2\cdot\left[\frac{J_1\left(\pi D\sqrt{\left(\frac{x}{\lambda f}\right)^2+\left(\frac{y}{\lambda f}\right)^2}\right)}{\sqrt{\left(\frac{x}{\lambda f}\right)^2+\left(\frac{y}{\lambda f}\right)^2}}\right]^2 \left[1+\cos\left(2\pi\,\frac{\xi}{\lambda f}B-\frac{2\pi}{\lambda}p\right)\right] \tag{4-51}$$

由式（4 - 51）可知，两离散孔的衍射干涉光强分布为以下两项的乘积。

第一项：$2\,\frac{1}{\lambda^2 f^2}\cdot\left(\frac{D}{2}\right)^2\cdot\left[\frac{J_1\left(\pi D\sqrt{\left(\frac{x}{\lambda f}\right)^2+\left(\frac{y}{\lambda f}\right)^2}\right)}{\sqrt{\left(\frac{x}{\lambda f}\right)^2+\left(\frac{y}{\lambda f}\right)^2}}\right]^2$

为单离散孔衍射光强分布的 2 倍。也就是说，若两离散孔的光波不发生干涉，焦平面上的光强分布为两个单孔衍射的强度叠加，而不是复振幅叠加，此项称为“衍射因子”，用 $I_{\text{diffraction}}$ 表示。

第二项：$1+\cos\left(2\pi\dfrac{\xi}{\lambda f}B-\dfrac{2\pi}{\lambda}p\right)$

为两个离散孔的光波干涉形成的余弦干涉条纹光强分布。piston 误差为函数的初相位，随着 piston 误差的变化，条纹发生移动；条纹周期为 $\lambda f/B$，两离散孔的中心距越大，条纹越密；称此项为“干涉因子”，用 $I_{\text{interference}}$ 表示。同样，根据干涉原理，当 piston 误差大于光源的相干程长时，干涉现象消失，式（4-51）将退化为两孔衍射，光强分布由第一项表示。

对式（4-51）进行傅里叶变换，或直接将式（4-40）中的 tip-tilt 误差 a、b 设置为 0，即可得到单色光照明下的 OTF：

$$\begin{aligned}\mathrm{OTF_m}(f_x,f_y)&=\mathrm{FT}[\mathrm{PSF_m}(x,y,\lambda)]\\&=2\mathrm{OTF_{sub}}(f_x,f_y)+\mathrm{OTF_{sub}}\left(f_x-\frac{B}{\lambda f},f_y\right)\cdot\exp\left(-\mathrm{j}\frac{2\pi}{\lambda}p\right)+\\&\quad\mathrm{OTF_{sub}}\left(f_x+\frac{B}{\lambda f},f_y\right)\cdot\exp\left(j\frac{2\pi}{\lambda}p\right)\end{aligned}\tag{4-52}$$

对 $\mathrm{OTF_m}(f_x,f_y)$ 取模，得到 MTF：

$$\begin{aligned}\mathrm{MTF_m}(f_x,f_y)&=|\mathrm{OTF_m}(f_x,f_y)|\\&=2\mathrm{MTF_{sub}}(f_x,f_y)+\mathrm{MTF_{sub}}\left(f_x-\frac{B}{\lambda f},f_y\right)+\mathrm{MTF_{sub}}\left(f_x+\frac{B}{\lambda f},f_y\right)\end{aligned}\tag{4-53}$$

由式（4-53）可知，系统调制传递函数由三部分组成，分别为 MTF 主峰 $2\mathrm{MTF_{sub}}(f_x,f_y)$、MTF 旁瓣 $\mathrm{MTF_{sub}}\left(f_x+\dfrac{B}{\lambda f},f_y\right)$ 和 $\mathrm{MTF_{sub}}\left(f_x-\dfrac{B}{\lambda f},f_y\right)$，主峰峰值是旁瓣峰值的 m 倍，m 为离散光阑孔的个数、也是分块子镜的个数。旁瓣的位置取决于两个离散孔的中心距 B，B 越大，旁瓣与主峰之间的距离就越大。

其相位传递函数为

$$\mathrm{PTF}=-\frac{2\pi}{\lambda}p\tag{4-54}$$

由式（4－53）和式（4－54）可知，以单色光为光源时，piston 误差 p 对调制传递函数没有影响，它只影响相位传递函数。但由于正切函数的周期性，根据相位传递函数无法判断大于一个波长的 piston 误差。

2. 以宽光谱做光源

设光源的中心波长为 λ_0，谱带宽为 $\Delta\lambda$，则系统的相干程长为

$$L_c = \frac{\lambda_0^2}{\Delta\lambda} \tag{4-55}$$

将式（4－51）的单色光为光源的点扩散函数 $\mathrm{PSF_m}(x,y,\lambda)$ 对波长积分，得到宽光谱时的点扩散函数：

$$\mathrm{PSF_c}(x,y) = \int_{\lambda_0-\frac{\Delta\lambda}{2}}^{\lambda_0+\frac{\Delta\lambda}{2}} \mathrm{PSF_m}(x,y,\lambda)\cdot S(\lambda)\,\mathrm{d}\lambda \tag{4-56}$$

式中：$S(\lambda)$ 为光源光谱分布，取 $S(\lambda)=1$，式（4－56）可以化简为

$$\begin{aligned}\mathrm{PSF_c}(x,y) &= 2\int_{\lambda_0-\frac{\Delta\lambda}{2}}^{\lambda_0+\frac{\Delta\lambda}{2}} \frac{1}{\lambda^2 f^2}\cdot\left(\frac{D}{2}\right)^2\cdot\left[\frac{J_1\left(\pi D\sqrt{\left(\frac{x}{\lambda f}\right)^2+\left(\frac{y}{\lambda f}\right)^2}\right)}{\sqrt{\left(\frac{x}{\lambda f}\right)^2+\left(\frac{y}{\lambda f}\right)^2}}\right]^2 \\ &\quad \left[1+\cos\left(2\pi\frac{\xi}{\lambda f}B-\frac{2\pi}{\lambda}p\right)\right]\mathrm{d}\lambda \\ &= 2\left(\frac{D}{2}\right)^2\int_{\lambda_0-\frac{\Delta\lambda}{2}}^{\lambda_0+\frac{\Delta\lambda}{2}} \frac{J_1^2\left(\frac{\pi D}{\lambda f}\sqrt{x^2+y^2}\right)}{x^2+y^2}\left[1+\cos\frac{2\pi}{\lambda}\left(p-\frac{\xi}{f}B\right)\right]\mathrm{d}\lambda\end{aligned} \tag{4-57}$$

式（4－57）对波长的积分很难计算，因而可利用微分求和的方法对积分进行近似，将谱宽 $\Delta\lambda$ 等分为 n 段，每一小段的中心波长为 $\lambda_i(i=1,2,3,\cdots,n)$，则

$$\begin{aligned}\mathrm{PSF_c}(x,y) &= \sum_{i=1}^{n}\left[\frac{\mathrm{PSF_m}(x,y,\lambda_i)\Delta\lambda}{n}\right] \\ &= \frac{2\Delta\lambda}{n}\left(\frac{D}{2}\right)^2\sum_{i=1}^{n}\left\{\frac{J_1^2\left(\frac{\pi D}{\lambda_i f}\sqrt{x^2+y^2}\right)}{x^2+y^2}\left[1+\cos\frac{2\pi}{\lambda_i}\left(p-\frac{\xi}{f}B\right)\right]\right\}\end{aligned} \tag{4-58}$$

由式（4－58）可知，宽光谱情况下，系统的点扩散函数为多个采样波

长处的点扩散函数的叠加。

对式（4-58）进行傅里叶变换，可得宽光谱下的系统的光学传递函数：

$$\begin{aligned}\mathrm{OTF_c}(f_x,f_y) &= \mathrm{FT}[\mathrm{PSF_c}(x,y)] = \mathrm{FT}\left\{\sum_{i=1}^{n}\left[\frac{\mathrm{PSF}_m(x,y,\lambda_i)\Delta\lambda}{n}\right]\right\} \\ &= \frac{\Delta\lambda}{n}\mathrm{FT}\left\{\sum_{i=1}^{n}[\mathrm{PSF}_m(x,y,\lambda_i)]\right\}\end{aligned} \tag{4-59}$$

再根据式（4-52）可得

$$\mathrm{OTF}_c(f_x,f_y) = \frac{\Delta\lambda}{n}\sum_{i=1}^{n}\left[2\mathrm{OTF_{sub}}(f_x,f_y) + \mathrm{OTF_{sub}}\left(f_x \pm \frac{B}{\lambda_i f},f_y\right)\exp\left(\pm \mathrm{j}\frac{2\pi}{\lambda_i}p\right)\right] \tag{4-60}$$

由式（4-60）可知，光学传递函数由三部分组成，分别是表示主峰的 $2\mathrm{OTF_{sub}}(f_x,f_y)$，以及表示旁瓣的 $\mathrm{OTF_{sub}}\left(f_x + \frac{B}{\lambda_i f},f_y\right)\exp\left(\mathrm{j}\frac{2\pi}{\lambda_i}p\right)$ 和 $\mathrm{OTF_{sub}}\left(f_x - \frac{B}{\lambda_i f},f_y\right)\exp\left(-\mathrm{j}\frac{2\pi}{\lambda_i}p\right)$。

旁瓣的位置与波长 λ_i、成像透镜焦距 f 和离散孔中心距 B 有关。当光学系统设计完成后，f 随之确定；波长 λ_i 为亚微米、微米量级，且变化量很小，对旁瓣位置的影响一般不会超过一个像元尺寸，而 B 为毫米、厘米量级。因此，当宽光谱的带宽较小时，旁瓣位置近似只受离散孔中心距 B 的影响。那么，式（4-60）可近似为

$$\begin{aligned}\mathrm{OTF}_c(f_x,f_y) &= \frac{\Delta\lambda}{n}\left\{2n\mathrm{OTF_{sub}}(f_x,f_y) + \mathrm{OTF_{sub}}\left(f_x \pm \frac{B}{\lambda_0 f},f_y\right)\sum_{i=1}^{n}\exp\left(\pm \mathrm{j}\frac{2\pi}{\lambda_i}p\right)\right\} \\ &= 2\mathrm{OTF_{sub}}(f_x,f_y)\cdot\Delta\lambda + \\ &\quad \mathrm{OTF_{sub}}\left(f_x + \frac{B}{\lambda_0 f},f_y\right)\cdot\frac{\Delta\lambda}{n}\cdot\left[\sum_{i=1}^{n}\exp\left(\mathrm{j}\frac{2\pi}{\lambda_i}p\right)\right] + \\ &\quad \mathrm{OTF_{sub}}\left(f_x - \frac{B}{\lambda_0 f},f_y\right)\cdot\frac{\Delta\lambda}{n}\cdot\left[\sum_{i=1}^{n}\exp\left(-\mathrm{j}\frac{2\pi}{\lambda_i}p\right)\right]\end{aligned} \tag{4-61}$$

光学传递函数的两个旁瓣是对称的，选择其中之一进行分析，将其表示为

$$\mathrm{OTF_{ph}}(f_x,f_y) = \frac{\Delta\lambda}{n}\mathrm{OTF_{sub}}\left(f_x - \frac{B}{\lambda_0 f},f_y\right)\left[\sum_{i=1}^{n}\mathrm{e}^{-j\frac{2\pi}{\lambda_i}p}\right] \tag{4-62}$$

对式（4-62）取模，得到对应的调制传递函数为

$$\mathrm{MTF_{ph}}(f_x,f_y) = \frac{\Delta\lambda}{n}\mathrm{MTF_{sub}}\left(f_x - \frac{B}{\lambda_0 f},f_y\right)\left|\sum_{i=1}^{n} \mathrm{e}^{-\mathrm{j}\frac{2\pi}{\lambda_i}p}\right| \tag{4-63}$$

比较式（4-63）和式（4-53），可以看出，不同于单色光照明，在宽光谱照明下，piston 误差对系统的调制传递函数的旁瓣有影响。

令 $\mathrm{MTF_0} = \Delta\lambda \mathrm{MTF_{sub}}\left(f_x - \frac{B}{\lambda_0 f},f_y\right)$，则

$$\mathrm{MTF_{ph}}(f_x,f_y) = \frac{1}{n}\mathrm{MTF_0}\left|\sum_{i=1}^{n} \mathrm{e}^{-\mathrm{j}\frac{2\pi}{\lambda_i}p}\right| \tag{4-64}$$

根据欧拉公式

$$\mathrm{e}^{i\theta} = \cos\theta + i\sin\theta \tag{4-65}$$

对式（4-64）进一步化简，可得

$$\begin{aligned}\mathrm{MTF_{ph}}(f_x,f_y) &= \frac{1}{n}\mathrm{MTF_0}\left|\sum_{i=1}^{n} \mathrm{e}^{-\mathrm{j}\frac{2\pi}{\lambda_i}p}\right| = \frac{1}{n}\mathrm{MTF_0}\left(\sum_{i=1}^{n} \mathrm{e}^{-\mathrm{j}\frac{2\pi}{\lambda_i}p}\right)\cdot\left(\sum_{t=1}^{n} \mathrm{e}^{-\mathrm{j}\frac{2\pi}{\lambda_t}p}\right)^{*} \\ &= \frac{1}{n}\mathrm{MTF_0}\sqrt{n + 2\left[\sum_{t=1}^{n-1}\sum_{i=t}^{n-1}\cos\left(\frac{2\pi}{\lambda_t}p + \frac{2\pi}{\lambda_{i+1}}p\right)\right]}\end{aligned} \tag{4-66}$$

式中：$\mathrm{MTF_0}$ 为共相位时的 MTF 旁瓣幅值。将其作为归一化因子，对式（4-66）进行归一化处理，得到归一化的旁瓣峰值 $\mathrm{MTF_{nph}}$：

$$\mathrm{MTF_{nph}}(f_x,f_y) = \frac{1}{n}\sqrt{n + 2\left[\sum_{t=1}^{n-1}\sum_{i=t}^{n-1}\cos\left(\frac{2\pi}{\lambda_t}p + \frac{2\pi}{\lambda_{i+1}}p\right)\right]} \tag{4-67}$$

由式（4-67）可以看出，piston 误差 p 与调制传递函数旁瓣峰值 $\mathrm{MTF_{nph}}$ 之间存在着确定的函数关系。因此，通过测量调制传递函数的旁瓣峰值，即可计算 p 的值，实现 piston 误差检测。

因为 piston 误差为式（4-51）的干涉因子的初位相，所以，当 piston 误差在所用宽光谱光源的相干程长的范围内变化时，可对 piston 误差实现高精度的测量，其精度与干涉测量的精度相当；一般情况下，相干程长可达亚毫米量级。因此，上述基于夫琅禾费型衍射干涉原理的 piston 误差检测方法的量程为光源的相干程长，精度约为 $\lambda/100$，可以满足共相位对 piston 误差检测的要求。

设置参数：光源中心波长为 632.8 nm、带宽为 1 nm，由式（4-55）计算得到相干程长为

$$L_c = \frac{\lambda_0^2}{\Delta\lambda} = \frac{(632.8\text{nm})^2}{1\ \text{nm}} = 400\ \mu\text{m}$$

为了使微分求和更加接近积分过程，取 $n = 100$ 时，将 n 代入式（4 - 67），可以得到 piston 误差和 MTF_{nph} 的对应关系：

$$\text{MTF}_{\text{nph}}(f_x, f_y) = \frac{1}{100}\sqrt{100 + 2\left[\sum_{t=1}^{99}\sum_{i=t}^{99}\cos\left(\frac{2\pi}{\lambda_t}p + \frac{2\pi}{\lambda_{i+1}}p\right)\right]}$$

并且可以得到 MTF_{nph}—piston 的曲线，如图 4 - 32 所示。由图可知，调制传递函数旁瓣峰值随 piston 误差呈现单调性变化，随着 piston 误差的增加，调制传递函数旁瓣归一化峰值逐渐下降，在 400μm 的位置，MTF_{nph} 减小为 0。

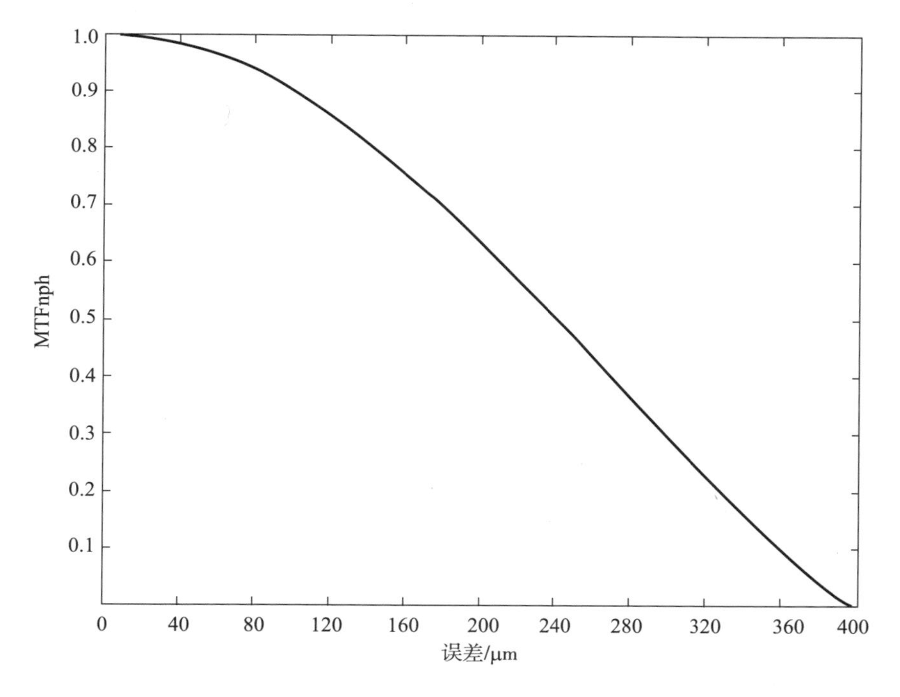

图 4 - 32　MTF 旁瓣峰值随 piston 误差的变化曲线

在上述宽光谱的设置条件下，建立图 4 - 22 所示的两子镜仿真模型，给被测离散孔在［0，400 μm］的范围内设置不同的 piston 误差，可以得到 PSF 及 MTF 分布随 piston 误差变化的情况，如图 4 - 33 所示。由图可知，相干光经两个离散孔发生了干涉 - 衍射成像，系统的调制传递函数有一个主峰和两个旁瓣。随着 piston 误差的增加，像面的干涉条纹的对比度逐渐变差，调制传递函数的旁瓣幅值也随之变化。当 piston 误差为 0 时，像面的干涉条纹的对比度最好，调制传递函数旁瓣峰值最大。当 piston 误差增大到所用光源的相干程长 400 μm 时，干涉 - 衍射图像蜕变成为一个衍射斑，调制传递函数的旁瓣消失，此时相当于两个单孔衍射成像。这一过程与图 4 - 32 是吻合的。

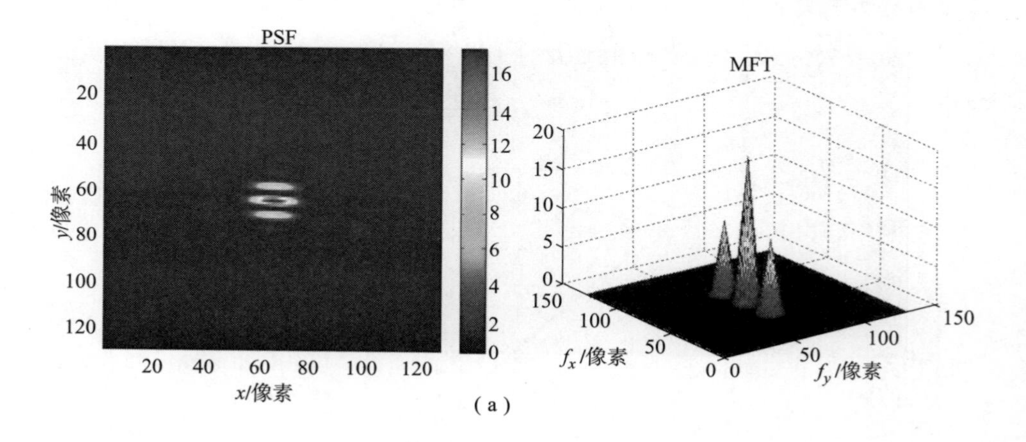

(a)

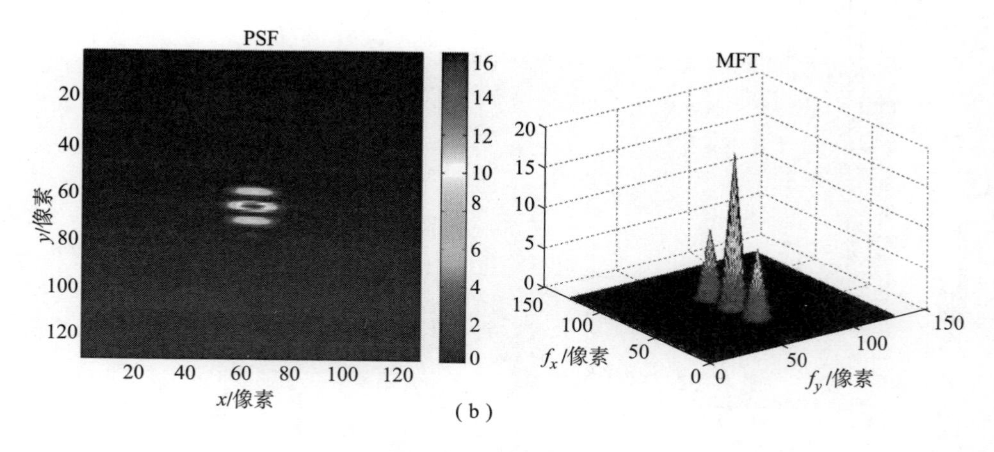

(b)

图 4 - 33 PSF 及 MTF 随 piston 误差的变化

(a) piston = 0；(b) piston = 100 μm

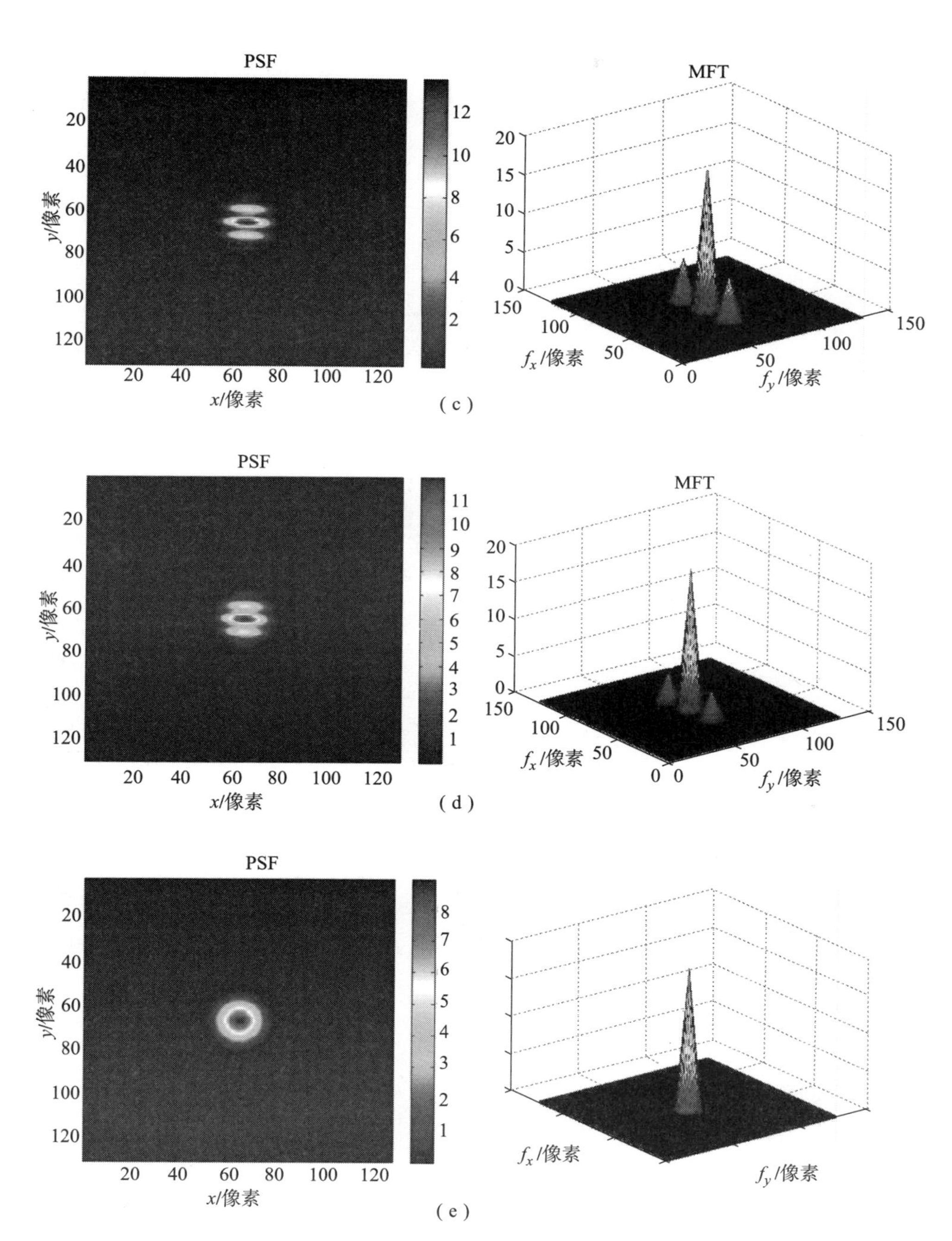

图 4－33　PSF 及 MTF 随 piston 误差的变化（续）

（c）piston＝200 μm；（d）piston＝300 μm；（e）piston＝400 μm

4.3.3.2 piston 误差计算方法

由上述 piston 误差检测原理可知，选用宽光谱光源，对 CCD 探测到的 PSF 进行傅里叶变换、再对其旁瓣取模，得到 MTF 旁瓣，读取 MTF 旁瓣幅值，再根据式（4－67）即可计算得到 p，实现 piston 误差的大动态范围高精度测量。注意观察式（4－67）可知，已知量 MTF 旁瓣在式的左端，而要求的未知量 p 在式的右端，且有求和、开根运算。因此，反求 p 不一定容易实现。

再看式（4－67）的曲线，如图 4－32 所示，如果可以对其拟合，找到一个以横坐标 p 为自变量、纵坐标 MTF 旁瓣峰值 MTF_{nph} 为因变量的函数，很好地描述这条曲线，piston 误差就很容易计算了。

在 4.2 节中介绍的调制传递函数法，因为没有建立 piston 误差与 MTF 旁瓣幅值间的函数关系，直接采用高斯函数来近似二者之间的关系，使得在量程两端处的 piston 误差的计算值与实际值偏差很大，只能用于 piston 误差的粗测。

根据图 4－32 的曲线形式，可以用两段四次多项式拟合 MTF_{nph}—piston 曲线，函数形式为

$$\mathrm{MTF}_{\mathrm{nph}} = \begin{cases} a_1p^4 + b_1p^3 + c_1p^2 + d_1p + e_1, & 0 \leqslant p < L_s \\ a_2p^4 + b_2p^3 + c_2p^2 + d_2p + e_2, & L_s \leqslant p \leqslant L_c \end{cases} \tag{4-68}$$

式中：$(a_1, b_1, c_1, d_1, e_1, a_2, b_2, c_2, d_2, e_2)$ 为各项前的拟合系数；L_c 表示测量 piston 误差的量程；L_s 为分段点对应的 piston 误差值，且满足 $0 < L_s < L_c$。

例如，参数仍设置为 $\lambda_0 = 633$ nm，$\Delta\lambda = 1$ nm，$n = 100$，对由式（4－67）产生的用于绘制图 4－32 的数据进行两段四次多项式拟合，取 $L_s = 69.5\mu$m，得到的各项拟合系数为

$$\begin{cases} a_1 = 4.776 \times 10^{-10}, b_1 = 5.629 \times 10^{-10}, c_1 = -4.07 \times 10^{-5} \\ \quad d_1 = 4.336 \times 10^{-8}, e_1 = 1 \\ a_2 = 2.585 \times 10^{-11} b_2 = 1.298 \times 10^{-7}, c_2 = -5.523 \times 10^{-5} \\ \quad d_2 = 7.212 \times 10^{-4}, e_2 = 0.987 \end{cases}$$

将拟合系数代入式（4 -68），得到两段四次多项式，可以绘制得到图 4 - 34 所示的拟合曲线。拟合得到的曲线与推导得到的式（4 -67）的曲线图 4 - 32 高度重合。

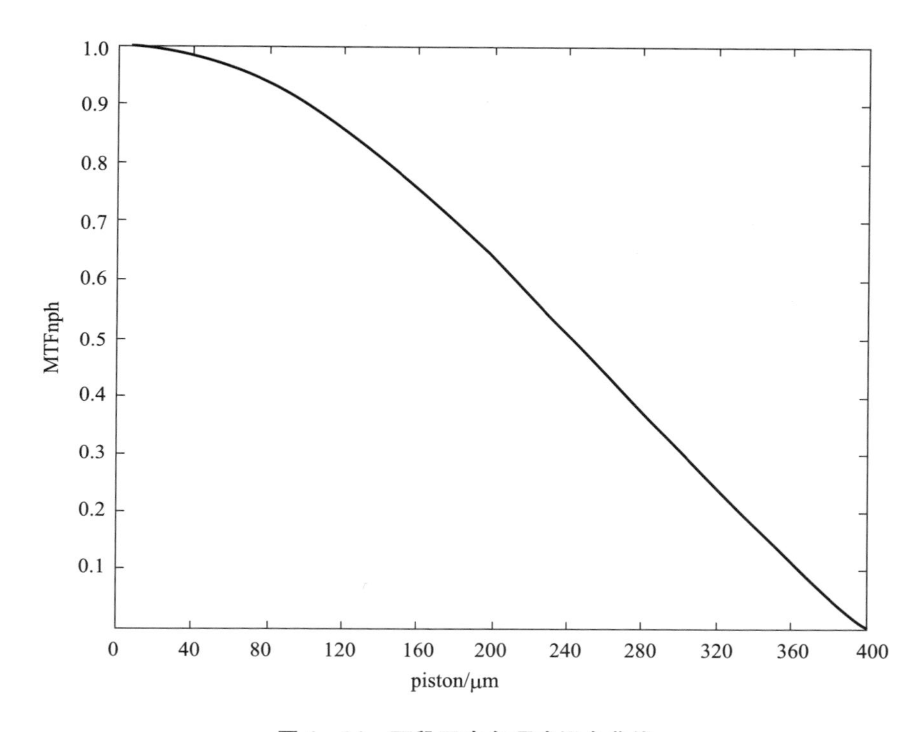

图 4 -34　两段四次多项式拟合曲线

给定 piston 误差，根据理论推导得到的关系式（4 -66）计算 MTF_{nph} 的理论值，再根据拟合得到的两段四次多项式计算 MTF_{nph} 的拟合值，将理论值与拟合值进行比较，如表 4 -4 所示。由表中给出的 MTF_{nph} 的理论值和拟合值的差值可以确定，选用两段四次多项式拟合的 MTF_{nph}—piston 曲线完美表达了理论推导得到的 piston 误差与 MTF 旁瓣峰值的函数关系式（4 -66）。

表 4 -4　MTF_{nph} 理论值与拟合值的比较

piston 误差的设置值/μm	MTF_{nph} 的理论值	MTF_{nph} 的拟合值	二者的差值
0	1	1	-5.15×10^{-8}
18.351 2	0.983 5	0.983 5	1.48×10^{-8}

续表

piston 误差的设置值/μm	MTF_{nph}的理论值	MTF_{nph}的拟合值	二者的差值
37.335 2	0.932 7	0.932 7	-7.74×10^{-5}
56.319 2	0.850 9	0.851 1	1.83×10^{-4}
75.303 2	0.743 0	0.742 9	-1.42×10^{-4}
94.287 2	0.615 7	0.615 6	-1.58×10^{-4}
113.271 2	0.476 7	0.476 8	9.22×10^{-5}
125.927 2	0.381 5	0.381 7	1.98×10^{-4}
144.911 2	0.241 0	0.241 0	3.95×10^{-5}
163.895 2	0.110 0	0.109 7	-2.41×10^{-4}

4.3.3.3 仿真验证

依然采用上述的参数设置，建立两子镜仿真系统，在相干程长内依次给被测离散孔设置 piston 误差，先对像面上的 PSF 进行傅里叶变换得到 OTF，再对 OTF 旁瓣取模、读取旁瓣峰值。根据式（4－68）计算 piston 误差作为测量值，计算与设置值的误差。表 4－5 给出了部分比较数据及测量误差；以设置的 piston 误差为横坐标。根据式（4－68）计算的 piston 误差为纵坐标，得到如图 4－35 所示的曲线，该曲线是一条斜率为 1 的直线。

表 4－5 根据拟合的两段四次多项式计算 piston 误差的测量误差

piston 的设置值/μm	piston 的测量值/μm	误差/μm
0	$4.842\,5\times10^{-4}$	4.84×10^{-4}
18.351 2	18.351 2	8.27×10^{-6}
37.335 2	37.335 8	6.43×10^{-4}
56.319 2	56.318 8	-4.16×10^{-4}
75.303 2	75.303 5	3.11×10^{-4}
94.287 2	94.287 9	6.84×10^{-4}
113.271 2	113.271 4	1.98×10^{-4}
125.927 2	125.925 8	−0.001 4
144.911 2	144.912 5	0.0013
163.895 2	163.894 0	−0.001 2

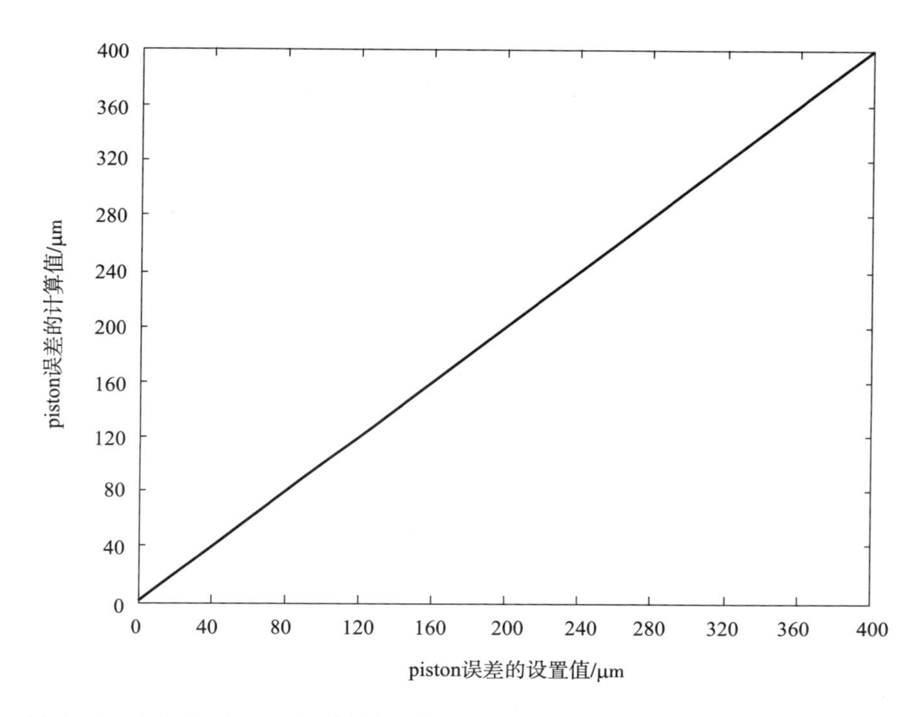

图4-35 根据式(4-68)计算得到的piston误差与实际的piston误差比较的曲线

对上述数据进行误差分析，得到图4-36所示的误差曲线。结果表明，根据拟合的两段四次多项式计算piston误差，其残余误差仅为1.8 nm RMS，在接近共相位处，piston残余误差的最大值为8 nm。因此，利用两段四次多项式可以实现对MTF_{nph}—piston曲线的高精度拟合，方便piston误差的计算。

实际应用中，可预先对分块式主镜成像系统进行标定，用两段四次多项式拟合MTF_{nph}—piston误差的关系；在进行piston误差检测时可根据CCD探测得到的像面的光强分布，根据傅里叶光学原理计算得到系统的MTF_{nph}，代入标定得到的MTF_{nph}—piston误差的函数关系，实现piston误差的测量。

综上所述，夫琅禾费型衍射干涉法，通过在分块镜共轭面设置离散孔光阑，利用傅里叶分析，将空域中的光强分布与共相位误差的关系转换为频域中的描述，借助频域指标PTF和MTF实现了tip-tilt误差和piston误差的同

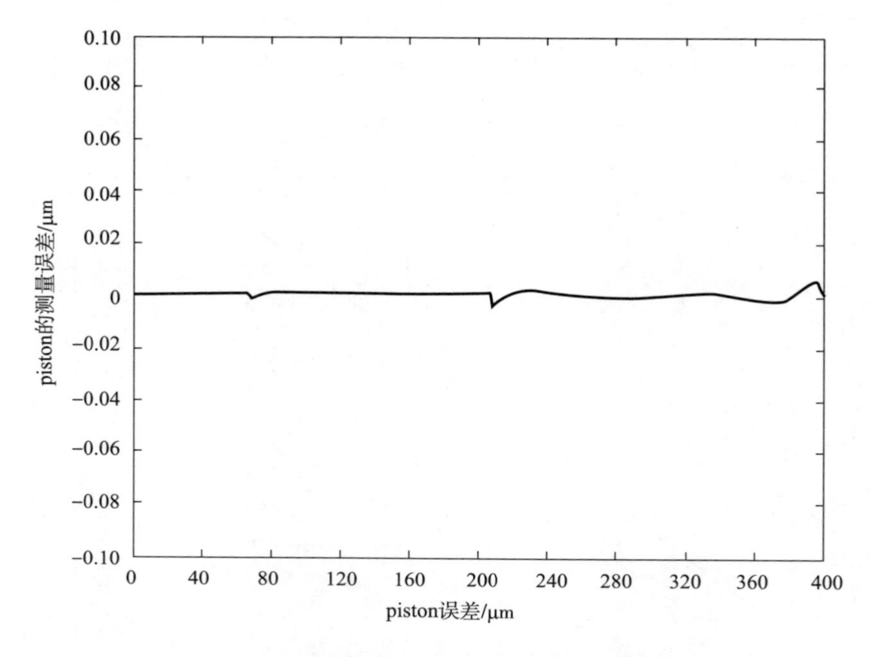

图 4-36 根据两段四次多项式计算 piston 误差

步检测。该方法既具有大动态范围、又具有高精度；有效突破了 2π 不定性对 piston 误差的大动态范围检测的困扰，避免了光学阵列元件的使用；克服了利用质心探测法检测 tip-tilt 误差时需反复改变子镜位姿的繁复，大大降低了系统的复杂程度，提高了系统的稳定性和检测效率。

夫琅禾费型衍射干涉法在实际的共相位成像实验平台上得到了实验验证，这部分内容将在第 6 章中叙述。

4.4 基于衍射元件的干涉法

该方法借助离散孔光阑和一个专用衍射元件，实现了 tip-tilt 误差和 piston 误差的同步检测。利用光栅衍射复制每个子镜的反射光波，使其与相邻子镜的光波两两相干，根据干涉条纹的周期和方向实现 tip-tilt 误差的检测，根据干涉条纹的平移量检测 piston 误差，采用双波长干涉克服 piston 误差检测中的 2π 不定性问题，将量程扩大到 100λ ，测量精度为 $\lambda/100$。

4.4.1　原理

以三子镜系统为例对该方法的原理进行阐述，图 4－37 所示为基于衍射元件的干涉测量法原理示意图。

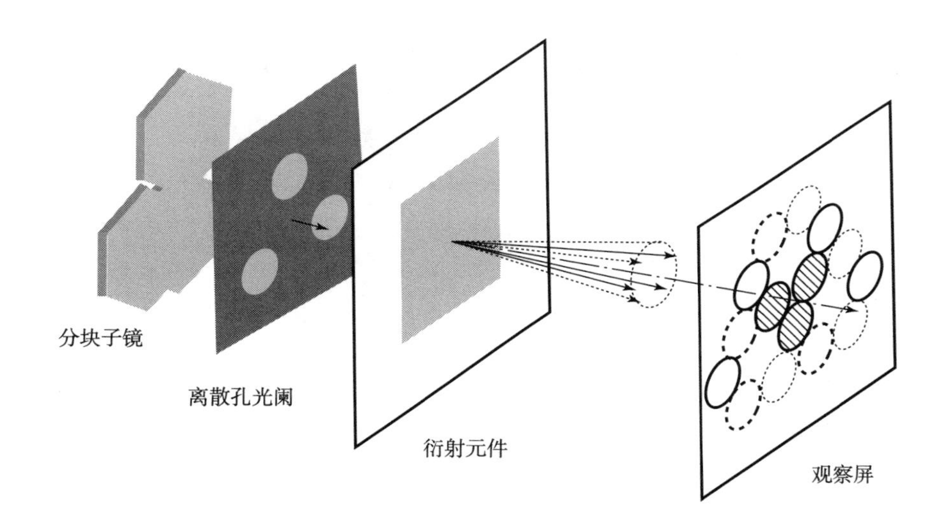

图 4－37　基于衍射元件的干涉测量法原理示意图

由分块子镜反射的光波经过离散孔光阑，被离散后的三个子光波垂直入射到一个专门研制的衍射元件，发生衍射；每个子波面的 ±1 级衍射光波面完全一致，对称分布于 0 级衍射光的两侧，每个相邻子波面的衍射光相干叠加，形成干涉条纹，如图 4－37 的观察屏所示。这相当于衍射元件“复制”了波面。

为保证观察平面中的每个干涉图案仅由相邻的两个“复制波面”相干叠加，要求离散孔的直径必须小于两离散孔的中心距的 1/2。当分块镜处于共相位状态时，两相干子波面完全重叠，且干涉条纹在其重叠区域中，如图 4－38 所示。

如果给两个子镜（图 4－38 中的子镜 1 和子镜 2）间引入 piston 误差和

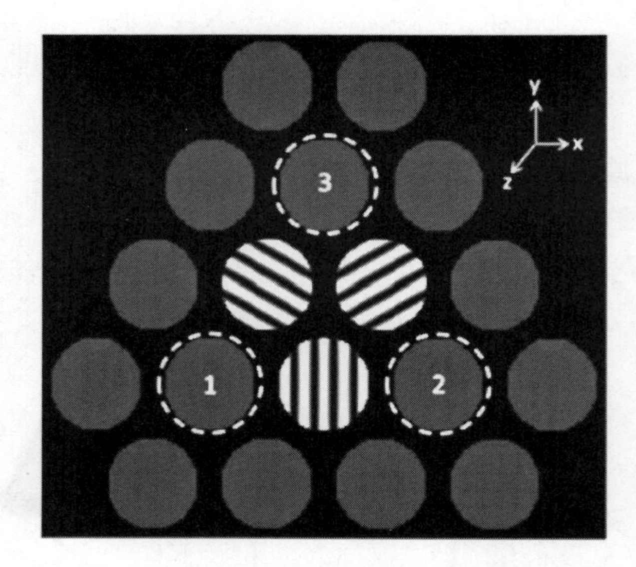

图 4－38　三个相邻元件波面的两两相干形成的干涉条纹

tip－tilt 误差，干涉场的光强分布将发生变化。根据干涉原理，干涉场的光强为

$$I_{12}^{\lambda}(x,y)=2I_0\left\{1+\cos\left[2\pi\left(\frac{2}{p_g}x+\frac{\mathrm{d}a_{12}}{\lambda}x+\frac{\mathrm{d}b_{12}}{\lambda}y+\frac{\mathrm{d}P_{12}}{\lambda}\right)\right]\right\}\quad(4-69)$$

式中：I_0 为衍射光强；x,y 干涉场中任意一点的坐标；p_g 为光栅周期，$\mathrm{d}P_{12}$、$\mathrm{d}a_{12}$、$\mathrm{d}b_{12}$分别是两相邻子镜间的 piston 误差、x 和 y 方向的倾斜 tip－tilt 误差。

图4－39 给出了分块子镜1 和2 之间的piston 误差和tip－tilt 误差对干涉场分布（即对干涉条纹）的影响。其中，图（a）对应于共相位的状态；图（b）为只存在piston 误差的情况，相对于共相位状态，piston 误差将引起条纹的平移；图（c）说明，x 方向的倾斜导致条纹周期发生变化；图（d）说明，y 方向的倾斜改变条纹的方向。因此，可以根据条纹的平移得到piston 误差的信息，根据条纹的周期和方向的变化求得tip－tilt 误差。

由式（4－69）可知，piston 误差、tip－tilt 误差三者相对独立，互不相关。因此，很容易将它们从干涉场的相位分布中分别提取出来，以实现共相位误差的检测。例如，相对于共相位状态，条纹的平移量可表示为

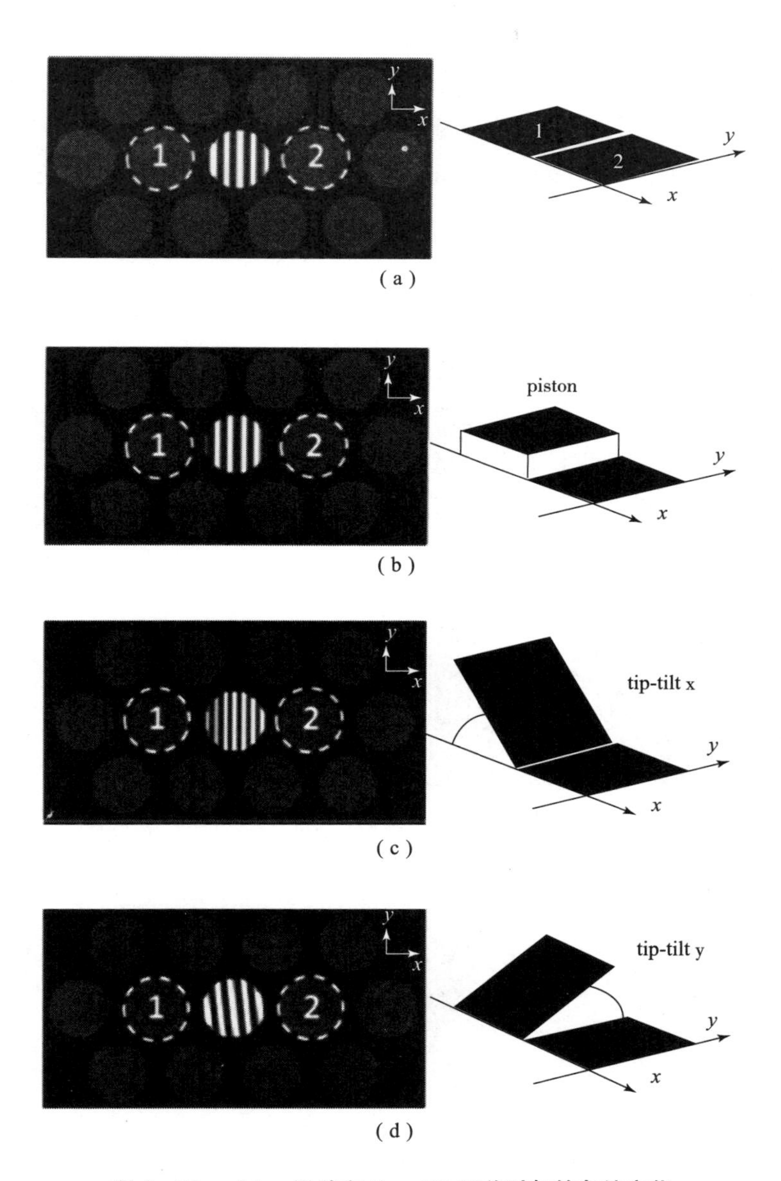

图4-39 piston误差和tip-tilt误差引起的条纹变化

$$\phi_{12}^{\lambda} = 2\pi\frac{\mathrm{d}P_{12}}{\lambda} + n\pi \tag{4-70}$$

式中：n为整数；n是一个未知量，是半波长的整数倍，这是干涉场的余弦分布引入的2π不定性问题。

式（4－70）可进一步写为

$$dP_{12} = \lambda \cdot \frac{\phi_{12}^{\lambda}}{2\pi} - n\frac{\lambda}{2} \tag{4-71}$$

由式（4－71）可以看出，piston 误差的检测精度可达到波长 λ 量级，但其检测范围受 2π 不定性的限制。

根据上述两子镜情况的分析，很容易想到把它进一步扩展，以实现全口径内的共相位误差检测。为实现此目的，根据分块镜为正六边形的特点，可专门设计衍射元件，让其按六边形排布，如图 4－40 所示。每个分块镜都有 6 个相邻的子镜，在衍射元件的作用下，可产生 6 组带有共相位误差信息的干涉条纹，即可实现多子镜的共相位误差检测，以至全口径内的共相位误差的同步检测。因此，该方法特别适用于多子镜的波前及共相位检测。

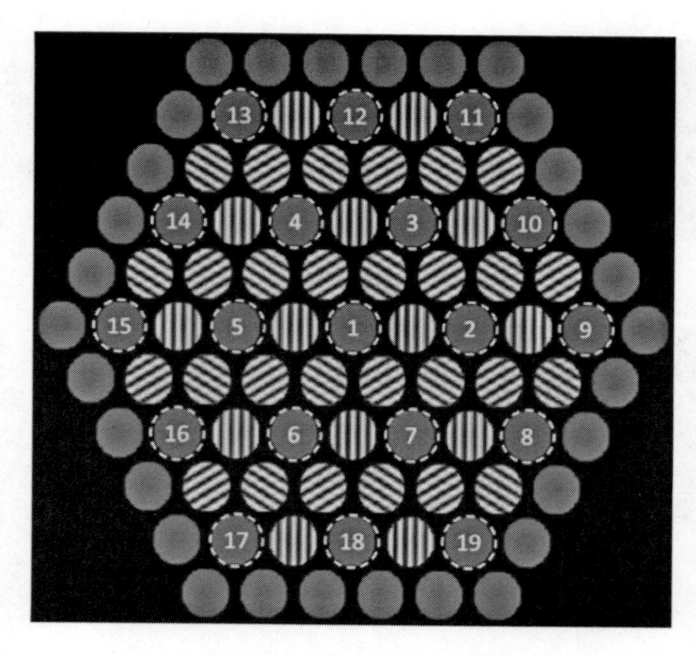

图 4－40　用于多子镜共相位误差检测的情况

4.4.2　piston 误差测量中的 2π 不定性问题

由上述原理可知，该方法是根据相邻子镜的波面相干叠加形成的干涉场实现共相位误差检测的，因此不可避免地面临 2π 不定性的问题。可采用双波长干涉的方法解决这一问题。

设只存在 piston 误差，以两个相近波长（$\lambda-\delta\lambda$）和（$\lambda+\delta\lambda$）分别进行干涉，求得这两个干涉场的差：

$$\Delta I^{\delta\lambda}\approx 4I_0\sin\left(2\pi\frac{\mathrm{d}P}{\lambda_v}\right)\sin\left[2\pi\left(\frac{2x}{p_g}+\frac{\mathrm{d}P}{\lambda}\right)\right]\tag{4-72}$$

式中：λ_v 为等效波长，可表示为

$$\lambda_v=\frac{\lambda^2}{\delta\lambda}\tag{4-73}$$

因此，对干涉图求差的结果，类似于一个单波长 λ 的干涉和一个正弦因子 $4I_0\sin(2\pi\mathrm{d}P/\lambda_v)$ 相乘，该因子与 piston 误差有关，可借此求得 piston 误差。图4-41所示为波长1 550 nm 和波长1 560 nm 的干涉图相减的结果，子镜1和其相邻的6个子镜间的 piston 误差分别为：1-2：10λ，1-3：20λ，1-4：30λ，1-5：40λ，1-6：50λ，1-7：60λ。

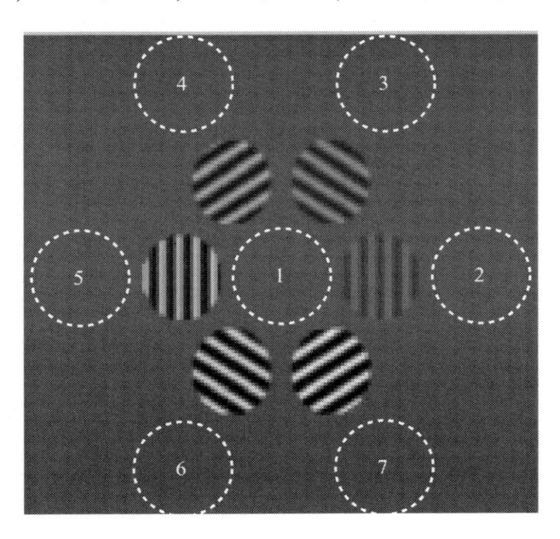

图4-41　双波长干涉两干涉图相减的结果

然而，干涉图相减并不是最佳方法，2π 不定性的问题可通过比较两波长干涉 $I_{12}^{\lambda-\delta\lambda}(x,y)$ 和 $I_{12}^{\lambda+\delta\lambda}(x,y)$ 的相位来给以消除。

设 $\mathrm{d}a_{12}=0$，$\mathrm{d}b_{12}=0$，则 $I_{12}^{\lambda-\delta\lambda}(x,y)$ 和 $I_{12}^{\lambda+\delta\lambda}(x,y)$ 的相位分别为

$$\phi_{12}^{\lambda+\delta\lambda} = 2\pi\frac{\mathrm{d}P_{12}}{\lambda+\delta\lambda}+n\pi \tag{4-74}$$

$$\phi_{12}^{\lambda-\delta\lambda} = 2\pi\frac{\mathrm{d}P_{12}}{\lambda-\delta\lambda}+m\pi \tag{4-75}$$

将式（4－74）和式（4－75）相减，可得

$$\mathrm{d}P_{12} = \frac{\lambda_v}{2\pi}(\phi_{12}^{\lambda-\delta\lambda}-\phi_{12}^{\lambda+\delta\lambda})+(n-m)\frac{\lambda_v}{2} \tag{4-76}$$

由此可知，不确定度变为 $\lambda_v/2$，与之前的 $\lambda/2$ 相比大了几个数量级。这一方法要求 $\delta\lambda$ 足够小，但 $\delta\lambda$ 很小时，该方法对测量噪声很敏感。

4.4.3 实验验证

用如图 4－42 所示的标准元件作为共相位误差源，对该方法进行初步实验验证。该元件的表面存在已知的 piston 误差和 tip－tilt 误差，该器件由 79 根优质二氧化硅四棱柱（5 mm×5 mm×40 mm）组成。四棱柱以交错排列的方式排布，创建了 206 个不同高度的平面。选择交错行排列以保证器件呈准六边形排布。四棱柱的 6 个面都进行了抛光，并放在一个临时专用底座上，在四棱柱的端面之间引入 piston 误差和 tip－tilt 误差。然后，将它们组装并用 UV 胶黏结，再将四棱柱的背面一起抛光，最后，选择二氧化硅光学标准件作为底部支撑，组合后的四棱柱通过分子键粘在标准件上。

用图 4－42 所示的误差标准件替代图 4－37 中的分块镜，用平面波照射该标准件，通过离散孔光阑和衍射光栅后得到如图 4－43 所示的干涉图。离散孔的直径为 2.5 mm，对应于标准件上端面的每个单元中心。根据误差标准件的参数和干涉场的理论模型，仿真获得如图 4－44 所示的干涉场分布。将实验测得的结果与仿真计算结果进行比较，结果表明二者吻合。

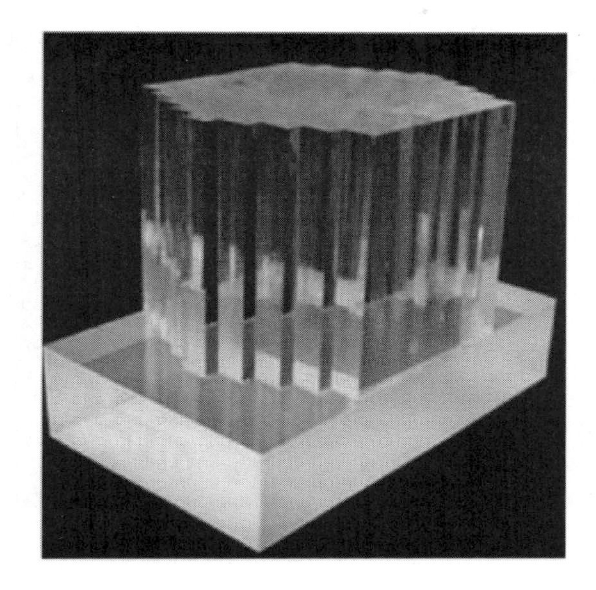

图 4－42　共相位误差标准元件

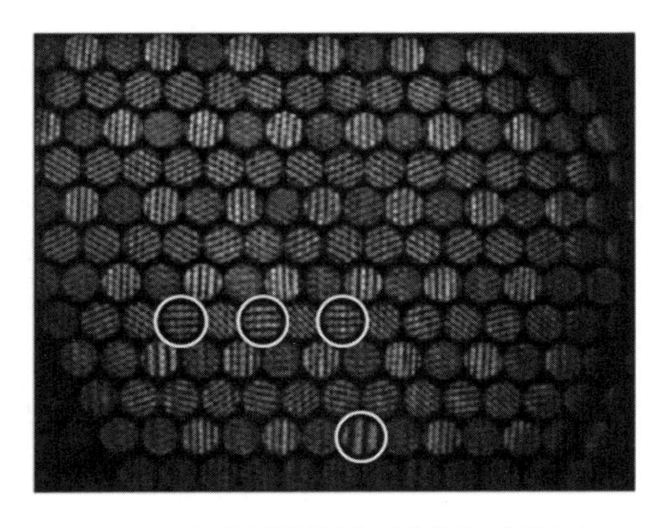

图 4－43　实验测得的误差标准件的干涉条纹分布

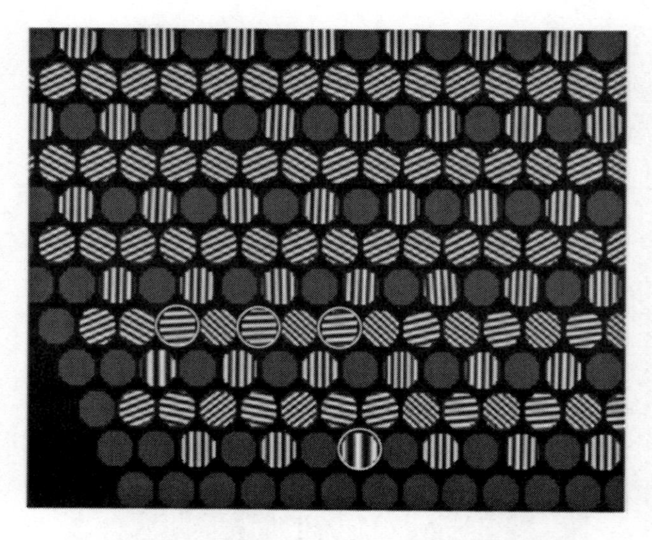

图 4-44 仿真获得的误差标准件的干涉条纹分布

参考文献

[1] Rayleigh L. On some Physical Properties of Argon and Helium [J]. Proceedings of the Royal Society of London, 1896, 198-208.

[2] 赵伟瑞，蒋俊伦．用于绝对距离测量的光学调制传递函数分析方法 [P]. ZL 2016 10053454. 4.

[3] 赵伟瑞，俞鼎鼎，张璐．基于光学传递函数的高精度测量倾斜角的方法 [P]. ZL 2019 1 0131388. 1.

[4] 赵伟瑞，刘田甜，张璐．基于光学传递函数同时测量倾斜角和绝对距离的方法 [P]. ZL 2020 1 0696646. 3.

第 5 章 共相位误差多路并行检测方法

比较第4章中介绍的大范围高精度共相位误差检测方法，其中的夫琅禾费型衍射干涉法的结构最为简单，只需在分块镜的共轭面设置具有离散孔结构的光阑，利用傅里叶分析得到的OTF旁瓣即可在较大的动态范围内实现tip - tilt误差和piston误差的同步检测。但是，若想用该方法实现全口径内的共相位误差检测或是多路共相位误差的并行检测，还需对光阑的离散孔结构进行研究。

5.1 检测原理

在4.3节中，以两子镜系统为例，推导了OTF旁瓣与共相位误差的函数关系，一对离散孔的OTF有两个旁瓣，利用其中的任意一个旁瓣即可实现tip - tilt误差和piston误差的同步检测。对于多子镜系统，如果所有的被测离散孔与参考离散孔对应的OTF旁瓣均不重叠，称这种分布为非冗余分布，那么就可以根据这些OTF旁瓣计算各个子镜的共相位误差，实现共相位误差的多路并行检测。为实现这一目的，各个离散孔的位置排布是关键。

如果OTF旁瓣呈非冗余分布，MTF旁瓣一定也是非冗余分布的，因此，可以通过建立多子镜情况下MTF分布的理论模型，研究离散孔的位置排布。

为方便讨论离散孔的排布与MTF非冗余分布的关系，在此假设系统处于一个不存在波像差及共相位误差的理想状态。仍然采用图4 - 22给出的基于夫琅禾费型衍射干涉原理的检测方法，不同的是讨论多子镜的情况。设图4 - 22中拼接子镜的个数为N，相应的光阑上的离散孔的个数也是N，每个离散孔对应一个分块子镜，采集由该子镜反射的光波，光波中携带着共相位误差的信息。

在阐述原理之前先给出一个名称上的规范：与参考子镜对应的离散孔为参考孔；与被测子镜对应的离散孔为被测孔；两离散孔中心的连线为基线，参考孔与被测孔中心连线为主基线，两被测孔的孔中心连线为次基线。

对于多子镜的共相位误差检测系统，其光瞳函数可用离散孔的函数与表

示离散孔中心位置的二维 δ 函数的卷积来表达，即

$$P_N(\xi,\eta) = \text{circ}\left(\frac{\sqrt{\xi^2+\eta^2}}{D/2}\right) * \sum_{m=1}^{N}\delta(\xi-\xi_m,\eta-\eta_m) \tag{5-1}$$

式中：(ξ_m,η_m) 是光阑上离散孔的中心位置坐标；$\text{circ}(\cdot)$ 表示离散孔的形状为圆形。

设光源照明均匀，则

$$\text{circ}\left(\frac{\sqrt{\xi^2+\eta^2}}{D/2}\right) = \begin{cases}1 & \text{离散孔内}\\ 0 & \text{离散孔外}\end{cases} \tag{5-2}$$

对式（5-1）的光瞳函数进行傅里叶变换，得到其像面复振幅分布为

$$E_N(x,y) = \text{FT}[P_N(\xi,\eta)] = \left(\frac{\pi D^2}{2\lambda f}\right)\left(\frac{J_1\left(\frac{\pi rD}{\lambda f}\right)}{\frac{\pi rD}{\lambda f}}\right)\left\{\sum_{m=1}^{N}\exp\left[-\mathrm{j}\frac{2\pi}{\lambda f}(x\xi_m+y\eta_m)\right]\right\} \tag{5-3}$$

式中：$r=\sqrt{\xi^2+\eta^2}$。

根据式（5-3）可进一步得到像面上的光强分布函数：

$$\begin{aligned}\text{PSF}_N(x,y) &= |\text{FT}[P_N(\xi,\eta)]|^2\\ &= \left(\frac{\pi D^2}{2\lambda f}\right)^2\left(\frac{J_1\left(\frac{\pi rD}{\lambda f}\right)}{\frac{\pi rD}{\lambda f}}\right)^2\left\{\sum_{m=1}^{N}\exp\left[-\mathrm{i}\frac{2\pi}{\lambda f}(x\xi_m+y\eta_m)\right]\right\}^2\\ &= \text{PSF}_{\text{sub}}(x,y)\left\{N+2\sum_{a=1}^{N-1}\sum_{b=a+1}^{N}\cos\left[\frac{2\pi x}{\lambda f}(\xi_a-\xi_b)+\frac{2\pi y}{\lambda f}(\eta_a-\eta_b)\right]\right\}\end{aligned} \tag{5-4}$$

式中：$(\xi_a-\xi_b)$ 和 $(\eta_a-\eta_b)$ 分别表示各离散孔中心位置坐标差。

由式（5-4）可知，光强分布由各离散孔的单孔衍射的强度叠加及各离散孔的两两相干叠加组成。

对式（5-4）进行傅里叶变换、取模，可以得到 MTF 的分布：

$$\begin{aligned}\text{MTF}_N(f_x,f_y) &= |\text{FT}[\text{PSF}_N(x,y)]|\\ &= N\cdot\text{MTF}_{\text{sub}}(f_x,f_y) + \text{MTF}_{\text{sub}}(f_x,f_y) * \sum_{a=1}^{N-1}\sum_{b=a-1}^{N}\end{aligned}$$

$$\delta\left(f_x \pm \frac{x_\xi - x_\eta}{\lambda f}, f_y \pm \frac{y_\xi - y_\eta}{\lambda f}\right) \tag{5-5}$$

其中，

$$\mathrm{MTF_{sub}}(f_x,f_y) = |\mathrm{OTF_{sub}}(f_x,f_y)| = \begin{cases} \dfrac{2}{\pi}\left[\arccos\left(\dfrac{\lambda f}{D}\rho\right) - \left(\dfrac{\lambda f}{D}\rho\right)\sqrt{1-\left(\dfrac{\lambda f}{D}\rho\right)^2}\right], & \rho \leqslant \dfrac{D}{\lambda f} \\ 0, & \rho > \dfrac{D}{\lambda f} \end{cases} \tag{5-6}$$

$\mathrm{MTF_{sub}}(f_x,f_y)$ 表示直径为 D 的单个圆孔径系统在无相位误差情况下的 MTF 分布。

由式（5－6）可知，由于 $\mathrm{OTF_{sub}}(f_x,f_y)$ 是实数，所以对其取模后的形式与式（4－41）一致。

式（5－5）即为用于多子镜共相位误差检测的夫琅禾费型干涉衍射系统的 MTF 分布，该式说明以下特性。

（1）MTF 分布是 N^2 个 MTF 旁瓣 $\mathrm{MTF_{sub}}$ 在空间频率域中的组合。

（2）其中的 N 个 $\mathrm{MTF_{sub}}$ 在中心频率为零的零频区域重叠，构成了 MTF 主峰，主峰峰值为共相位时的旁瓣峰值的 N 倍；其余的 $N(N-1)$ 个 $\mathrm{MTF_{sub}}$ 在主峰周围。

（3）每一对离散孔径产生一对 $\mathrm{MTF_{sub}}$，在其基线方向上关于主峰对称分布，每对 $\mathrm{MTF_{sub}}$ 位置主要由这两个离散孔的中心距和成像透镜的焦距决定。

（4）基线个数为 $N(N-1)/2$。

（5）旁瓣 $\mathrm{MTF_{sub}}$ 的直径 D_{Msub} 由离散孔的直径和成像透镜的焦距决定，即

$$D_{\mathrm{Msub}} = \frac{2D}{\lambda f} \tag{5-7}$$

如果式（5－5）的 MTF 旁瓣为非冗余分布，说明与其对应的 OTF 也呈非冗余分布，就可以获得与各子镜对应的 OTF 旁瓣，从而得到计算各子镜倾斜误差所需的 PTF 旁瓣以及计算 piston 误差所需的 MTF 旁瓣，从而实现全口径内共相位误差的并行同步检测。这就是共相位误差多路并行检测的原理。

5.2　离散孔径非冗余排列方法

由上述分析可知，能否实现共相位误差多路并行检测，关键在于 MTF 旁瓣是否呈非冗余分布。

图 5－1 给出了共相位时，4 个离散孔的 MTF 非冗余分布示例。其中，图（a）为 4 个离散孔的排列情况，图中的小圆表示离散孔，正六边形表示分块子镜。由图可知，做两两离散孔的中心连线，一共有 $N(N-1)/2=4(4-1)/2=6$ 条基线：L1，L2，L3，L4，L5，L6；4 个离散孔共构成了 6 对离散孔对：A－B，A－C，B－C，D－A，D－C，D－B；图（b）为根据式（5－5）得到的 MTF 分布，它由 $N(N-1)=4\times3=12$ 个旁瓣和一个主峰组成，主峰是由 4 个位于零频区域的旁瓣叠加而成的，其峰值为共相位时

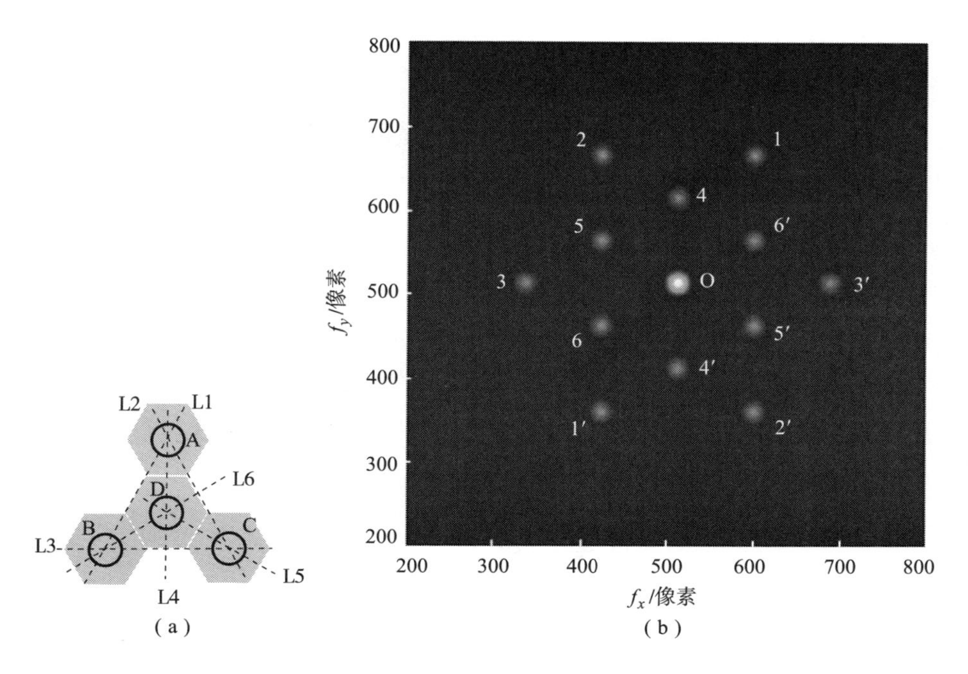

图 5－1　共相位时，4 个离散孔的 MTF 非冗余分布

（a）离散孔的排列；（b）MTF 分布

的 MTF 旁瓣峰值的 4 倍；每对离散孔对应一对 MTF 旁瓣：每对旁瓣沿各自的基线对称分布于 MTF 主峰的两侧，共形成了 6 对旁瓣，每对旁瓣的中心距由对应的离散孔中心距决定。表 5 – 1 给出了离散孔对、MTF 旁瓣对及其基线的对应关系。

表 5 – 1 四子镜系统离散孔对、MTF 旁瓣对及其基线的对应关系

离散孔对	A – B	A – C	B – C	D – A	D – C	D – B
MTF 旁瓣对	1 – 1′	2 – 2′	3 – 3′	4 – 4′	5 – 5′	6 – 6′
基线	L1	L2	L3	L4	L5	L6

5.2.1 排列规则

根据式（5 – 5）的多离散孔 MTF 模型和图 5 – 1 可知，离散孔的中心位置决定了 MTF 的分布，可通过改变各孔的位置，使 MTF 呈非冗余分布。为方便分析，把基线看成一个向量，包含方向和长度两个因素。从这种意义上讲，离散孔中心位置的改变可理解为基线向量的改变。下面从基线向量的方向和长度两个方面，分析离散孔排布应遵循何种规则，才可使 MTF 呈非冗余分布。

以最为典型的 JWST 主镜为例进行讨论，图 5 – 2 所示为在望远镜出瞳面处，分块主镜和离散孔光阑对应关系示意图。图（b）中的正六边形表示分块子镜，上面的数字为子镜的编号。在实际的望远镜系统中，编号为 0 的正六边形位置为空，以保证主镜反射的光可由此通过到达次镜进入望远镜成像系统。

5.2.1.1 离散孔排列在同一基线上

选取图 5 – 2（b）的中间一列子镜，将各离散孔的中心设置在瞳面上各子镜的中心位置，即各离散孔的基线在同一条直线上。根据式（5 – 5）得到图 5 – 3 所示的 MTF 分布。

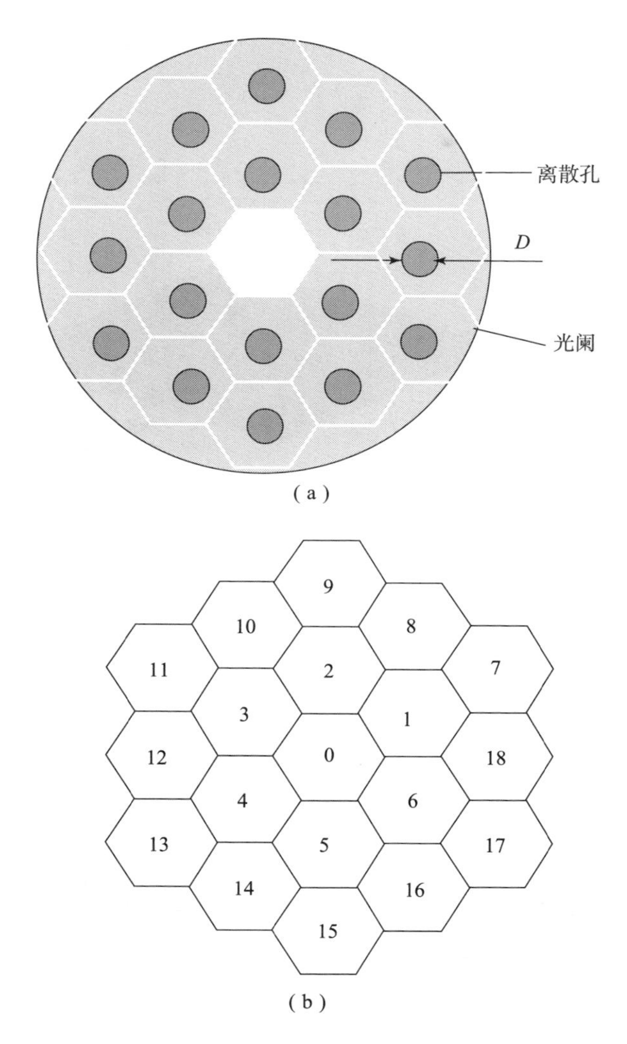

图 5-2　分块主镜和离散孔光阑对应关系示意图

(a) 离散孔结构光阑；(b) 分块主镜示意图

由图 5-3 的 MTF 分布可以看出，此时 MTF 存在 9 个峰，中心处为 MTF 主峰。由式（5-5）可知：

（1）1 号主峰，由 4 个 MTF_{sub}在零频区域叠加而成。

（2）2 号和 2′号旁瓣，由离散孔 a 和 b 形成的旁瓣与离散孔 c 和 d 形成的旁瓣完全重叠形成；这是由于孔 a 和 b 构成的基线向量与孔 c 和 d 构成的

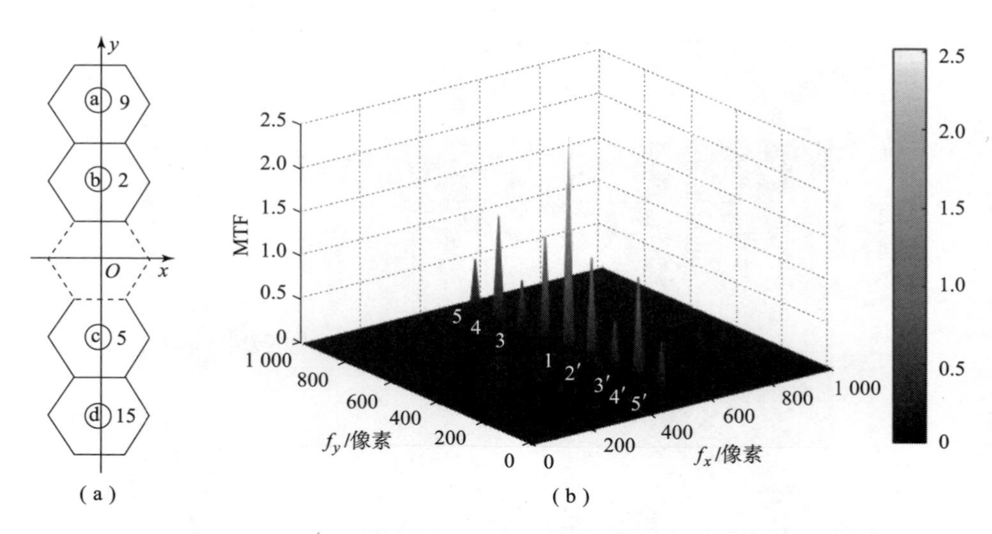

图 5-3 离散孔在同一条基线上等距排列形成的 MTF 分布

(a) 离散孔的排列；(b) MTF 分布

基线向量，它们的方向和大小完全相同造成的。

(3) 3 号和 3′号旁瓣，由离散孔 b 和 c 形成。

(4) 4 号和 4′号旁瓣，由离散孔 a 和 c 形成的旁瓣与离散孔 b 和 d 形成的旁瓣完全重叠形成；原因与 (2) 相同。

(5) 5 号和 5′号旁瓣，由离散孔 a 和 d 形成。

由上述分析可知，这是一种冗余分布，对应的 OTF 也呈冗余分布，使得分块子镜 2 和 9 之间的共相位误差信息与分块子镜 5 和 15 之间的共相位误差信息在空间频率域中发生重叠，此时无法根据 PTF 和 MTF 旁瓣进行共相位误差的准确计算。

为实现 MTF 非冗余排列，改变离散孔的中心位置，使各离散孔对所构成的基线长度不相等，再根据式 (5-5) 得到 MTF 分布，如图 5-4 所示。

由图 5-4 的 MTF 分布可以看出，MTF 存在 $N(N-1)=4\times3=12$ 个旁瓣、1 个主峰，为非冗余排列。根据式 (5-5) 可知：

(1) 1 号主峰，由 4 个 $\mathrm{MTF_{sub}}$ 在零频区域叠加而成。

(2) 2 号和 2′号旁瓣，由离散孔 c 和 d 形成。

(3) 3 号和 3′号旁瓣，由离散孔 a 和 b 形成。

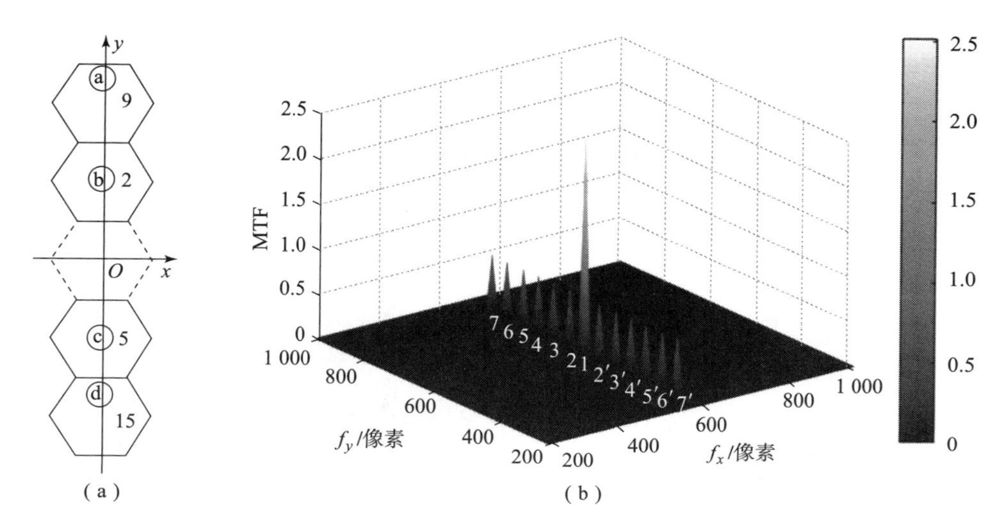

图 5-4　离散孔在同一条基线上不等距排列所形成的 MTF 分布

(a) 离散孔的排列；(b) MTF 分布

(4) 4 号和 4′号旁瓣，由离散孔 b 和 c 形成。

(5) 5 号和 5′号旁瓣，由离散孔 b 和 d 形成。

(6) 6 号和 6′号旁瓣，由离散孔 a 和 c 形成。

(7) 7 号和 7′号旁瓣，由离散孔 a 和 d 形成。

这种 MTF 的非冗余分布，对应的 OTF 也呈非冗余分布，使得各分块子镜间的共相位误差信息在空间频率域中互不混叠，可从各 PTF 和 MTF 旁瓣中提取 tip - tilt 误差和 piston 误差信息，实现图中 4 个子镜的共相位误差的同步检测。

对应图 5-4 (a) 的离散孔径的排列方式，只给分块子镜 5 引入 piston 误差，可得到如图 5-5 所示的 MTF 分布。由图可知，2 号和 2′号旁瓣、4 号和 4′号旁瓣、6 号和 6′号旁瓣的峰值降低，而其他旁瓣峰值保持不变。

在实际测量中，可能有数个分块子镜同时存在 piston 误差，在确定的离散孔位置的情况下，旁瓣峰值与离散孔之间的对应关系是确定的。根据此对应关系，可判断计算得到的 tip - tilt 误差和 piston 误差对应到哪一个分块子镜上。

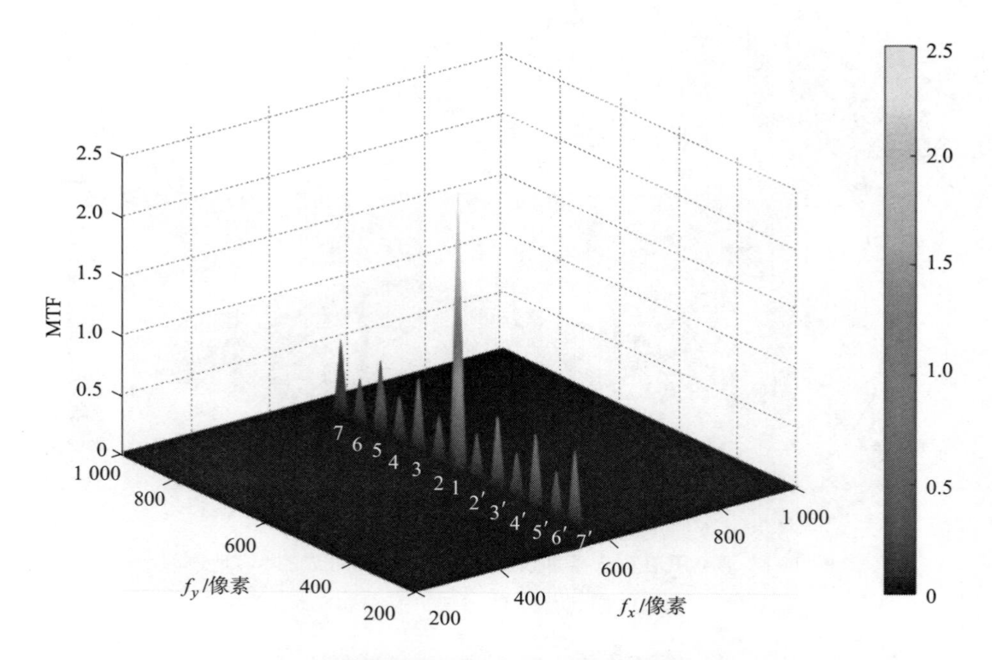

图 5－5 分块子镜 5 存在 piston 误差时的 MTF 分布

因此，当离散孔排列在同一条基线上时，必须保证两两构成的基线长度不相等（即具有不同基线向量），才可获得 MTF 或 OTF 旁瓣的非冗余分布。

5.2.1.2 离散孔排列在不同基线上

1. 基线相互平行的情况

选取图 5－2（b）中相邻的 4 块子镜，分块子镜编号为 2、3、9、10，它们与离散孔的相对位置分布如图 5－6（a）所示。其中，分块子镜 2 为参考子镜，固定不动，分块子镜 3、9 和 10 为被测子镜，可进行位姿调整；将各个离散孔的中心设置在对应的正六边形子镜的中心位置；根据式（5－5）得到如图 5－6（b）所示的 MTF 分布。

由图 5－6 的 MTF 分布可以看出，此时 MTF 只有 9 个峰，中心处为 MTF 主峰，属于冗余分布。由式（5－5）可知：

（1）1 号主峰，由 4 个 MTF_{sub} 在零频区域叠加形成。

（2）2 号和 2′号旁瓣，由离散孔 a 和 b 形成的旁瓣与离散孔 e 和 i 形成

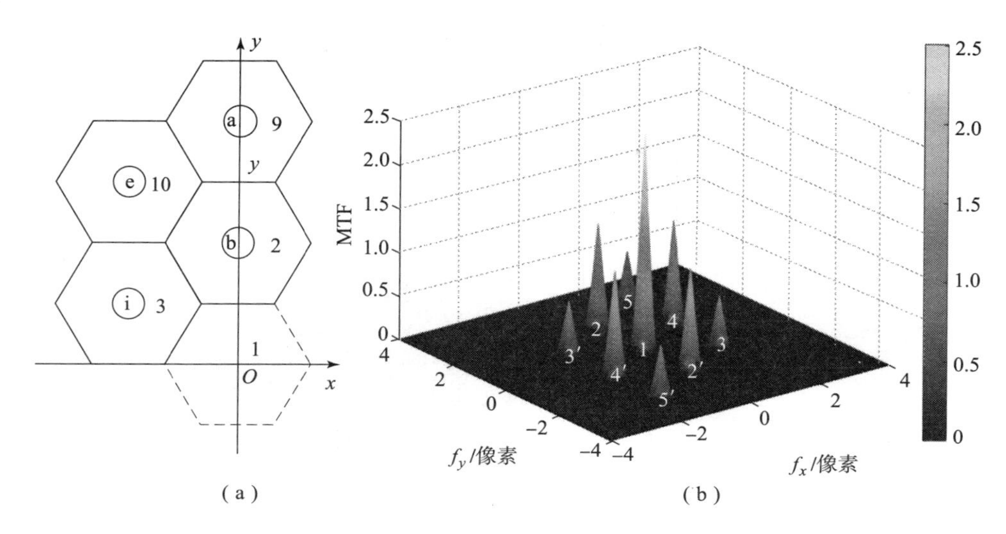

图5-6　离散孔不排列在同一条直线上、但存在基线向量相同的情况

(a) 离散孔的排列；(b) MTF分布

的旁瓣重合叠加而成。

(3) 3号和3′号旁瓣，由离散孔a和i形成。

(4) 4号和4′号旁瓣，由离散孔a和e形成的旁瓣与离散孔b和i形成的旁瓣重合叠加而成。

(5) 5号和5′号旁瓣，由离散孔b和e形成。

发生冗余分布的原因：离散孔a和b构成的基线向量和离散孔e和i构成的基线向量方向相同、长度相等，它们对应于空间频率域的同一个方向、且频移量相等。为避免这种冗余分布的情况，在基线相互平行时，应避免基线的长度相等，以确保各基线向量不同。

2. 基线相互不平行的情况

图5-7所示是4个离散孔构成的基线不相互平行的情况。确定了离散孔a、b、e、i的中心位置，使构成的6条基线的方向及长度均不一样，根据其中心位置坐标，根据式(5-5)可得如图5-7(b)所示的MTF分布。

由图5-7可知，MTF存在13个峰，为非冗余排列。由式(5-5)可知：

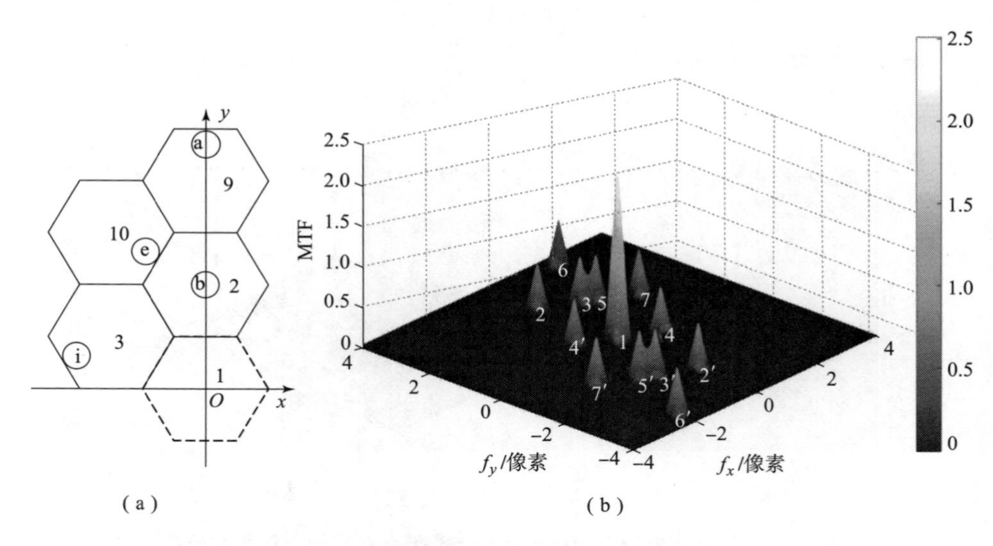

图 5-7 光阑孔非冗余排列及所形成的 MTF 分布

(a) 光阑孔设置；(b) MTF 分布

(1) 1 号主峰，由 4 个 MTF_{sub} 在零频区域叠加形成。

(2) 2 号和 2′号旁瓣及离散孔 a 和 b 形成。

(3) 3 号和 3′号旁瓣，由离散孔 a 和 e 形成。

(4) 4 号和 4′号旁瓣，由离散孔 b 和 e 形成。

(5) 5 号和 5′号旁瓣，由离散孔 e 和 i 形成。

(6) 6 号和 6′号旁瓣，由离散孔 a 和 i 形成。

(7) 7 号和 7′号旁瓣，由离散孔 b 和 i 形成。

5.2.1.3 相邻 MTF 旁瓣可分辨的条件

观察图 5-7 不难发现，MTF 旁瓣的分布与前面几种情况不太一样，图 5-7 中的 MTF 旁瓣有部分重叠的现象，但这种重叠依然可以清晰分辨两个旁瓣的中心峰，并未使其中心峰值发生改变。仍然可以根据第 4 章给出的根据 MTF 旁瓣中心幅值与 piston 误差的关系，计算 piston 误差。

一般来讲，光瞳尺寸不可能无限增大，随着子镜数量的增多，在有限的光瞳尺寸内需要排列离散孔的数量也增多，这势必会造成旁瓣的部分重叠。

那么，需要满足什么条件，才可使部分重叠不影响 MTF 旁瓣中心的幅值？以图 5－8 为例，展开讨论。

确定了图 5－8（a）中的离散孔 a、e、i 的中心位置，即可根据式（5－5）得到图 5－8（b）所示的 MTF 分布。由图（b）可以看出，MTF 存在两对靠得比较近的旁瓣，分别是离散孔 a 和 e 形成的一对 2 和 2′号旁瓣以及离散孔 e 和 i 形成的 3 和 3′号旁瓣，这两对旁瓣发生部分重叠。

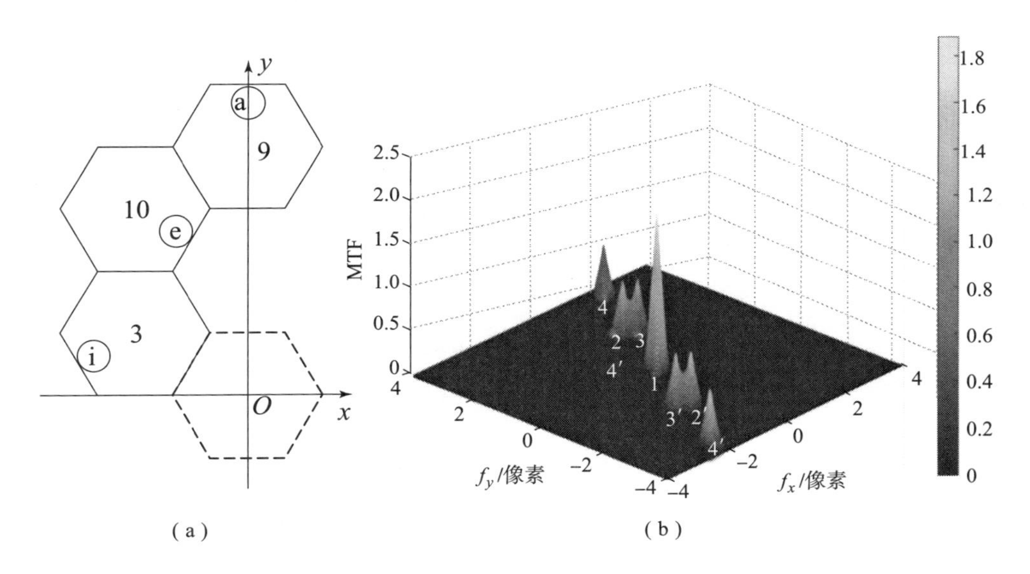

图 5－8　使 MTF 旁瓣部分重叠的离散孔排列

（a）光阑孔设置；（b）MTF 分布

MTF 分布的 2 号、3 号、4 号旁瓣的三维分布如图 5－9 所示，2 号、3 号是部分重叠的状态，4 号是独立分布的状态。由式（5－5）可知，每个独立的 MTF 旁瓣都是在一定圆域内的函数，从中心位置沿着各个方向的变化趋势完全一致，而且理论上其极大值在圆域的中心位置。因此，可由旁瓣中心截面上的幅值变化，以及两旁瓣的中心距和旁瓣半径的关系来确定可分辨 MTF 旁瓣的条件。

图 5－10 给出了两个相邻 MTF 旁瓣中心界面幅值轮廓，研究其从刚刚相切到完全重叠的过程中其合成旁瓣的幅值变化。其中，图（a）为即将重叠的临界状态，并排的左右两条曲线表示两个 MTF 旁瓣。因为离散孔的直

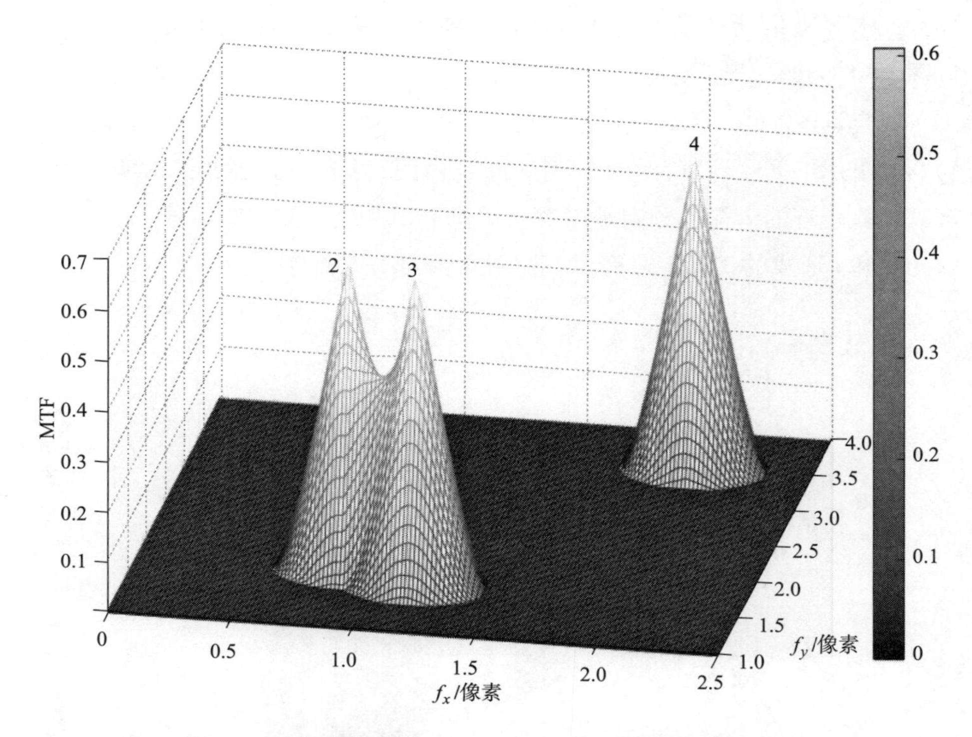

图 5-9　MTF 分布的 2 号、3 号、4 号旁瓣的三维分布图

径相等，所以每个 MTF 旁瓣在空间频率域的直径相等，并且由式（5-7）决定，表示为 $D_{\mathrm{Msub}} = 2D/\lambda f$；用 b 表示两个 MTF 旁瓣的中心频率的差，可以理解为两个 MTF 旁瓣的中心距。

（1）图（a）对应两个旁瓣正好没有重叠的情况，两个旁瓣的中心距 b 等于旁瓣的直径，即 $b = D_{\mathrm{Msub}}$。

（2）图（b）对应两个旁瓣中心距逐渐减小，使两个旁瓣重叠部分逐渐增多的情况，此时旁瓣中心距与旁瓣直径满足关系 $\frac{D_{\mathrm{Msub}}}{2} < b < D_{\mathrm{Msub}}$，这种程度的重叠并不影响两个旁瓣的中心幅值。

（3）图（c）对应两个旁瓣中心距减小到旁瓣半径时的情况，即 $b = D_{\mathrm{Msub}}/2$；从理论上说，合成旁瓣对两旁瓣中心的幅值没有影响，但在实际应用中，这种情况给两个旁瓣的中心位置的确定带来了一定的困扰。

（4）图（d）对应两个旁瓣中心距小于旁瓣半径时的情况，即 $0 < b <$

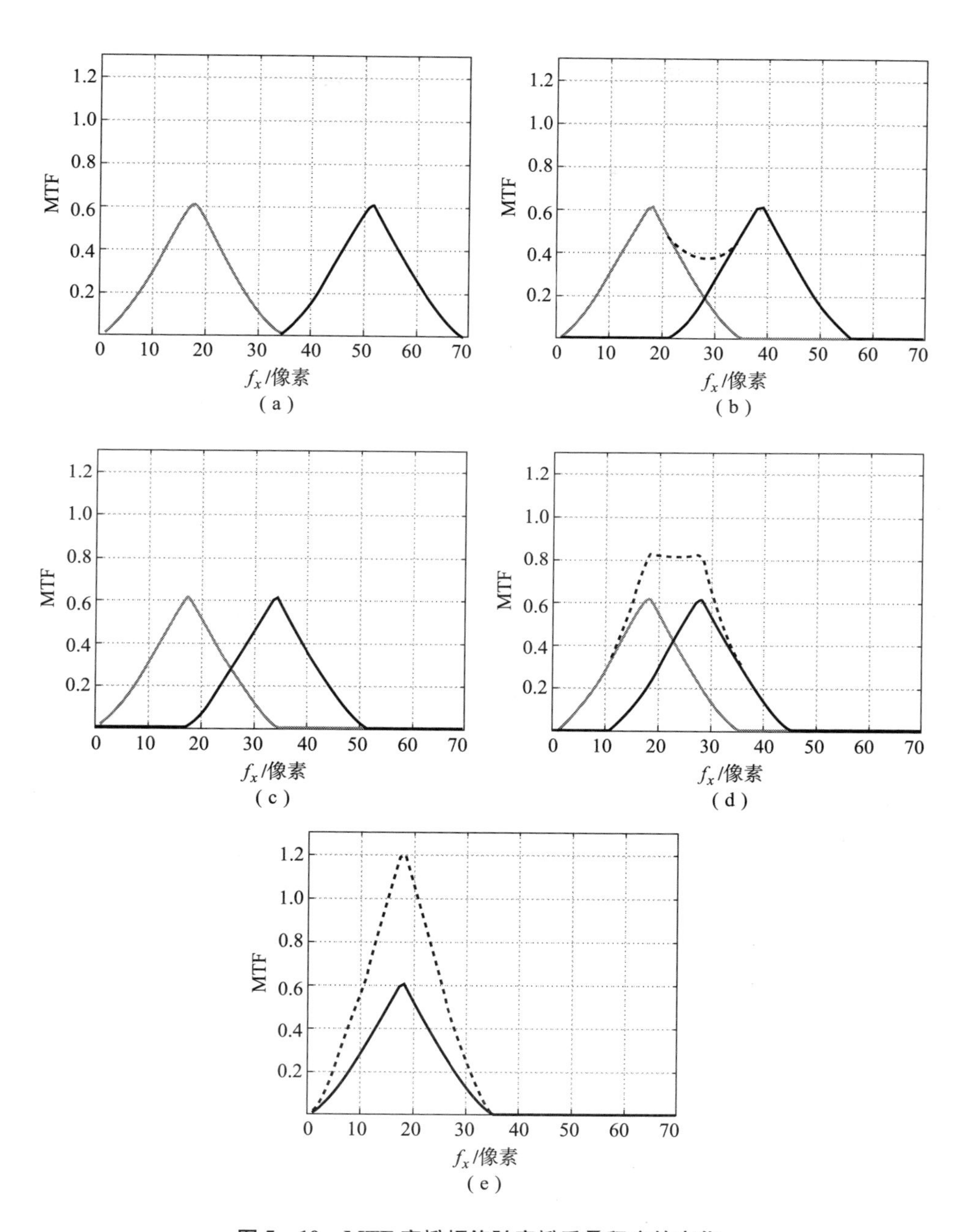

图 5-10　MTF 旁瓣幅值随旁瓣重叠程度的变化

(a) $b=D_{\mathrm{Msub}}$；(b) $(D_{\mathrm{Msub}}/2)<b<D_{\mathrm{Msub}}$；(c) $b=D_{\mathrm{Msub}}/2$；(d) $0<b<D_{\mathrm{Msub}}/2$；(e) $b=0$

$D_{Msub}/2$；此时，已无法分辨两个旁瓣，极值也无法确定，直至两个旁瓣完全重时才会有明显的峰值出现。

（5）图（e）对应两个旁瓣中心距为零的情况，即 $b=0$；此时两个旁瓣完全重叠，合成峰的峰值明显大于旁瓣未重合时的峰值，且旁瓣个数由两个变为一个，此时对应冗余分布状态。

由上述分析可以得到结论，当满足

$$b > \frac{D_{Msub}}{2} \tag{5-8}$$

时，两相邻 MTF 旁瓣的部分重叠对其中心幅值无影响，MTF 旁瓣可以分辨，仍然可以根据 MTF 旁瓣幅值与 piston 误差的函数关系实现 piston 误差的检测。

综上所述，给出离散孔非冗余排列规则。为了实现 MTF 旁瓣的非冗余分布，离散孔的排列应满足：参考孔和被测孔之间的主基线向量不同，且 MTF 旁瓣不重叠或 MTF 旁瓣的部分重叠不影响旁瓣中心幅值。

5.2.2 非冗余排列设计方法

由式（5-5）可知，MTF 分布随离散孔中心位置的变化而变化。系统的瞳面尺寸确定以后，离散孔排列的方案或称为结构模型的数量随着分块子镜数量的增加而增加，但其中可以使 MTF 旁瓣非冗余分布的模型数量将减少，仅仅依靠上述给出的离散孔非冗余排列规则，很难快速确定哪个结构模型是可行的。因此，有必要研究一种方法，可以有效地从这些大量的模型中挑选出能够使 MTF 旁瓣非冗余分布的那一个。该方法的思路：根据离散孔 MTF 分布的理论模型，研究确定用于离散孔排布的限制条件和约束条件，其中，限制条件作为随机产生离散孔排列模型的条件，有效提高随机搜索的速度；约束条件用于判断随机产生的模型是否可使 MTF 呈非冗余分布。下面分别从离散孔结构模型的生成和判断这两个方面进行阐述。

5.2.2.1 随机结构模型的产生

可以说，瞳面上每一点都是离散孔中心的可选位置。由于分块镜系统的出瞳面是一个连续平面，在连续平面内通过改变光阑孔位置寻找可使 MTF 非冗余分布的离散孔结构，这一过程会耗费大量时间。因此，可将瞳面进行离散化处理，这样可大大缩减离散孔结构模型的数量。但是，随着子孔径数量的增加，离散孔结构模型的数量是以指数方式增长的，采用穷举的方式对整个离散孔径结构模型空间进行搜索仍然是不现实的，一般会采用随机搜索的方式来进行，并对随机搜索范围进行一定的限制，提高搜索效率。

对瞳面进行离散化的方法，一般是采用各种形式的网格来实现。离散孔的中心位置只需在不同的网格节点上选择，而不是在瞳面内逐点尝试。常见的三种网格类型有正三角形网格、正方形网格和正六边形网格，如图 5－11 所示，网格的基本单元分别是正三角形、正方形和正六边形。它们的边长一般可取为离散孔的直径，孔中心只能设置在网格节点处，在三种网格上调整离散孔的位置，可以得到不同的离散孔排布结构。相比其他两种网格类型，正三角形网格更容易细化，可把正三角形的边长取为离散孔的半径。

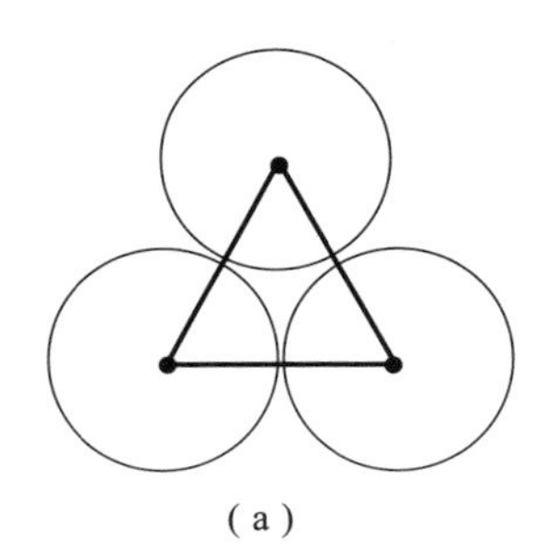
(a)

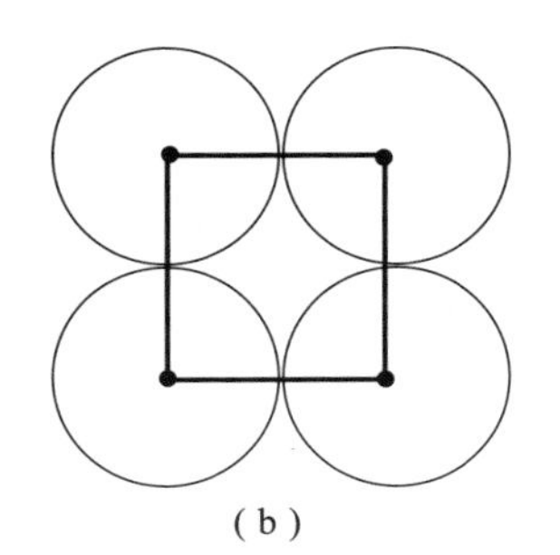
(b)

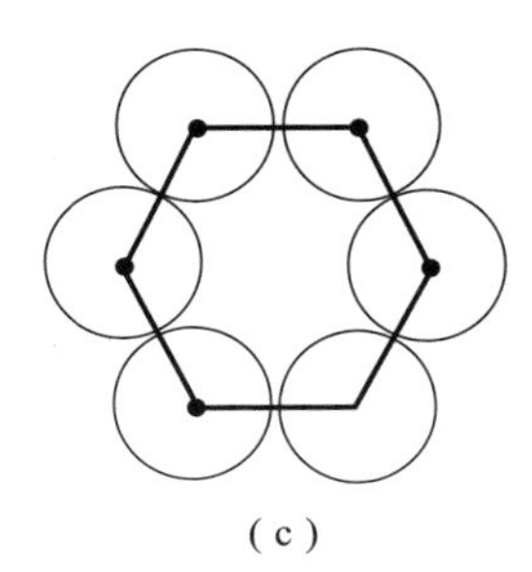
(c)

图 5－11　常见的三种网格类型

(a) 正三角形网格；(b) 正方形网格 (c) 正六边形网格

细化后的正三角形网格有两个优点：

(1) 可以表示孔中心距为 D、$1.5D$ 和 $2D$ 的情况。

(2) 正方形和正六边形网格均可用正三角形网格来描述，如图 5－12 所示。这样只需在一种网格中对离散孔结构进行优化调整。

因此，在对离散孔结构进行设计时，采用细化的正三角形网格对连续瞳面进行离散化处理。三角形网格的任意顶点作为离散孔中心的可能位置，网格的边长与离散孔的直径有关。

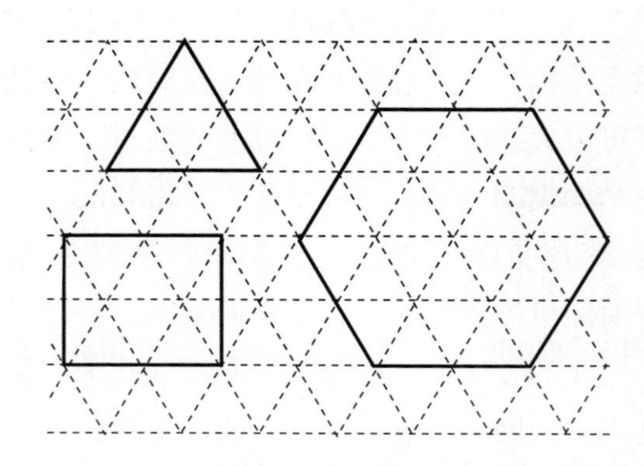

图 5－12　细化后的网格包含三种常用网格类型的示意图

以三子镜系统为例，将三个离散孔的中心分别设置在正三角形的顶点，离散孔中心距可表示为

$$r = \sqrt{(\Delta\xi)^2 + (\Delta\eta)^2} \tag{5-9}$$

式中：$\Delta\xi$、$\Delta\eta$ 为离散孔中心的位置坐标差。

在空间频率域中，MTF 主峰和旁瓣的中心距为

$$r_f = \frac{r}{\lambda f} = \frac{\sqrt{(\Delta\xi)^2 + (\Delta\eta)^2}}{\lambda f} \tag{5-10}$$

根据式（5－5）的离散孔 MTF 分布的理论模型，不同的离散孔中心距对应的离散孔排列及其对应的 MTF 分布如图 5－13 所示。

（1）图（a）为离散孔中心距等于离散孔直径即 $b = D$ 的情况，对应的 MTF 主峰和旁瓣的中心距为

$$r_f = \frac{r}{\lambda f} = \frac{\sqrt{(\Delta x_0)^2 + (\Delta y_0)^2}}{\lambda f} = \frac{D}{\lambda f}$$

此时，MTF 的旁瓣与主峰有部分重叠，旁瓣的中心恰好处于主峰的边缘，虽然旁瓣中心的幅值没受影响，但不容易分辨。为使 MTF 旁瓣与主峰之间没有重叠部分，需要旁瓣与主峰完全分开，如图 5－13（c）所示。

（2）图（c）为离散孔中心距 $r = 2D$ 的情况，对应的 MTF 主峰和旁瓣的中心距为

$$r_f = \frac{r}{\lambda f} = \frac{\sqrt{(\Delta\xi)^2 + (\Delta\eta)^2}}{\lambda f} = \frac{2D}{\lambda f}$$

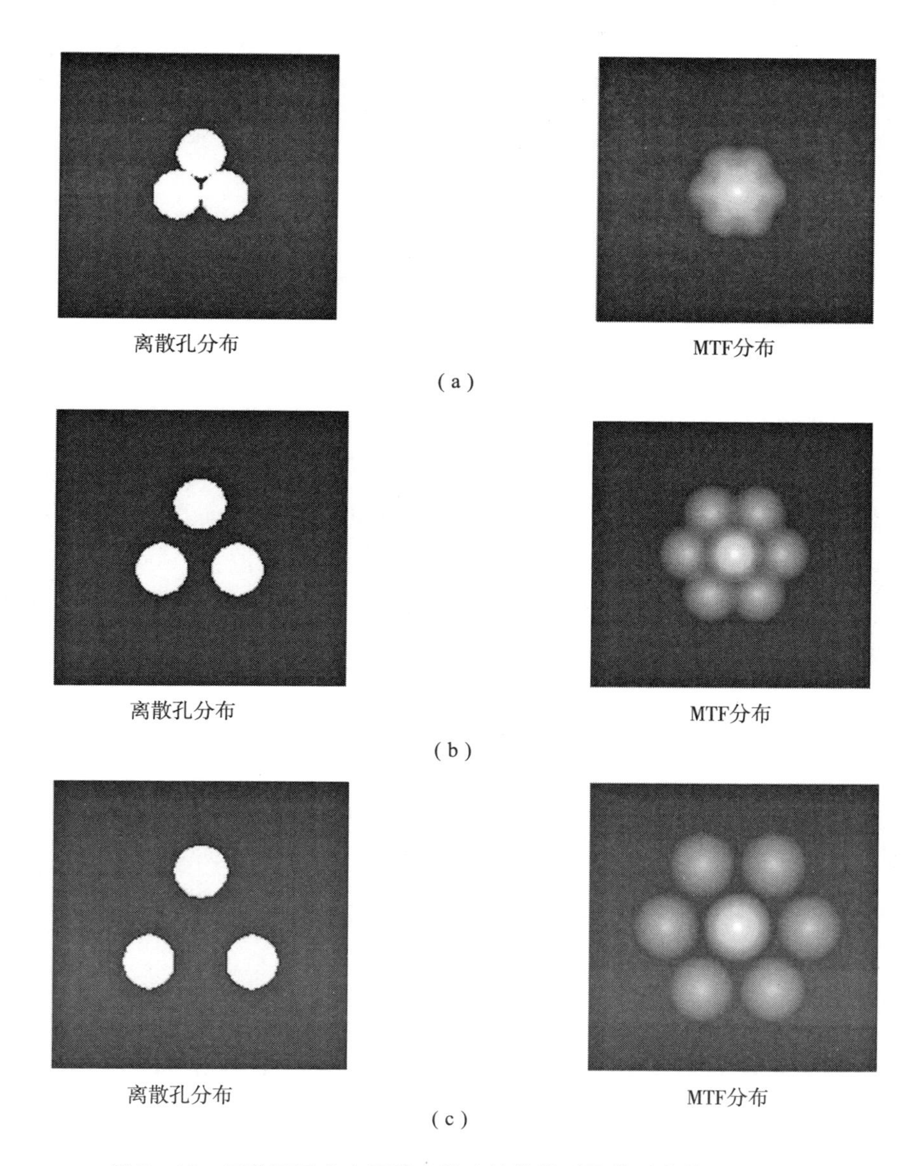

图 5－13　三种不同中心距的离散孔结构模型及其对应的 MTF 分布

(a) $r = D$ 的情况；(b) $r = 1.5D$ 的情况；(c) $r = 2D$ 的情况

MTF 旁瓣与主峰刚好完全分开，所以当 $r \geqslant 2D$ 时，MTF 的旁瓣与主峰能完全分开。

但是，随着子镜数目的增加，能使 MTF 呈非冗余分布的离散孔结构模型的数目就越少，即能满足 $r \geqslant 2D$ 的排列结构越少，为了能同时检测更多子镜，离散孔中心距 $r > D$ 即可，如图 5－13（b）所示的情况。图（b）为离散孔中心距 $r = 1.5D$ 的情况，对应的 MTF 主峰和旁瓣的中心距为

$$r_f = \frac{r}{\lambda f} = \frac{\sqrt{(\Delta\xi)^2 + (\Delta\eta)^2}}{\lambda f} = \frac{1.5D}{\lambda f}$$

此时 MTF 旁瓣与主峰虽然有部分重叠，但并不影响旁瓣中心幅值，且中心幅值也容易获得。

因此，用于离散化瞳面的正三角形网格结构的边长设定为 $0.5D$，以便可以方便表述离散孔中心距为 $1.5D$、$2D$、$2.5D$ 等的情况。

通过上述讨论，确定随机产生离散孔结构模型的限制条件：用边长等于离散孔半径的正三角形网格对瞳面进行离散化处理，在每个分块子镜对应的区域内，只能随机选择一个顶点作为离散孔中心的可能位置。

在限制条件的约束下随机产生的离散孔结构模型并不一定能使对应的 MTF 呈非冗余分布，因此还需要对随机模型进行筛选。

5.2.2.2 随机结构模型的筛选

根据式（5－5）的 MTF 分布的理论模型和离散孔非冗余排列规则，从主基线是否平行以及主基线与次基线之间的关系入手研究约束条件，对随机模型进行筛选。仍以三子镜系统为例进行讨论。

1. 基线方向相同、但长度不同的情况

如图 5－14（a）所示，其中，离散孔 O 为参考孔，对应于参考分块子镜；离散孔 A 和 B 为被测孔，对应于被测子镜；$O-A$ 和 $O-B$ 为两条主基线，两条主基线的长度差为

$$\Delta L = L_{OA} - L_{OB} \tag{5-11}$$

式中：L_{OA}、L_{OB} 分别为主基线 $O-A$ 和 $O-B$ 的长度。

图 5－14 中的 MTF 旁瓣 1 和 1′是由离散孔 A 和 O 产生的、旁瓣 2 和 2′由离散孔 B 和 O 产生；旁瓣 1 和 1′的中心距为

$$L_{OA_f} = \frac{2L_{OA}}{\lambda f} = \frac{\sqrt{(\Delta\xi_1)^2 + (\Delta\eta_1)^2}}{\lambda f} \tag{5-12}$$

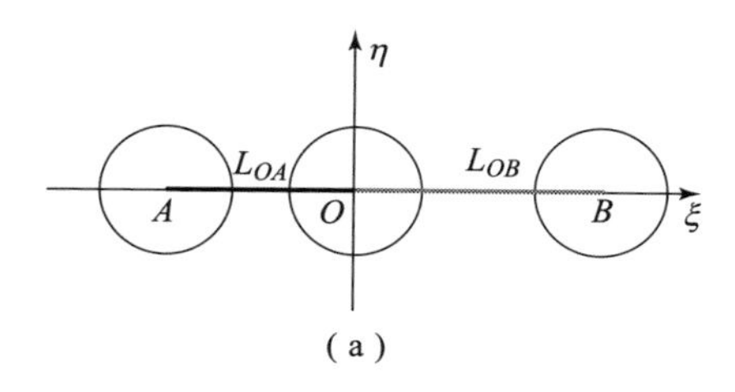

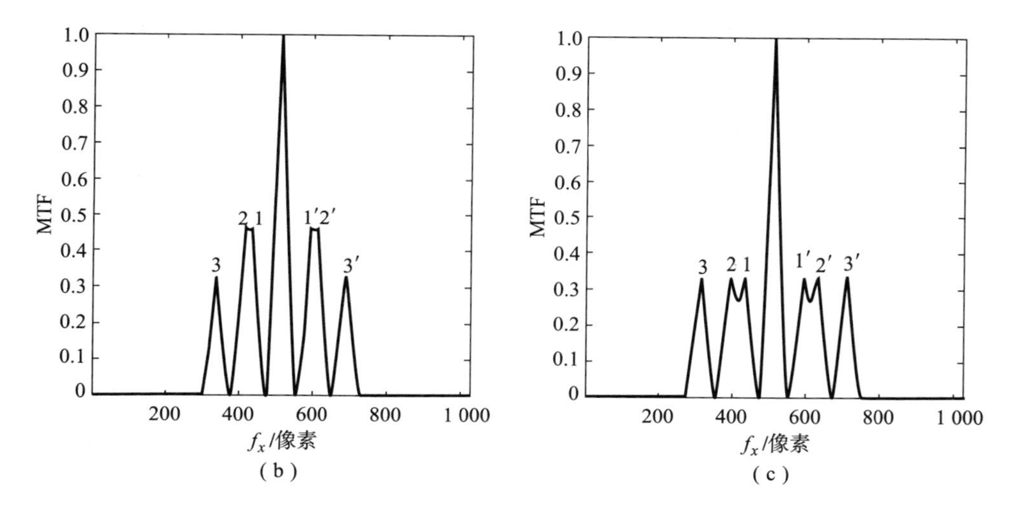

图5－14　离散孔分布在同一基线方向上，MTF在不同主基线长度差下的分布

（a）离散孔分布在同一基线方向上、但基线长度不等；

（b）$\Delta L<D$ 时的MTF分布；（c）$\Delta L\geqslant D$ 时的MTF分布

式中：$\Delta\xi_1$，$\Delta\eta_1$ 分别为参考孔 O 和被测孔 A 的孔中心位置坐标差。

旁瓣2和2′的中心距为

$$L_{OB_f}=\frac{2L_{OB}}{\lambda f}=\frac{\sqrt{(\Delta\xi_2)^2+(\Delta\eta_2)^2}}{\lambda f}\tag{5-13}$$

式中：$\Delta\xi_2$，$\Delta\eta_2$ 分别为参考孔 O 和被测孔 B 的孔中心位置坐标差。

根据式（5－12）和式（5－13）可得旁瓣1和2或旁瓣1′和2′的中心距为

$$\Delta L_f=\frac{|L_{OA_f}-L_{OB_f}|}{2}\tag{5-14}$$

（1）对应图5－14（b）$\Delta L<D$ 的情况，由式（5－12）~式（5－14）

可知，此时 $\Delta L_f < D/\lambda f$，使得基线方向上的 MTF 旁瓣 1 和 2、以及旁瓣 1′和 2′发生部分重叠，并且这种重叠影响到了旁瓣中心幅值。

（2）对应图 5－14（c）的 $\Delta L \geqslant D$ 的情况，同样可知，此时 $\Delta L_f \geqslant D/\lambda f$，可以看到 6 个旁瓣虽然有部分重叠，但其中心幅值均未受影响。

综上所述，当离散孔的排列方式造成主基线平行时，为获得 MTF 的非冗余分布，需满足

$$\Delta L_f \geqslant \frac{D}{\lambda f} \tag{5-15}$$

这一关系对应空间域中的主基线长度差应满足

$$\Delta L = |L_{OA} - L_{OB}| = \left|\sqrt{(\Delta\xi_1)^2 + (\Delta\eta_1)^2} - \sqrt{(\Delta\xi_2)^2 + (\Delta\eta_2)^2}\right| \geqslant D \tag{5-16}$$

另外还注意到，图 5－14（a）中的次基线 $A-B$ 也平行于主基线，离散孔 A 和 B 产生的旁瓣对为 3 和 3′，如图 5－14（b）和（c）所示。为避免旁瓣 1 和 1′、旁瓣 2 和 2′受到旁瓣 3 和 3′的影响，旁瓣 1 和 3、旁瓣 1′和 3′、旁瓣 2 和 3、旁瓣 2′和旁瓣 3′之间的中心距应满足式（5－15）。因此，沿同一方向上的任何主基线和次基线之间的长度差也应大于 D。

2. 主基线方向不同的情况

当主基线不相互平行时，意味着主基线具有不同的方向，如图 5－15（a）和（b）所示。如果离散孔 A 和 B 的中心距等于离散孔直径，由上述分析可知，被测离散孔的位置处于临界位置，对应的主基线 $O-A$ 和 $O-B$ 之间的夹角的临界值为

$$\theta_0 = \arccos\left(\frac{L_{OA}{}^2 + L_{OB}{}^2 - D^2}{2L_{OA}L_{OB}}\right) \tag{5-17}$$

当 $\Delta L \geqslant D$ 时，沿主基线 $O-A$ 和 $O-B$ 上分布的 MTF 旁瓣的中心距大于等于 $D/\lambda f$。在这种情况下，无论两条主基线之间的角度 θ 取多少，旁瓣的中心幅值都不会受影响。

根据式（5－5），当 $\Delta L < D$ 时，有以下几种情况：

（1）如果 $\theta < \theta_0$，如图 5－15（c）所示，沿着两条主基线 $O-A$ 和 $O-B$ 上分布的 MTF 旁瓣 1 和 1′、旁瓣 2 和 2′发生部分重叠，且影响到旁瓣中心幅值。

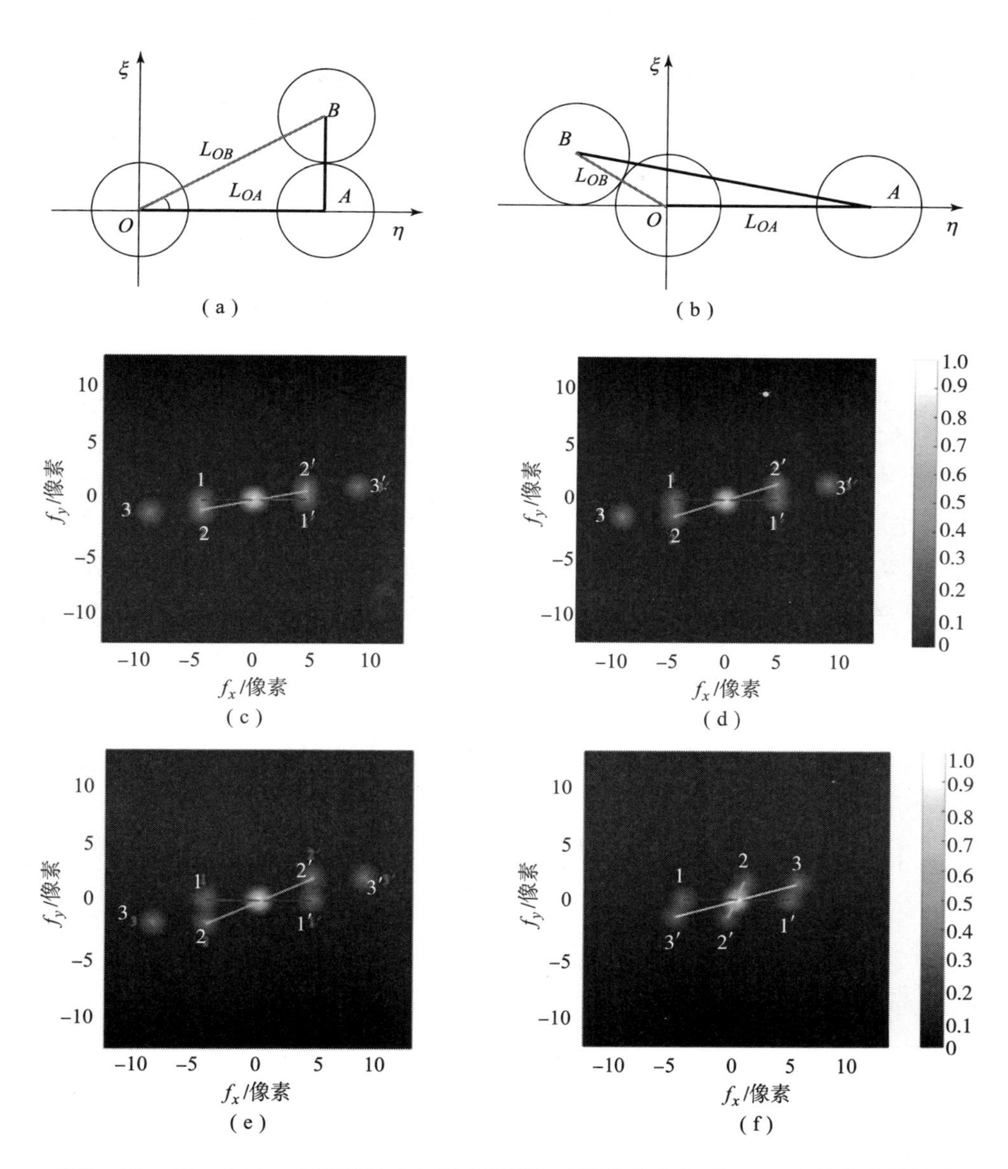

图 5－15　$\Delta L<D$ 时，主基线的夹角及主基线与次基线的夹角对 MTF 旁瓣分布的影响

(a) $\Delta L<D$；(b) $\Delta L<D$；(c) $\theta<\theta_0$ 时的 MTF 分布；(d) $\theta=\theta_0$ 时的 MTF 分布；

(e) $\theta>\theta_0$ 时的 MTF 分布；(f) $\theta'=\theta'_0$ 时的 MTF 分布

(2) 如果 $\theta=\theta_0$，如图 5－15 (d) 所示，MTF 分布处于临界状态，6 个 MTF 旁瓣沿基线对称分布在中心峰的两侧，旁瓣中心很容易识别。

（3）如果 $\theta > \theta_0$，如图 5 - 15（e）所示，MTF 的 6 个旁瓣完全分开，呈非冗余分布。

另外，当次基线与主基线不平行时，次基线上的 MTF 旁瓣有可能与主基线上的 MTF 旁瓣重叠，影响旁瓣中心幅值。如图 5 - 15（b）所示，当参考孔 O 和被测孔 B 之间的中心距离等于 D 时，主基线 $O-A$ 和次基线 $A-B$ 就处于临界状态。根据几何关系，可求得主基线 $O-A$ 和 $O-B$ 之间的夹角的临界值 θ'_0：

$$\theta'_0 = \arccos\left(\frac{L_{OA}{}^2 + L_{AB}{}^2 - D^2}{2L_{OA}L_{AB}}\right) \tag{5-18}$$

当主基线 $O-A$ 和 $A-B$ 的长度差大于 D 时，次基线与主基线之间的角度 θ' 不会造成主基线上 MTF 旁瓣的中心幅值受影响的情况发生。如果长度差小于 D，相应的 MTF 分布如图 5 - 15（f）所示，当 $\theta' < \theta'_0$ 时，由离散孔 A 和 B 产生的 MTF 旁瓣 3 和 3′，将影响沿主基线 $O-A$ 上分布的 MTF 旁瓣 1 和 1′的中心。为避免这种情况的发生，主基线 $O-A$ 和次基线 $A-B$ 之间的夹角应满足关系 $\theta' > \theta'_0$。

综上所述，得到对随机模型进行筛选的约束条件，由随机搜索方法生成的离散孔结构模型应满足以下情况。

（1）对于任何一对主基线，它们之间的长度差应大于 D 或它们之间的夹角大于 θ_0。

（2）对于任何一对主基线和次基线，它们之间的长度差应大于 D 或它们之间的夹角大于 θ'_0。

满足上述条件，即可得到可行的离散孔结构光阑，它可使在主基线上的 MTF 旁瓣呈非冗余分布。如果将离散孔中心位置坐标代入式（5 - 5），可直接得到此时的 MTF 分布，对离散孔的排列进行验证。

5.2.2.3 离散孔非冗余排列设计流程

通过以上分析，给出离散孔结构设计流程。

（1）根据分块主镜的结构确定系统出瞳面上离散孔的分布范围。

（2）用正三角形网格对出瞳面进行离散化处理，确定参考孔和被测孔，然后设置随机实验次数。

（3）根据产生离散孔排布的随机结构模型的限制条件，在每个子镜对应的范围内随机选择一个网格点作为离散孔中心的可能位置。

（4）根据约束条件筛选随机生成的结构模型，保存符合约束条件的模型，进入下一步，否则放弃该模型，返回步骤（3）。

（5）根据式（5－5），计算保存的结构模型的MTF分布，对其分布的非冗余性进行验证，返回步骤（3）。

（6）重复步骤（3）~（5），直至随机试验完成。

5.3 仿真验证

以JWST主镜为模型，将上述非冗余排列设计方法用于6子镜和18子镜拼接系统，如果得以验证，就预示着多路共相位误差同步检测的可能性。

图5－16所示为6子镜和18子镜拼接主镜示意图，分块子镜为正六边形，上面的数字为子镜编号，选择2号子镜为参考镜，其余的为被测镜。

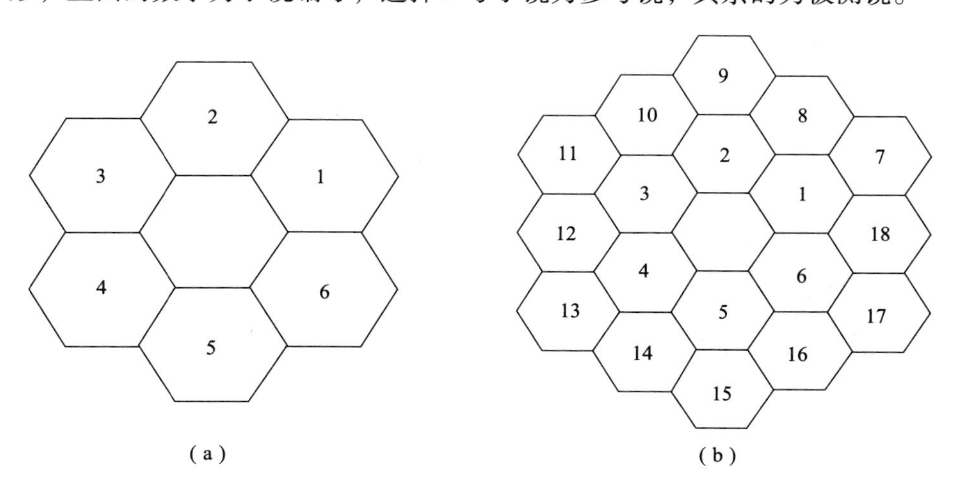

图5－16 分块主镜示意图

（a）6子镜拼接主镜；（b）18子镜拼接主镜

首先采用正三角形网格对瞳面进行离散化处理，在瞳面上的每一个分块子镜对应的区域内，随机选择一个网格点作为离散孔中心位置，设置了10 000 次的实验，产生随机的离散孔结构模型。按照上述设计流程编制算法，对离散孔结构进行设计，将满足约束条件的结构模型参数代入式（5-5），得到其 MTF 分布，根据主基线上的 MTF 旁瓣个数、旁瓣中心幅值对其非冗余分布进行验证。

对于 6 子镜和 18 子镜系统，分别经过 10 次和 40 次迭代出现了可使 MTF 呈非冗余分布的离散孔排列结构；经过 10 000 次随机实验，对于 6 子镜和 18 子镜系统，均获得了数百组符合限制条件的结构模型。

图 5-17 和图 5-18 给出了两组针对 6 子镜系统设计的离散孔排列结

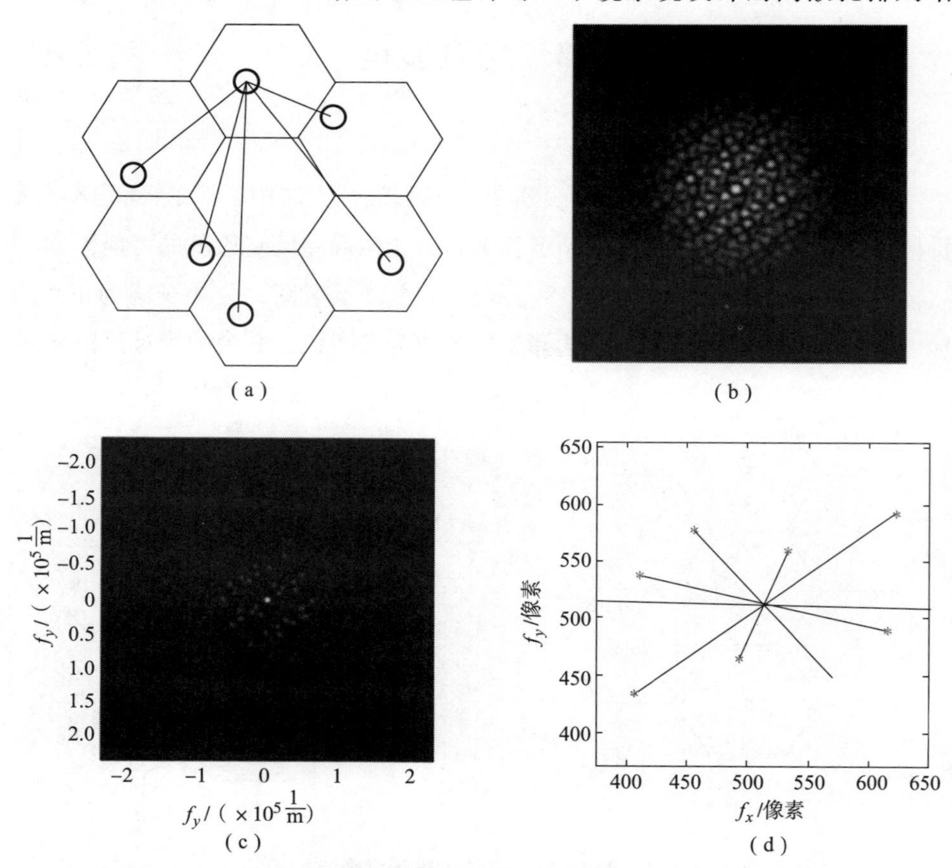

图 5-17　6 子镜系统的离散孔排布结构设计结果 1 及其 PSF 和 MTF 分布

（a）离散孔排布结构设计结果；（b）图（a）的 PSF 分布；（c）MTF 分布；（d）MTF 旁瓣的位置标记

果，如其中的图（a）所示，图中的小圆代表设计的离散孔的分布，连接小圆孔中心的直线代表各被测孔和参考孔构成的主基线，被测孔与参考孔形成的 MTF 旁瓣均分布在主基线上。将各离散孔的中心位置坐标分别代入式（5-4）和式（5-5），可以得到图 5-17（b）所示的 PSF 和 5-17（c）所示的 MTF 分布；图（c）中的亮点是 MTF 主峰和旁瓣的中心位置，每对子孔径产生一对 MTF 旁瓣，共有 $N(N-1)=6\times5=30$ 个旁瓣；图（d）是为了增加显示度，用星号“＊”将 MTF 旁瓣的中心位置标出，直线表示主基线，主基线上的“＊”表示被测孔与参考孔产生的 MTF 旁瓣的位置，不在直线上的“＊”表示分布在次基线上的 MTF 旁瓣的中心位置。所有的主基

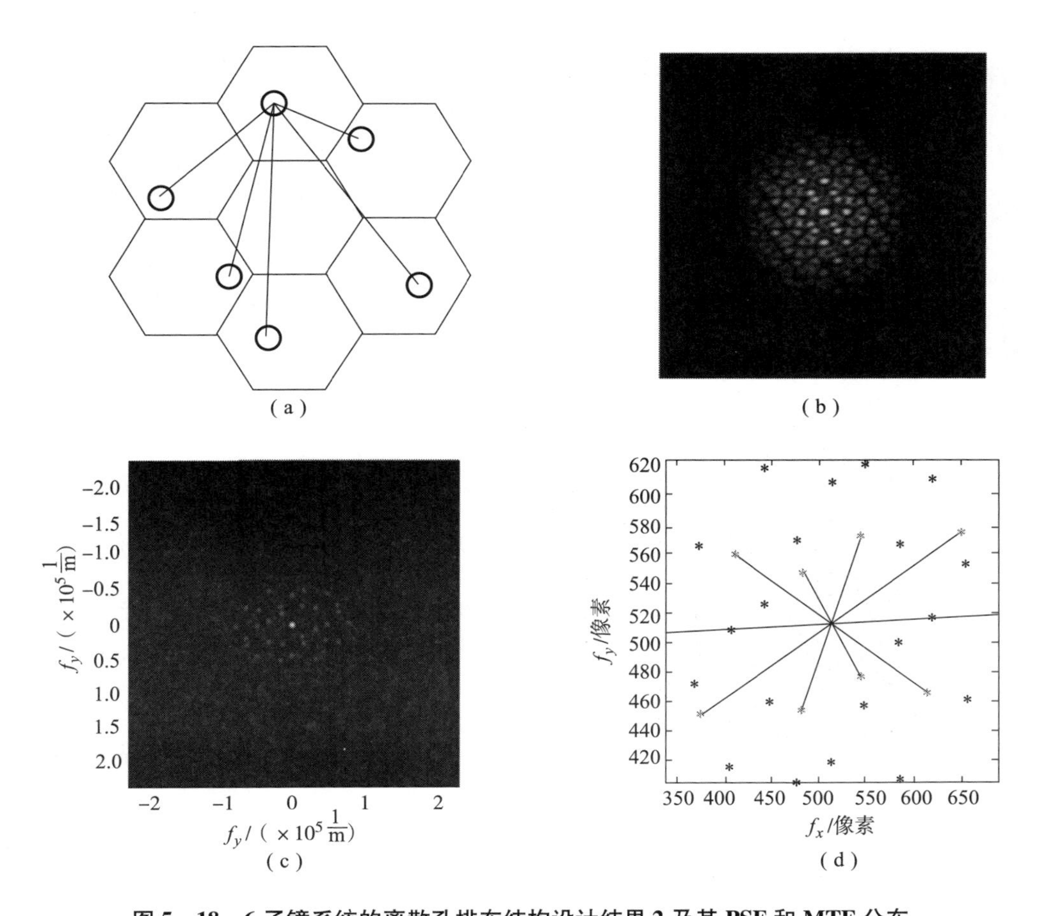

图 5-18 6 子镜系统的离散孔排布结构设计结果 2 及其 PSF 和 MTF 分布

（a）离散孔排布结构设计结果；（b）图（a）的 PSF 分布；（c）MTF 分布；（d）MTF 旁瓣的位置标记

线向量都是不同的，并且符合约束条件，MTF 旁瓣呈非冗余分布。也可通过 MTF 旁瓣的个数及其中心幅值来判断它是否为非冗余分布。

图 5－19 和图 5－20 给出了两组针对 18 子镜系统设计的离散孔排列结果，如图（a）所示，共有 17 条主基线，所有基线向量均不同，并且符合约束条件，与其对应的 PSF 和 MTF 分布如图（b）和图（c）所示。MTF 主峰被 153 个 MTF 旁瓣包围。由于子镜数量的增加，一些 MTF 旁瓣发生重叠。但是，从图（d）中的 MTF 旁瓣中心位置的分布可以看出，主基线上的 MTF 旁瓣不受周围 MTF 旁瓣的影响，这是在设计中设置的约束条件确保了这一

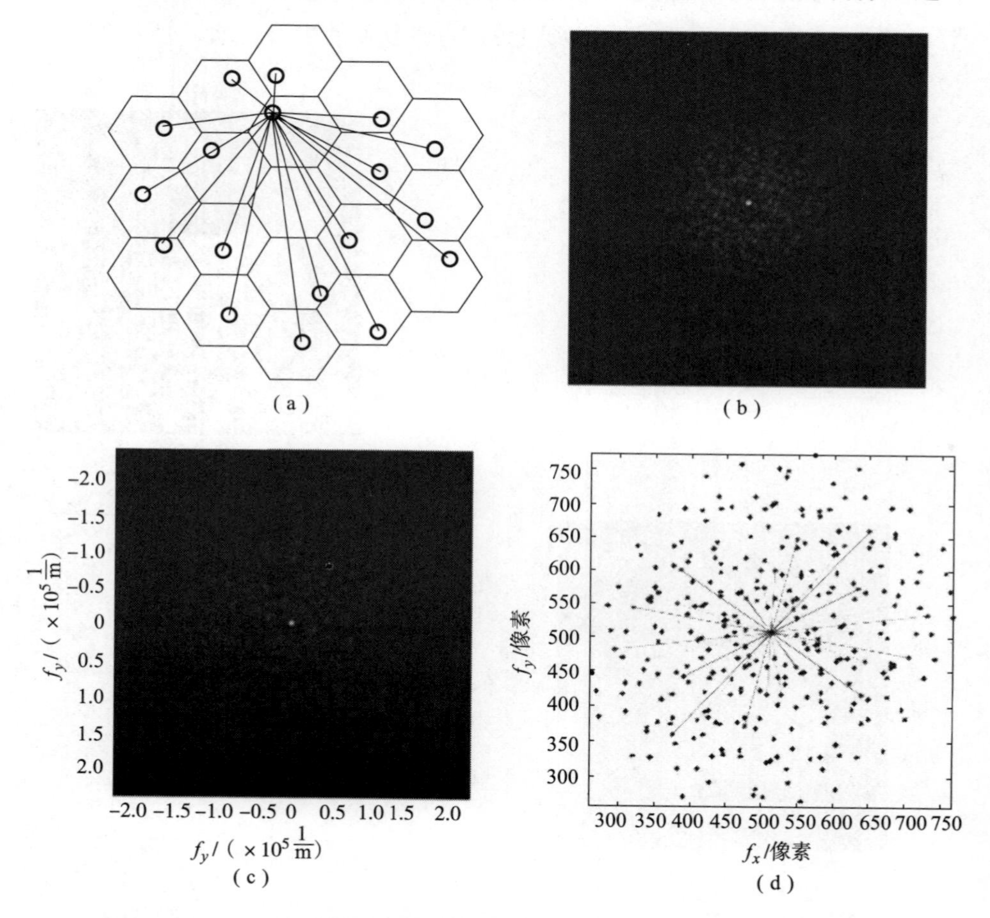

图 5－19　18 子镜系统的离散孔排布结构设计结果 1 及其 PSF 和 MTF 分布

（a）离散孔排布结构设计结果；（b）图（a）的 PSF 分布；（c）MTF 分布；（d）MTF 旁瓣的位置标记

点，即确保了主基线上的 MTF 旁瓣呈非冗余分布，这些旁瓣的相位分布和中心幅值反映了各被测子镜与参考子镜间的共相位误差。因此，根据夫琅禾费型衍射干涉方法，可实现 18 子镜系统全口径内共相位误差的同步检测。

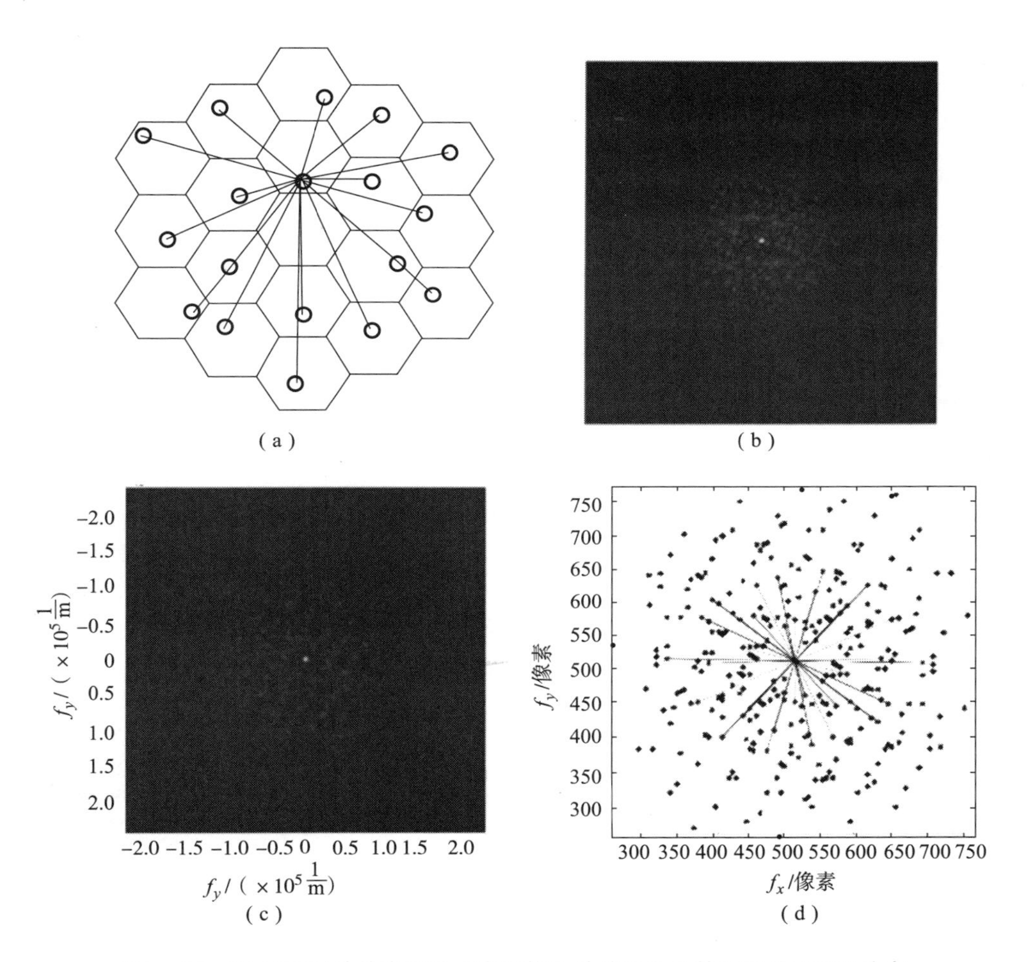

图 5-20　18 子镜系统的离散孔排布结构设计结果 2 及其 PSF 和 MTF 分布

(a) 离散孔排布结构设计结果；(b) 图 (a) 的 PSF 分布；

(c) MTF 分布；(d) MTF 旁瓣的位置标记

5.4 实验验证

搭建光路对为 18 子镜系统设计的离散孔结构光阑进行了实验验证，图 5 – 21 所示为其光路原理示意图。图 5 – 22 所示为实验系统的照片，图 5 – 22（d）所示为设计加工的离散孔结构光阑，光阑直径为 26 mm，离散孔直径为 0. 7 mm。

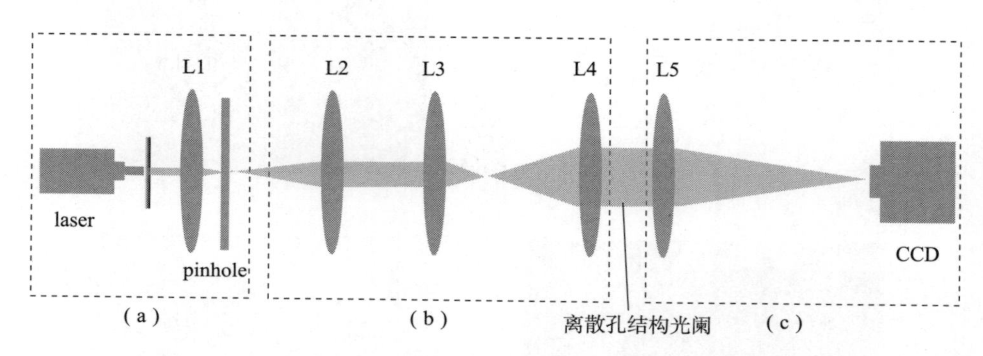

图 5 – 21　18 离散孔非冗余排布设计结果验证实验光路示意图

（a）光源；（b）扩束准直器；（c）成像探测器

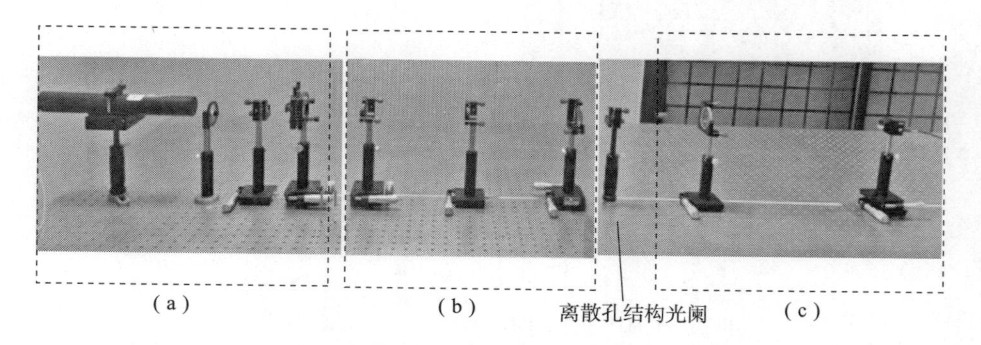

图 5 – 22　18 离散孔非冗余排布设计结果验证实验

（a）光源；（b）扩束准直器；（c）成像探测器

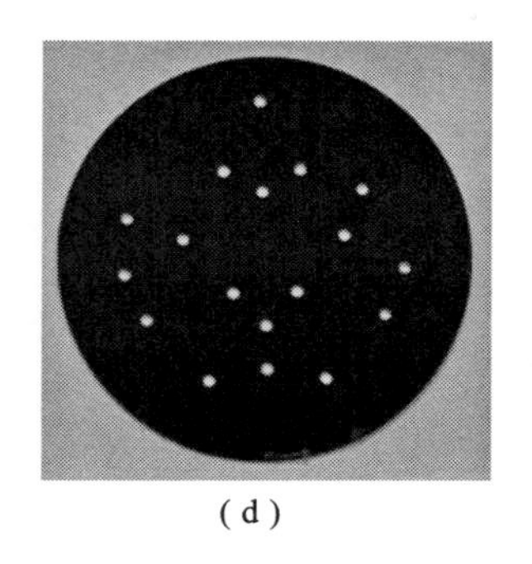

（d）

图 5－22　18 离散孔非冗余排布设计结果验证实验（续）

（d）离散孔结构光阑

用针孔模拟点目标。由激光器出射的光经针孔后、扩束准直，然后透过离散孔光阑，再由成像透镜聚焦到 CCD 上。CCD 探测到的光强信号即为系统的 PSF，如图 5－23（a）所示，对其进行傅里叶变换、取模可得 MTF 分布，如图 5－23（b）所示。

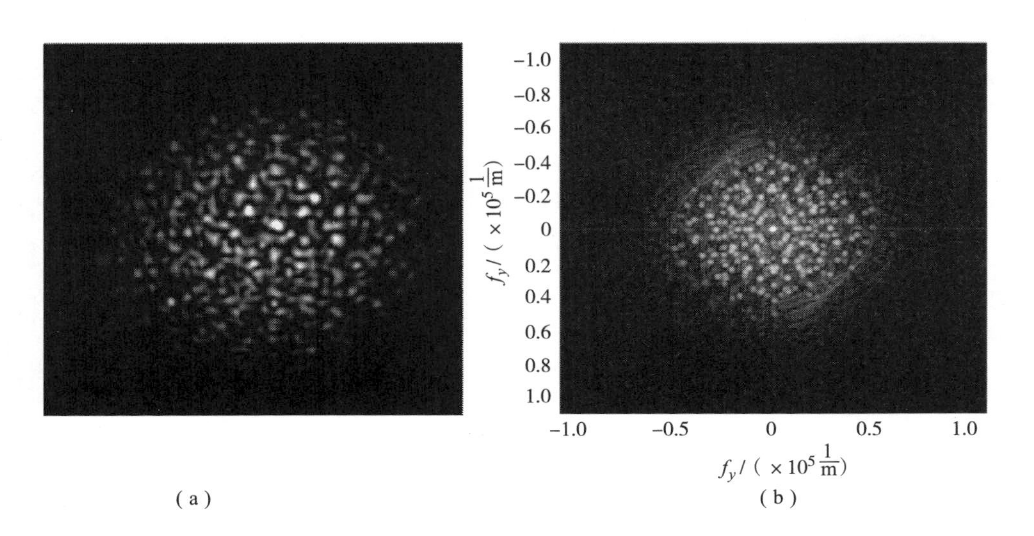

（a）　（b）

图 5－23　CCD 探测的 PSF 及其数据处理后得到的 MTF 分布

（a）CCD 探测的 PSF；（b）与图（a）对应的 MTF 分布

根据图 5－22（d）的设计结果，18 离散孔光阑共有 17 条主基线，主基线上分布有 153 个 MTF 旁瓣。根据图 5－23（b），分析主基线上的 MTF 旁瓣的分布情况，发现一些主基线向量具有相同的长度或方向，但长度差和它们之间的夹角符合约束条件。部分重叠并没有影响主基线上 MTF 旁瓣的中心幅值。由此可知，设计的离散孔光阑实现了 MTF 旁瓣非冗余分布的目标，使得共相位误差的多路并行检测得以实现。

图 5 - 24 所示为根据图 5 - 22（d）设计的离散孔排布，通过仿真得到的 PSF 和 MTF 旁瓣的分布。与实验结果进行比较，可清楚地分辨出主基线上所有 MTF 旁瓣的中心幅值，再次证明了设计方法的正确性。

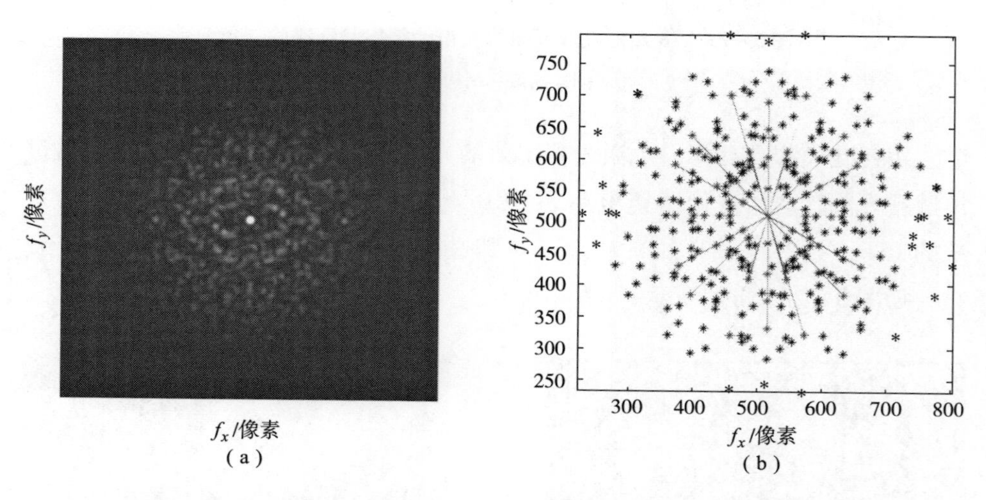

图 5 - 24　图 5 - 22（b）的 18 离散孔非冗余排布的仿真验证结果

（a）PSF 分布；（b）MTF 分布

参考文献

赵伟瑞，蒋俊伦. 基于光学传递函数的同时测量多个绝对距离的方法［P］. ZL 2016 1 0353004. 7.

第 6 章 典型的实验验证平台

对共相位误差检测方法的研究最终是想应用于大口径光学合成孔径成像系统、或是需要直径较大的波面拼接系统，在研究阶段，所提出的检测方法不可能直接在实际系统中进行验证。因此，搭建共相位实验研究平台就显得格外重要，利用实验平台，除了可以验证共相位误差检测方法，还可以研究和共相位成像有关的问题。

6.1 早期的共相位实验平台

共相位成像技术是多个关键单元技术的集成。它所涉及的关键技术主要有大型分块主镜的制作、光学系统的展开收拢机构、共相位误差的检测和校正、波前传感与控制、光学系统的稳定性等。为保证这些关键技术的研究最终可用于实际系统使其正常工作，人们首先进行了地面实验装置的研究。有关这方面的研究，国外起步较早，至今已历经了约 40 年的时间。根据光学共相位成像技术的不同应用背景，将它的研究分为两条主线。

（1）一条主线，是以 NASA 为代表的、以 JWST 为应用背景，以成像为目的的地面实验平台。有关这类实验平台，早期研究建立的系统是 DCATT（Developmental Cryogenic Active Telescope Testbed）。当时计划将 DCATT 的研究分为三个阶段：第一阶段研制在常温环境下工作的实验系统，已经于 1999 年完成；第二阶段研制可在低温环境下工作的实验系统，打算将工作温度人为地降至液氮温度，已经于 2001 年完成；第三阶段的研制在 2002 年启动，主要是采用航天工业研制开发的关键元件，如面形可控并可工作在低温下的分块主镜、可低温工作的低功耗致动器、低温探测器、不同的波前传感和控制技术及算法，并最终将各项技术集成形成一个实验平台。但是，DCATT 计划最终因致动器和镜子制作问题而被放弃。之后，DCATT 又和 NEXUS 计划联系在一起，发展成型了地面实验平台 WCT（Wavefront Control Testbed）。WCT 的发展经历了 4 个阶段，先后出现了 WCT－1/2、WCT－1、WCT－2 和 WCT－3 4 种形式。

（2）另一条主线，是由 DOT（Deployable Optical Telescope）为代表的、

以空基激光武器（Space Based Laser，SBL）为应用背景、以激光发射为目的的地面实验平台，所研究的代表性的实验平台有 PHASAR 和低成本空间成像系统（Low Cost Space Imager，LCSI）。

上述研究的理念和关键技术对后来的研究起到了重要的引领作用，下面对其中较具代表性的研究进行简单介绍。

6.1.1 常温下的 DCATT 实验平台

DCATT 实验平台主要用于验证下一代空间望远镜（Next Generation Space Telescope，NGST）的各种与波前传感及控制相关的技术与方法的可行性，以及这些相关技术集成后的应用可行性。要求实验平台可以研究分块镜光学共相位的粗调和精调、分块镜光学共相位粗测和精测之间的关系、分块镜共相位误差校正与变形镜和快速倾斜镜校正之间的关系；研究在常温和低温下，分块主动望远镜的结构、检测和控制问题；在闭环控制状态下，波前误差可以达到 $\lambda/14$RMS（$\lambda=2\ \mu$m）。另外，还要求平台具有抗振性，以保证干涉测量的精度及像稳定。

图 6-1 所示为 DCATT 的结构示意图。它采用了模块化设计，并将各模

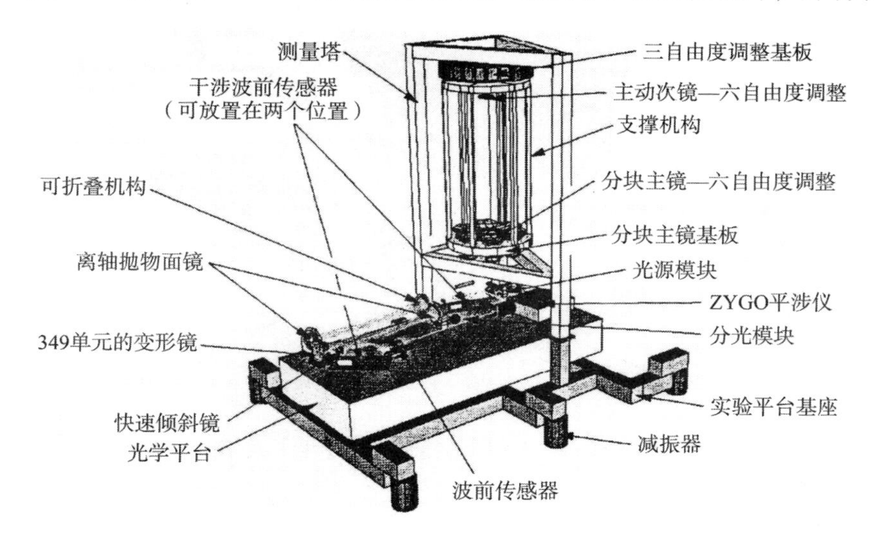

图 6-1 DCATT 的结构示意图

块安装在 New Port 公司制作的光学平台上，光学平台又放在一块有 6 个减振装置支撑的钢质基板上，再将基板安装在大理石隔振板上，为减小气流等因素的扰动，还要给整个系统设置防护罩。

该实验平台主要由 8 个模块组成：主动控制的分块主镜、主动控制的次镜、变形镜、快速跟踪镜、波前传感器、波前控制器、模拟望远镜和波前传感干涉系统。

（1）光学系统：采用了卡塞格林光路。由分块式抛物面主镜、双曲面次镜、六自由度致动器及三自由度自准平面反射镜组成。采用立式布局，便于分块镜的装卡和卸载，减小重力的影响；可减小呈水平分布的温度梯度的影响；使系统的横向尺寸小，便于将系统放置在减振平台上。分块镜和次镜均有 6 个调整自由度，次镜与主镜之间连接结构的一阶谐振频率为 50 Hz。

（2）分块主镜结构：望远镜分块主镜由 7 块六边形的分块镜组成，以一块为中心，周围分布 6 块，每块间的间隙为 6 mm，主镜口径约为 900 mm。图 6 - 2 所示为 DCATT 的分块主镜及其背部耦合的六自由度调整机构示意图。

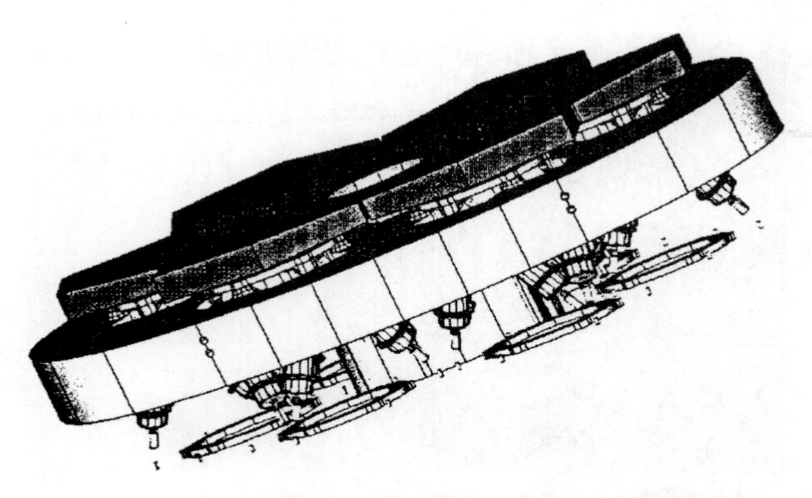

图 6 - 2　DCATT 的分块主镜及其背部耦合的六自由度调整机构示意图

（3）后继光学系统：由光源模块（Source）、变形镜（DM）、快速倾斜镜（FSM）、色散条纹传感器（DFS）、CCD 探测器、模拟望远镜（TSM）、干涉波前传感器（IWFS）组成。其中，DFS 和 CCD 构成了波前传感器（WFS），DFS 用于分块镜共相位误差的粗测；TSM 可产生特定的波像差；IWFS 用于测量和比较最终获得的波前误差。

（4）光源模块：包含白光光源和633 nm 的激光器，白光光源是对分块镜共相位粗调整用光源，633 nm 激光器用于波前误差检测。

（5）控制调整过程：①搜索目标，捕获次镜和中心分块镜，对光路进行初步调整；②调整次镜，找到最佳像面；③依次调整分块镜；④采用 DFS 法进行分块镜共相位粗调整，使共相位误差小于一个波长；⑤用白光干涉法对共相位误差进行精调；⑥用相位反演法精测波前误差，并控制变形镜进行校正。

6.1.2 地面实验平台

WCT 研究用于 JWST 的波前控制技术，改进波前传感与控制的性能，验证系统的性能并进行精确的共相位调整。WCT 的光学系统主要由光源模块、后继光学系统模块和模拟望远镜模块三部分组成。

1. 光源模块

图6－3 所示为 WCT 光源模块示意图。它由白光光源或氙灯和氦氖激光器组成。系统中设置一组带通滤光片与白光光源或氙灯配合使用，通过选用不同波长的滤光片获得不同波长的准单色光，用于共相位检测和波前传感；另外设置一个中性滤光片与氦氖激光器配合使用，调整进入后续光路的光强，用于干涉测量。光源的选择是通过一个可移入/移出的光学元件来实现的。由光源模块出射的光进入望远镜模块。

2. 后继光学系统模块

主要包括变形镜、快速倾斜镜（可模拟光轴抖动）、共相位误差检测、像质检测、波前传感与控制、四象限探测器等。

3. 模拟望远镜模块

到目前为止，WCT 的发展经历了4 个阶段，与之对应先后出现了4 种形

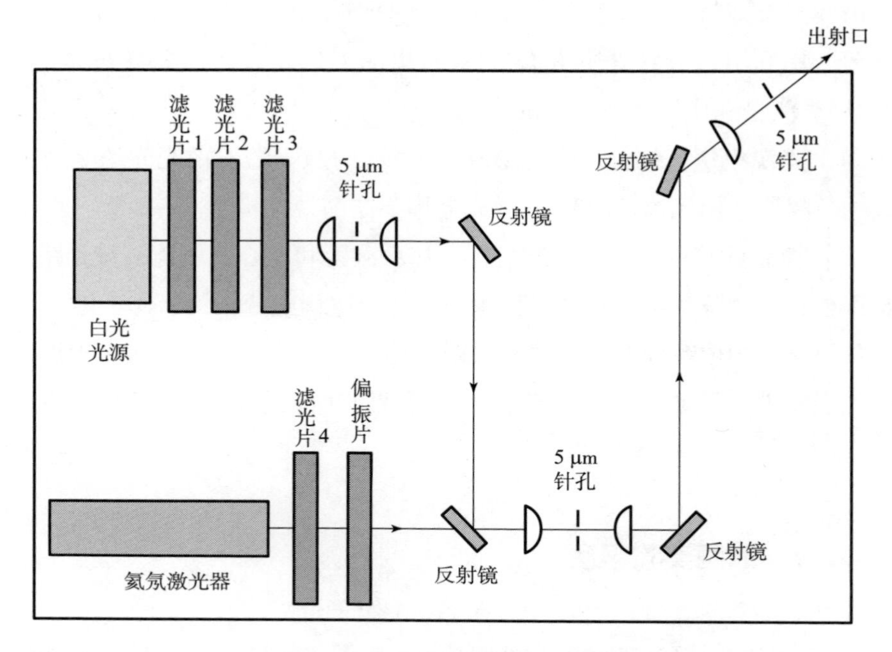

图 6-3 WCT 光源模块示意图

式的地面实验平台，其区别主要在于望远镜模块。

（1）WCT-1/2：在系统中采用一组 4 块具有不同台阶高度的透射式相位板模拟望远镜分离光瞳和共相位误差。

（2）WCT-1：望远镜模块由准直物镜、离轴抛物镜、可控变形镜组成。光束由可控变形镜反射后再由离轴抛物镜重新成像到后续光学系统中，通过控制该模块中的变形镜模拟波前误差。

（3）WCT-2：在 WCT-1 的基础上，将望远镜模块中的可控变形镜改为由三块分离的圆形球面镜组成的分块镜组，每个分块镜有三个调整自由度，图 6-4 所示为 WCT-2 的模拟望远镜光路示意图。离轴抛物面镜的焦点与球面镜的球心重合，光束在球面镜上反射后按自准光路返回。模拟分块镜共相位误差的透射式相位板可移出光路，模拟像差的变形镜（SMDM）可移入光路代替另一块平面镜。

（4）WCT-3：图 6-5 所示为 WCT-3 的模拟望远镜光路示意图。将 WCT-2 的望远镜模块中的三块分离圆形球面镜组用三块扇形球面镜代替，

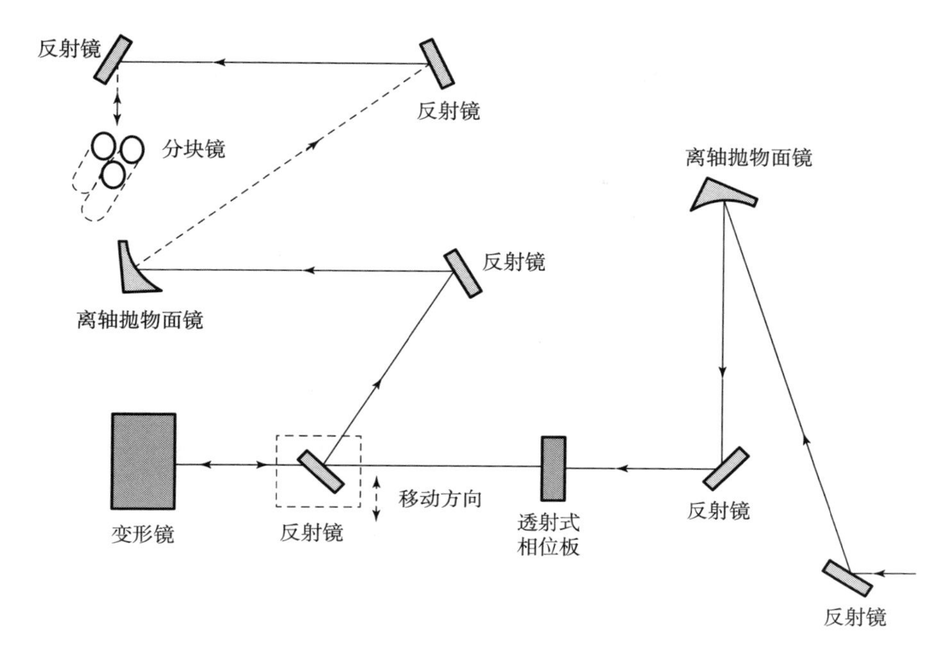

图 6－4　WCT－2 的模拟望远镜光路示意图

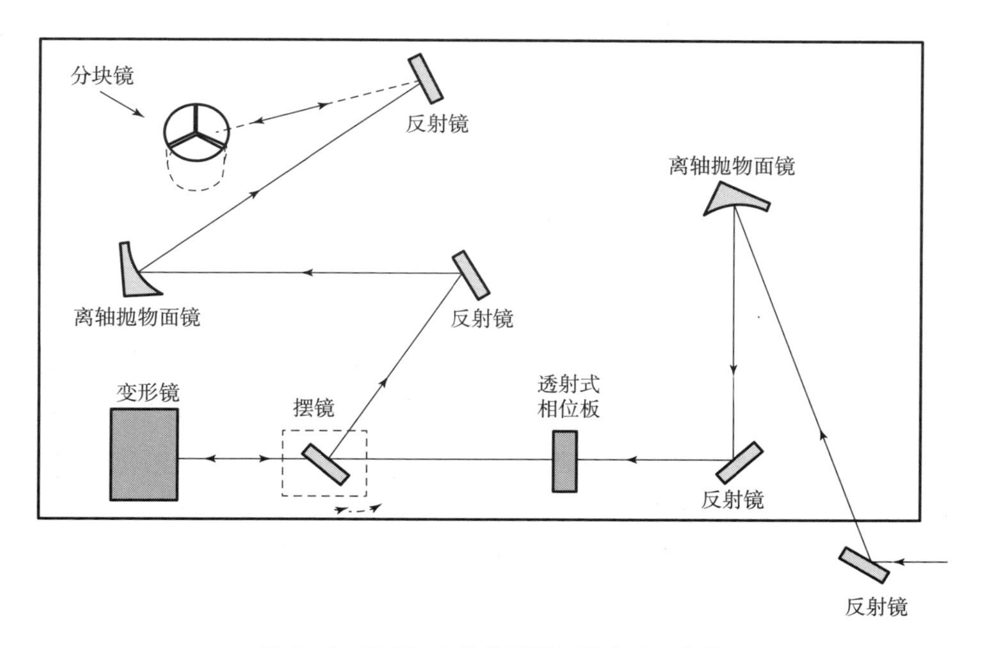

图 6－5　WCT－3 的模拟望远镜光路示意图

各分块镜间的缝隙约为 2 mm，利用致动器可对分块镜进行 piston 误差和 tip－tilt 误差调整。

6.1.3 LCSI 地面实验装置

LCSI 是一个离散孔径光学系统成像原理实验演示系统，图 6－6 所示为它的光路原理示意图。主镜由三块 ϕ38.5 mm、中心距为 300 mm、成等边三角形分布的分块球面镜组成，次镜为一球面镜，透镜组 L4 用于成像系统的像差校正。成像光路由分块主镜、次镜和透镜组 L4 组成。

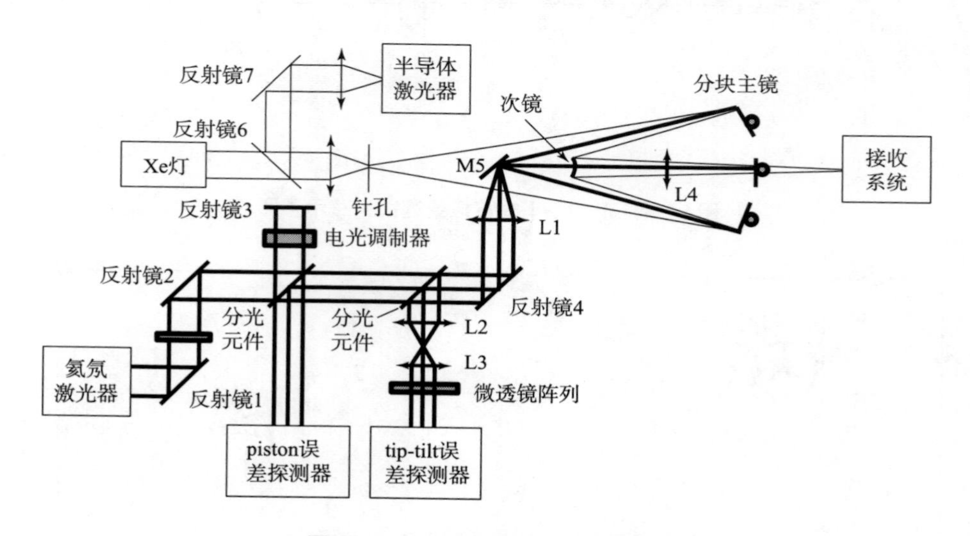

图 6－6 LCSI 的光路原理示意图

系统采用从粗到精的分级共相位误差检测与校正方法。粗测所用光路如图 6－6 中细实线所示：首先用半导体激光器（LD）作光源，调整各分块镜，使成像接收系统得到的干涉条纹的对比度达到最高；然后减小 LD 的驱动电流，降低其相干性，再重复上述调整过程，使共相位误差达到几微米。此时，移出反射镜 M6，用相干长度约为 1.9 μm 的氙灯作光源，再对分块镜进行上述调整，使分块镜共相位误差不大于 1.9 μm。至此，完成分块镜共相位误差的粗测与粗校正。分块镜共相位误差的精测光路如图 6－6 中粗实线所示。用氦氖激光器作光源，利用电光调制器件（EO Cell）作为移相元件，由图中所示的 piston 误差探测器精确测出各分块镜的位相值，通过对分块镜的进一步微调将 piston 误差减到最小。对于分块镜之间的倾斜误差，则利用图中所示的微透镜阵列（AOA MicroLens Array）和 tip – tilt 误差探测器（Tilt Sensor）进行探测。

6.2　共相位实验验证平台

国内也开展了共相位实验平台的研究，借此对共相位成像的相关技术进行实验研究和验证，作者所在课题组经过多年研究，建立了共相位实验验证平台。

6.2.1　概述

图 6 –7 所示为建立的共相位实验验证平台的系统框图。平台采用模块化设计，主要由光源模块、光路分配模块、分块镜成像模块、tip – tilt 误差测量及像质监测模块、piston 误差测量模块、微位移致动器、共相位误差标定模块、主控计算机等组成。该平台可在计算机控制下，对分块子镜间的 piston 误差和 tip – tilt 误差实现纳米量级的检测和校正，其共相位误差检测范围达亚毫米量级；可实现分块镜共相位成像及像质评价。该平台可用于共相位成像方法及相关技术的研究和验证。

为使实验系统结构紧凑，并减小环境扰动的影响，实验平台采用上、下两层的结构。图 6 –7 所示各模块，除了分块镜成像模块安装在下层，其余模块均位于上层。图 6 –8 所示为实验平台的光路示意图。光源模块出射的光经过分光模块后会聚，经 45°反射镜反射到位于下层的分块镜成像模块，该模块由三块曲率半径为 1 500 mm 的环扇形球面反射镜组成，拼接后的口径约 330 mm。其中，分块镜 1 固定作为参考子镜，另外两个子镜为被测镜，

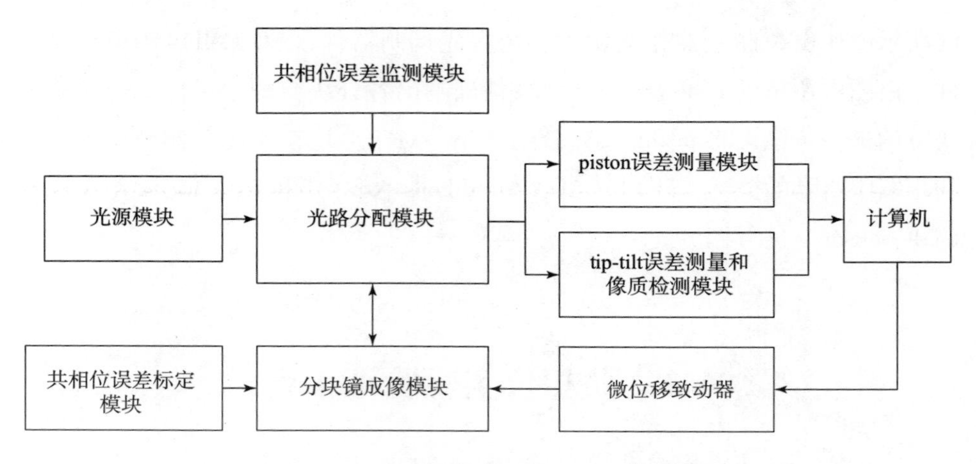

图 6-7 共相位实验验证平台的系统框图

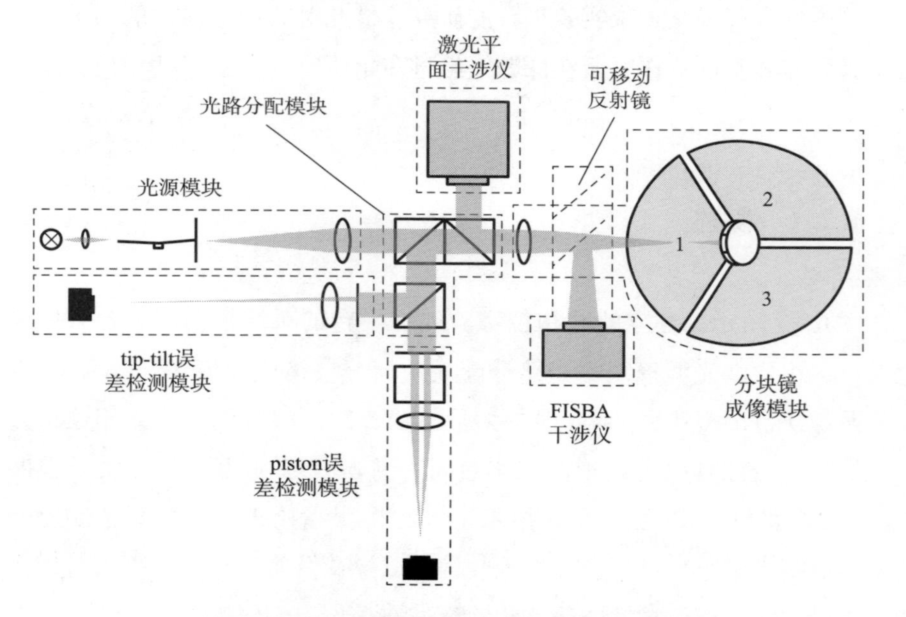

图 6-8 共相位实验验证平台的光路示意图

其位姿可在计算机控制下借助耦合在其背部的微位移致动器进行调整，实现共相位误差的校正；由分块反射镜反射的光波原路返回，再次通过分光模块，分别进入 piston 误差测量模块和 tip - tilt 误差测量模块。这两个模块输出的共相位误差经计算机控制模块转换输出，作为误差校正信号控制微位移致动器，调整被测镜，对共相位误差进行校正。这一共相位误差测量和校正过程交替进行，直至达到共相位状态。之后，可移动平面反射镜由精密电机驱动，移入光路，将分块球面镜引入至共相位误差标定模块的光路中，由FISBA数字移相干涉仪对piston误差和tip－tilt误差检测和校正效果进行评价。上述共相位误差检测和校正过程，可通过共相位误差监视模块实时观察。

6.2.2 各模块功能

6.2.2.1 光源模块

光源模块为分块镜成像系统提供一个光强和中心波长可调的点目标及扩展目标。其中，采用针孔作为点目标，分辨率板图案为扩展目标。

光源模块由光源，透镜 L_1、L_2 和 L_3，干涉滤光片F，中性滤光片D及目标板O组成，其光路如图6－9所示。

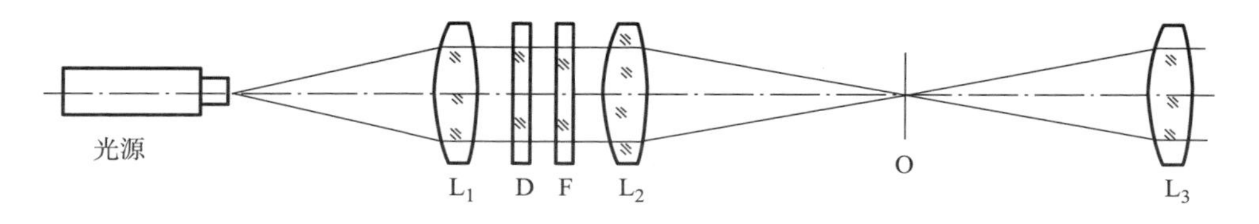

图6－9 光源模块光路示意图

采用白光作光源，干涉滤光片组用于改变进入光学系统的波长，满足后续共相位误差检测对波长的选择；中性滤光片组用于调节进入光学系统的光强，保证CCD探测器工作在线性区；目标板上设置有针孔和分辨率板，在进行分块镜共相位误差检测和校正时，将针孔调入光路，为光学系统提供点目标；在完成共相位误差的检测及校正、对分块镜共相位成像效果进行评价时，将分辨率板移入光路，为光学系统提供扩展目标。

6.2.2.2 光路分配模块

图6－10所示为光路分配模块光路示意图。光路分配模块包括三个分光

棱镜 P_1、P_2、P_3，为分块球面镜成像模块，piston 误差检测模块，tip - tilt 误差检测和像质监测模块，共相位误差监视模块提供相应的光束通道。

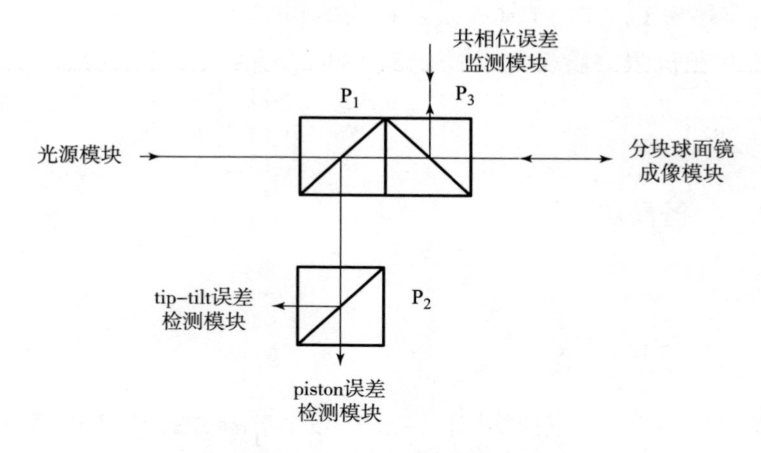

图 6 - 10　光路分配模块光路示意图

6.2.2.3　分块镜成像模块

分块镜成像模块用于对点目标/分辨率图案实现共相位或非共相位成像，由分块球面镜和位移致动器组成。图 6 - 11 所示为其结构示意图。

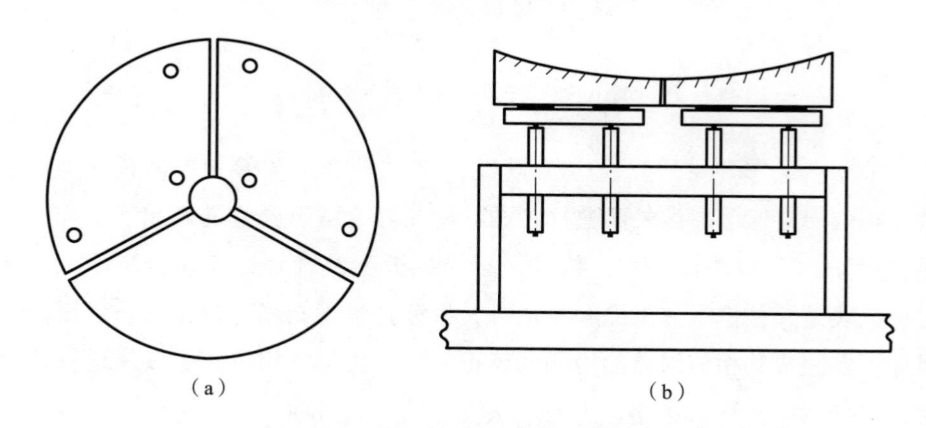

图 6 - 11　分块镜成像模块结构示意图

分块球面镜由三个分块镜组成，其中一个为固定参考镜，另外两个为位置可调镜；为实现分块镜的共相位调整，在两个可调镜背部分别安装了如图

6 – 11（a）中小圆圈所示的三个位置致动器。

位置致动器采用宏动—微动位移致动器（也称微位移致动器）相串联的工作方式，如图 6 – 12 所示。宏动致动器采用测微螺杆机构，用于分块镜位置的粗调整。微位移致动器采用德国 PI 公司的微位移致动器，用于实现计算机控制的分块镜位置的精调整。

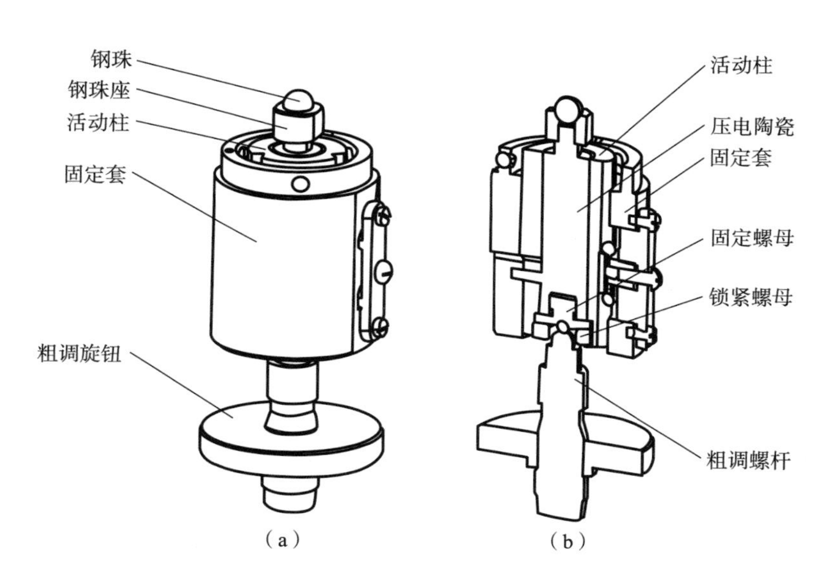

图 6 – 12　宏动与微动串联的致动器结构示意图

6.2.2.4　piston 误差检测模块

piston 误差检测模块用于检测分块镜间的 piston 误差。所用方法是 4.1 节介绍的二维色散条纹法，其工作原理不再重复。由于该方法一次只能检测一对相邻子镜间的 piston 误差，对于多子镜系统，检测过程中需转动其测量光路，依次完成所有子镜间 piston 误差检测，图 6 – 13 所示为其工作过程示意图。

在 piston 误差检测中，要求此模块可整体绕主光学系统光轴从某一设定的位置准确旋转 ±120°，以便将双矩形光阑孔分别位于任意两相邻分块镜上进行光波采集，获得相邻子波面的色散干涉条纹图，并进行 piston 误差检

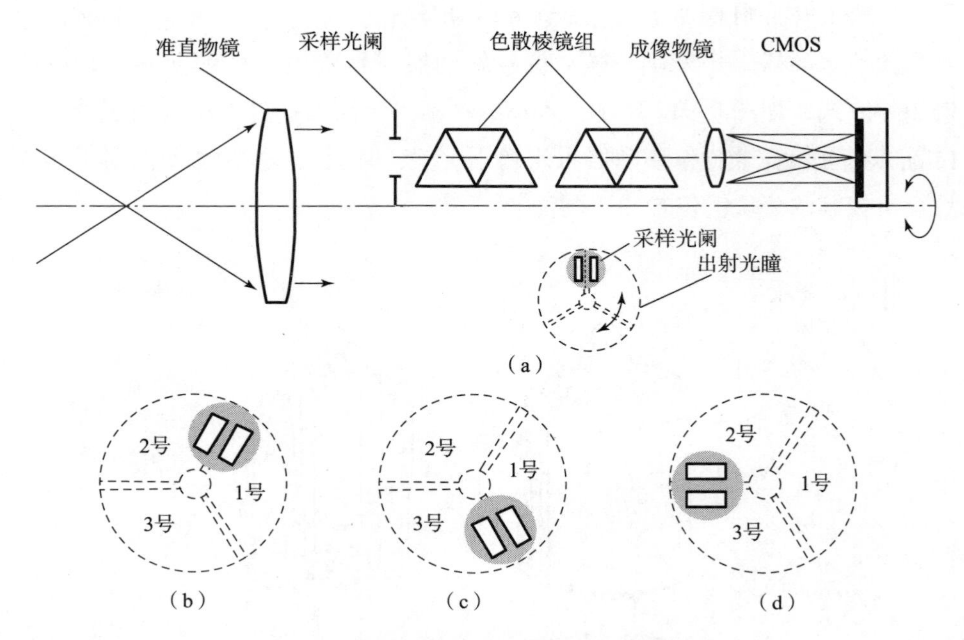

图 6-13 piston 误差检测模块工作过程示意图

测。图 6-13（b）~（d）分别对应于依次测量 1 号镜和 2 号镜、1 号镜和 3 号镜及 2 号镜和 3 号镜间的 piston 误差时采样光阑所处的位置。

图 6-14 所示为两相邻分块镜之间存在和消除了共相位误差情况下的色散干涉条纹图。

图 6-14 不同 piston 时的色散干涉条纹

（a）存在 piston 误差时；（b）piston 误差为零时的色散干涉条纹

6.2.2.5 tip-tilt 误差检测及像质检测模块

tip-tilt 误差检测及像质检测模块可对相邻分块镜的 tip-tilt 误差进行检测；当完成分块镜 tip-tilt 误差检测和校正后，该模块可对系统像质进行评价。

实验平台采用质心探测法检测分块镜间的倾斜误差，为避免随着倾斜误差的减小使各分块镜的星点像部分重合，导致无法准确确定星点像斑质心位置的问题，平台设置专用光阑，采用依次确定各像点质心位置的方法，图6－15所示为结构示意图。

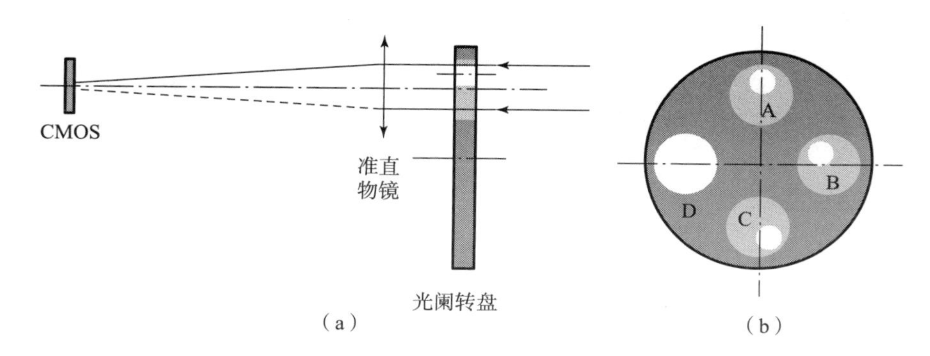

图6－15 tip－tilt误差检测及像质检测模块光学系统示意图

（a）光学系统；（b）光阑转盘

在进行tip－tilt误差检测时，依次将光阑孔A、B、C移入光路，分别计算各分块镜对点目标所成像的质心位置坐标，其位置坐标之差反映了各子镜间的tip－tilt误差，以1号镜像斑质心位置为参考，计算2号和3号镜的tip－tilt误差。图6－16所示为光阑位置与分块镜的对应关系示意图。

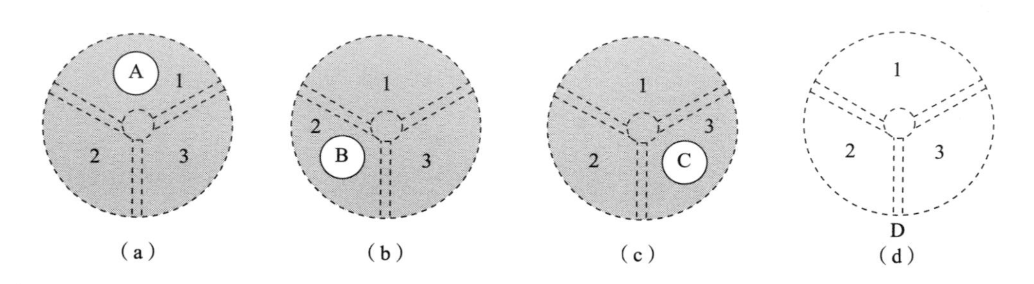

图6－16 光阑位置与分块镜对应关系示意图

（a）光阑A与1号分块镜对应；（b）光阑B与2号分块镜对应；

（c）光阑C与3号分块镜对应；（d）光阑D对应全口径成像

当三个分块镜存在tip－tilt误差时，将光阑D移入光路，三块分块镜对点目标所成的像如图6－17（a）所示，三个点像彼此分开，依据计算得到的 2 号和 3 号镜的 tip - tilt 误差，由计算机控制各分块镜背部的微位移致动器，对 tip - tilt 误差进行校正；校正完成后，三个点像互相重合，如图 6 - 17（b）所示。

（a）（b）

图 6 - 17　三个分块镜之间的 tip - tilt 误差校正前后的星点像斑分布

（a）三个分块镜之间存在 tip - tilt 误差时的星点像斑；

（b）实现 tip - tilt 误差校正后的星点像斑重合

将光源模块的分辨率板置于光路中，可得到分块镜成像系统对分辨率板所成的像，对系统像质进行评价；图 6 - 18 分别给出了三分块镜共相位、三分块镜之间仅存在 piston 误差及三分块镜之间仅存在 tip - tilt 误差时的分辨率图像。

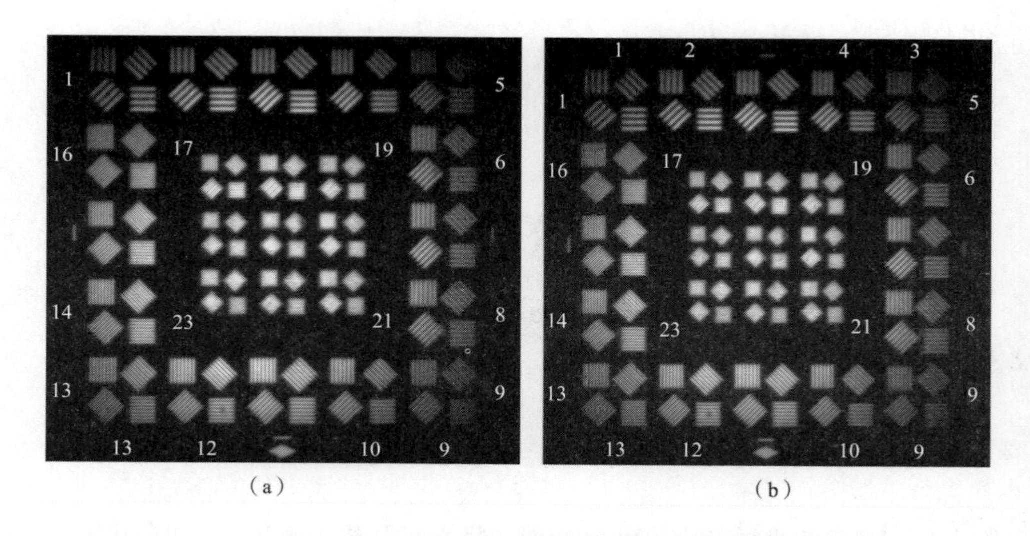

（a）（b）

图 6 - 18　不同共相位状态下的分辨率图像

（a）共相位时的分辨率图像；（b）仅存在 piston 误差时的分辨率图像

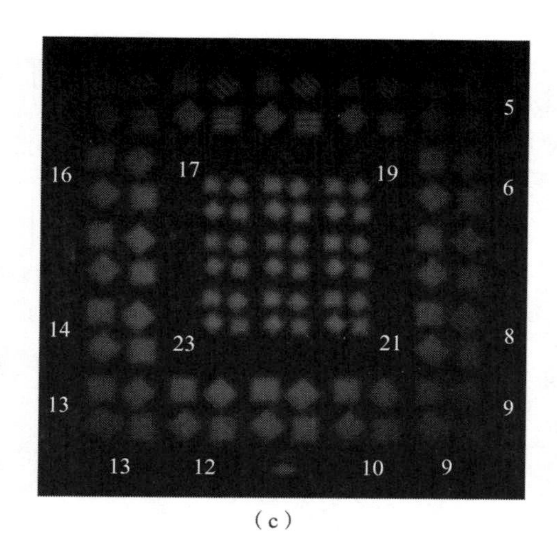

(c)

图 6 – 18　不同共相位状态下的分辨率图像（续）

(c) 仅存在 tip – tilt 误差时的分辨率图像

6.2.2.6　共相位误差标定模块

该模块由 FISBA 数字移相干涉仪、反射镜、干涉仪电动平移台、反射镜电动平移台组成。可对共相位拼接效果进行评价，也可对共相位误差检测方法进行验证。

图 6 – 19 所示为该模块的机械及电控部分的实物照片，FISBA 数字移相干涉仪被固定在 A 孔中，B 面上安装一个平面反射镜。在实现共相位拼接后，电动平移台将反射镜移入光路，使得分块球面镜切入 FISBA 数字移相干涉仪，使其对实验平台的共相位误差检测与校正精度进行评价，并给出分块球面镜全口径的波像差。

6.2.2.7　分块镜共相位误差监视模块

分块镜共相位误差监视模块可对分块镜光学共相位拼接过程及共相位状态进行实时监视。该模块实际是一台激光平面干涉仪，通过分光棱镜与主光路耦合，可与主光路中的 tip – tilt 误差及 piston 误差检测模块同时独立工作，互不影响，通过干涉图实时显示分块镜的共相位调整状态。其测量精度优于 $\lambda/20$ P V。

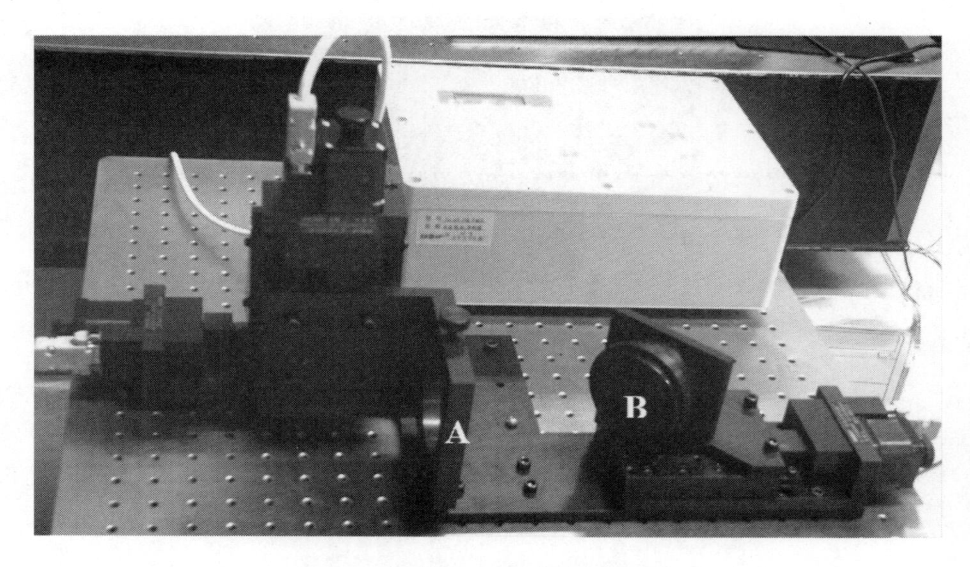

图 6－19　共相位误差标定模块机电部分

激光平面干涉仪的参考镜与三个分块镜构成干涉光路，所形成的三组干涉条纹由干涉仪的显示器给出，根据干涉条纹的倾斜方向、干涉条纹的周期及拼接处干涉条纹的连续情况，监视分块球面镜的共相位状态。如图 6－20 所示，当三分块镜之间仅存在 piston 误差时，三分块镜干涉条纹的方向和周期相同，但各分块镜上的干涉条纹相互错位，不在一条直线上。

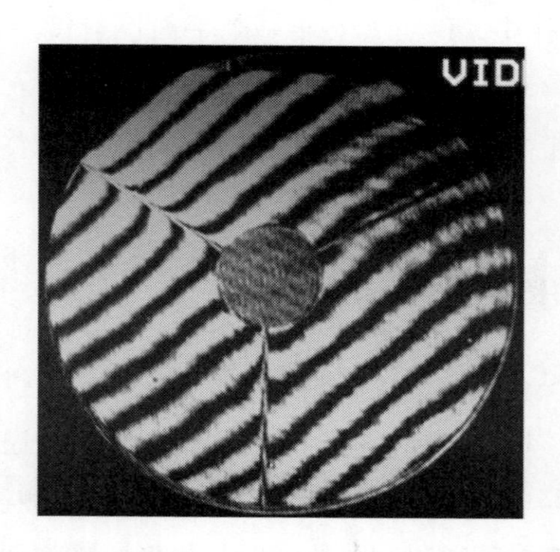

图 6－20　分块镜间存在 piston 误差时，共相位误差监测模块显示的干涉图

6.2.2.8　振动与气流的阻隔

图 6－21 所示为装调好后的共相位实验验证平台照片。共相位实验验证平台是一个灵敏度较高的复杂实验系统，对环境振动、气流扰动、温度变化及温度梯度极其敏感。因此，必须采取有效的隔振、防气流和保温等措施，否则难以进行实验研究。为此，专门设计了一个双层平台和一个密闭的玻璃房。共相位实验验证平台各模块的光机部分，除分块镜模块安装在实验平台下层基板上外，其余模块均安装在上层光学平台整个实验平台安装在减振器上；为尽量减少气流和温度梯度对实验的影响，实验装置的光机部分用玻璃房密封。

图 6－21　共相位实验验证平台的照片

6.2.3 实验验证平台的工作流程

图 6－22 所示为实验平台共相位误差检测与校正流程图。

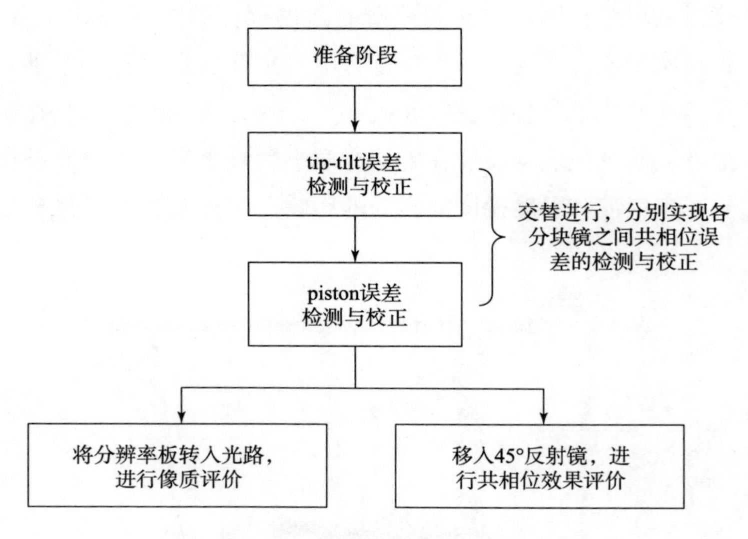

图 6－22 实验平台共相位工作流程

在进行分块镜共相位误差检测和校正时，将光源模块的针孔移入光路，以 1 号分块镜为参考镜，分别测出 1 号镜和 2 号镜、1 号镜和 3 号镜间的 tip－tilt 误差及 piston 误差，并用计算机控制宏－微动位移致动器对其进行校正，这两个过程反复交替进行，直至满足设定的共相位误差要求；移入 FISBA 数字移相干涉仪对共相位效果进行评价；再用分辨率板替换针孔，对分辨率板图案成像，对像质进行评价。平台使用 5 号分辨率板，其参数如表 6－1 所示。

表 6－1 5 号分辨率板参数

分辨率图案号和单元号	条纹宽度/μm	*lp*/mm
25	2.50	200
24	2.65	190
23	2.81	180

续表

分辨率图案号和单元号	条纹宽度/μm	lp/mm
22	2. 97	170
21	3. 15	160
20	3. 34	150
19	3. 54	140
18	3. 75	130
17	3. 97	125
16	4. 20	120
15	4. 55	110
14	4. 72	105
13	5. 00	100
12	5. 30	95
11	5. 61	90
10	5. 95	85
9	6. 30	80
8	6. 67	75
7	7. 07	70
6	7. 49	65
5	7. 94	63
4	8. 41	60
3	8. 91	56
2	9. 44	53
1	10. 0	50

6. 3　实验验证平台的稳定性

实验验证平台的各个模块对机械结构和温度稳定性都有一定的要求，其中的共相位误差标定模块和分块镜成像模块对稳定性要求最高。这是因为结构问题引入的轻微机械振动会给系统带来误差，温度的变化引起光学系统中折射率的变化也会给系统带来误差。在装调过程中，要根据所处实验环境，采用适合的机械结构和装配方式，确保系统的稳定性。

6.3.1 共相位误差标定模块的稳定性

共相位误差标定模块的作用是在实验平台完成共相位误差校正后，使用FISBA移相干涉仪对分块球面镜的共相位误差进行标定，并以此评价实验平台对共相位误差的检测及校正效果。可以把该模块理解为是实验平台的“标准”。

只有“标准”稳定了，才能对研制的实验平台给出正确的评价。

共相位误差标定模块由FISBA数字移相干涉仪、反射镜、干涉仪电动平移台、反射镜电动平移台组成，其中FISBA数字移相干涉仪为标定分块球面镜共相位误差的关键仪器。

在标定过程中，由于需要FISBA数字移相干涉仪可升降调整，所以采用了悬臂梁结构将其固定到电动平移台上，如图6－23所示。该悬臂梁结构是影响共相位误差标定模块机械稳定性的潜在因素。为此，需要对这一结构的稳定性进行测试。采用FISBA移相干涉仪对其自身误差标定用的标准镜进行长时间连续测量，对该模块机械结构的稳定性进行测试。

实验共进行60 min，干涉仪附近的温度由最初的25.8℃升高至25.9℃，为方便测量，给标准镜人为引入一定的偏移量L_F，图6－24所示为测试得到的偏移量L_F与时间t的关系曲线。对实验数据进行线性拟合，所得直线方程的斜率为6.929，即FISBA数字移相干涉仪每分钟的偏移量仅为6.929 nm。由于实验结果线性程度较好，而且在实验过程中，FISBA干涉仪附近的温度升高了0.1℃，所以可以初步认定该偏移量是由温度升高后材料膨胀造成的，与piston误差标定模块的机械结构无关。由此得到结论：piston误差标定模块具有很好的机械结构稳定性。

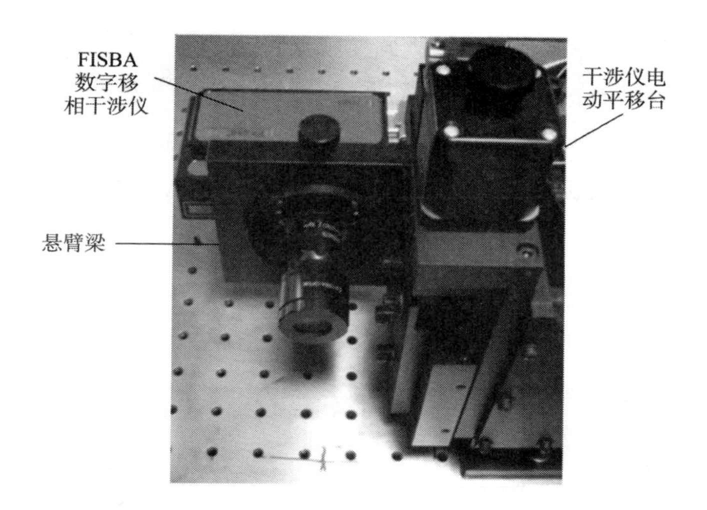

图 6－23　FISBA 数字移相干涉仪的安装结构示意图

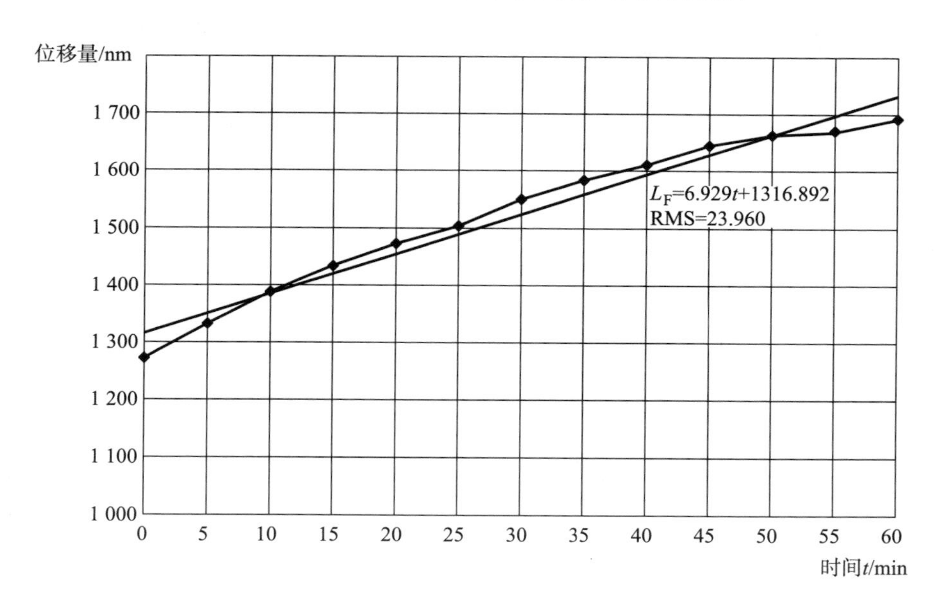

图 6－24　共相位误差标定模块稳定性测试结果

6.3.2　分块镜成像模块的稳定性

分块镜成像模块是共相位实验验证平台中机械结构最复杂、活动部件最多、受环境影响最敏感的模块。精确测试该模块的稳定性并采取必要的改进措施，是实验平台实现共相位的重要保证。

可借助分块镜的倾斜量的变化对稳定性进行描述。如果倾斜量随时间变化大则说明分块镜的稳定性不好。在测试分块镜成像模块稳定性的实验中，采用 FISBA 数字移相干涉仪进行单子孔径、多子孔径、全孔径长时间测量的方法检测各镜面的倾斜量，再由倾斜变化量与时间的关系判断该模块的机械结构和温度的稳定性。图 6－25 所示为 FISBA 数字移相干涉仪对分块镜进行单子孔径、多子孔径、全孔径测量时的干涉图。

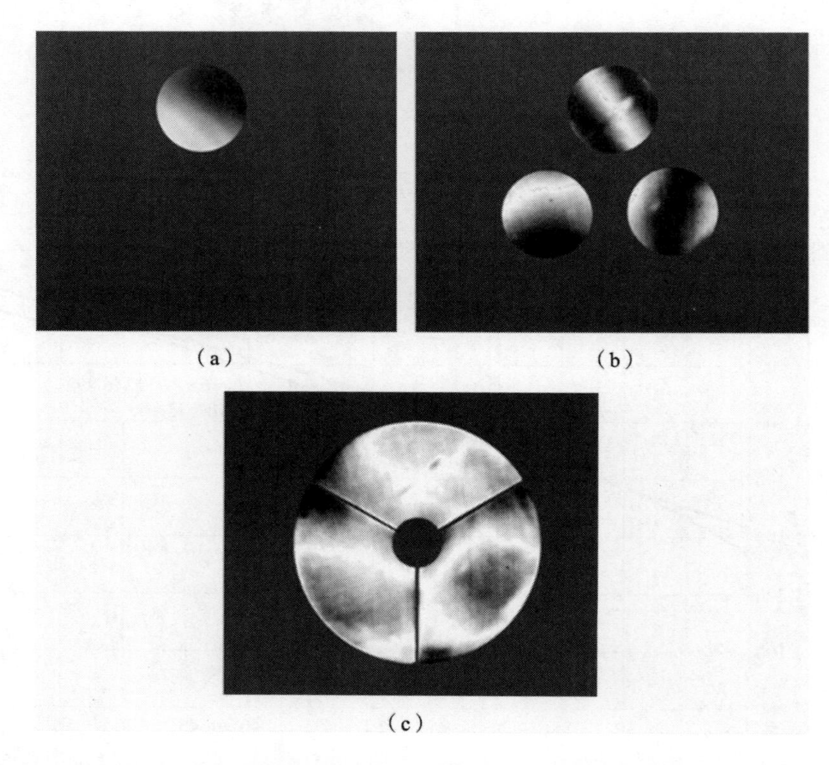

图 6－25 FISBA 数字移相干涉仪对分块镜进行单子孔径、多子孔径、全孔径测量时的干涉图

(a) 单子孔径；(b) 多子孔径；(c) 全孔径

6.3.2.1 固定镜稳定性测试

固定镜直接固定于成像模块的基板上，它的位置将作为校正两块可调分块镜的参考位置。固定镜的稳定性体现着基板和底盘的稳定性，甚至体现着整个分块镜成像模块机械结构的稳定性。

FISBA 数字移相干涉仪通过单子孔径测量固定镜的倾斜量时，在镜面上取一个半径 $r=60$ mm 的圆形测量区域，并用这个圆形区域的倾斜量衡量固定镜的倾斜量。每次测量之后，FISBA 数字移相干涉仪给出所选区域在 x 方向的倾斜量 T_x 和在 y 方向的倾斜量 T_y，它们与分块镜在 x 方向的倾斜角 θ_x 及与分块镜在 y 方向的倾斜角 θ_y 的关系可表示为

$$\begin{cases}\tan\theta_x = \dfrac{T_x}{r} \\ \tan\theta_y = \dfrac{T_y}{r}\end{cases} \tag{6-1}$$

圆形测量区域的倾斜量为

$$T = \sqrt{T_x^2 + T_y^2} \tag{6-2}$$

对应的分块镜的倾斜角为

$$\tan\theta = \frac{\sqrt{T_x^2 + T_y^2}}{r} \tag{6-3}$$

图6-26所示为固定镜在温度不变（改变量小于0.1℃）时的稳定性测试结果，玻璃罩内温度为24.8℃，测试时间为1 h，测量间隔为1 min。对测试结

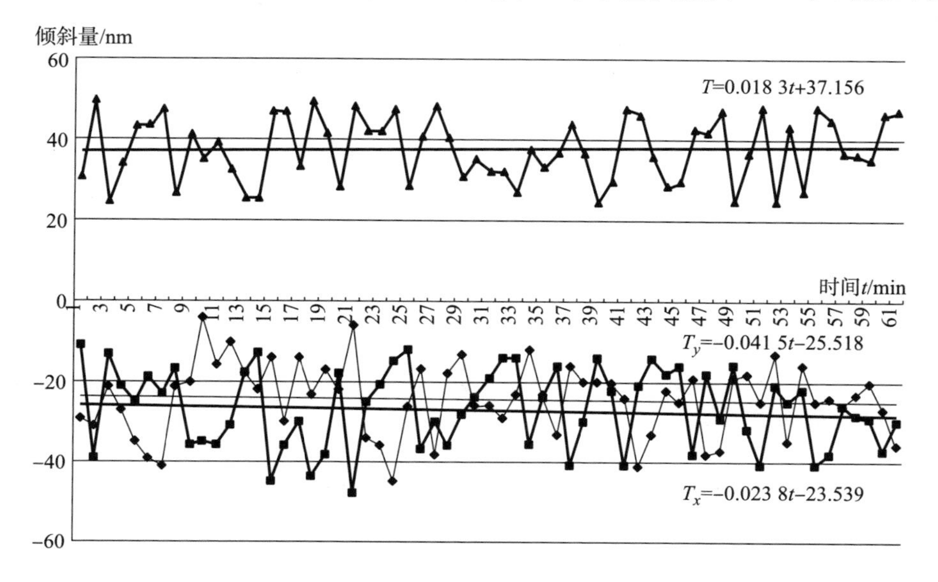

图6-26　固定镜在温度变化小于0.1℃时的稳定性测试结果

果进行线性拟合，可以看到固定镜的倾斜量 T 每分钟近似增加 0. 018 3 nm，T_x 的斜率为 -0. 023 8 nm/min，T_y 的斜率为 -0. 041 5 nm/min。测试结果表明固定镜在温度接近恒定时具有可靠的稳定性。

另外，对温度变化大于 0. 1℃的情况进行测试。图 6 - 27 所示为玻璃房内温度升高 0. 2℃时的测试结果，测试开始时的温度是 24. 4℃，结束时温度为 24. 6℃。

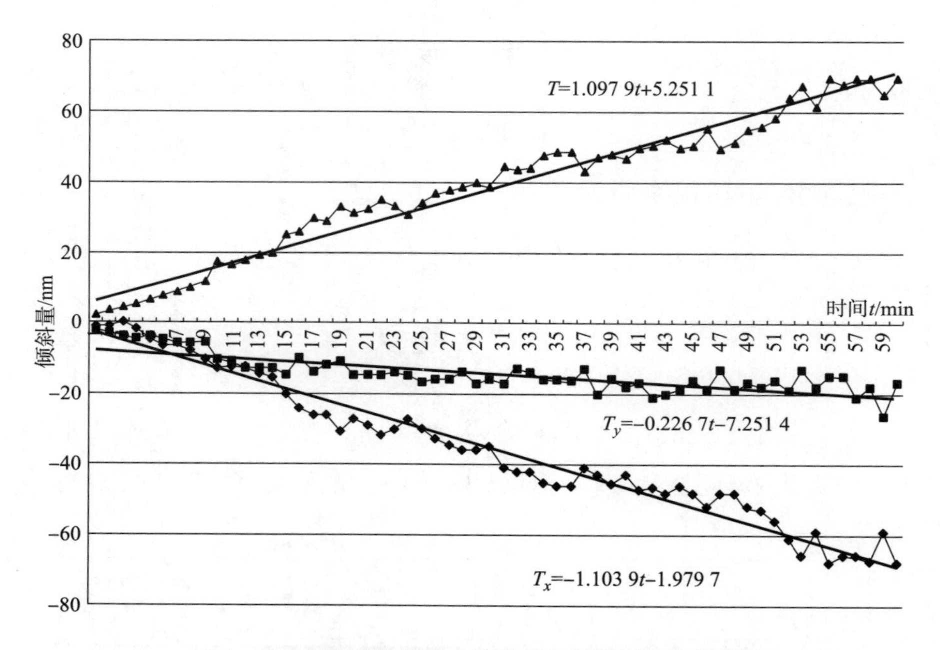

图 6 - 27　固定镜在温度升高 0. 2℃的稳定性测试结果

图 6 - 28 所示为玻璃房内温度降低 0. 3℃时的测试结果，测试开始时的温度是 24. 9℃，结束时温度为 24. 6℃。

由图 6 - 27 和图 6 - 28 可以看出，无论温度升高还是降低，固定镜在 x、y 两个方向的倾斜量 T_x、T_y 均为负方向增长，而且固定镜倾斜量 T 的增长速度在温度升高时比温度降低时快。

为比较机械结构和温度变化对固定镜稳定性影响的大小，将分块镜成像模块的底板逆时针旋转 120°，即固定镜当前的位置就是原来 3 号镜的位置，使固定镜相对热源的位置发生改变。如果测试结果仍是无论温度升降，固定镜的倾斜量 T 都朝向同一个方向增长，则可以断定固定镜的机械结构不稳定。

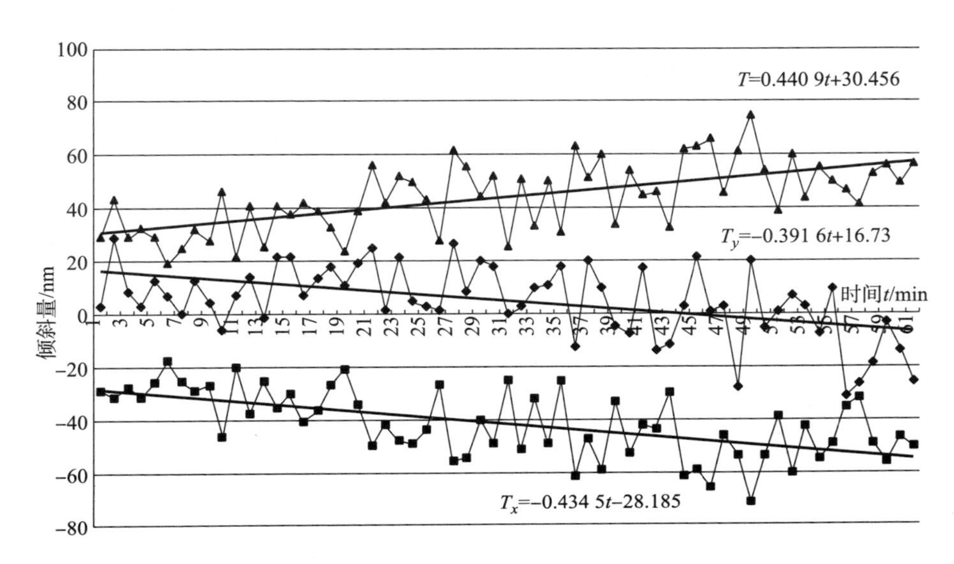

图 6－28　固定镜在温度降低 0.3℃的稳定性测试结果

测试结果如图 6－29 所示，测试开始时玻璃房内的温度为 23.9℃，测试过程中温度升高 0.9℃，T_x、T_y 均为负方向增长且斜率相近。

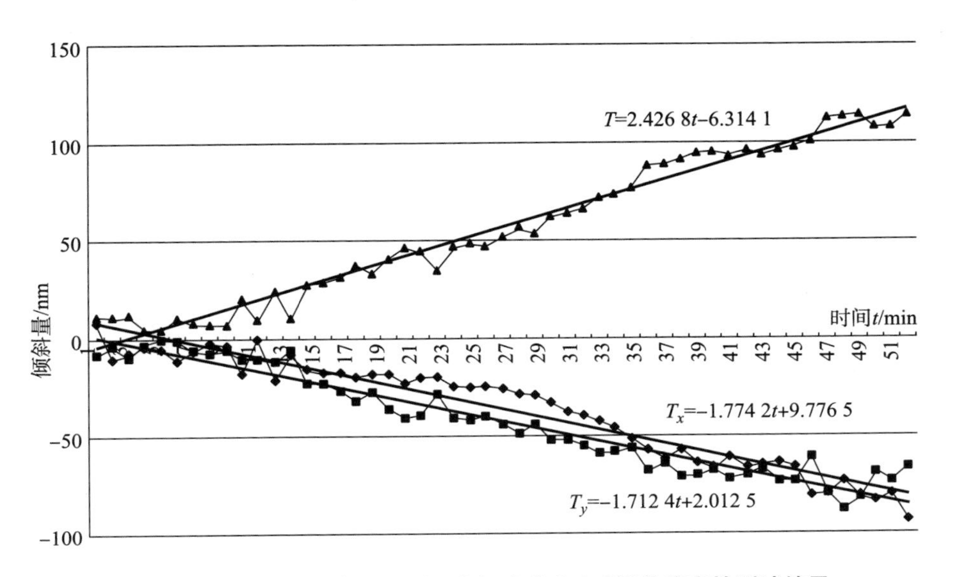

图 6－29　固定镜旋转 120°后，在温度升高 0.9℃的稳定性测试结果

图 6－30 所示为测试开始时玻璃房内的温度是 25.1℃，测试过程中温度降低 0.8℃时的测试结果，T_x、T_y 都改向正方向增长而且斜率相差不大。

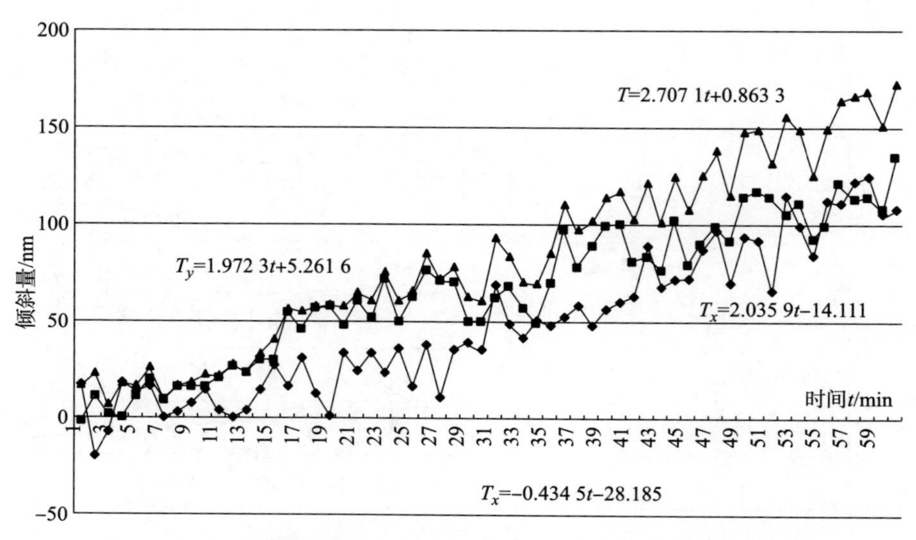

图 6－30 固定镜旋转 120°后，在温度降低 0.8℃的稳定性测试结果

这表明固定镜在温度升高和降低时，镜面大致会以图 6－31 所示的虚线为轴上、下摆动，倾斜量没有朝向同一个方向增长。测试结果说明固定镜机械结构稳定性良好，但受温度影响较大。

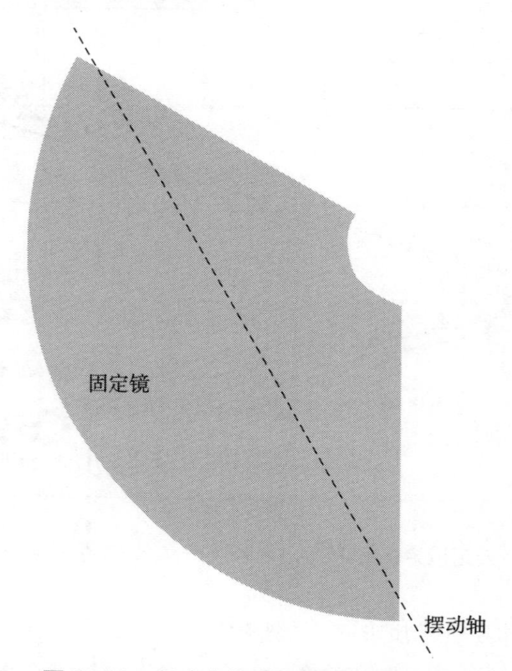

图 6－31 温度变化时，固定镜摆动方向

6.3.2.2 分块镜成像模块稳定性的多子孔径测试

重复上述测试过程，分别在两个可调分块镜镜面上各保留一个半径 $r=60$ mm 的圆形测量区域，同时测量每个圆形区域的倾斜量。测试开始时玻璃房内的温度为26.1℃，测试过程中温度升高0.3℃。测试结果如图6－32所示，由图可以看出，两子镜倾斜量的增长方向和增长速度都很接近。说明两个可调分块镜与固定镜一样具有良好的机械结构稳定性，镜面的倾斜是由温度升高造成的。

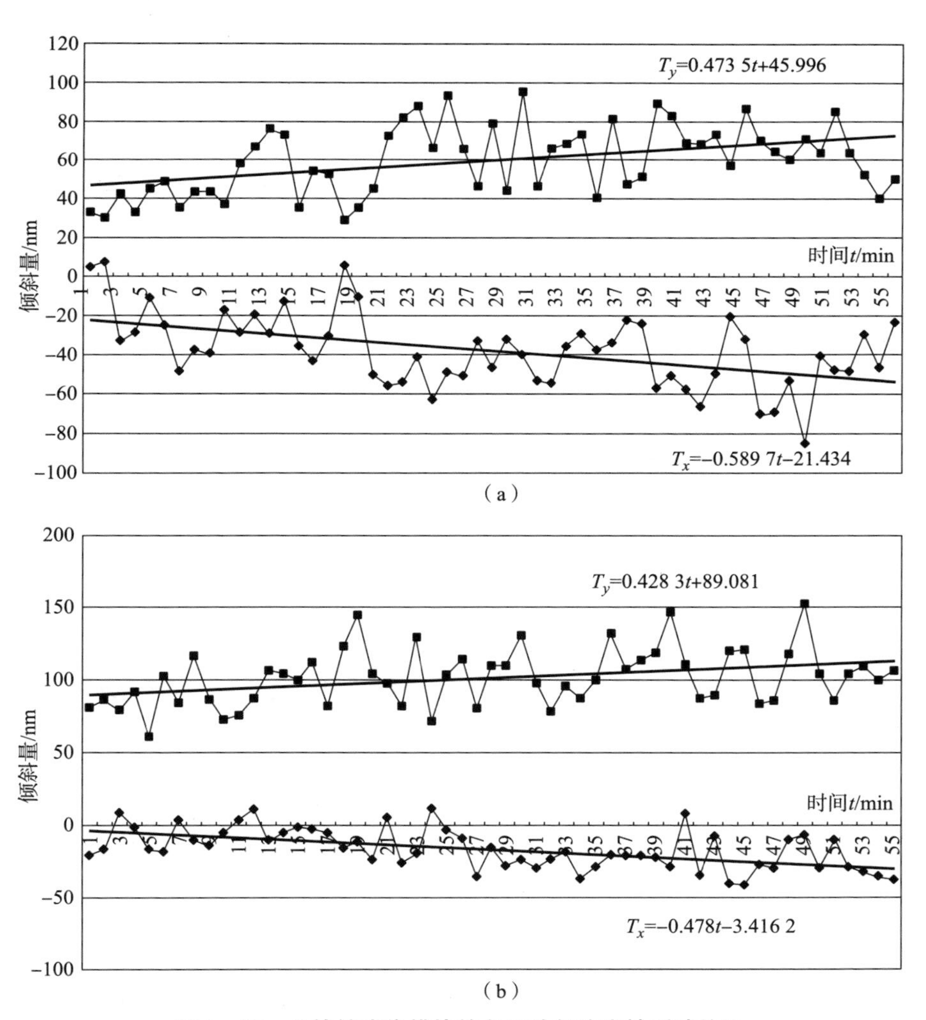

图6－32 分块镜成像模块的多子孔径稳定性测试结果

（a）2号子镜稳定性测试结果；（b）3号子镜稳定性测试结果

6.3.2.3 分块镜成像模块稳定性的全孔径测试

在此前的稳定性测试中，FISBA 数字移相干涉仪都是通过对镜面上一个圆形区域的测量来衡量整个镜面，难免会丢失一些镜面边缘的信息，所以有必要在全孔径条件下对其稳定性进行测试。

图 6-33 所示为分块镜成像模块稳定性的全孔径测试结果，测试开始时玻璃房内的温度是 25℃，测试过程中温度降低 0.1℃，测试时间为 1 h。由测量结果可以看出，整个分块镜面的倾斜量平均每分钟增加 6.454 4 nm。

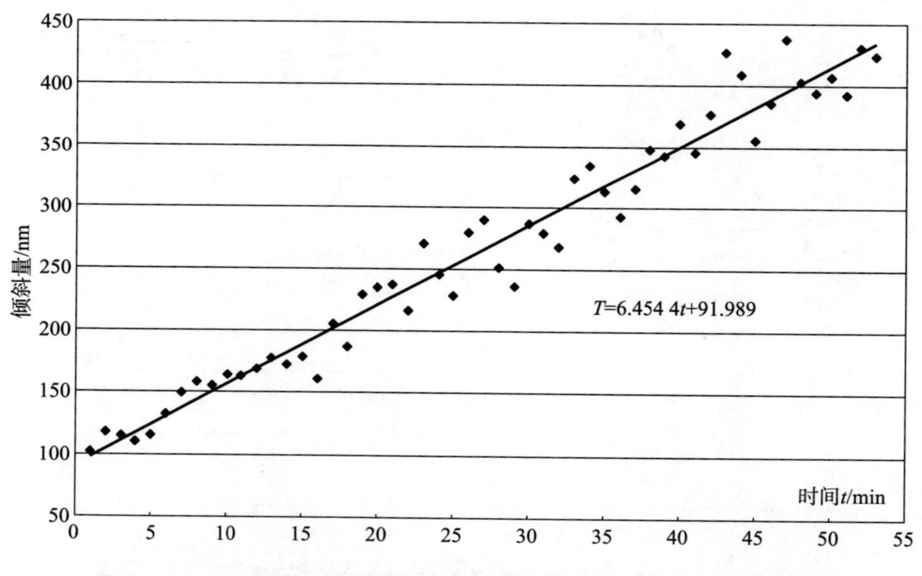

图 6-33 温度降低 0.1℃时分块镜成像模块的全孔径稳定性测试结果

尽管在温度变化 0.1℃ 的条件下，6.454 4 nm/min 的倾斜变化率对分块镜实现共相位成像的影响不大，但更需要了解在恒温条件下分块镜的全孔径测试结果，以便准确评价该模块的机械结构稳定性。

由于保持玻璃房内温度在 1 h 内恒定不变难度很大，可将测试时间缩短为 20 min，保持测量次数不变、缩短测量间隔至 20 s，得到如图 6-34 所示的测试结果，测试温度为 26.1℃。由图可知，整个分块镜面的倾斜量平均每分钟仅增加 0.509 9 nm。

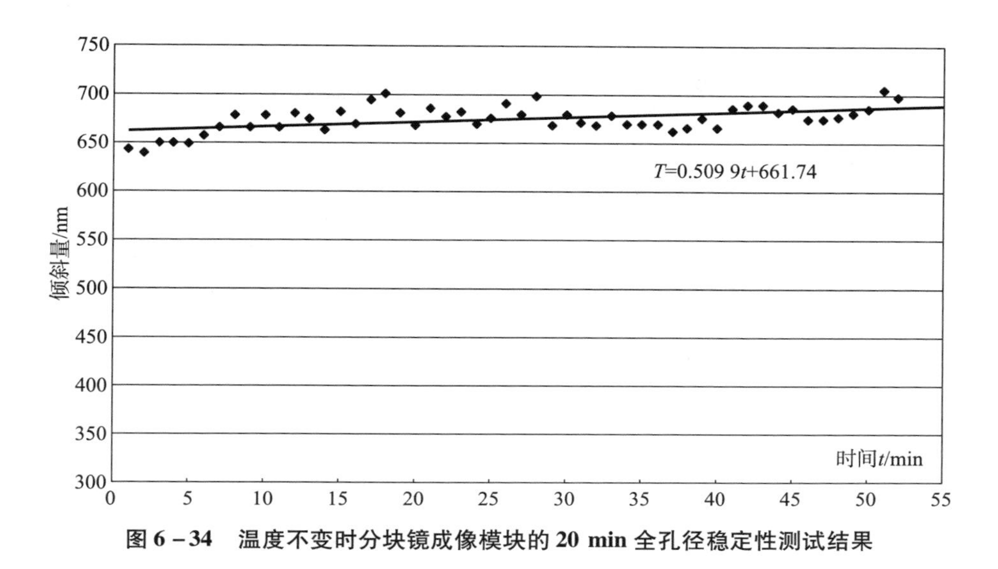

图6－34 温度不变时分块镜成像模块的20 min全孔径稳定性测试结果

综合上述对稳定性的实验分析结果表明，所建立的共相位实验验证平台的共相位误差标定模块和分块镜成像模块都具有很高的机械结构稳定性，但温度对稳定性的影响明显。因此，在进行共相位误差检测和校正时，尽量避免温度波动大的情况，如果遇到这种情况，则必须开启实验平台的闭环控制功能。

6.4 共相位误差的检测与校正

实验验证平台采用质心探测法对分块镜间的倾斜误差进行检测，采用二维色散条纹法对分块镜间的piston误差进行检测，共相位误差的校正则是通过计算机控制微位移致动器来实现；共相位误差检测和校正的过程按照图6－22给出的“实验平台共相位工作流程”进行。

6.4.1 倾斜误差的检测与校正

6.4.1.1 原理

测量星点像的质心时，需要将光源模块的针孔光阑移入光路，针孔光阑将为 tip - tilt 误差的检测和校正提供星点目标。如果各分块镜之间存在倾斜误差，则 CCD 上各分块镜所成星点像斑将不重合。此时，采用质心探测的方法测出各星点像的质心位置，计算其位置坐标差，作为反馈信号控制微位移致动器，对倾斜误差进行校正。

三个分块镜分别对点目标成像后将由 CCD 接收，计算机中将根据下式计算星点像的质心坐标：

$$\begin{cases} X_c = \dfrac{\sum\limits_{i,j}^{L,M} x_i P_{i,j}}{\sum\limits_{i,j}^{L,M} P_{i,j}}, Y_c = \dfrac{\sum\limits_{i,j}^{L,M} y_i P_{i,j}}{\sum\limits_{i,j}^{L,M} P_{i,j}} \end{cases} \tag{6-4}$$

式中：x_i，y_i 分别为 CCD 探测区域内的像元中心的行列坐标；$P_{i,j}$ 为第（i，j）个像元的灰度值；L 和 M 分别为 CCD 探测区域内沿行的方向和列的方向的像元个数。

在校正 tip - tilt 误差时，控制软件根据固定镜所成星点像的质心位置为参考点，通过调整微位移致动器两端的电压，使可调分块镜所成星点像的质心与参考分块镜所成星点像的质心重合。当两块可调分块镜的质心均被校正到与参考质心重合的位置，就完成了整个镜面的 tip - tilt 误差校正。

6.4.1.2 微位移致动器两端电压变化量与星点像质心坐标变化的关系

这是进行倾斜误差校正时必须依据的重要关系。为得到此关系，需要建立微位移致动器伸长量的变化与星点像质心坐标变化之间的关系，以及致动器两端的电压与其伸长量的关系。

1. 微位移致动器伸长变化量与星点像质心坐标变化量的关系

首先建立坐标系，将分块镜及微位移致动器的支点位置投影到平行于分块镜成像模块底板的一个平面 xOy 上，该平面与分块镜拼接成完整镜面时所在的球面相切，切点 O 为球心 S 在该平面上的投影，则线段 SO 的长度为球面的曲率半径 R。在平面 xOy 内建立以 O 点为原点的坐标系，如图 6 - 35 所示。

精确测量得到各个微位移致动器支点在该平面的投影位置并绘制在坐标系内。设：2 号镜的微位移致动器在坐标系内的坐标为 A_2（x_{A_2}，y_{A_2}），B_2

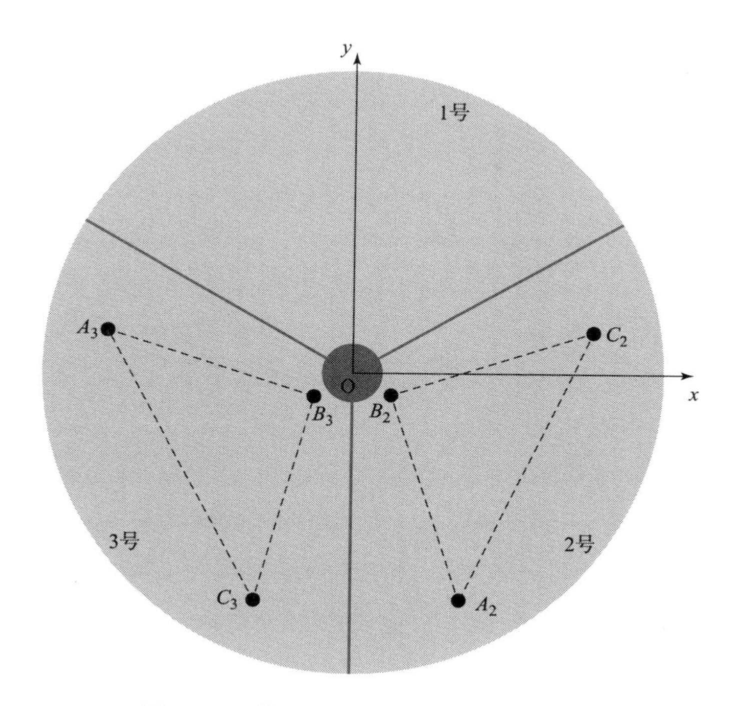

图 6－35　微位移致动器在坐标系内的位置

(x_{B_2}, y_{B_2})，C_2 (x_{C_2}, y_{C_2})；3 号镜的微位移致动器在坐标系内的坐标为 A_3 (x_{A_3}, y_{A_3})，B_3 (x_{B_3}, y_{B_3})，C_3 (x_{C_3}, y_{C_3})。

以 3 号镜的微位移致动器 C_3 为例，研究微位移致动器的伸长对星点像质心在平面 xOy 上的位置的影响。

设定初始状态：3 号镜的三个微位移致动器的伸长量相等，那么由三个微位移致动器支点确定的平面平行于分块镜成像模块的底板。此时微位移致动器 A_3、B_3、C_3 在坐标系 xOy 中，3 号镜镜面的球心 S 位于坐标系所在平面外，它们的位置如图 6－36 所示。由于坐标系的原点 O 是分块镜拼接成完整镜面时圆心在底板上的投影，所以球心 S 在平面 xOy 上的投影为 O。当微位移致动器 C_3 伸长时，3 号镜将以微位移致动器 A_3 和 B_3 的连线为轴作旋转运动。当 C_3 的位置升高到 C_3' 时，3 号镜球心的位置将从 S 移动到 S'，S' 位于过 S 且垂直于 A_3P 的平面内。

在平面 xOy 内过 O 点作直线 OP 垂直于线段 A_3B_3 的延长线于 P，并连接 SO、SP、及 $S'P$。

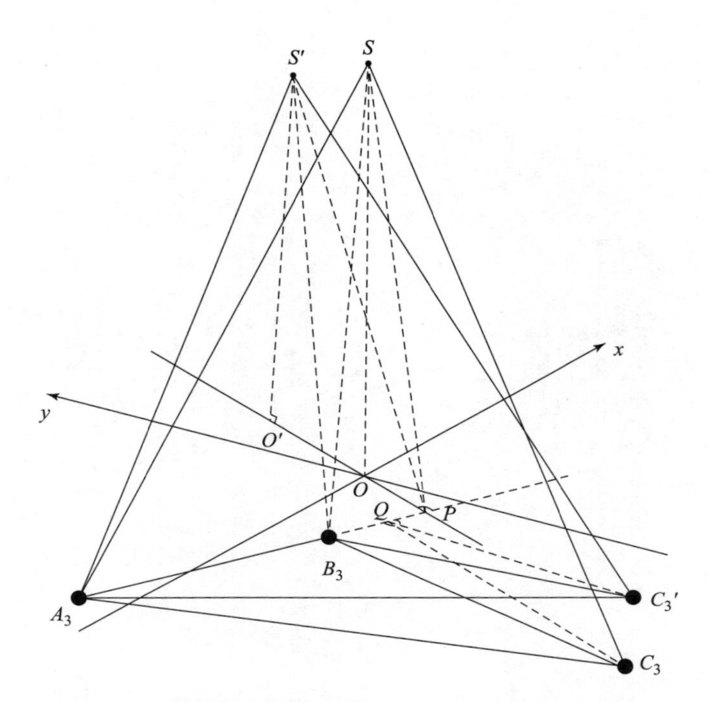

图 6－36　分析 C_3 伸长与 S 投影坐标变化的几何模型

因为 O 是 S 在平面 xOy 上的投影，所以线段 SO 垂直于平面 xOy，又因为线段 A_3P 在平面 xOy 内，则线段 SO 垂直于线段 A_3P。因为 A_3P 与平面 SOP 内的两条相交线段 SO 和 OP 垂直，则 A_3P 垂直于平面 SOP。进而球心 S 绕 A_3P 旋转后得到的点 S' 必在平面 SOP 内。

在平面 SOP 内过 S' 点作线段 $S'O'$ 垂直直线 OP 于 O'。

因为 A_3P 垂直于平面 $S'O'P$，所以 $S'O'$ 垂直于 A_3P。又因为 $S'O'$ 垂直于 $O'P$，则 $S'O'$ 垂直于平面 A_3PO'，即 $S'O'$ 垂直于平面 xOy。所以 O' 为 3 号镜旋转后的球心 S' 在平面 xOy 内的投影。由此可知，当 3 号镜的微位移致动器 C_3 的伸长量改变时，3 号镜的球心在平面 xOy 上的投影一定位于过原点 O 且垂直于转轴 A_3B_3 的直线 OP 上。

在平面 xOy 内过 C_3 作线段 C_3Q 垂直于 A_3P 于 Q，并连接 $C_3'Q$。

因为 $C_3'Q$ 为 C_3Q 绕 A_3P 旋转得到的，且 C_3Q 垂直于 A_3P，则 $C_3'Q$ 垂直于 A_3P。所以 $\angle C_3QC_3'$ 是平面 $A_3B_3C_3$ 与平面 $A_3B_3C_3'$ 的夹角；同理，$\angle SPS'$ 是

平面 A_3B_3S 与平面 A_3B_3S' 的夹角。又因为三棱锥 $S'-A_3B_3C_3'$ 是三棱锥 $S-A_3B_3C_3$ 绕 A_3P 旋转一定角度得到的，所以 $\angle C_3QC_3'=\angle SPS'$。

假设当微位移致动器 C_3 的位置升高到 C_3' 时，伸长量变化为 ΔL。由于 C_3 的伸长量变化 ΔL 相对于 C_3 到转轴的距离 C_3Q 相差约 5 个数量级，所以 ΔL 可以近似为 C_3' 与平面 xOy 间的距离。

由图 6－36 可知

$$\angle C_3Q\,C_3'=\arcsin(\Delta L/C_3Q)=\arcsin(\Delta L/C_3Q)$$

所以

$$\begin{aligned}\angle S'PO'&=\angle SPO-\angle SPS'=\angle SPO-\angle C_3Q\,C_3'\\&=\arctan(SO/OP)-\arcsin(\Delta L/C_3Q)\end{aligned}$$

$$\begin{aligned}OO'&=PO'-OP=S'P\cos\angle S'PO'-OP\\&=SP\cos\left[\arctan\frac{SO}{OP}-\arcsin\frac{\Delta L}{C_3Q}\right]-OP\end{aligned}\qquad(6-5)$$

设坐标 A_3（-117.49，20.71）、B_3（-18.6，-11.05）、C_3（-46.51，-113.27）可求得 A_3B_3 所在直线的方程为

$$y=-0.321x-17.024$$

进而可求得 $C_3Q=105.79$ mm，$OP=16.21$ mm。

若 3 号镜的曲率半径 $R=1\,500$ mm，可知 $SO=1\,500$ mm。又因为 ΔSOP 为直角三角形，可求出 $SP=1\,500.09$ mm。

将 SP、SO、OP、C_3Q 的值代入式（6－5），可得 $OO'=14.179\Delta L$。

因为 OO' 所在直线过原点并且与 A_3B_3 垂直，所以 OO' 所在的直线的方程为

$$y=3.115x$$

在近轴范围内，如图 6－37 所示，3 号镜的球心位于 S 时，光源模块提供的点目标经 3 号镜反射后成像于与 S 重合的 G 点。当 3 号镜的球心移动到 S' 时，星点经 3 号镜反射后将成像于 G'，且 $GG'=2SS'$。所以微位移致动器 C_3 伸长时 3 号镜反射星点像 G' 的质心在平面 xOy 上投影 O'' 与线段 OO' 在同一条直线上，且 $O''=2\,OO'=28.358\Delta L$。若微位移致动器的最大伸长量 $\Delta L_{max}=30$ μm，则 O'' 的最大长度为 $O''_{max}=850.74$ μm。

图 6－38（a）所示为微位移致动器 C_3 伸长时 3 号镜反射星点像的质心在平面 xOy 上投影的轨迹。并由此计算当微位移致动器 C_3 的伸长量增加 ΔL

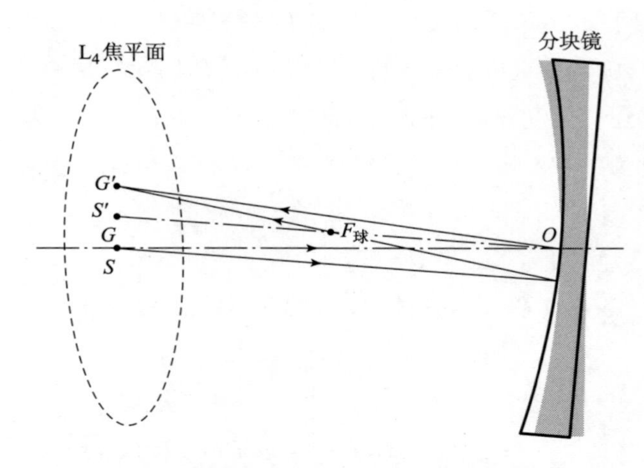

图 6－37　分块镜球心与分块镜所成星点像的位置关系

时，3 号镜反射的星点像的质心在平面 xOy 上的投影 O''，沿 x 轴正方向的移动 $\Delta x = 8.668\Delta L$，沿 y 轴正方向的移动 $\Delta y = 27\Delta L$。

同理，可以计算出其余各微位移致动器分别伸长 ΔL 时，其对应分块镜反射星点像的质心在平面 xOy 上投影的轨迹方程，如图 6－38（b）和（c）所示。

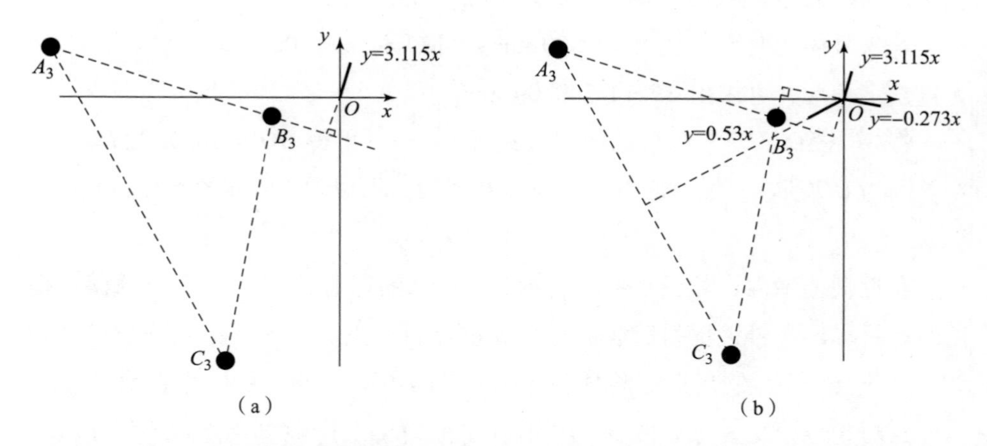

图 6－38　各微位移致动器伸长时该镜反射星点像的质心在平面 xOy 上投影的轨迹

（a）微位移致动器 C_3 伸长时 3 号镜反射星点像的质心在平面 xOy 上投影的轨迹；

（b）3 号镜各微位移致动器伸长时该镜反星点像的质心在平面 xOy 上投影的轨迹

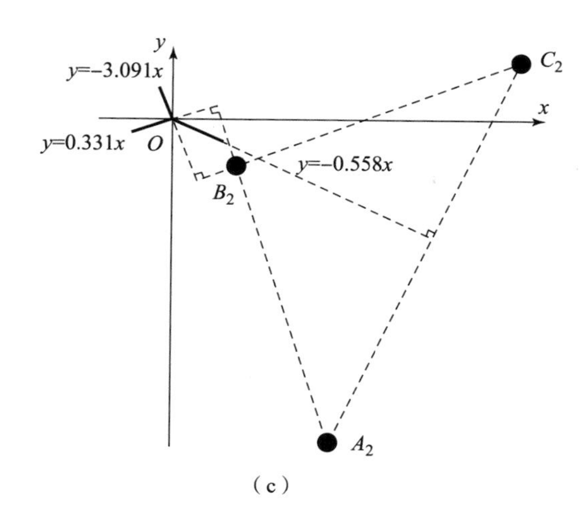

（c）

图6－38 各微位移致动器伸长时该镜反射星点像的质心在平面 xOy 上投影的轨迹（续）

（c）2号镜各微位移致动器伸长时该镜反射星点像的质心在平面 xOy 上投影的轨迹

若设坐标 A_2（52.39，－113.2）、B_2（18.6，－11.05）、C_2（115.83，20.41），可给出表6－2所示的各微位移致动器分别伸长 ΔL 时，星点像的质心在平面 xOy 上投影的坐标变化。

表6－2 各微位移致动器伸长 ΔL 时，星点像的质心在平面 xOy 上投影的坐标变化

致动器号	A_2	B_2	C_2	A_3	B_3	C_3
沿 x 轴移动量 Δx	$-8.584\Delta L$	$35.234\Delta L$	$-27.87\Delta L$	$27.892\Delta L$	$-36.562\Delta L$	$8.668\Delta L$
沿 y 轴移动量 Δy	$26.53\Delta L$	$-19.676\Delta L$	$-9.22\Delta L$	$-7.614\Delta L$	$-19.378\Delta L$	$27\Delta L$
质心投影轨迹	$y=-3.091x$	$y=-0.558x$	$y=0.331x$	$y=-0.273x$	$y=0.530x$	$y=3.115x$
质心投影轨迹长度 OO''	$27.884\Delta L$	$40.356\Delta L$	$29.356\Delta L$	$28.912\Delta L$	$41.38\Delta L$	$28.358\Delta L$
OO''_{max}/μm	836.52	1 210.68	880.68	867.36	1 241.4	850.74

2. 分块镜坐标系 xOy 与CCD坐标系 $x'O'y'$ 对应关系

重点分析坐标系 xOy 与CCD坐标系 $x'O'y'$ 的关系。点目标被分块球面镜成像到CCD，其光学成像系统可视为由一个由共轴球面系统和平面镜棱镜系统组合而成。为确定这个光学系统的成像方向，可先将其分解为如图6－39

所示的平面镜棱镜系统和图 6－40 所示的共轴球面系统，再分别确定这两个系统的成像方向。

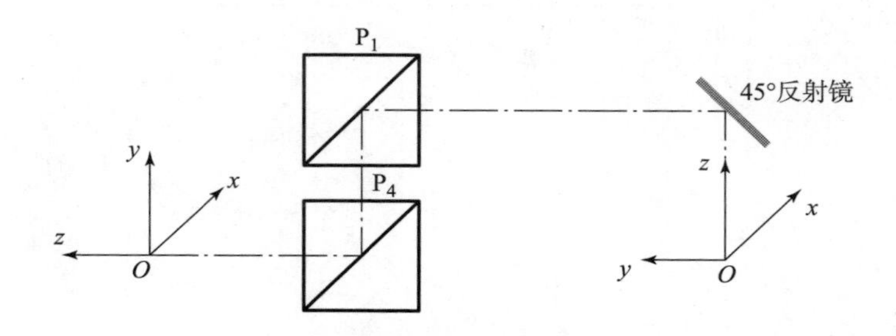

图 6－39　平面镜棱镜系统的成像方向

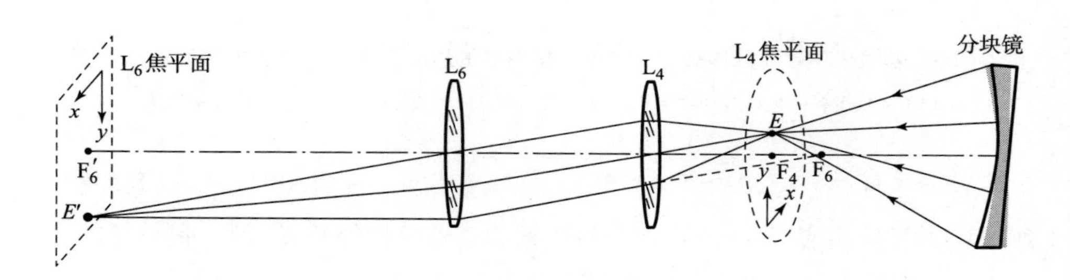

图 6－40　共轴球面系统的成像方向

在图 6－39 所示的平面镜棱镜系统中，由于光轴被反射奇数次，所以经该系统反射后的像点所在的坐标系与物点所在的坐标系互为“镜像”关系。

如图 6－40 所示，在由准直物镜 L_4 和成像物镜 L_6 组成的共轴球面系统中，从分块镜反射的星点像将作为该系统的物点，对应的像点将落在安装在 L_6 焦平面处的 CCD 相机上。由图 6－40 所示光路可知此共轴球面系统所成的像为倒像，据此可以判断整个系统的成像方向与图 6－39 所示的平面镜棱镜系统的成像方向相反。在 CCD 面阵上建立如图 6－41 所示的坐标系 $x'O'y'$，通过上述分析可确定在图 6－35 中所建立的投影坐标系 xOy 与坐标系 $x'O'y'$的对应关系：x 轴的正方向对应 x'轴的负方向，y 轴的正方向对应 y'轴的负方向。

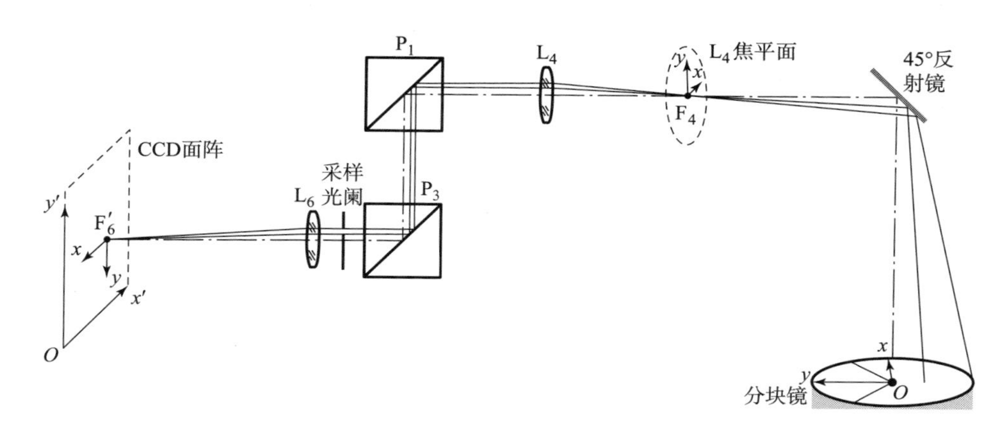

图6-41 分块镜坐标系与CCD坐标系 $x'O'y'$ 对应关系

3. 垂轴放大率的计算

最后，还需要确定物像大小关系。如图6-42所示，E 点位于准直物镜 L_4 的物方焦平面上，由 E 发出的光通过 L_4 后成为一束与光轴夹角为 u 的平行光，该平行光束通过成像物镜 L_6 后必相交于 L_6 像方焦平面上的同一点，即 E' 点。已知物高为 y，像高为 y'，L_4 的焦距为 f_4，L_6 的焦距为 f_6。由图6-42可知，该系统的垂轴放大率为

$$\beta = \frac{y}{y'} = \frac{f_6}{f_4} \tag{6-6}$$

把实验平台参数代入式（6-6），可得垂轴放大率为3.2。

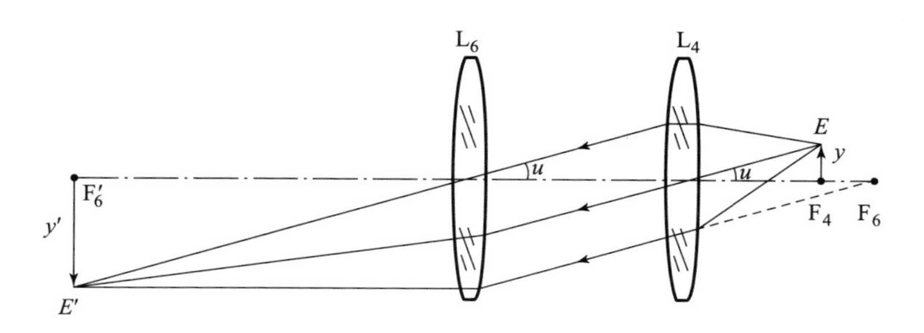

图6-42 计算垂轴放大率的光路图

至此，即可计算出当各微位移致动器伸长变化量为 ΔL 时，星点像的质心在CCD坐标系 $x'O'y'$ 上的坐标变化，如表6-3所示。

表 6－3 各微位移致动器伸长 ΔL 时，星点像的质心在 CCD 坐标系 $x'O'y'$ 上的坐标变化

致动器号	A_2	B_2	C_2	A_3	B_3	C_3
沿 x' 轴移动量 $\Delta x'$	$27.468\Delta L$	$-112.748\Delta L$	$89.184\Delta L$	$-89.254\Delta L$	$116.998\Delta L$	$-27.738\Delta L$
沿 y' 轴移动量 $\Delta y'$	$-84.896\Delta L$	$62.964\Delta L$	$29.504\Delta L$	$24.364\Delta L$	$62.01\Delta L$	$-86.4\Delta L$
$OO''_{\max}$/μm	2 676.864	3 874.176	2 818.176	2 775.552	3 972.48	2 722.368

6.4.1.3 微位移致动器两端电压—伸长量曲线的测定

在进行共相位误差校正时，是通过改变微位移致动器两端的电压来改变致动器的伸长量，对分块镜的位姿进行控制，因此还必须获得微位移致动器两端电压与其伸长量的关系，才能根据上述得到的微位移致动器伸长变化量与星点像质心坐标变化之间的关系，实现共相位误差校正。

一般地，微位移致动器两端电压与其位移量的关系是通过对大量实验数据进行拟合获得的。微位移致动器采用的是电致伸缩，根据材料本身的特点，通过实验获取其电压－位移量关系时，需重点考虑两方面的问题：①压电材料的迟滞效应，会使其升压过程曲线和降压过程曲线不一致，在应用中将导致复位误差；②压电材料在其整个工作量程中，其电压－伸长量的关系不都是线性的，但它有近似线性工作区，因此要注意寻找它的线性工作区，在这一线性区中获取它的电压－伸长量关系。由于电致伸缩材料的个体差异较大，因此上述这两个问题需要依次通过实验获得。

下面以 3 号镜的微位移致动器 C_3 为例说明。借助 FISBA 数字移相干涉仪对其电压－位移曲线进行标定。首先通过实验找到它的线性区；然后在线性区的中间点，对其升压、降压过程中的电压－位移数据进行线性拟合，多次测量对拟合曲线的斜率取平均，最终得到升压过程的电压－伸长量曲线，及降压过程中的电压－伸长量曲线。图 6－43 所示为升压过程中采集的数据及拟合结果。将多条拟合曲线的斜率作算数平均得出 C_3 升压曲线的斜率为 172.86 nm/V，即电压每上升 1V 其平均伸长量为 172.86 nm，工作区的中心电压为 53.17 V。

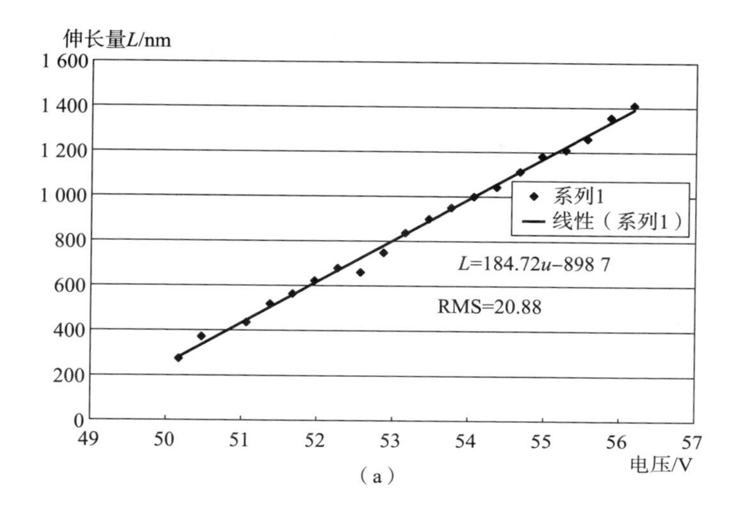

（a）

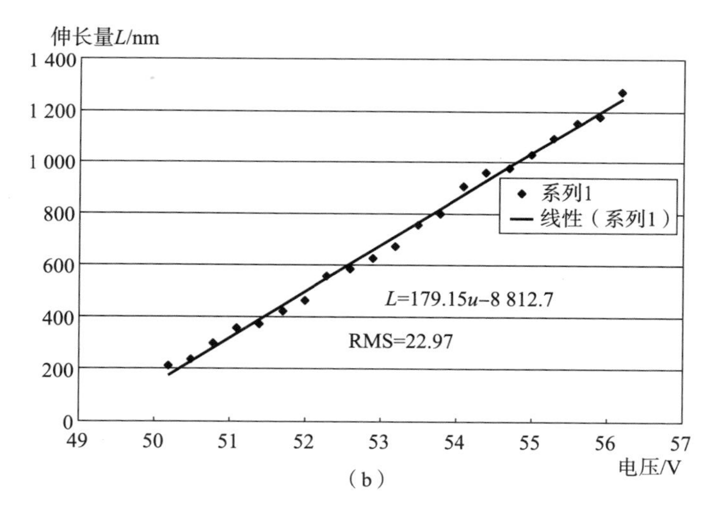

（b）

图 6－43　升压过程的电压—伸长量实验数据及线性拟合结果

（a）电压—伸长量数据及拟合结果 1；（b）电压—伸长量数据及拟合结果 2

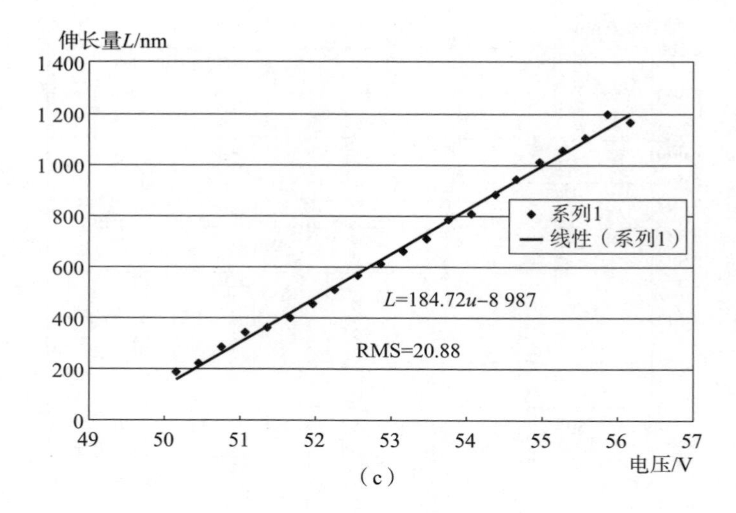

（c）

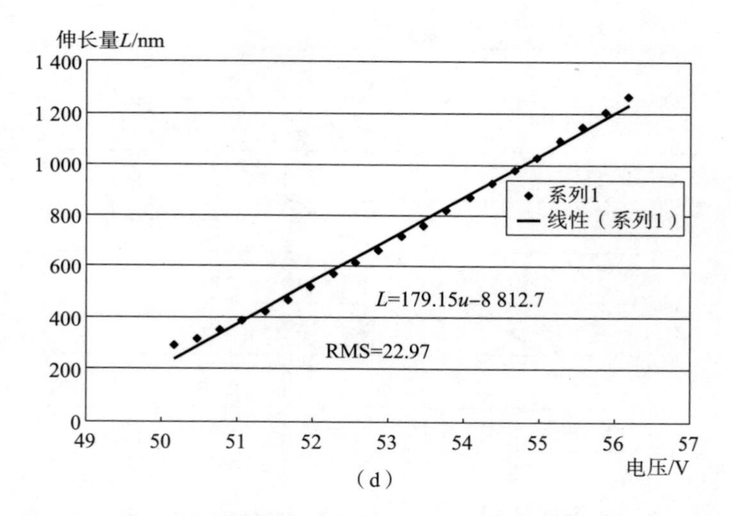

（d）

图 6-43 升压过程的电压—伸长量实验数据及线性拟合结果（续）

（c）电压—伸长量数据及拟合结果 3；（d）电压—伸长量数据及拟合结果 4

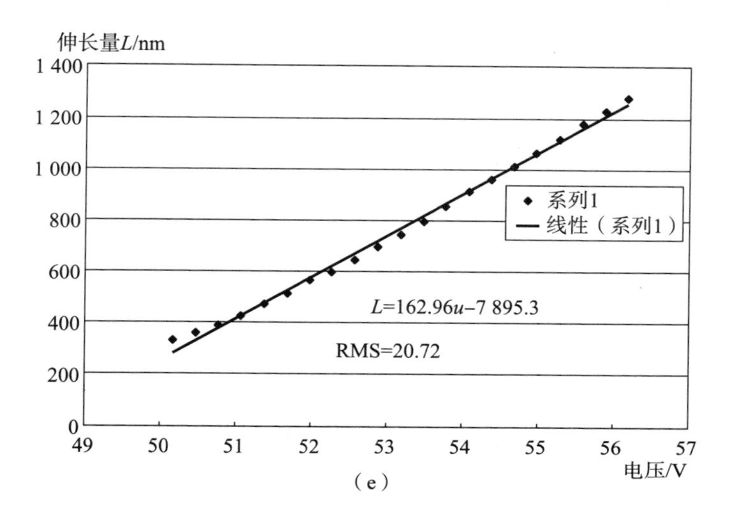

（e）

图 6－43　升压过程的电压—伸长量实验数据及线性拟合结果（续）

（e）电压—伸长量数据及拟合结果 5

图 6－44 所示为降压过程中采集的数据及拟合结果。同样，将多条拟合曲线的斜率作算数平均得出 C_3 降压曲线的斜率为 169. 4 nm/V。即电压每下降 1V 其平均缩短量为 169. 4 nm。

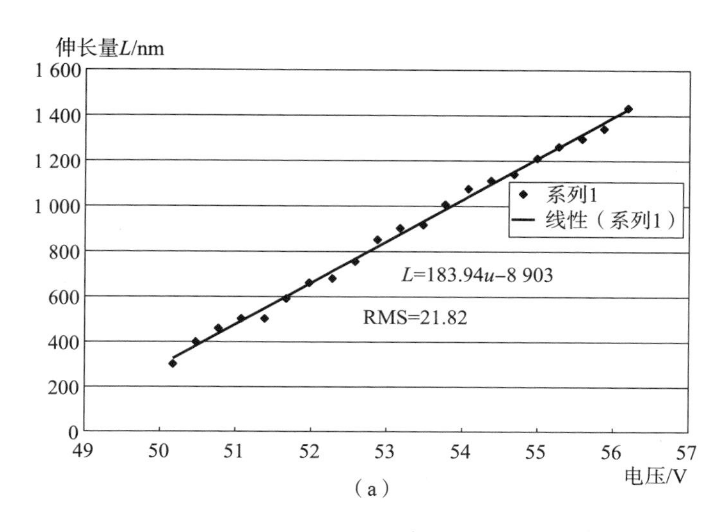

（a）

图 6－44　降压过程的电压－伸长量实验数据及线性拟合结果

（a）电压－伸长量数据及拟合结果 1

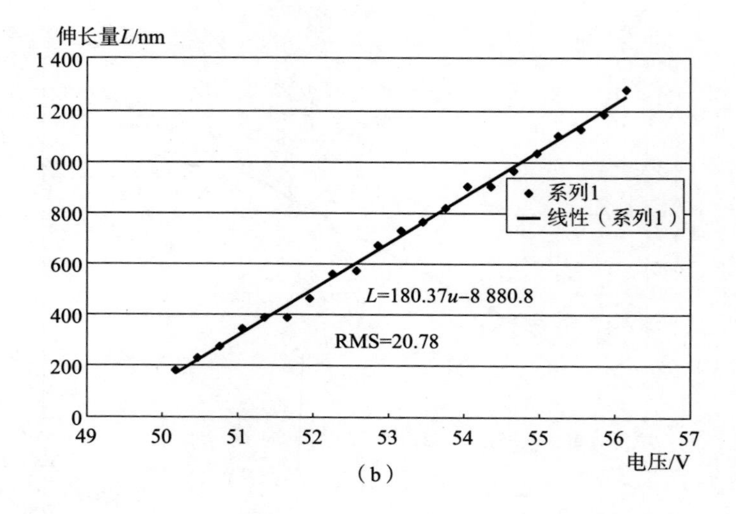

（b）

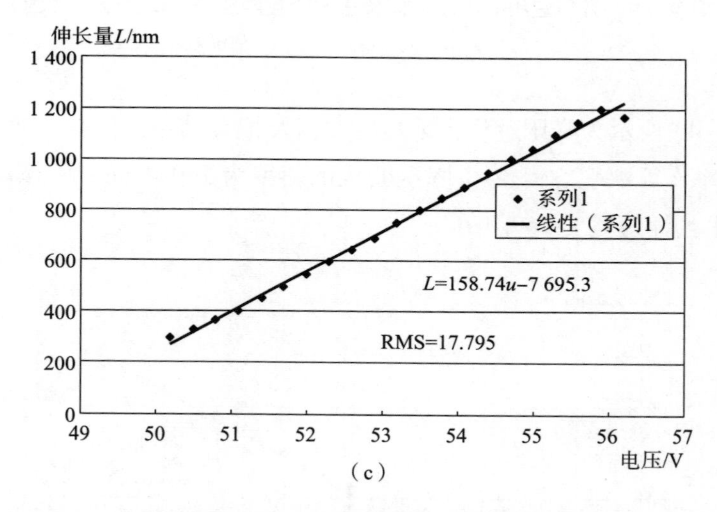

（c）

图 6-44 降压过程的电压-伸长量实验数据及线性拟合结果（续）

（b）电压-伸长量数据及拟合结果 2；（c）电压-伸长量数据及拟合结果 3

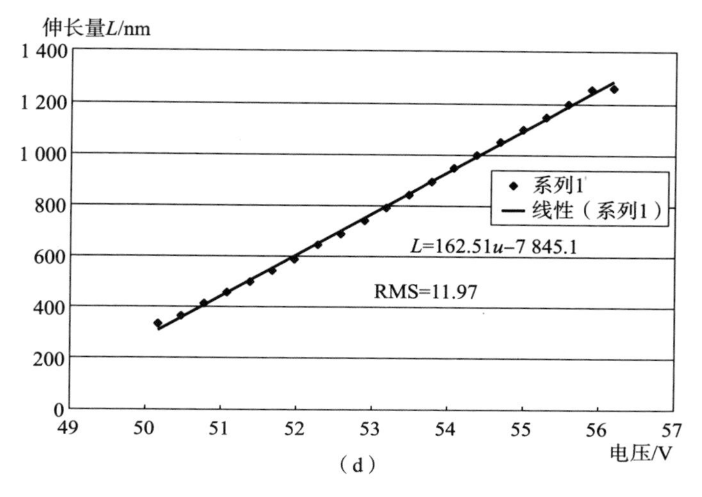

（d）

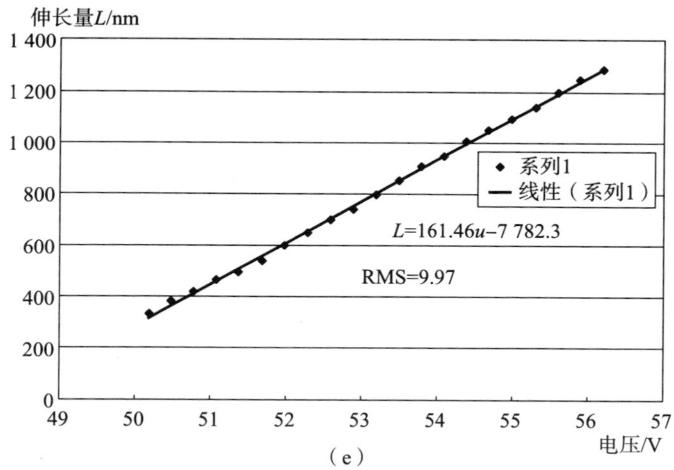

（e）

图 6－44　降压过程的电压－伸长量实验数据及线性拟合结果（续）

（d）电压－伸长量数据及拟合结果 4；（e）电压－伸长量数据及拟合结果 5

重复上述过程，即可得到所有微位移致动器升、降压曲线的斜率，结果如表 6－4 所示。表 6－4 中所示的数据不仅用于 tip－tilt 误差的校正，还将用于 piston 误差的校正。在进行共相位误差校正时，控制软件只要根据表 6－4 赋给各微位移致动器相应的电压值，即可控制致动器达到所要求的调整量，实现共相位误差的校正。

表 6-4 各压电陶瓷电压-位移曲线斜率

压电陶瓷序号	A_2	B_2	C_2	A_3	B_3	C_3
升压曲线斜率/($nm \cdot V^{-1}$)	153.772	167.354	166.180	154.914	151.220	172.860
降压曲线斜率/($nm \cdot V^{-1}$)	159.320	166.094	164.948	155.448	151.490	169.400
平均斜率/($nm \cdot V^{-1}$)	156.546	166.724	165.564	155.181	151.355	171.13

6.4.1.4 微位移致动器电压变化量与星点像质心坐标的变化关系

表 6-3 给出了各微位移致动器的伸长量改变 ΔL 时，对应分块镜所成星点像的质心在 CCD 上的坐标变化量。以 3 号镜的微位移致动器 C_3 为例根据表 6-3 的结果计算出各微位移致动器电压变化量对应的质心坐标变化量。

当 C_3 的电压上升 1V、其余微位移致动器的电压不变时，C_3 的伸长改变量 $\Delta L = 172.860$ nm，3 号镜在 CCD 上所成星点像的质心在 CCD 坐标系 x' 轴方向的移动量为 $-27.738 \times 172.860 = -4\ 794.791$ nm，在 y' 轴方向的移动量为 $-86.4 \times 172.860 = -14\ 935.104$ nm。若 CCD 像元尺寸为 5.2 μm × 5.2 μm，该星点像的质心在 x' 轴方向移动 $-4\ 794.791/5\ 200 \approx -0.92$ 个像素，在 y' 轴方向移动 $-14\ 935.104/5\ 200 \approx -2.88$ 个像素。

表 6-5 列出了微位移致动器的电压变化量与星点像在 CCD 上坐标变化的关系，表中微位移致动器电压变化量对应的质心移动量以像素数表示。

表 6-5 微位移致动器电压变化量与星点像的质心在 CCD 上坐标变化的关系

致动器号	A_2	B_2	C_2	A_3	B_3	C_3
升压时沿 x' 轴移动量/($nm \cdot V^{-1}$)	4 223.81	-18 868.8	14 820.6	-13 826.7	17 692.44	-4 794.8
升压时沿 y' 轴移动量/($nm \cdot V^{-1}$)	-13 054.62	10 537.28	4 902.974	3 774.324	9 377.152	-14 935.1
降压时沿 x' 轴移动量/($nm \cdot V^{-1}$)	4 376.202	-18 726.8	14 710.72	-13 874.4	17 724.03	-4 698.82
降压时沿 y' 轴移动量/($nm \cdot V^{-1}$)	-13 525.64	10 457.94	4 866.626	3 787.336	9 393.894	-14 636.2
升压时沿 x' 轴移动量/(像素 · V^{-1})	0.812	-3.628	2.85	-2.658	3.402	-0.922

续表

致动器号	A_2	B_2	C_2	A_3	B_3	C_3
升压时沿 y' 轴移动量/(像素 · V^{-1})	-2.51	2.026	0.942	0.726	1.804	-2.872
降压时沿 x' 轴移动量/(像素 · V^{-1})	0.842	-3.602	2.828	-2.668	3.408	-0.904
降压时沿 y' 轴移动量/(像素 · V^{-1})	-2.602	2.012	0.936	0.729 6	1.807 6	-2.815 6
沿 x' 轴平均移动量/(像素 · V^{-1})	0.83	-3.62	2.84	-2.66	3.41	-0.91
沿 y' 轴平均移动量/(像素 · V^{-1})	-2.56	2.02	0.94	0.73	1.81	-2.84

6.4.2 共相位成像及像质评价

在完成上述倾斜误差的检测和校正后，再进行 piston 误差的检测和校正。实验平台采用二维色散条纹法作为 piston 误差的检测方法。该方法的原理已在本书 4.1 节中做了详细介绍，在此不再重复。piston 误差的校正，是将检测到的 piston 误差作为反馈控制信号，根据上述拟合的微位移致动器的电压 - 伸长量曲线，改变致动器两端的电压，实现 piston 误差的校正。

实验平台的共相位成像根据图 6 - 22 给出的工作流程进行。

6.4.2.1 共相位误差检测和校正过程

由于二维色散条纹法一次只能检测一对相邻子镜间的 piston 误差，所以实验平台的共相位检测和校正是：首先完成一对相邻子镜的倾斜和 piston 误差检测和校正；然后转动 piston 误差检测模块，再完成另一对子镜间的共相位误差的检测和校正。图 6 - 45 所示为一对相邻子镜间的共相位误差检测和校正的流程图。整个检测和校正过程是在计算机参与的闭环控制下完成的。

实验验证平台以 1 号分块镜为参考镜，2 号镜和 3 号镜为可调被测镜。

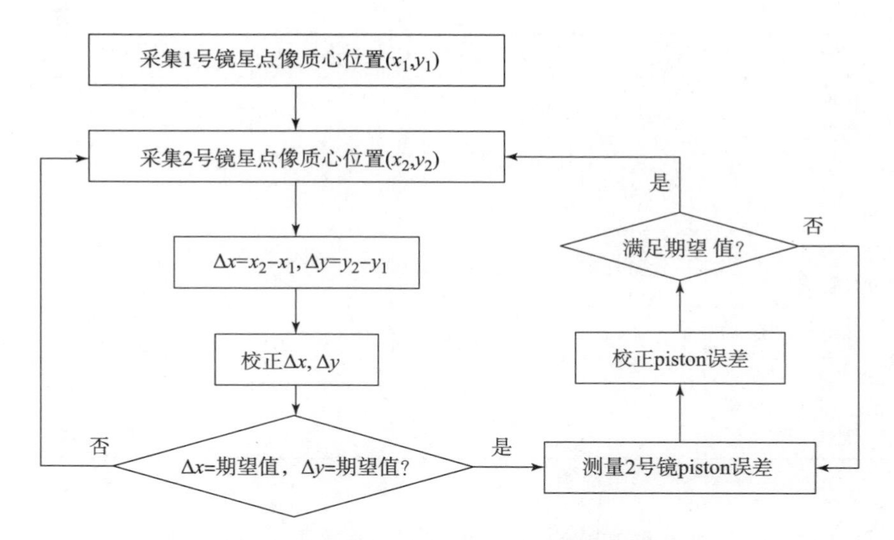

图 6－45　一对相邻子镜间的共相位误差检测与校正流程

1. 初始状态

如图 6－46 所示，三个分块镜之间既存在 piston 误差又存在 tip－tilt 误差，此状态可从共相位误差监测模块的监视器上观察到。

（a）　　（b）

图 6－46　三个分块子镜之间既存在 piston 误差又存在 tip－tilt 误差

（a）各分块子镜的星点像；（b）共相位误差监测模块的显示

图 6－46（a）表示各分块子镜的星点像发生偏离，说明各子镜间存在着 tip－tilt 误差；图 6－46（b）显示各分块子镜与平面激光干涉仪的参考镜

形成的干涉条纹疏密不同、条纹不连续，说明三个分块子镜间存在着 piston 误差，条纹方向不一致也说明了 tip - tilt 误差的存在。此时对分块子镜间的 piston 误差进行检测，检测结果如图 6 - 47 所示。图（a）表示 2 号镜和 1 号镜间的 piston 误差为 21 551 nm，图（b）表示 3 号镜和 1 号镜的 piston 误差为 8 842 nm，图（c）表示 2 号和 3 号镜间的 piston 误差为 20 193 nm。

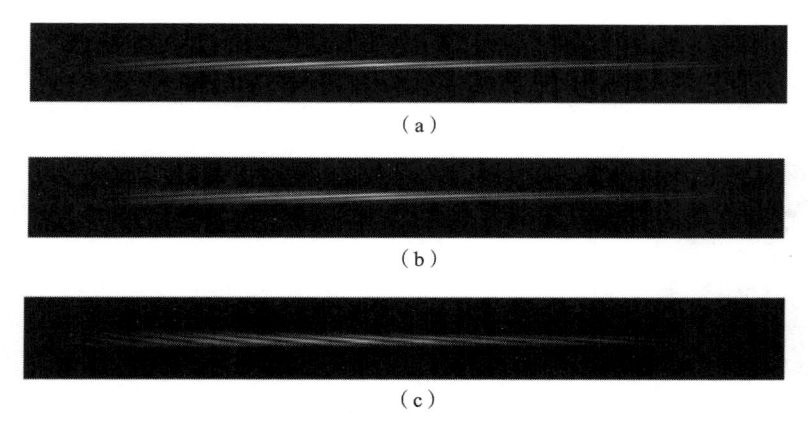

（a）

（b）

（c）

图 6 - 47　三个分块镜间的 piston 误差

2. 对 1 号镜和 2 号镜的共相位误差进行检测和校正

1）进行二者之间的 tip - tilt 误差检测与校正

先将图 6 - 15 中的光阑转盘的光阑 A 置于光路中，只让 1 号参考分块镜所成的点像成像在 CCD 上，计算其光斑质心位置并设为参考目标位；再将光阑 B 移入光路中，计算 2 号分块镜所成的点光源像的质心位置，与 1 号镜的参考目标位进行比较得出 1 号镜和 2 号镜间的 tip - tilt 误差，由计算机控制安装在 2 号分块镜背部的宏 - 微动位移致动器实现二者间的 tip - tilt 误差校正，直至二者所成的点像彼此重合。在 tip - tilt 误差检测及像质检测模块的探测器上可观察到校正结果，如图 6 - 48（a）所示。

2）进行 1 号镜和 2 号镜间的 piston 误差检测与校正

由电机驱动 piston 误差检测模块转动，使采样光阑转至图 6 - 13（b）所示的位置，将采样光阑上的两个矩形光阑孔分别位于 1 号镜和 2 号镜上，利用二维色散条纹法对 piston 误差进行计算，以此误差为根据，由计算机控制

2 号分块镜背部的微位移致动器对 piston 误差进行校正。

3）上述两个过程交替进行，直至满足期望值

在 piston 误差测量模块和共相位误差监测模块的监视器上均可观察到校正结果，如图 6－48 所示。由图 6－48（b）可知，1 号镜和 2 号镜达到共相位时，其色散干涉条纹为相互平行的三条亮线，能量集中在中间亮线上，上、下亮线相对于中间亮线对称分布，残余的 piston 误差为 2 nm；由图 6－48（c）可知，1 号镜和 2 号镜的干涉条纹方向及疏密分布均一致，二者的干涉条纹实现很好的拼接。

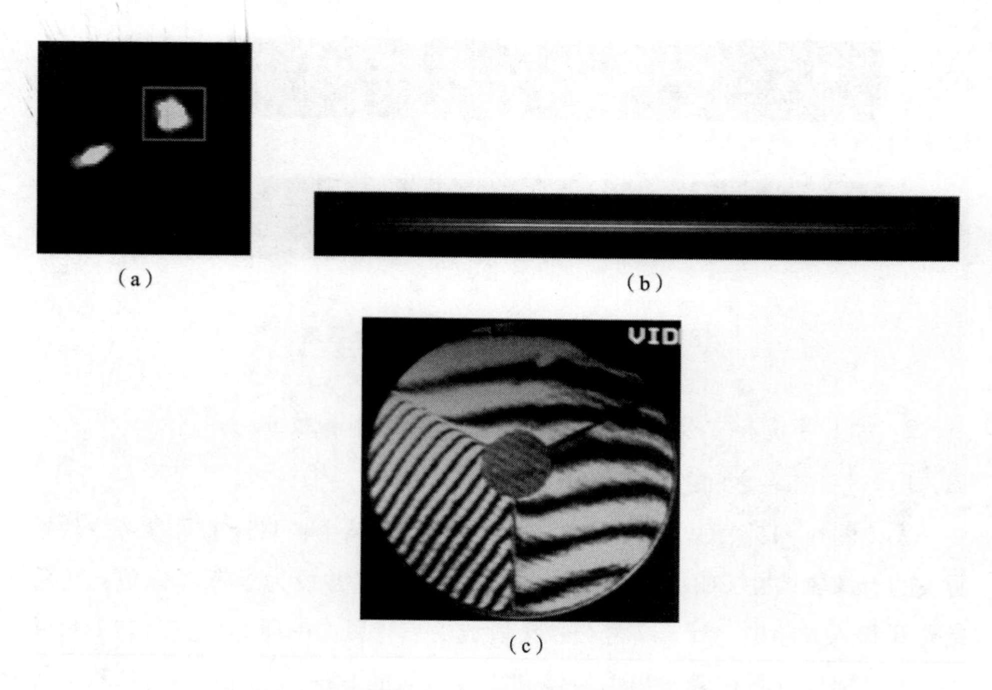

图 6－48 1 号和 2 号分块镜实现共相位的状态

（a）倾斜校正结果；（b）1 号镜和 2 号镜的 piston 误差：2nm；
（c）共相位误差监视模块显示的 1 号和 2 号镜的条纹拼接情况

3. 对 1 号镜和 3 号镜的共相位误差进行检测和校正

1）进行二者之间的 tip－tilt 误差检测与校正

将图 6－15 中的光阑转盘上的光阑 C 置于光路，只让 3 号镜所成的点像成像在 CCD 上，计算其光斑质心位置，与 1 号镜的参考目标位进行比较得

出 1 号镜和 3 号镜间的 tip – tilt 误差，重复上述 tip – tilt 误差校正过程，直至二者所成的点像彼此重合。此时，三个分块镜所成的点像彼此重合，如图 6 – 49（a）所示。

2）进行 1 号镜和 3 号镜的 piston 误差检测与校正

电机驱动 piston 误差检测模块转动，使采样光阑转至图 6 – 13（c）所示的位置，先将采样光阑上的两个矩形光阑孔分别位于 1 号镜和 3 号镜上，再利用二维色散条纹法对 piston 误差进行计算，重复上述 piston 误差校正过程。

3）上述两个过程交替进行，直至满足期望值

在 piston 误差测量模块和共相位误差监测模块的监视器上均可观察到校正结果，如图 6 – 49 所示。由图 6 – 49（b）可知，1 号镜和 3 号镜之间的残余 piston 误差为 2 nm；由图 6 – 49（c）可知，1 号镜和 3 号镜的干涉条纹方向及疏密分布均一致，二者的干涉条纹实现很好的拼接。

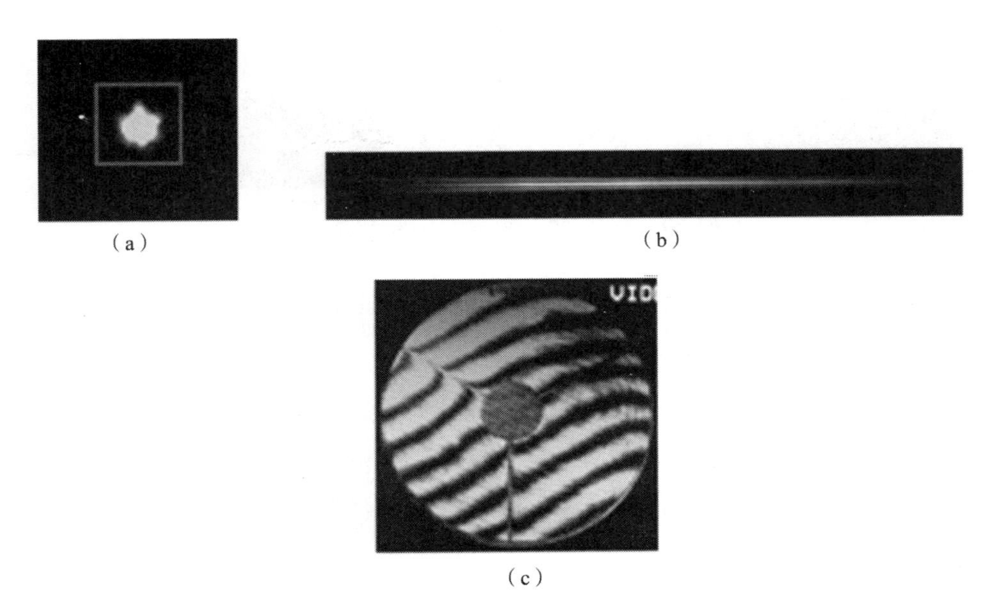

（a）　（b）　（c）

图 6 – 49　1 号、2 号和 3 号分块镜实现共相位的状态

（a）倾斜校正结果；（b）1 号镜和 3 号镜的 piston 误差：2 nm；
（c）共相位误差监测模块显示的 1 号和 3 号镜的条纹拼接情况

4. 对2号镜和3号镜的共相位误差进行复查和校正

1）对2号镜和3号镜的tip－tilt误差进行检测和校正

将图6－15中的光阑转盘上的光阑B置于光路，只让2号固定分块镜所成的点像成像在CCD上，计算其光斑质心位置，并与1号镜的参考目标位进行比较得出1号镜和2号镜间的tip－tilt误差，重复上述tip－tilt误差校正，直至二者所成的点像彼此重合。

2）对2号镜和3号镜的piston误差进行检测和校正

电机驱动piston误差检测模块转动，使采样光阑转至图6－13（d）所示的位置，将采样光阑上的两个矩形光阑孔分别位于2号镜和3号镜上，利用二维色散条纹法计算piston误差，并对其进行校正。

3）上述两个过程交替进行，直至满足预期目标

在上述对1号镜和2号镜、1号镜和3号镜共相位误差校正的基础上，对2号镜和3号镜的piston误差进行检测，结果如图6－50所示，残余piston误差为8 nm。

图6－50　2号镜和3号镜的piston误差：8 nm

至此，实现了分块镜共相位误差的检测和校正。

5. 对共相位效果进行评价

将FISBA数字移相干涉仪切入光路中，对分块镜共相位误差检测与校正效果给予评价，并对拼接好的分块球面镜进行移相干涉测量，得出全口径内的面形误差的PV值及RMS值。测量结果如图6－51所示，PV＝0.53λ（λ＝632.8 nm），RMS＝0.07λ。

1号和2号镜之间的piston误差为0.03λ，1号和3号镜之间的piston误差为0.06λ，2号和3号镜之间的piston误差为0.03λ，波面整体倾斜为0.049″。

FISBA数字移相干涉仪在处理离散波面时，并不以1号镜的波面为参

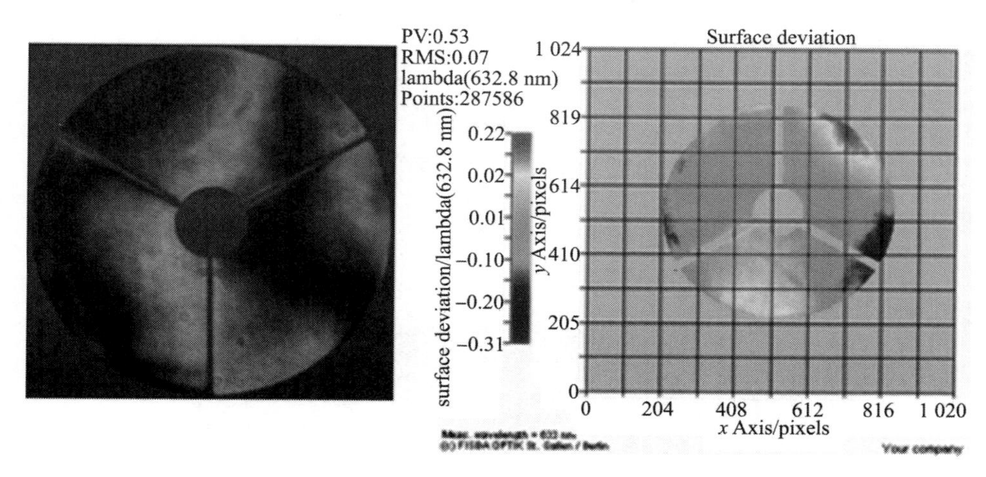

图 6－51　FISBA 数字移相干涉仪对共相位的分块球面镜的测量结果

（a）动态干涉图；（b）拼接球面镜测量结果

考，而是以三个离散波面的平均波面为参考，计算各波面的位置误差，因此和实验平台的测量结果有一定的误差。如图 6－52 所示。

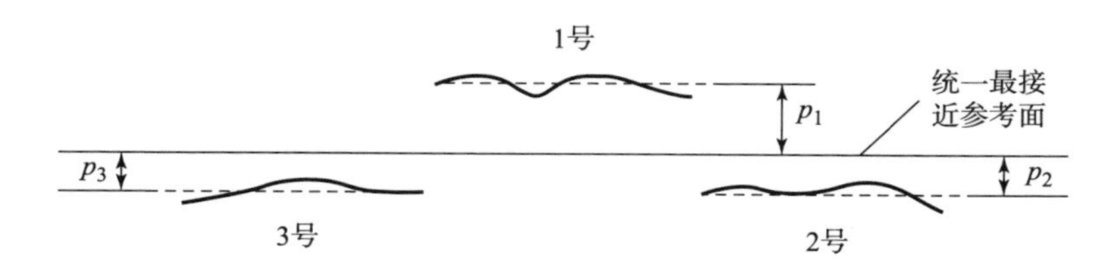

图 6－52　FISBA 数字移相干涉仪处理不连续波面的方式

即便如此，评价结果依然肯定了共相位误差的检测和校正效果。

6.4.2.2　共相位误差检测和校正的重复性

重复 10 次上述共相位误差检测和校正的过程，每次都经过随机引入共相位误差—检测及闭环校正—FISBA 数字移相干涉仪检测这三个步骤。10 次的结果，全口径面形误差 PV 值约 0.5λ，RMS 值优于 0.07λ。piston 误差为 0.02λRMS。

6.4.2.3 像质评价

对分辨率板进行成像，评价分块镜共相位实验验证平台的成像质量。

将光源模块中的分辨率板移入光路，并在 tip - tilt 误差检测及像质监测模块的监视器上观察其全孔径成像情况，如图 6 - 53 所示，对实验平台进行像质评价。

图 6 - 53 实现光学共相位后，分块镜共相位实验平台对 5 号分辨率板的成像情况

由图 6 - 53 可知，实现共相位后可分辨到第 23 组图案。实验中使用的是 5 号分辨率板，其参数如表 6 - 1 所示。23 组的条纹宽度为 2.81 μm，即 180 线/mm。实验平台的设计分辨率为 2.67 μm，二者基本吻合。

图 6 - 54 和图 6 - 55 所示分别为实现分块镜光学共相位后，单一扇形球面镜和两个扇形球面镜对分辨率板成像情况。

比较图 6 - 53 ~ 图 6 - 55 可知，多子孔径共相位成像可有效提高系统分辨力。

图 6－54　单一扇形球面镜对分辨率板成像

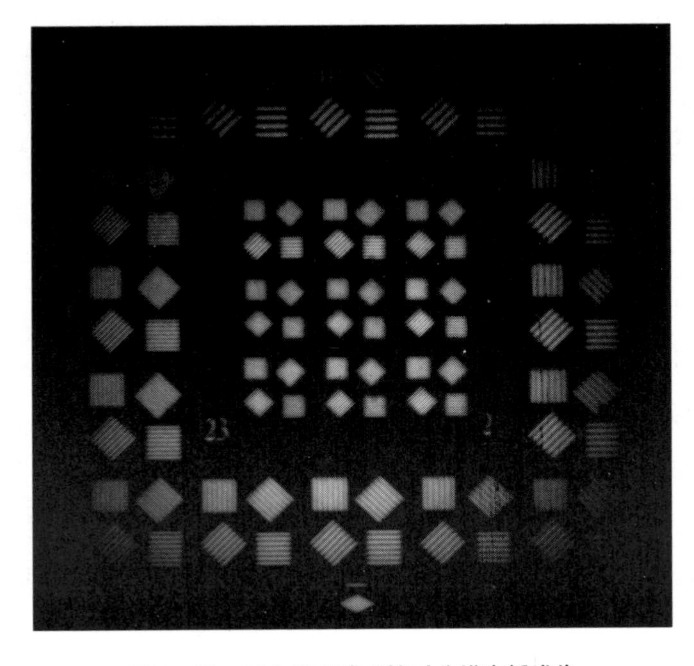

图 6－55　两个扇形球面镜对分辨率板成像

6.5 夫琅禾费型衍射干涉法的实验验证

4.3节详细介绍了夫琅禾费型衍射干涉法，它可对共相位误差实现同步检测，该方法的结构简单，只需在被测镜的共轭面处设置一离散孔光阑，通过对采集到的PSF进行傅里叶分析，根据OTF即可实现tip－tilt误差和piston误差的同步检测，动态范围为所用光源的相干程长，精度与干涉测量的精度相当。第5章又着重介绍了基于该方法的共相位误差多路并行检测的离散孔结构光阑的设计，并对光阑的设计方法进行了实验验证。在此，借用共相位实验验证平台，对夫琅禾费型衍射干涉法实现共相位误差的同步检测进行实验验证。

该方法只需利用实验平台的tip－tilt误差检测与像质监测模块即可实现。

在进行共相位误差检测时，将光源模块中的针孔移入光路，模拟星点目标；将tip－tilt误差检测模块中的光阑转盘上的离散孔光阑移入光路，离散孔光阑如图6－56所示，光阑直径为25 mm，每个离散孔孔的直径为7.4 mm，离散孔的圆心以120°为间隔均匀分布在直径为15.9 mm的圆周上，三个离散孔分别对应三个分块镜的中央部分、且没有精确定位要求。测量过程中，仍然以1号镜为参考镜，2号镜和3号镜为被测子镜。

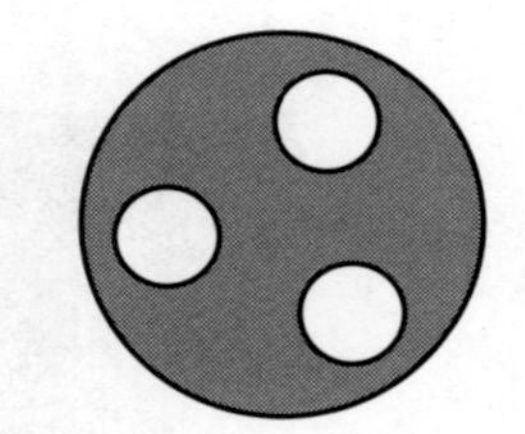

图6－56　三离散孔光阑

在分块镜共相位状态下，分别给2号和3号镜随机引入tip－tilt误差，tip－tilt误差检测模块中的CCD采集到的PSF如图6－57所示。

1. 倾斜误差检测

首先，对图6－57进行傅里叶变换，得到对应的OTF；然后根据6.3节中介绍的方法求得OTF旁瓣的PTF分布，图6－58所示为处理得到的PTF分布。

图6－58中，标注的旁瓣a为离散孔1与离散孔2生成的PTF旁瓣之

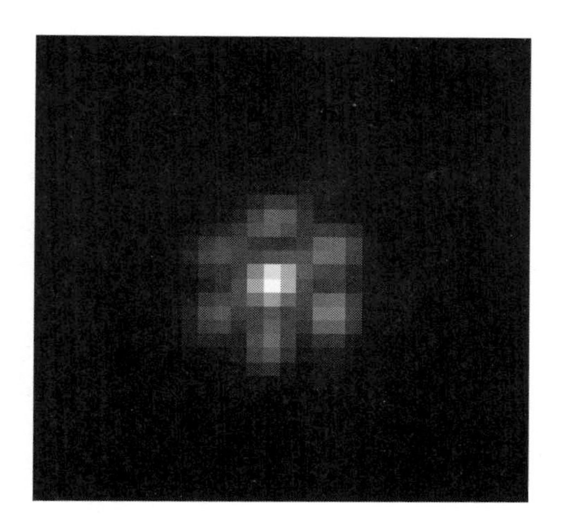

图 6 – 57　实验采集的三镜系统存在倾斜误差时的 PSF 分布

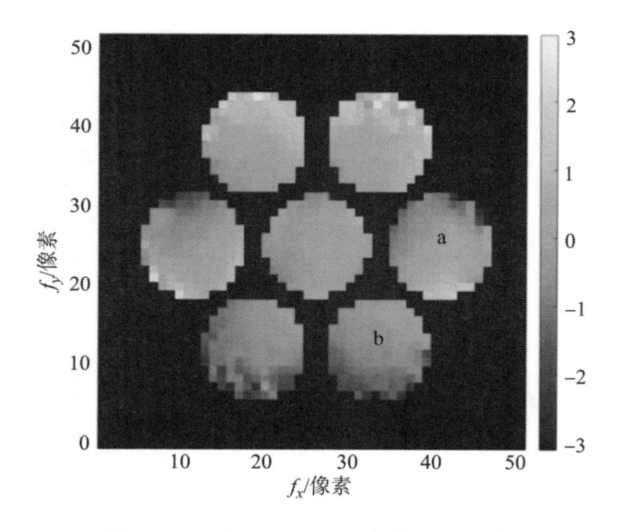

图 6 – 58　与图 6 – 57 对应的 PTF 分布

一，旁瓣 b 为离散孔 1 与离散孔 3 生成的 PTF 旁瓣之一。只需要提取出 PTF 的旁瓣 a 和 b，即可求得 2 号、3 号镜的倾斜误差。

因为系统中存在子镜面形误差、空气扰动、CCD 探测器噪声等不可避免的干扰因素，PTF 波面起伏不平，不够光滑，无法直接得到斜面的梯度信息。图 6 – 59（a）所示为 PTF 旁瓣 b 的波面图，需要先将波面拟合成平面后再求其梯度值；如图 6－59（b）所示为拟合后的波面图，根据式（4－46）和式（4－47）求对应分块镜的倾斜误差。

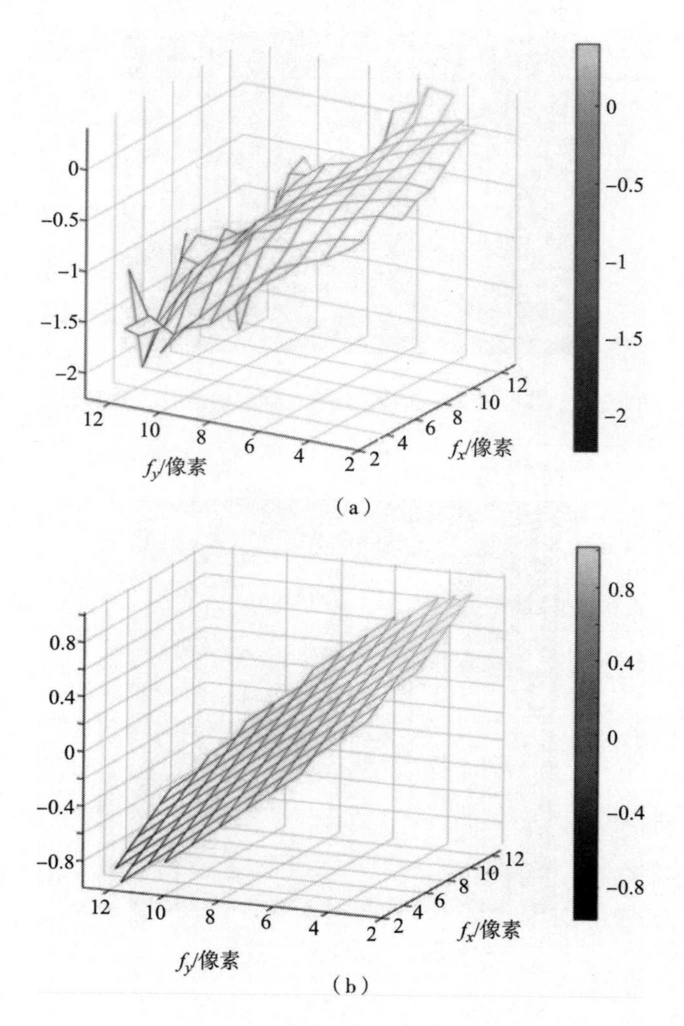

图 6－59　PTF 旁瓣 b 的波面分布

（a）拟合前 PTF 旁瓣 b 的波面图；（b）拟合后 PTF 旁瓣 b 的波面图

重复 4 次倾斜误差测量实验，根据上述方法对实验数据进行处理，计算得到 2 号和 3 号镜的两个方向的倾斜误差 tip 值和 tilt 值，如表 6－6 所示。

表6-6 测得到的2号镜、3号镜的倾斜误差

实验次数	2号镜 tip 值/ λ	2号镜 tilt 值/ λ	3号镜 tip 值/ λ	3号镜 tilt 值/ λ
1	0.040 6	0.050 1	0.038 1	0.038 2
2	0.030 4	0.029 7	0.039 9	0.063 7
3	0.039 8	0.067 2	0.043 6	0.060 1
4	0.036 2	0.061 7	0.044 0	0.037 0

另外，又采用Zernike多项式拟合的方法，与PTF法进行比对。

取150阶Zernike多项式对PTF旁瓣波面进行拟合，得到的2、3项系数表示对应子镜的tip倾斜和tilt倾斜误差，由此计算得到2号和3号镜的倾斜误差tip值和tilt值，如表6-7所示。

表6-7 高阶Zernike多项式拟合得到的子镜2、3的倾斜误差

实验次数	2号镜 tip 值/ λ	2号镜 tilt 值/ λ	3号镜 tip 值/ λ	3号镜 tilt 值/ λ
1	0.043 7	0.046 8	0.035 8	0.041 9
2	0.032 6	0.027 8	0.036 3	0.060 8
3	0.043 4	0.065 4	0.045 8	0.061 4
4	0.039 6	0.056 2	0.042 8	0.039 1

两种测量方法得到的结果之间的相对误差如表6-8所示，可知两种测量方法在四次重复性实验中的相对误差都在10%以内，测量误差为0.003λ RMS。除CCD噪声和分块镜面形误差外，实验过程中环境温度梯度也会影响系统的成像效果，从而影响实验的测量精度，但最终测量误差满足小于λ/40 RMS的拼接要求。

表6-8 两种方法测量结果的相对误差

实验次数	2号镜 tip 值测量误差/%	2号镜 tilt 值测量误差/%	3号镜 tip 值测量误差/%	3号镜 tilt 值测量误差/%
1	7.09	7.05	6.42	8.83
2	6.75	6.83	9.92	4.77
3	8.29	2.75	4.80	2.12
4	8.59	9.79	2.80	5.37

2. piston 误差检测

该方法根据 MTF 旁瓣中心幅值与 piston 误差的关系式（4－67）实现 piston 误差检测，在实际应用中，需对此关系进行两段四次多项式拟合，按拟合的多项式实现 piston 误差的计算。因此，在进行共相位误差检测前，要根据实际系统预先标定这两个四次多项式。

依次给各分块镜引入 piston 误差，对探测到的 PSF 进行傅里叶变换、取模，得到相应的 MTF 旁瓣中心幅值，得到 piston－$\mathrm{MTF}_{\mathrm{nph}}$实验曲线，对其进行两段四次拟合，在此以 3 号镜为例，得到拟合结果：

$$\mathrm{MTF}_{\mathrm{nph}}=\begin{cases}0.9929p^4+0.658p^3-1.8624p^2+6.04\times10^{-4}p+1 \\ \quad 0\leqslant p<0.3905\ (\mu\mathrm{m}) \\ 2.3357p^4-3.0741p^3+0.7576p^2-0.9417p+1.1243 \\ \quad 0.3905\leqslant p<1\ (\mu\mathrm{m})\end{cases} \tag{6-7}$$

在分块镜共相位状态下，给 3 号镜引入 piston 误差，tip－tilt 误差检测模块中的 CCD 采集到的 PSF 分布如图 6－60 所示。

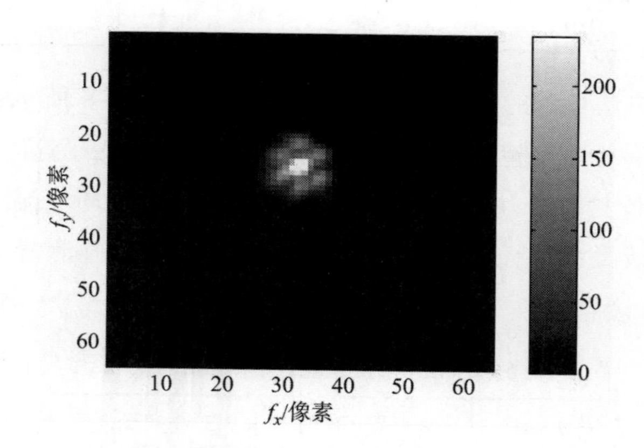

图 6－60　3 号镜存在 piston 误差时的 PSF 分布

对图 6－60 进行傅里叶变换、取模，得到它的 MTF 分布，如图 6－61 所示。

由图 6－61 可以看到，MTF 分布由一个中央主峰和 6 个旁瓣组成，其中 4 个旁瓣幅值较低，另外 2 个旁瓣幅值不受影响。受影响的 4 个旁瓣分别与

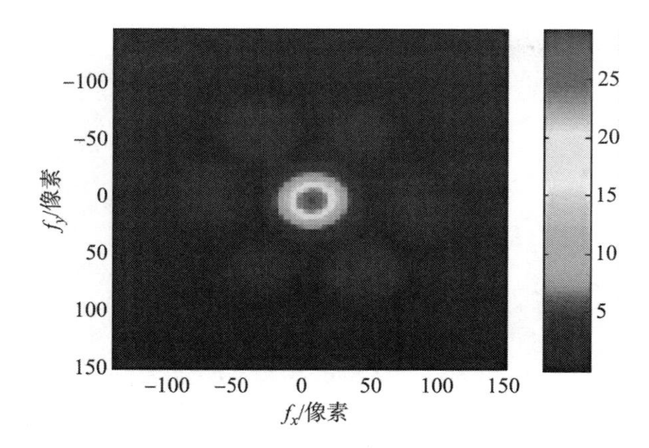

图6−61　与图6−60对应的MTF分布

2号和3号镜、及1号和3号镜对应，未受影响的两个旁瓣对应1号和2号镜，这两个子镜为共相位状态。

读取幅值降低的MTF旁瓣幅值，利用未受影响的MTF旁瓣中心幅值对其进行归一化处理，得到 $MTF_{nph}=0.5202$，代入式（6−7），计算得到piston误差为0.5631 μm。

采用实验平台的二维色散条纹法对此piston误差进行测量，测量结果为0.575 μm。两种方法测量结果的相对误差为2.1%。

3. 共相位误差的检测和校正

在分别验证了夫琅禾费型干涉衍射法用于tip−tilt误差和piston误差检测的正确可行性后，在上述piston误差检测的基础上，又给3号镜引入倾斜误差，并以用该方法检测到的误差值作为反馈控制信号，再根据实验拟合的微位移致动器的电压−伸长量的关系，对共相位误差进行校正，实现共相位拼接后，用FISBA数字移相干涉仪对校正拼接后的分块球面镜的面形进行测量，图6−62所示为FISBA数字移相干涉仪的测量结果。

拼接镜的面形误差：PV=0.58λ，RMS=0.07λ；1号和3号镜的残余piston误差为0.03λ，残余tip−tilt误差为0.049″。至此，验证了夫琅禾费型衍射干涉法用于共相位误差检测的正确可行性。

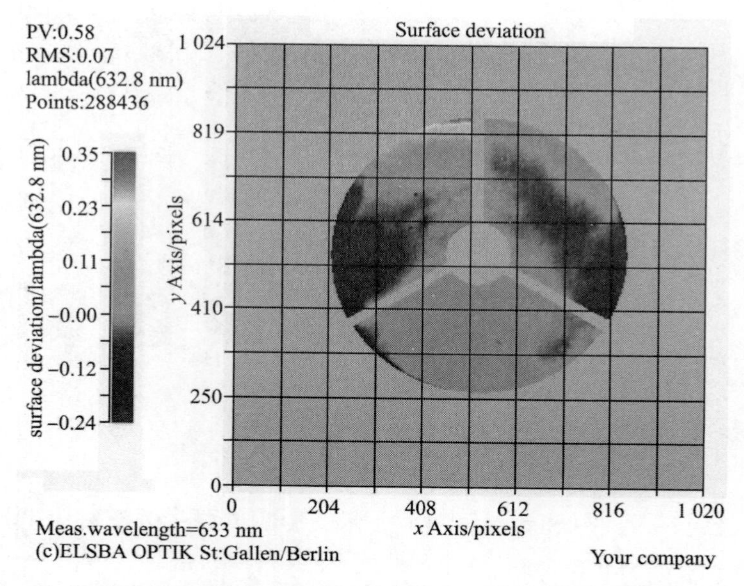

图 6-62 FISBA 数字移相干涉仪对实现共相位状态的分块球面镜的测量结果

参考文献

[1] Claudia M. LeBoeuf, Pamela S. Davila, David C. Redding, et al. Developmental cryogenic active telescope testbed, a wavefront sensing and control testbed for the next generation space telescope [C]//Proc. SPIE, 1998, 3356: 1168-1178.

[2] Pamela S. Davila, Andrew E. Lowman, Mark E. Wilson, et al. Optical design of Developmental Cryogenic Active Telescope Testbed [C]//Proc. SPIE, 1998, 3356: 141-152.

[3] C. Bowers, P. Davila, B. Dean, et al. Initial test results from the Next Generation Space Telescope (NGST) wavefront sensing and control testbed (WCT) [C]//Proc. SPIE, 2000, 4013: 763-773.

[4] Peter Petrone III, Scott A. Basinger, Laura A. Burns, et al. Optical design and performance of NGST Wavefront Control Testbed [C]//Proc. SPIE, 2003, 4850: 353 – 361.

[5] Andrew E. Lowman, Fang Shi, David C. Redding, et al. Telescope simulator for the NEXUS wavefront control testbed [C]//Proc. SPIE, 2000, 4013: 954 – 961.

[6] Laura A. Burns, Scott A. Basinger, Scott D. Campion, et al. Wavefront Control Testbed experimental results [C]//Proc. SPIE, 2004, 5487: 918 – 929.

[7] Kevin Dean Bell, Ruth L. Moser, Michael K. Powers, et al. Deployable optical telescope ground demonstration [C]//Proc. SPIE, 2000, 4013: 559 – 566.

[8] Weirui Zhao, Genrui Cao. Active cophasing and aligning testbed with segmented mirrors [J]. Optics Express, 2011, 19 (9): 8670 – 8683.

第 7 章 基于深度学习的共相位误差检测方法

随着深度学习技术的快速发展，卷积神经网络（Convolution Neural Network，CNN）在图像识别领域获得了极大的成功，基于 CNN 的 piston 误差检测方法应运而生。

7.1 深度学习与卷积神经网络概述

神经网络在本质上是一种输入到输出的映射，它能够学习大量的输入与输出之间的映射关系，只要用足量的数据对网络加以训练，不需要任何输入和输出之间的精确的数学表达，网络即可具有输入 - 输出对之间的映射能力。

早在 1990 年，Wizinowich 等人就提出使用全连接神经网络（Neural Networks，NN）来检测 piston 误差，但是限于早期前馈（Back Propagation，BP）神经网络的性能，该方法无法实现足够的 piston 误差的捕获范围和精度。近年来，深度学习算法在图像处理相关领域取得了重大的突破和进展，成为研究的热点所在。其应用涵盖了图像处理的多个领域，包括图像的检测、识别、定位、分割、复原等各个方面，十分广泛。CNN 是一类包含卷积计算、且具有深度结构的 BP 网络，是深度学习的代表算法之一。与传统的全连接神经网络相比，CNN 具有局部权值共享的特殊结构，其布局更接近于实际的生物神经网络，权值共享降低了网络的复杂性，使得 CNN 在图像处理问题上有着很大的优势：图像可以直接作为网络的输入，避免了复杂的特征提取和数据重建的过程，在处理二维图像的问题上，特别是识别位移、缩放及其他形式扭曲不变性的应用上，具有良好的鲁棒性和运算效率。基于深度学习策略的分块镜 piston 误差检测的基本思路就是从二维强度图像中提取 piston 误差信息，因此选用 CNN 进行目标特征提取能够提升 piston 误差检测的精度和效率。

7.1.1 应用场景分类

深度学习常见应用场景如图 7 - 1 所示，分为有监督学习和无监督学习。

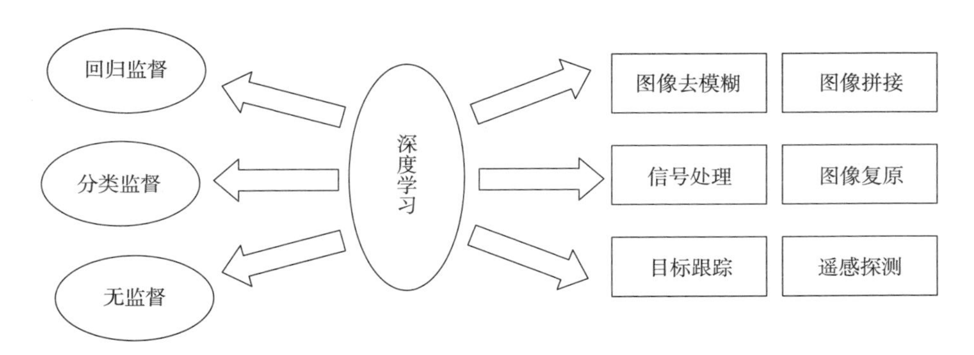

图7-1　深度学习常见应用场景

1. 有监督学习（Supervised Learning）

构建数据集和训练网络模型建立图像与待检测信息之间的数学映射关系。网络架构的视野感知、权值共享、特征压缩、归一化、非线性因素等训练步骤制约着图像模型的准确性。监督学习通常用于回归的趋势预测或者图像分类，在图像去模糊、目标跟踪、雷达信号处理、遥感探测、图像拼接、图像复原等领域中应用广泛。

有监督学习根据网络输出值是否离散可分为分类问题和回归问题。其中，分类问题的关键是通过模型训练对数据集的共性部分进行划分，区分出不同的类。分类问题的输出通常是某张图片属于某一类，故而是离散值。分类应用非常广泛，如对目标类型进行识别或者向用户推荐相同类别的商品等。回归问题则是使用数学函数模拟数据的映射关系，建立图像与待检测信息之间的一对一或者多对多的数学映射关系。回归问题的输出通常是连续值，常用于定量关系的分析，输出实数数值，对变化趋势进行分析并进行迅速调整。

2. 无监督学习（Unsupervised Learning）

没有明显的响应变量，无监督学习的核心，是希望发现数据内部潜在的结构和规律，为进行下一步决断提供参考。典型的无监督学习是希望能够利用数据特征来把数据分组，也就是“聚类”。

7.1.2 卷积神经网络基本原理

卷积神经网络参考生物大脑的神经元结构和性质，适用于对二维图像的处理。这类模型模仿生物在观察物体时神经元由局部特征到整体特征的感知过程，由此推导出的局部感受野和权值共享理论，卷积神经网络正是建立在这两个理论的基础上。

1. 局部感受野

人对外部事物的观察是由局部到整体进行感知的，视觉系统中的神经元先感知局部信号，神经元被激活后再向上一级神经元传导，以此从局部到整体的过程对观察的物体进行感知，对局部感知的范围就叫作局部感受野。

如图 7 - 2 所示，对一幅图像所有像素进行全连接、或仅仅局部连接，最终得到的参数数量是不一样的。对于图（a)，若图像尺寸为 100×100、神经元数量为 1 000 个，连接的数量为 10^7 个，每一个连接代表一个参数，则该层具有 10^7 个参数。而如果使用局部连接，如图（b）所示，每一个神经元只和局部 10×10 个像素连接，则该层仅有 10^5 个参数，这样就能够极大地减少网络的参数量。

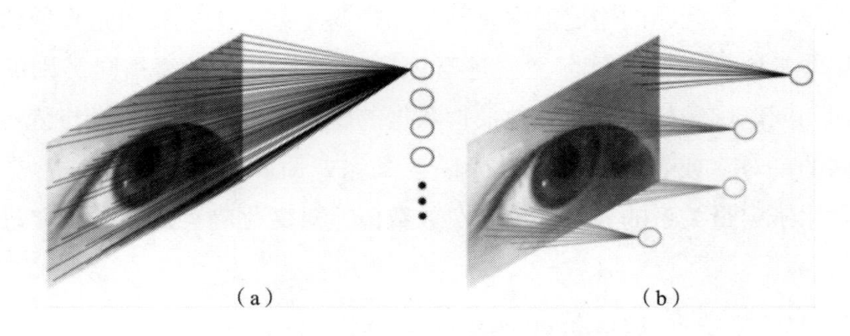

图 7 - 2 全连接和局部连接示意图

(a) 全连接；(b) 局部连接

2. 权值共享理论

通过局部连接的连接方式可以简化参数的数量，在此基础上，假设图像的各个位置的像素具有相同的重要性，都具有相同的可学习的特征。那么，局部连接的权重在图像的不同位置是相同的，这样可使参数得到进一步简化。而所有局部连接共享权值后，图像与下一层神经元之间的连接就等同于一个卷积操作。

卷积神经网络就是建立在上述两个理论基础上的。

7.1.3 卷积神经网络基础结构

卷积神经网络的主要结构包含输入层、隐藏层和输出层。其中，隐藏层完成绝大部分的训练和学习工作，隐藏层主要由卷积层、池化层、非线性激活层和全连接层组成。除了这些主体结构层，Dropout 层以及批归一化（Batch Normalization，BN）层等也常被用到。

1. 卷积层

卷积是 CNN 最根本的操作。使用卷积操作可以对图像中一定空间范围内的特征进行感知，使用一个卷积核对全局图像做特征提取，避免了对每一个像素进行连接，可以有效降低神经网络的参数数量。图 7－3 给出了卷积运算的过程，对于输入数据，卷积运算以一定间隔滑动卷积核的窗口并应用，这里所说的窗口是指图中灰色的 3×3 的部分；将各个位置上卷积核的元素和输入的对应元素相乘、再求和；然后，将这个结果保存到输出的对应位置。将这个过程在所有位置进行一遍，即可得到卷积运算的输出。

一个卷积层的输入是一个多通道的二维图像，通过一个或多个卷积核分别与每个通道的图像进行卷积，可以生成不同的特征图，即提取到不同种类的特征。卷积核的参数由卷积神经网络自主学习得到。多个卷积层级联，则是将提取到的特征图再用卷积操作提取更深层次的特征，以此实现强大的特征提取能力。

2. 池化层

在卷积层中，通过插入池化层的方法来过滤冗余信息。将池化层添加到卷积层间，可以通过降低特征图维度的方法，实现全连接层输入参数的减少，达到避免过拟合和提高计算速度的目的。

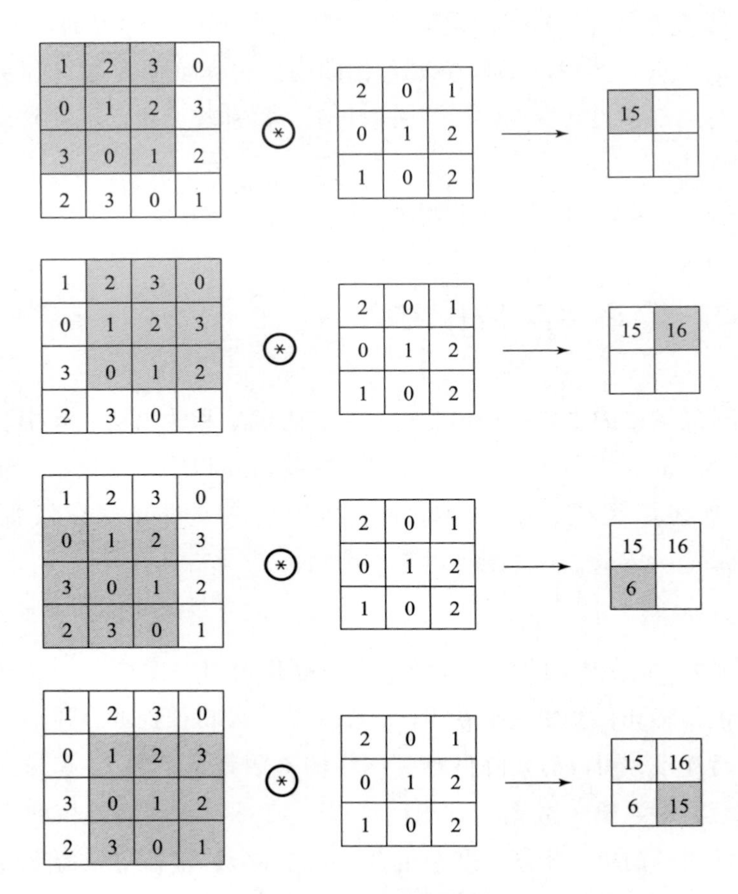

图 7-3 卷积运算过程

池化层主要分为最大池化和平均池化两类。池化滤波器滑动过程中，用一个像素点代替滤波器覆盖区域，对特征图进行降采样。最大池化使用覆盖区域的最大值代替该区域的图像特征，而平均池化则采用区域内的平均值代替该区域的图像特征。其中，最大池化效果最好，使用最为普遍。图 7-4 所示为最大池化的运算过程。

与卷积层不同的是，池化层没有要学习的参数。池化只是从目标区域中取最大值（或者平均值），所以不存在要学习的参数。

3. 非线性激活层

引入激活函数的目的是将卷积神经网络由线性变为非线性，提高网络的

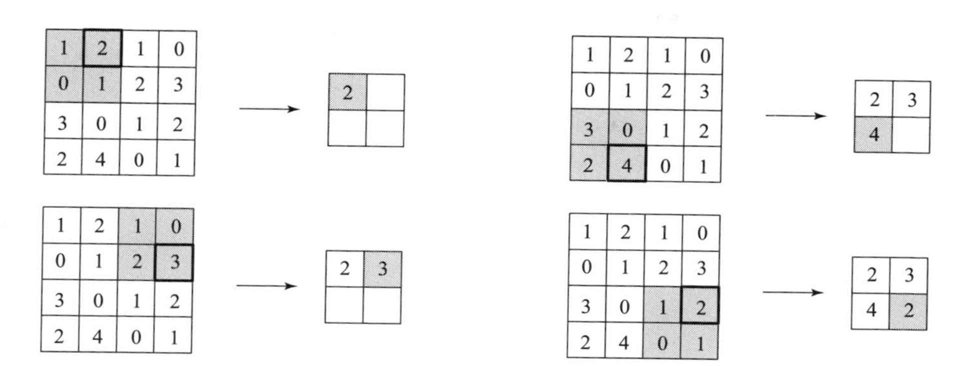

图 7-4　最大池化运算过程

表达能力。网络中每个神经元和上一层神经元的连接本质上都是一个线性函数，激活函数本质则是一个非线性函数。如果神经网络中不引入激活函数，那么无论神经网络有多少层，输出层和输入层的映射关系都只是一个简单的线性函数，网络层数的增加将毫无意义。激活函数的工作原理也是对生物神经元特性的模拟，神经元存在阈值，通常情况下低于阈值，处于抑制状态，随着接收到输入信号的累积，最终超过阈值，神经元被激活，变为兴奋状态。

常用的非线性激活函数有 S 型函数（Sigmoid）、双曲正切函数（tanh）、线性整流函数（Linear Rectification Function，ReLU）。函数的定义如下：

Sigmoid：
$$f(x) = \frac{1}{1 + e^{-x}} \tag{7-1}$$

tanh：
$$f(x) = \frac{e^{x} - e^{-x}}{e^{x} + e^{-x}} \tag{7-2}$$

ReLU：
$$f(x) = \max(0, x) \tag{7-3}$$

函数曲线如图 7-5 所示，在这些非线性激活函数中，Sigmoid 和 tanh 函数在数值趋于正无穷或负无穷时，函数都趋向饱和，容易产生梯度消失现象。而 ReLU 函数不存在饱和问题，ReLU 函数运算简单，利于简化反向传播的计算，而且不会使数值饱和，可以加速卷积神经网络的训练，因此函数应用最为广泛。

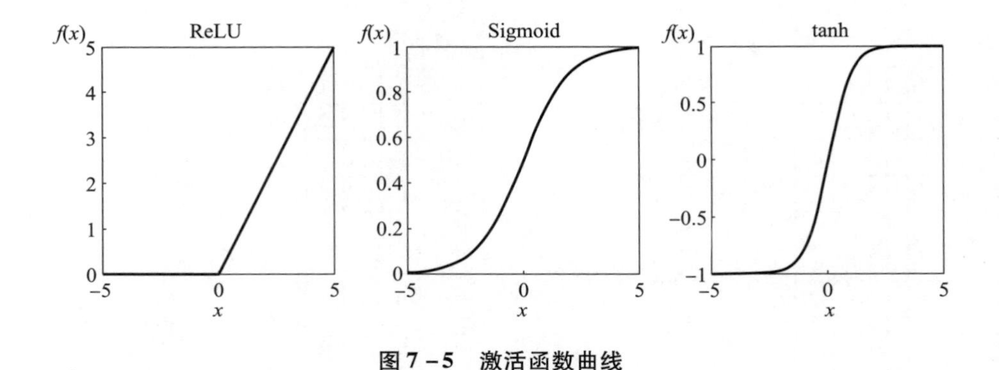

图 7 - 5　激活函数曲线

4. 全连接层

全连接层存在于神经网络结构的末尾，对网络结构前面部分提取的特征进行最终的整合输出。层与层之间的神经元进行全连接，能够有效地对信息进行归类分析，从而将待检测的信息进行提取。全连接层在整个卷积神经网络中起到“分类器”的作用。如果说卷积层、池化层和激活函数层等操作是将原始数据映射到隐层特征空间的话，全连接层则起到将学到的“分布式特征表示”映射到样本标记空间的作用。图 7 - 6 所示是一个两层的全连接层，图中圆圈表示神经元，带箭头的连线表示线性运算。所谓全连接是指某一层的每一个神经元均与前一层的所有神经元相连，并且每一个连接都独占一个权值。由于它的构造特点，全连接层的使用将极大地提高参数数量，过多的全连接层对网络的训练是不利的。

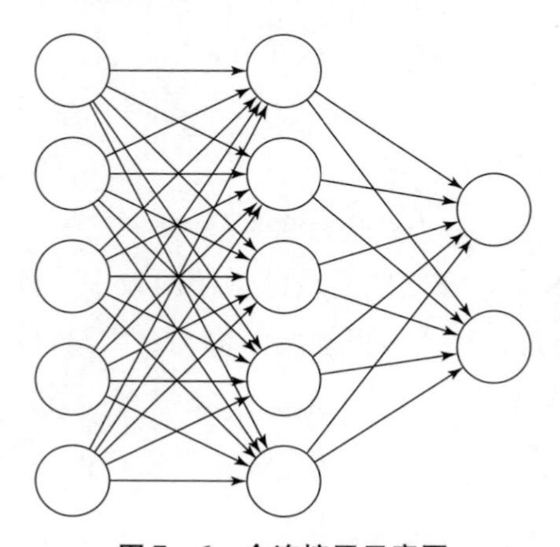

图 7 - 6　全连接层示意图

5. Dropout 层

在机器学习的一些模型训练过程中，若是当前模型要训练的参数太多，而训练样本太少的话，极易产生过拟合现象。为避免这一现象的发生，Hinton 提出了 Dropout 策略，即在每个训练批次中，随机地将一定概率的输出神经元置零。这种方法有效地减少了过拟合的现象。

图 7－7 为 Dropout 层的结构示意图，Dropout 策略的关键之处在于随机地忽略一定数量的隐藏层神经元。在不同批次的训练过程中，由于每次所忽略的隐藏层神经元都不同，使得权值在更新的过程中不再依赖于有固定关系的隐藏层神经元的作用，使每个神经元都起到一定作用，从而起到避免过拟合的作用。

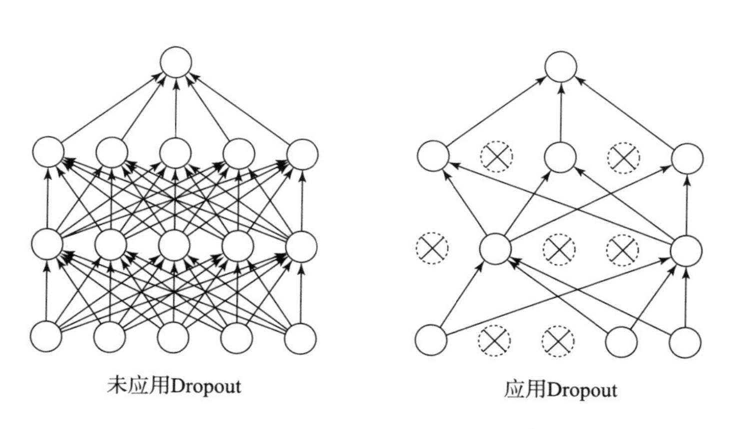

图 7－7　Dropout 层示意图。图中带叉的圆圈代表忽略的神经元

6. BN 层

在 CNN 训练时，随着输入数据的不断变化，以及网络中参数的不断调整，网络的各层输入数据的分布会不断变化，那么各层在训练的过程中就需要不断地改变以适应这种新的数据分布，从而造成网络训练困难、难以拟合的问题。BN 层解决的就是这样的问题，它通过对每一层的输入进行归一化，保证每层的输入数据分布是稳定的，减轻了输入变化的影响，从而达到加速训练的目的。另外，它还通过对神经元的输出进行归一化，使得激活函数的输入均在 0 附近，这就避免了梯度的消失。

7.1.4 卷积神经网络的训练细节

图 7 -8 为 CNN 训练过程示意图，CNN 的训练过程可分为前向传播和反向传播两部分。

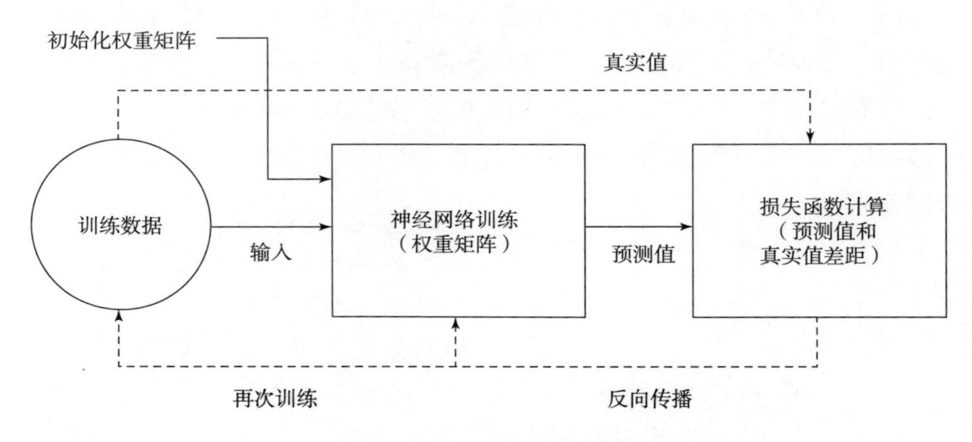

图 7 -8 CNN 训练过程示意图

- 前向传播

首先读取需要进行训练的样本数据和相应的真值标签，根据设定的网络的结构逐层进行计算，最终计算得到网络最后一层的预测值，并同时计算此时网络的损失函数（预测值和真实值的差距）。

- 反向传播

根据前向传播计算得到的网络中各层的响应和网络的损失，再借助梯度下降算法，从最后一层的损失值反向逐层计算每一层的梯度，并以此梯度优化每一层的参数，如卷积层中的卷积核参数、全连接层中的权值。

反向传播和前向传播是一个不断交替迭代进行的过程，不断调整网络中各个层的权值和偏置，最终达到理想输出与网络实际输出之间的尽可能接近的过程。

数据集构成、损失函数、优化算法、学习率是神经网络训练的关键，合理的参数设定有助于模型的训练。

1. 数据集构成

数据集构成如图7－9所示。其中：

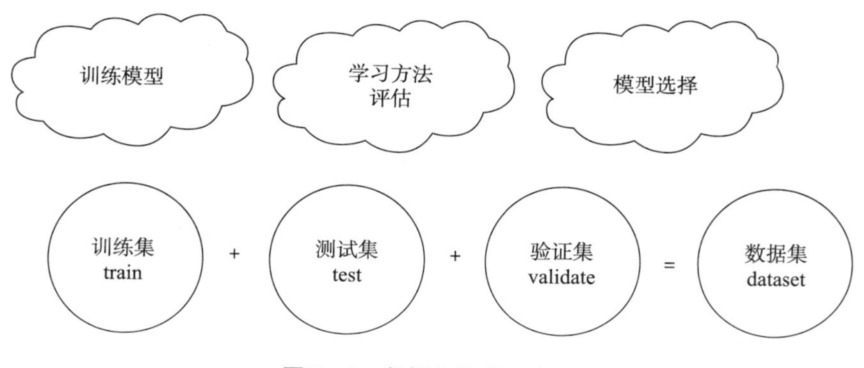

图7－9 数据集构成示意图

• 训练集由设定好的神经网络模型参数建立标签和数据的一一映射关系。

• 验证集有别于训练集，是对模型参数和模型预测能力评价的集合，在训练中使用验证集多次查看训练效果，如果验证集上的表现比训练集差，或者不收敛等，有可能出现过拟合问题，从而在过程中及时发现模型和参数出现的问题，不需要等到训练结束便可及时终止训练并且调整模型，同时验证模型的泛化能力。

• 测试集用来评估最终模型的泛化能力。由于训练集直接参与参数调整的过程，它不能反映模型真实的能力，需要没有参与训练过程的数据集对训练好的模型进行最终的测试。

这三部分数据集相互独立，彼此之间不重复。

2. 损失函数

损失函数（loss function）是用来估量模型的预测值 $h(\theta)$ 与真实值 Y 的不一致程度，它是一个非负实值函数。对于多个样本，需要对所有代价函数求平均值，记作 $J(\theta)$，用于衡量模型好坏。训练参数的过程就是不断改变参数 θ，从而得到更小的 $J(\theta)$ 的过程。图7－10为损失函数的优化过程，理想情况下，当代价函数达到最小值时，即得到最优参数，训练过程结束。

$J(\theta) = 0$ 的含义为训练完成后的模型完美地拟合了输入/输出之间的映射关系，没有任何误差。

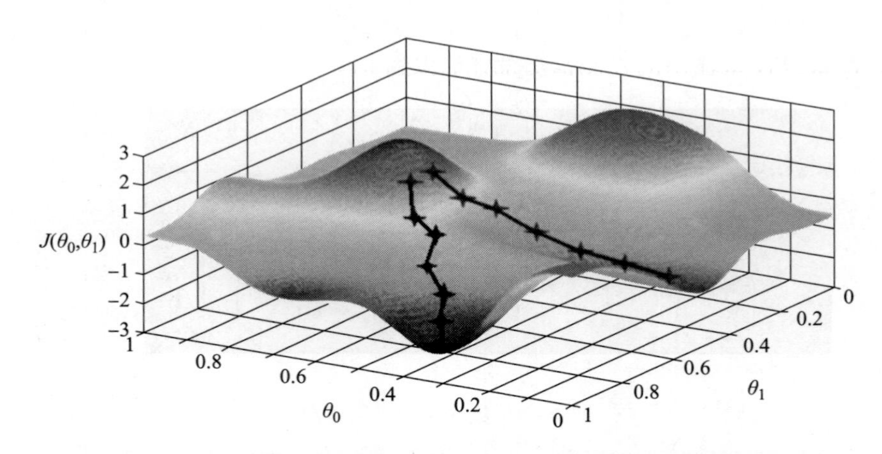

图 7－10　损失函数优化示意图。图中 θ_0 和 θ_1 为代表两个不同维度的参数

常用的损失函数有交叉熵损失函数与均方误差损失函数。交叉熵损失函数用于评价预测概率与实际概率分布的差别大小，在训练时用来提高模型的预测准确率，通常作为分类问题的代价函数。归一化指数函数（softmax）是交叉熵损失函数中的关键因子，可使网络模型输出对应类别的概率。softmax 计算公式如下：

$$s_i = \frac{e^{z_i}}{\sum_{j=1}^{K} e^{z_j}} \tag{7-4}$$

式中：s_i 是其中某个类别的输出概率，e^{z_i} 是某类别对应的网络输出指数，分母是 K 个类别网络输出的指数和。

在此基础上，交叉熵损失函数可由下式计算

$$J = -\frac{1}{N}\sum_{1}^{N}\sum_{i=1}^{k} y_i \cdot \log(s_i) \tag{7-5}$$

式中：K 表示类别数，y_i 表示待研究全部样本数量。

均方误差损失函数（Mean Squared Error，MSE），其含义如式（7－6）所示。

$$\mathrm{MSE} = -\frac{1}{N}\sum_{i=1}^{N}[y_i - f(x_i)]^2 \tag{7-6}$$

式中：i 表示第 i 个样本，N 表示样本总数，y_i 表示真实值，$f(x_i)$ 表示模型估计值。

MSE 值越小，表示模型建立的待检测信息与实际值之间的数学映射更准确，即最终模型输出的预测值更加贴合实际值。

3. 学习率

学习率（Learning Rate，LR）是训练 CNN 过程中主要调整的一个超参数，学习率的大小会直接影响网络模型的收敛速度和收敛效果。图 7－11 展示了学习率对权值更新的速度的影响。学习率很小的情况下，收敛速度会比较慢，优化效率会降低；学习率很大的情况下，模型训练可能发生振荡，从而无法正常收敛；为提升优化算法性能，应根据网络架构与实际训练情况，设置一个合适大小的学习率，使模型取得较好的收敛效果。

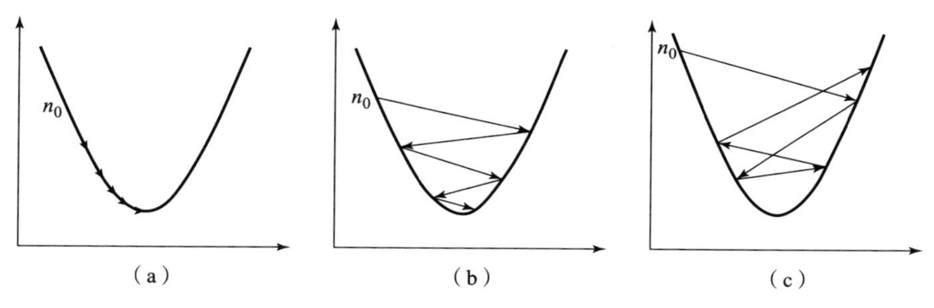

图 7－11　损失函数优化示意图

（a）η 很小时，可以保证收敛；（b）较大的 η，训练将振荡收敛；（c）η 过大，系统无法收敛

4. 优化算法

网络在反向传播中的权重更新机制（也就是卷积神经网络训练时的优化算法）也是训练 CNN 时至关重要的一个因素。合适的优化算法能够使得模型训练的网络参数（如权重和偏差）更好更快速地收敛到最优解。常见的神经网络优化算法有 SDG、Momentum、AdaGrad、Adam 等方法，其中，Adam 算法的应用最为广泛，常被作为 CNN 训练时默认选择的优化算法。

7.1.5　经典卷积神经网络

CNN 被广泛应用于图像识别、语音识别等场合，基于深度学习的方法基本都以 CNN 为基础，下面介绍几个经典的 CNN 结构。

1. AlexNet

AlexNet 卷积神经网络在计算机视觉领域中受到欢迎，它由 Alex Krizhevsky、Ilya Sutskever 和 Geoff Hinton 等人实现。AlexNet 包括卷积层、最大池化层、ReLU 激活函数以及末尾的一些全连接层，如图 7 - 12 所示。它采用 Dropout 机制防止过拟合，同时使用两块 GPU 并行计算，很大程度上加速网络训练，提高运算效率。

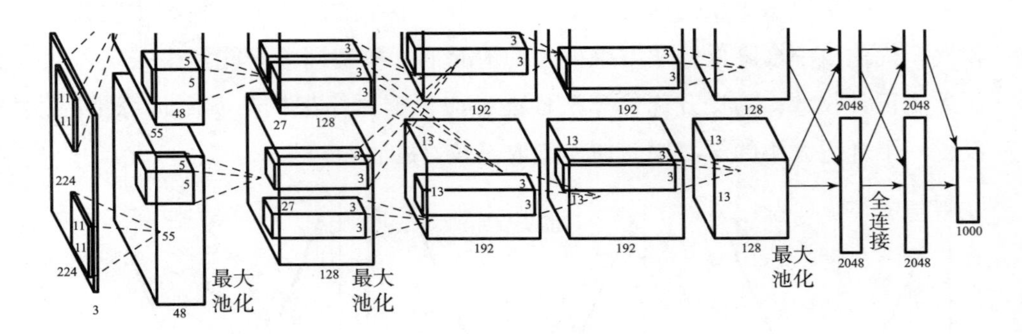

图 7 - 12　AlexNet 结构示意图

2. VGGNet

VGGNet 是 2014 年由牛津大学提出的一种经典卷积神经网络。相比于之前的 AlexNet，VGGNet 的网络更深，由多个小卷积核的卷积层堆叠而成，验证了增加网络深度能够在一定程度上提高网络的判别能力。图 7 - 13 所示为 VGGNet 的结构示意图，VGGNet 通过几个连续的 3×3 卷积核替代了 AlexNet 中的大卷积核（5×5，7×7 等），可以使网络具有比较大的感受野，增加网络深度，提升网络性能。在 VGGNet 中清一色使用了小卷积核，为了使网络具有与原来相同的感受野，增加了网络层数，使得整个网络具有更加丰富的特征，及更加强大的辨别能力。同时，由于卷积核尺寸的减小，卷积层参数也变小了，VGGNet 通过小卷积核的堆叠验证了多个卷积层比一个单一大卷积核的效果要好很多。直到现在，很多计算机视觉任务依旧使用 VGGNet 作为基干网络提取图像特征。

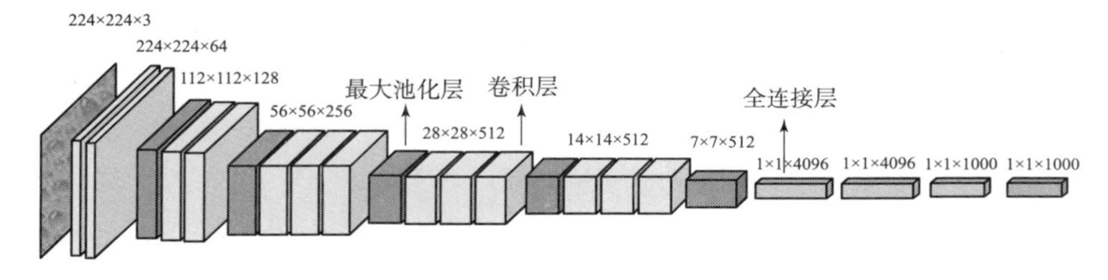

图 7－13　VGGNet 结构示意图

3. GoogLeNet

GoogLeNet 也是在 2014 年提出的。在网络结构设计上，GoogLeNe 与 VGGNet 有一个共同特点，即网络层数变得更深。但是，GoogLeNet 有了更加大胆的网络设计尝试，在 GoogLeNet 中，不仅网络深度增加了，而且网络也变得更宽了，GoogLeNet 提出了 Inception 模块，如图 7－14 所示，它由不同卷积核大小的卷积层以及池化层组成，对输入图像提取特征。由于 Inception 模块中，不同的卷积核大小有着不同的感受野，因此能够提取更加丰富的图像特征；同时，GoogLeNet 中还借鉴了 NIN 中的 1 × 1 卷积核，用于特征降维。GoogLeNet 的整体网络结构采用了模块化设计，由多个 Inception 模块堆叠而成，网络虽然多达 22 层，但是由于其精巧的结构设计，网络大小比 VGGNet 要小很多，性能却比之前的大网络要好得多。自从 GoogLeNet 提出

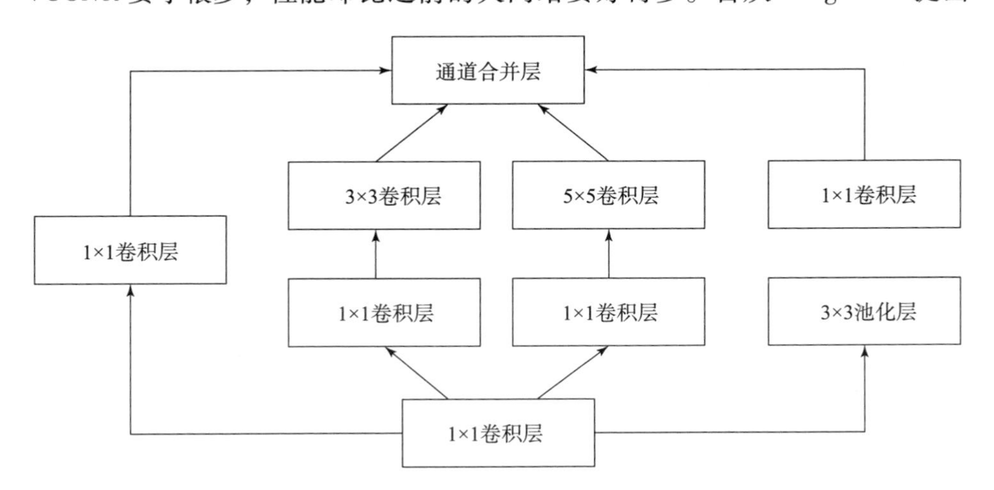

图 7－14　Inception 模块示意图

之后，谷歌又相继推出了 GoogLeNet 的后续版本，网络结构更加精巧，性能更加强大。

7.2 数据集的生成方法

根据上述深度学习和卷积神经网络的特点，基于 CNN 的 piston 误差检测方法的本质是利用 CNN 学习输入图像与 piston 误差之间的映射关系。因此，能够作为 CNN 数据集的图像应具备的基本条件是：图像灰度值的变化必须与 piston 误差存在明确的映射关系。图像对 piston 误差变化的灵敏度越高，CNN 能够实现的精度就越高。

当分块子镜间存在 piston 误差时，光学成像系统的像面上的光强分布将发生变化，所以可从像面光强分布入手建立数据集。分块主镜望远镜系统的观测目标一般分为点目标和扩展目标，在此，把用于检测 piston 误差的 CNN 数据集按照观测目标的不同分为两大类：针对点目标成像的数据集和针对扩展目标成像的数据集。

7.2.1 针对点目标成像的数据集

在对点目标成像的情况下，数据集为 PSF 图像，采用 4.3 节中介绍的夫琅禾费型衍射干涉共相位误差检测光路产生数据集。通过在分块主镜的共轭面上设置具有离散孔结构的光阑，可以有效地丰富 PSF 图像数据集中与 piston 误差相关的特征信息，从而为 CNN 更高精度地检测 piston 误差提供数据基础。

对于两子镜系统，其焦面上的光强分布即为 PSF，如式（4 -51）所示，它是两个离散孔的单孔衍射叠加及两离散孔的干涉叠加共同作用的结果。所要检测的 piston 误差为干涉项的初相位。因此，当共相位误差检测系统设定后，焦面光强分布由 piston 误差决定，它随子镜间 piston 误差的变化而变化，其变化灵敏度与干涉测量的灵敏度相当。

当所用光源为单波长时，由于受余弦函数周期性限制，根据 PSF 只能够在 $[-0.5\lambda, 0.5\lambda]$ 的范围内实现 piston 误差检测。为了克服 2π 不定性问题，可采用宽光谱光源。由干涉原理可知，当 piston 误差超过光源的相干长度时，干涉现象将消失，故 piston 误差的捕获范围可达到光源的相干长度，相干长度可根据式（4－55）计算。宽光谱作光源时的 PSF 为式（4－57）的形式，为方便讨论，再次给出式（4－57）：

$$
\begin{aligned}
\mathrm{PSF}_c(x,y) &= \int_{\lambda_0-\frac{\Delta\lambda}{2}}^{\lambda_0+\frac{\Delta\lambda}{2}} \mathrm{PSF}_m(x,y,\lambda)\,\mathrm{d}\lambda \\
&= 2\left(\frac{D}{2}\right)^2 \int_{\lambda_0-\frac{\Delta\lambda}{2}}^{\lambda_0+\frac{\Delta\lambda}{2}} \frac{J_1^2\left(\frac{\pi D}{\lambda f}\sqrt{x^2+y^2}\right)}{x^2+y^2}\left[1+\cos\frac{2\pi}{\lambda}\left(p-\frac{B}{f}\xi\right)\right]\mathrm{d}\lambda
\end{aligned}
$$

由上式可知，宽光谱情况下，piston 误差仍为干涉项的初始相位，PSF 图像强度分布随 piston 误差的变化规律与单光源情况的相同。

由上述分析可知，建立图 4－22 所示的光学成像模型，其 PSF 分布可在光源的相干长度范围内随 piston 误差的变化而变化，变化灵敏度与干涉测量的灵敏度相当。因此，可用该光学成像模型生成 CNN 的数据集：piston 误差作为模型的输入，像平面上的强度分布（即 PSF 图像）为模型的输出。通过设置不同的 piston 误差值，可获得相应的 PSF 图像，将 PSF 图像作为样本，对应的 piston 误差值作为标签，即可构建 CNN 训练和测试所需的数据集。

图 7－15 为数据集中的两个 PSF 图像样本。其中，图 7－15（a）为无 piston 误差时的 PSF 图像，图 7－15（b）为 piston 误差为 $0.3\lambda_0$（$\lambda_0=550$ nm）时的 PSF 图像。可以看到，当 piston 误差值发生微小变化时，PSF 图像中的干涉条纹发生平移，强度值也会出现明显变化。这意味着数据集中的图像样本对 piston 误差的变化极为敏感，CNN 可以更轻松、更准确地从图像样本中捕获 piston 误差的相关信息。

对于多子镜系统，图 4－22 所示的光学成像模型中的光阑具有多离散孔结构，每个离散孔对应一个分块子镜，其光瞳函数可用离散孔的函数与表示离散孔中心位置的二维 δ 函数的卷积来表达，其形式如式（5－1）所示；对其做傅里叶分析可得像面上的光强分布，即 PSF，如式（5－4）所示。为方便讨论，再次给出式（5－4）：

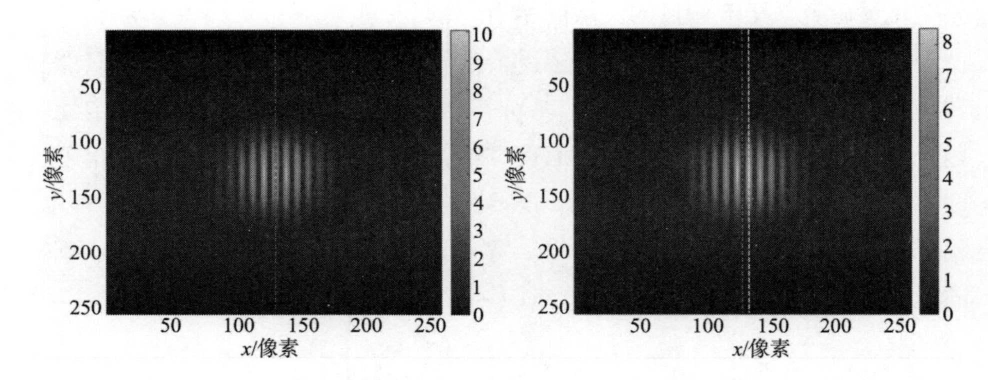

图 7－15 不同 piston 误差对应的 PSF 图像样本

（a）$p=0$ 时的 PSF 图像；（b）$p=0.3\lambda_0$时的 PSF 图像

$$
\begin{aligned}
\mathrm{PSF}_N(x,y) &= \left|\mathrm{FT}[G_N(x_0,y_0)]\right|^2 \\
&= \left(\frac{\pi D^2}{2\lambda f}\right)^2 \left(\frac{J_1\left(\frac{\pi rD}{\lambda f}\right)}{\frac{\pi rD}{\lambda f}}\right)^2 \left\{\sum_{m=1}^{N}\exp\left[-i\frac{2\pi}{\lambda f}(x\xi_m+y\eta_m)\right]\right\}^2 \\
&= \mathrm{PSF}_{\mathrm{sub}}(x,y)\left\{N+2\sum_{a=1}^{N-1}\sum_{b=a+1}^{N}\cos\left[\frac{2\pi x}{\lambda f}(\xi_a-\xi_b)+\frac{2\pi y}{\lambda f}(\eta_a-\eta_b)\right]\right\}
\end{aligned}
$$

由上式可知，与两子镜系统类似，PSF 是由各离散孔的衍射叠加和离散孔两两相干叠加共同作用的结果。即对于 N 子镜系统，衍射项是 N 个离散孔衍射的强度叠加；干涉项是 $N(N-1)$ 对离散孔的相干叠加，每对子镜之间的 piston 误差是它们的干涉条纹的初相位，这使得像平面上的强度分布随着 piston 误差的变化而变化。而且，当任意一对子镜之间的 piston 误差值大于光源的相干程长时，它们的干涉条纹即会消失。因此，对于多子镜系统，仍然可以将 PSF 图像作为 CNN 的数据集样本用于实现 piston 误差的检测。

7.2.2 针对扩展目标成像的数据集

对于扩展目标而言，由于分块镜成像系统的像分布关于共相位误差的特征信息受到目标特性的调制，使得不同扩展目标通过系统成像的光强分布与共相误差之间的映射关系并不相同，因此网络学习到的是特定目标下的输入/输出关系，这意味着每换一个新的成像目标就需要重新构造训练集，重新训练网络，那么深度学习方法也就失去了意义。因此有必要构建一种与成像内容无关、且仅与各子镜间的共相误差相关的简单图像训练数据集，从而使卷积神经网络对子镜 piston 误差的识别摆脱对成像目标的依赖。

采用宽光谱光源的情况下，对分块镜成像系统的焦面和离焦面的图像进行特征变换，将其预处理为与目标特性无关的清晰度特征图像，其计算公式为

$$M_{\text{sharpness}} = \frac{G \cdot G_d^* - G^* \cdot G_d}{G \cdot G^* + G_d \cdot G_d^*} \tag{7-7}$$

式中：G 和 G^* 分别表示焦面频域图像及其共轭图像，G_d 和 G_d^* 分别表示离焦面频域图像及其共轭图像。

扩展目标在空间域的成像过程可表示为

$$g(x,y) = o(x,y) * \text{PSF}(x,y) \tag{7-8}$$

式中：$g(x,y)$ 是系统实际的成像图像，$o(x,y)$ 表示目标的理想像。

对式（7-8）进行傅里叶变换，可得系统在频域的成像过程：

$$G(f_x,f_y) = O(f_x,f_y) \cdot \text{OTF}(f_x,f_y) \tag{7-9}$$

式中，$\text{OTF}(f_x,f_y)$ 是成像系统的光学传递函数，是表征非相干光学成像系统空间频率响应特性的指标，可以通过下式计算得到：

$$\text{OTF}(f_x,f_y) = \frac{\text{FT}[\text{PSF}(f_x,f_y)]}{\iint \text{PSF}(f_x,f_y)\,\mathrm{d}f_x\mathrm{d}f_y} \tag{7-10}$$

离焦频谱图像的计算过程与上述焦面频谱图像的类似，只是需要在光瞳函数中引入离焦相位。离焦图像在空域和频域的成像过程以及引入的离焦量的峰谷（Peak to Valley，PV）值可分别表示为

$$g_d(x,y) = o(x,y) \otimes \text{PSF}_d(x,y) \tag{7-11}$$

$$G_d(f_x,f_y) = O(f_x,f_y) \cdot \text{OTF}_d(f_x,f_y) \tag{7-12}$$

$$\text{PV}_d = \frac{\Delta d}{8\,(F^{\#})^2} \tag{7-13}$$

式中，Δd 表示离焦距离，$F^{\#}$ 表示成像系统的 F 数。

将式（7-9）和式（7-12）代入式（7-7）可以得到

$$M_{\text{sharpness}} = \frac{G \cdot G_d^* - G^* \cdot G_d}{G \cdot G^* + G_d \cdot G_d^*}$$
$$= \frac{\mathrm{OTF}(f_x,f_y) \cdot \mathrm{OTF}_d(f_x,f_y)^* - \mathrm{OTF}(f_x,f_y)^* \cdot \mathrm{OTF}_d(f_x,f_y)}{\mathrm{OTF}(f_x,f_y) \cdot \mathrm{OTF}(f_x,f_y)^* - \mathrm{OTF}_d(f_x,f_y) \cdot \mathrm{OTF}_d(f_x,f_y)^*} \tag{7-14}$$

由式（7－14）可知，清晰度特征图像与具体的成像内容无关，其变化只受到 piston 误差的影响。因此，能够将特征图像 $M_{\text{sharpness}}$ 和 piston 误差值作为输入输出构造训练集，使得训练完善的网络可以适用于不同成像目标情况下的 piston 误差检测。

图 7－16 是对两个不同目标计算特征图像的结果。图 7－16（a1）和图 7－16（a2）分别为两个目标所成的焦面图像；图 7－16（b1）和图 7－16（b2）为对应的离焦图像；图 7－16（c1）和图 7－16（c2）为引入相同 piston 误差后，采用焦面、离焦面图像计算得到的特征量图像。可以看到，利用式（7－14）对不同目标所成的像进行预处理后，可得到相同的特征量图像；该特征量图像随 piston 误差的不同而变化，与成像目标无关。

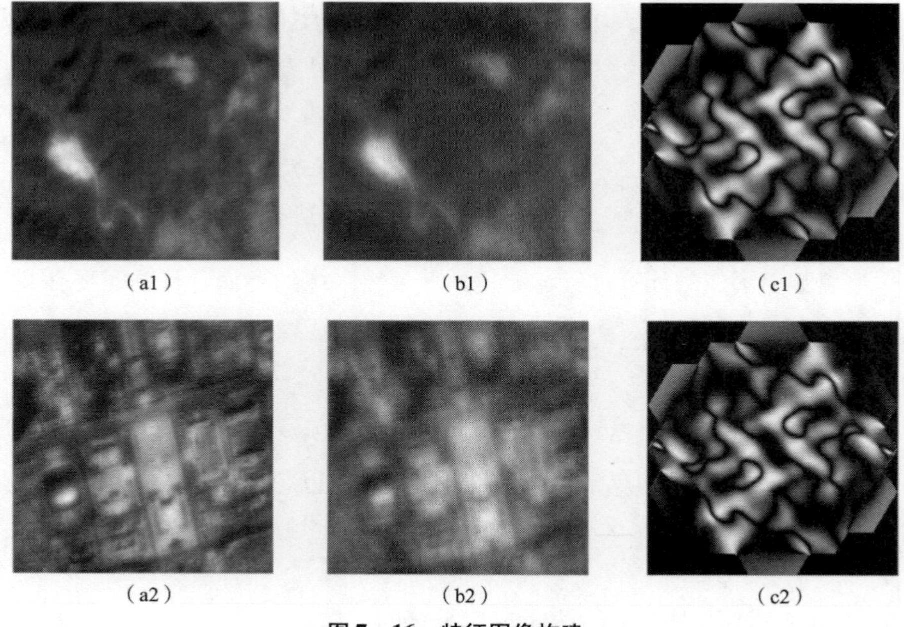

图 7－16 特征图像构建

（a1，a2）两个不同扩展目标生成的焦面图像；（b1，b2）相应的离焦图像；（c1，c2）相应的特征图像

7.3　神经网络模型的搭建与测试

基于 CNN 的 piston 误差检测方法可分为两大类：

- 基于单个 CNN 的 piston 误差检测方法，这类方法包括使用单个分类 CNN 以及单个回归 CNN 的方法；
- 基于多网络协作的 piston 误差检测方法。此方法是本节重点介绍的内容。

7.3.1　单网络 piston 检测方法

1. 单个分类 CNN

利用分类 CNN，可实现分块子镜的 piston 误差的粗测。

针对扩展目标成像的情况，构建数据集，并将 piston 误差在较大的范围内，如 [0, 10λ] 的范围内，等分成 10 个波长区间，即 [0, 1λ]、[1λ, 2λ]、[2λ, 3λ]、[3λ, 4λ]、[4λ, 5λ]、[5λ, 6λ]、[6λ, 7λ]、[7λ, 8λ]、[8λ, 9λ]、[9λ, 10λ]，其对应的焦面图像的标签为 1、2、3、4、5、6、7、8、9、10。通过建立分类 CNN，识别各子镜 piston 误差的范围，即可实现 piston 误差的粗测，通过微位移致动器对 piston 误差进行校正，将各子镜的 piston 误差减小至 [0, 1λ] 的范围，再利用其他方法实现 piston 误差的精测。

图 7 – 17 为建立的单个分类 CNN 模型示意图。分类 CNN 的主体由两个卷积层、两个池化层以及两个全连接层构成，模型相对简单。使用包括了 4 000 个样本和相应标签的训练集对 CNN 进行训练；训练完成后，使用 160 个样本测试 CNN 对 piston 误差范围的识别效果。对于六子镜系统，CNN 的平均识别准确率约为 97.84%。

基于单个分类 CNN 的方法能够实现对 piston 误差的粗检测，所用网络结

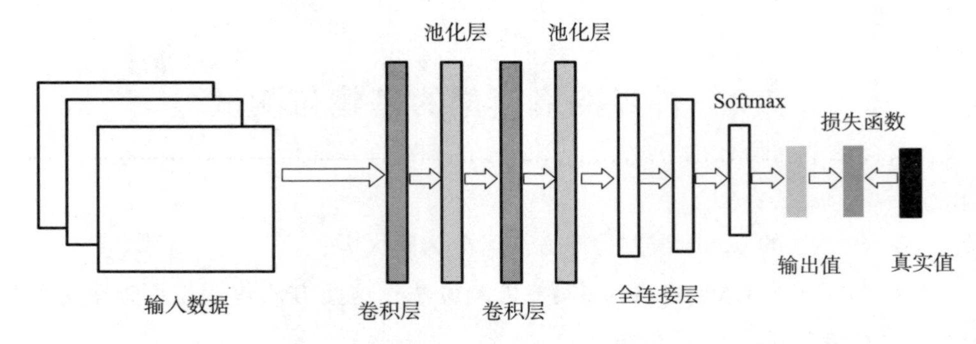

图 7-17 分类 CNN 网络结构

构较为简单，且所需数据量较小。但是，该方法仅能检测 piston 误差的大致范围，还需要其他精测方法的配合才能完成最终的检测。

2. 单个回归 CNN

利用回归 CNN，可实现分块子镜的 piston 误差的精测。

同样是针对扩展目标成像的情况，构建数据集。建立单个回归网络，可在［0，1λ］范围内实现 piston 误差的精测。

建立如图 7-18 所示的回归 CNN 网络模型，它由 12 个卷积层、5 个池化层以及末端的一个全连接层组成。网络所用数据集由 6 400 个训练样本、

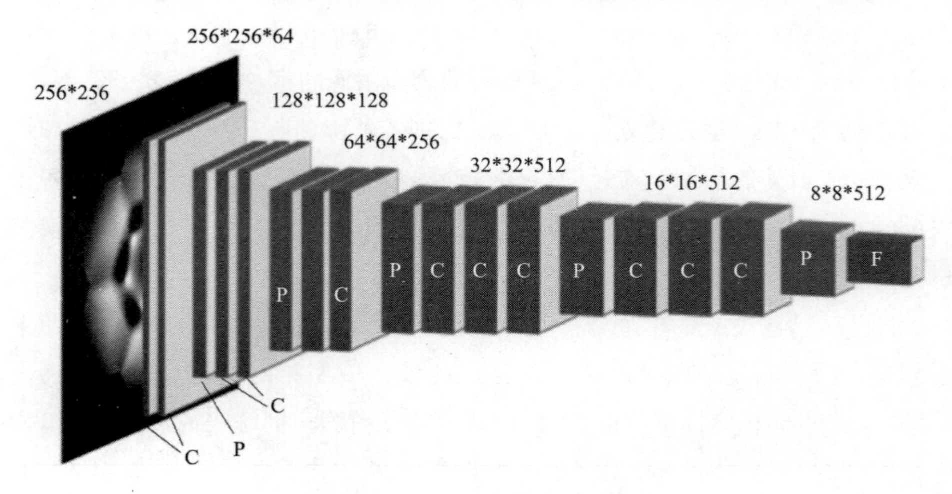

图 7-18 回归 CNN 网络结构

C—卷积层；P—最大池化层；F—全连接层

1 600 个验证样本和 1 600 个测试样本组成，每个样本都标有 piston 误差的准确值。将训练完成后的 CNN 用于六子镜成像系统的 piston 误差检测，其检测精度为 $\lambda/20$RMS。

这种单个回归 CNN 的方法，用较少的训练样本即可实现对 piston 误差的精确检测，但其量程仅为一个波长，需要与其他的 piston 误差的粗测方法配合使用。

单个回归 CNN 的方法也可用于点目标成像的情况。另外，为扩大回归 CNN 用于 piston 误差精测的量程，可构建更为复杂的网络模型，如图 7 – 19 所示。由图可知，除了输入层和输出层，网络主要包括 6 个模块，其中 5 个是卷积模块，另外一个是全连接模块。前两个卷积模块中分别含有 2 个卷积层，后三个卷积模块中分别含有 4 个卷积层，每层卷积层依次由数量不等的 3 × 3 的卷积核组成，用于提取不同的特征。每个卷积模块之后连接一个 BN 层和一个池化层。将该网络对于六子镜系统的 piston 误差检测时，网络使用

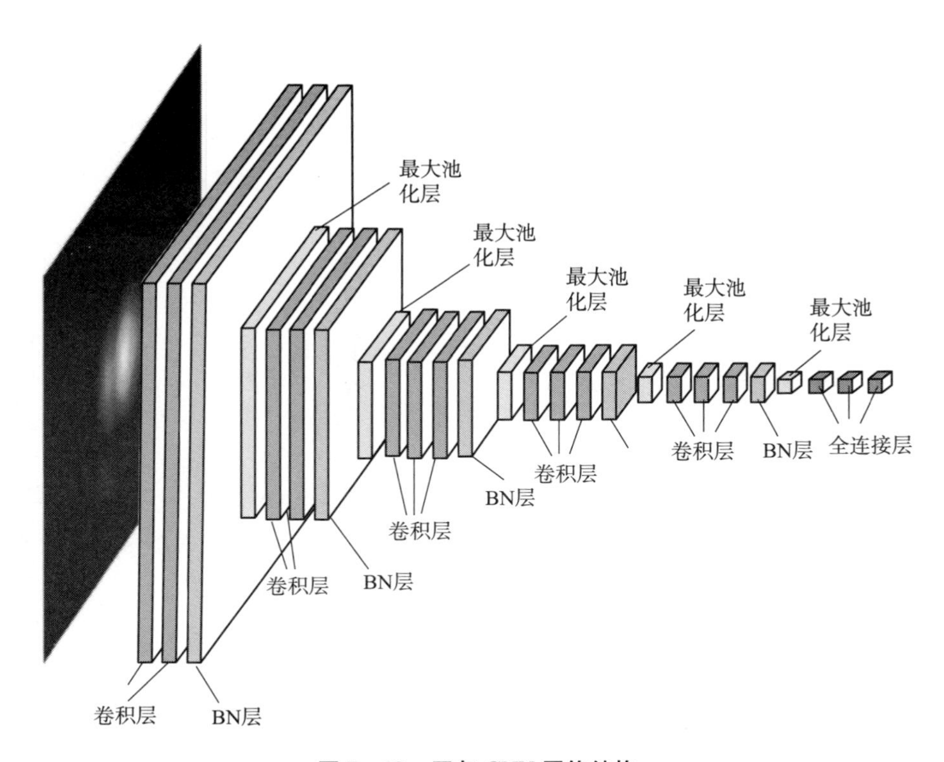

图 7 – 19　回归 CNN 网络结构

了100 000个样本进行训练，训练完成后，1 000个样本用于测试网络性能，最终该网络在[-5λ, 5λ]（$\lambda=550$ nm）的piston误差检测范围内实现了0.058λ RMS的精度。

可以看到，通过对网络结构的优化，在确保piston误差检测精度的情况下有效扩大了检测范围。但这种结构的回归网络，它的测量精度受检测范围的影响较大，当扩大检测范围时，piston误差的检测精度会明显下降，并且训练所需的数据量也会急剧增加。

7.3.2 多网络协作的piston检测方法

由上述介绍可知，通过构建单个CNN检测piston误差时，不得不在检测的范围和精度二者之间有所取舍，为了能够兼顾piston误差检测的范围和精度，多网络协作的检测方法被提出。该方法采用分类网络和回归网络协作检测的方式，将piston误差的检测过程分为粗测和精测两个阶段，搭建相应的粗测神经网络（Coarse Detection network，CDnet）和精测神经网络（Fine Detection network，FDnet），分别用于这两个阶段的piston误差检测，并且设计合理的检测流程去协调多个网络的使用，从而最大限度地提高各个网络的检测性能，并相互弥补各自的缺陷。在此，以点目标成像为例，对该方法进行阐述。

7.3.2.1 FDNet和CDNet网络结构及协作流程

1. FDnet的网络结构

FDnet的输入是PSF图像的像素矩阵、输出是piston误差值。FDnet所需实现的功能是：通过分析从CCD上获取的PSF图像，输出精确的piston误差值。子镜间存在的piston误差会引起PSF图像中干涉条纹的移动，干涉条纹的移动量与piston误差值存在明确的函数关系，二者间的理论模型为式（5-4）所示。因此，FDnet需要能够准确学习到干涉条纹移动量这一空间特征与piston误差值之间的映射关系。CNN通过卷积层中的卷积核过滤提取图片中的局部特征，感受野越大、图像的空间位置特征就越能够被更好地提取；

此外，更深层的网络具有更好的非线性表达能力，可以学习到更复杂的函数关系。根据上述分析以及多次训练结果的反馈，可确定如图 7－20 所示的网络结构。

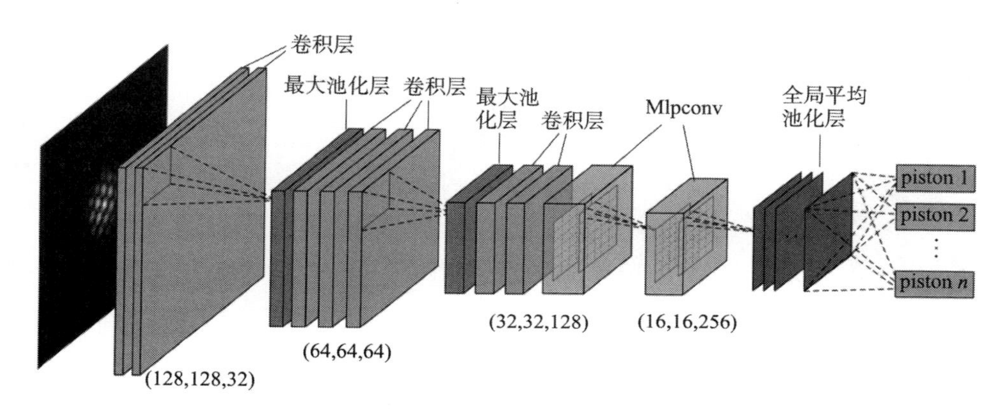

图 7－20　FDnet 的网络结构

图 7－20 所示的网络可分为三个部分：

第一部分，包括七个卷积层（卷积核的大小为 3×3）及两个池化层。网络输入为 256×256 的单通道 PSF 图像，经过两层堆叠的卷积层后，提取到 32 个大小为 128×128 的特征图；然后进入池化层，池化方式选用最大值池化，尺寸为 3×3 的池化单元，池化层可以有效地缩小参数矩阵的尺寸，从而加快计算速度、并且能够防止过拟合，经过池化层后的特征图尺寸缩减为 64×64；之后经过三层堆叠卷积层、最大值池化层以及两层堆叠卷积层后，可得到 128 个 32×32 特征图。这部分采用堆叠的卷积层和池化层的组合结构，对 PSF 图像进行初步特征抽象提取。两个堆叠的 3×3 卷积核的感受野大小等同于一个 5×5 卷积核，三个堆叠的 3×3 卷积核的感受野大小等同于一个 7×7 卷积核，这种架构可以在确保较大的感受野的同时增加网络的深度，更深层的模型将具有更好的非线性表达能力，可以学习更复杂的映射关系。

第二部分，采用两个多层感知机卷积（Multi－Layer Perceptron convolution，Mlpconv）层对特征进行进一步的融合和提取，得到 256 个 16×16 的特征图。Mlpconv 层的结构如图 7－21 所示，它包括一次普通的 3×3 卷积和两次 1 ×1 卷积，相当于一个由卷积层和多层感知机（Multi – Layer Perceptron，MLP）构成的微型网络。一般的卷积操作只能提取线性特征，而 Mlpconv 通过在卷积层后加入一个 MLP，使其能够提取非线性特征，这种结构能够实现跨通道特征融合、增强网络局部模块的抽象表达能力。

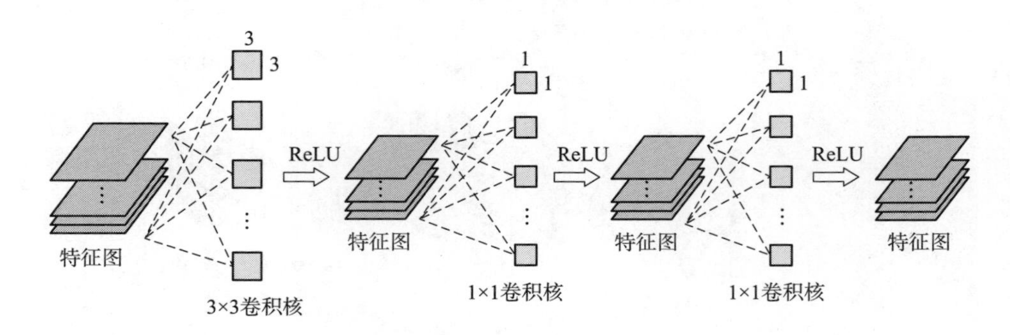

图 7 – 21 Mlpconv 结构图

第三部分，包括一个全局平均池化层。全局平均池化层使用 n 个池化单元对输入特征图进行平均池化操作，n 等于输出值的个数，也即待测子镜的个数，池化单元的尺寸等于输入特征图的尺寸，即 16 ×16。全局平均池化层的输出为 n 个特征值，再通过线性函数即可输出 n 个待测子镜的 piston 误差值。使用全局平均池化层替换全连接层，不仅可以有效地降低参数量，而且能够整合全局空间信息、增强网络鲁棒性。

FDnet 的检测范围直接决定 CDnet 的分类区间长度和算法的整体检测精度，因此需要测试 FDnet 的高精度检测范围。由于分块镜系统的子镜个数以及数据集的规模不会对 CNN 的检测范围的测试造成影响，因此为了方便得出结论，使用相对少量的数据对两子镜系统进行测试。仿真系统参数的设置参考 JWST 系统：离散孔直径 $D=0.3$ m，两孔的中心距离 $B=\sqrt{3}$m，成像透镜的焦距为 $f=131.4$ m，入射光中心波长 $\lambda_0=550$ nm，谱宽 $\Delta\lambda=100$ nm。

在选定的检测范围内，随机为被测子镜设置 7 000 个 piston 误差值，相应可得到 7 000 个 PSF 图像样本，其中 5 000 个样本作为训练集，1 000 个样本作为验证集，另外 1 000 个样本作为测试集。不同的 piston 误差检测范围对应的网络预测精度如表 7 – 1 所示，当检测范围由 $[-0.5\lambda_0,\ 0.5\lambda_0]$ 缩减为 $[-0.48\lambda_0,\ 0.48\lambda_0]$ 时，网络精度明显提升；但继续缩减检测范围，网络精度只出现微小波动，不再有明显提升。

表 7-1　不同 piston 误差检测范围下，FDnet 的检测精度（λ_0 = 550 nm）

检测范围/λ_0	±0.5	±0.49	±0.48	±0.47	±0.46	±0.4	±0.35
精度/λ RMS	0.013	0.006 5	0.001 5	0.001 5	0.001 7	0.001 4	0.001 9

为分析这一现象，图 7-22 给出了检测范围分别为［$-0.5\lambda_0$，$0.5\lambda_0$］、［$-0.49\lambda_0$，$0.49\lambda_0$］及［$-0.48\lambda_0$，$0.48\lambda_0$］时，设定的 piston 误差值处所对应的网络预测误差分布图。当检测范围为［$-0.5\lambda_0$，$0.5\lambda_0$］时，在检测范围的起点和终点处，网络预测结果出现异常大的误差，这种情况将极大地影响多网络协作方法的整体精度；将检测范围缩减为［$-0.49\lambda_0$，$0.49\lambda_0$］时，网络预测结果在起点和终点处的异常值仍然存在；当检测范围为［$-0.48\lambda_0$，$0.48\lambda_0$］时，这种异常现象全部消除，检测范围内的网络预测

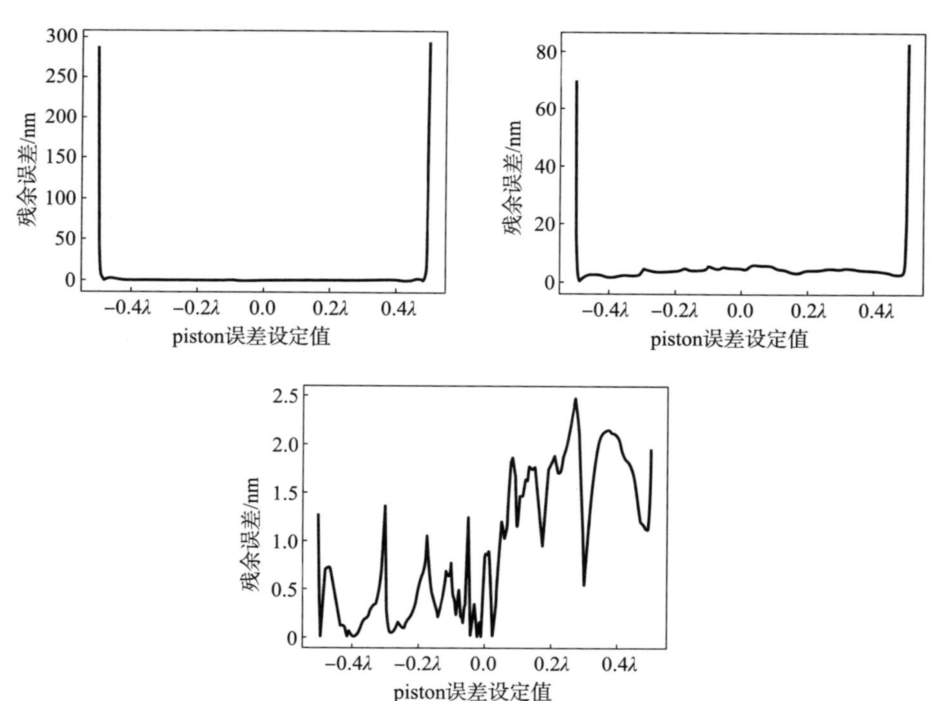

图 7-22　不同检测范围时设定 piston 误差值对应的网络预测误差分布

（a）piston 误差范围［−0.5λ，0.5λ］；（b）piston 误差范围［−0.49λ，0.49λ］；

（c）piston 误差范围［−0.48λ，0.48λ］

误差分布较均匀，在此基础上进一步缩减检测范围，网络精度不再有大幅提升。综上所述，可以确定 FDnet 的高精度检测区间应该包含于 $[-0.48\lambda_0, 0.48\lambda_0]$ 这一范围内。为便于计算，将 $[-0.4\lambda_0, 0.4\lambda_0]$ 设定为 FDnet 的检测区间，这也是多网络协作方法的精测范围。

2. CDnet 的网络结构

FDnet 属于回归网络，用于在小的测量范围内实现 piston 误差的精测。在上述讨论中，为保证 piston 误差的检测精度，将 FDnet 的检测范围确定为 $[-0.4\lambda_0, 0.4\lambda_0]$。

CDnet 的作用是实现 piston 误差的大范围粗测。具体来说，就是将较大范围的 piston 误差减小至 FDnet 的有效检测范围内，因此，CDnet 无须直接输出 piston 误差的具体值，仅需确定 piston 误差的范围即可。因此，CDnet 被设计为一个分类网络，CDnet 的最大检测范围为光源的相干程长 L_c，可由式（4-55）计算得到；将这个最大检测范围划分为一定数量的子区间，并用整数 K 对每个子区进行编号，每个子区间就对应 CDnet 的一个类别，如表 7-2 所示。区间划分方式为：将 $[-0.4\lambda_0, 0.4\lambda_0]$ 设置为中心区间（$K=0$），以 $0.8\lambda_0$ 为步长向左、右两侧进行区间划分。

表 7-2 piston 误差检测范围的区间划分表

piston 误差范围	对应区间 K
…	…
$[-2\lambda_0, -1.2\lambda_0)$	-2
$[-1.2\lambda_0, -0.4\lambda_0)$	-1
$[-0.4\lambda_0, 0.4\lambda_0]$	0
$(0.4\lambda_0, 1.2\lambda_0]$	1
$(1.2\lambda_0, 2\lambda_0]$	2
…	…

CDnet 的输入是 PSF 图像的像素矩阵，输出是 piston 误差值所属区间类别。CDnet 需实现的功能为：通过分析从 CCD 上获取的 PSF 图像，输出 piston 误差值的对应范围。

CDnet 的输入与 FDnet 的输入相同，因此搭建 CDnet 时同样需要使用大的卷积核来提升感受野。因为 CDnet 只需要输出 piston 误差的范围，所以可将 CDnet 设计成一个浅层网络。

根据上述分析以及多次训练结果的反馈，确定了如图 7－23 所示的 CDnet 的网络主体结构。

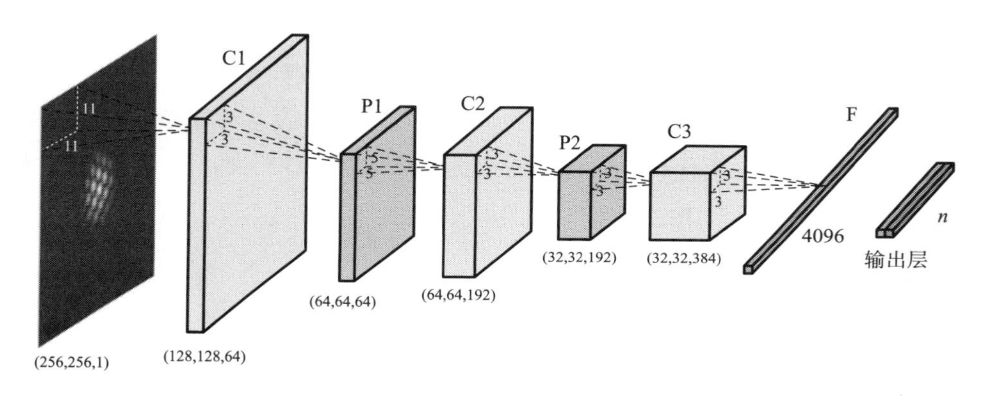

图 7－23　CDnet 的网络主体结构

C—卷积层；P—最大池化层；F—全连接层

CDnet 由五部分构成，其结构设计如下：

第一部分，卷积层 C1＋激活函数＋池化层 P1＋归一化层。

- 卷积层 C1，对输入的 PSF 图像的像素矩阵进行初次特征提取，此层采用较大的卷积核以获取较大的感受野，卷积核大小为 11×11，卷积核个数为 64。输入为 256×256×1 的 PSF 图像的像素矩阵，卷积得到的特征图尺寸为 128×128×64。

- 激活函数，将卷积层输出的特征图输入到激活函数中，激活函数用来加入非线性因素，从而增加模型的表达能力。

- 池化层 P1，池化层可以有效地缩小参数矩阵的尺寸，从而加快计算速度、并且能够防止过拟合。池化方式选用最大值池化，使用尺寸为 3×3 的池化单元，输出特征图尺寸为 64×64×64。

- 归一化层，采用局部响应归一化（Local Response Normalization，LRN）层，为局部神经元的活动创建竞争机制，使得其中响应比较大的值变得相对更大，并抑制其他反馈较小的神经元，进而增强模型的泛化能力。

第二部分，卷积层 C2＋激活函数＋池化层 P2＋归一化层。

- 卷积层 C2，对输入的特征图进行第二次特征提取，考虑到网络的参数量和运算速度，此层采用的卷积核应小于卷积层 C1。输入为第一部分输出的 64×64×64 的特征图，卷积核大小为 5×5，卷积核个数为 192，并作了边缘填充，卷积得到的特征图尺寸为 64×64×192。

- 激活函数，用来加入非线性因素从而增加模型的表达能力，使用 ReLU 函数作为激活函数，将卷积层输出的特征图输入到 ReLU 函数中。

- 池化层 P2，进一步缩小参数矩阵的尺寸，池化方式选用最大值池化，使用尺寸为 3×3 的池化单元，输出特征图尺寸为 32×32×192。

- 归一化层，采用 LRN 层。

第三部分，卷积层 C3 + 激活函数

- 卷积层 C3，对输入的特征图进行第三次特征提取，输入为第二部分输出的 32×32×192 的特征图，卷积核大小为 3×3，卷积核个数为 384，卷积移动步长为 1，并作了边缘填充，卷积得到的特征图尺寸为 32×32×384。

- 激活函数，使用 ReLU 函数作为激活函数。

第四部分，全连接层 F + 激活函数 + Dropout 层

- 全连接层，输入为第三部分输出的 32×32×384 特征图，使用全局卷积的方式实现全连接运算，即在该层使用 4 096 个尺寸为 32×32×384 的卷积核对特征图进行卷积运算，卷积运算后的特征图尺寸变为 4 096×1×1，也即 4 096 个神经元。

- 激活函数，使用 ReLU 函数作为激活函数，4 096 个神经元通过 ReLU 激活函数生成 4096 个值。

- Dropout 层，在网络训练过程中按照一定概率暂时切断部分神经元的连接，进而抑制过拟合，概率值设定为 0.5。

第五部分，输出层（全连接层 + Softmax 层）

- 全连接层，piston 误差的大检测区间被划分为 n 个子区间，相应地分类 CNN 的输出包含 n 个类别。将上一层输出的 4 096 个数据与 n 个神经元进行全连接，经过训练后将输出 n 个浮点类型的值。

- Softmax 层，利用 Softmax 函数将 n 个浮点值映射为 n 个概率值，概率值最大的类别即为分类 CNN 的最终预测结果。

3. 检测流程设计

FDnet 和 CDnet 都属于监督学习模型，二者的数据集均由 PSF 图像样本和标签组成，FDnet 的标签为准确的 piston 误差值，CDnet 的标签为 piston 误差所属区间对应的类别 K。单个 FDnet 可以同时输出多个预测值。因此，FDnet 数据集中每个样本的标签都包含多个 piston 误差值，它们是所有被测子镜的 piston 误差值。但是 CDnet 作为一个分类网络，只能输出单个被测子镜的 piston 误差值的范围，因此，需要多个结构完全相同的 CDnet 实现相应数量的被测子镜的 piston 误差检测。值得注意的是，不同 CDnet 数据集中的图像样本是完全相同的，所以只需要改变对应子镜的类别标签即可。因此，CDnet 数量的增加不会增加数据负担。

为描述方便，以三子镜系统为例，介绍多网络协作方法的检测过程，检测流程如图 7 - 24 所示。将子镜 1 作为参考子镜，子镜 2 和 3 作为被测子镜。piston 误差检测的思路为：将整个检测流程划分为分为粗测和精测两个阶段，在粗测阶段，直接从共相位误差检测光路中采集 PSF 图像，输入 CDnet2 和 CDnet3，得到两被测子镜的 piston 误差值的所属区间；根据粗测结果，借助微位移致动器对子镜进行 piston 误差校正，直至将 piston 误差减小至 FDnet 的测量范围 $[-0.4\lambda_0, 0.4\lambda_0]$ 内；在精测阶段：只需单个 FDnet 即可同时输出子镜 2 和 3 的 piston 误差值。

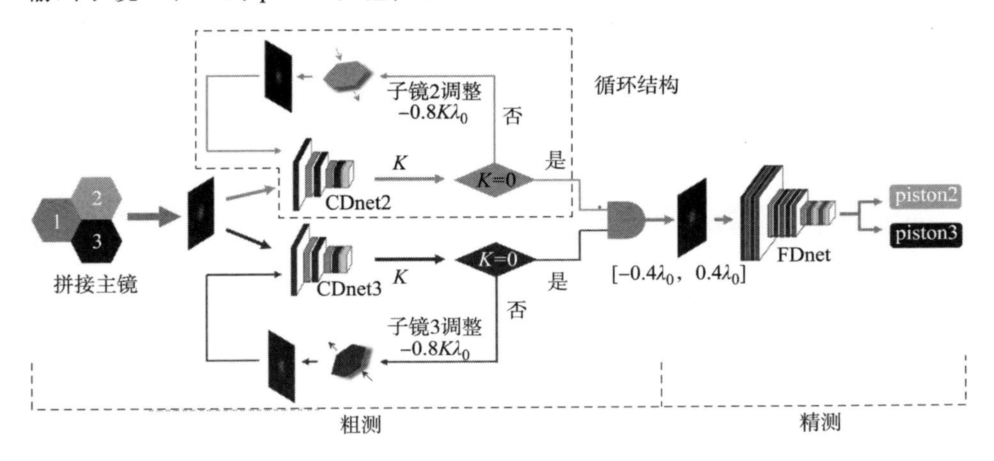

图 7 - 24　piston 误差检测流程图

另外，有一个不可忽视的问题：CDnet 不可避免地会出现一定的分类错误，尤其是检测范围变大时，错误率会相应升高。如果错误率过高，这种多网络协作方法在 piston 误差粗测阶段就会失败。

为解决这一问题，在粗测阶段增置了一个循环结构：被测子镜在根据 CDnet 的输出结果进行校正后，piston 误差检测并不直接进入精测阶段，而是将校正后重新产生的 PSF 图像输入 CDnet 再次进行检测，这一过程会一直重复，直至 CDnet 确定每个被测子镜的 piston 均处于［$-0.4\lambda_0$，$0.4\lambda_0$］范围内，即 CDnet 的输出为 $K=0$。通过多次运行 CDnet，可以大大提高 CDnet 的分类准确率。

一般来讲，只有 CDnet 输出值 $K=0$ 时才有可能出现分类错误。为尽可能将粗测的错误率降低至 0，可加强 CDnet 对［$-0.4\lambda_0$，$0.4\lambda_0$］这一区间的学习。

基于神经网络的 piston 误差检测的具体步骤为：

（1）获取一张待测 piston 误差的成像系统的 PSF 图像；

（2）将此 PSF 图像分别输入至 CDnet2 和 CDnet3 中进行预测，若预测结果为 $K=0$，说明 piston 误差在［-0.4λ，0.4λ］范围内，则直接进行下一步；若预测结果为 $K\neq 0$，则将被测子镜平移 $-0.8K\lambda_0$，校正子镜位置后、再次获取 PSF 图像，并将其输入 CDnet，重复此步骤，直至 CDnet 的预测结果为 $K=0$。

（3）将 piston 误差处于［$-0.4\lambda_0$，$0.4\lambda_0$］范围内的 PSF 图像输入 FDnet，由 FDnet 直接输出所有被测子镜的 piston 误差值，至此完成 piston 误差的检测。

7.3.2.2 网络预测效果测试

以三子镜系统为例，分别测试 CDnet 的分类准确率、FDnet 的预测精度以及多网络协作方法的 piston 误差检测效果。系统的参数设置与确定 FDnet 的高精度检测范围时的设置相同。

1. CDnet 的分类准确率测试

将 $\lambda_0=550$ nm、$\Delta\lambda=100$nm 代入式（4－55）可得 CDnet 的最大检测范

围为 $[-5.2\lambda_0, 5.2\lambda_0]$。CDnet 子区间划分和数据集分布如表 7-3 所示，$[-5.2\lambda_0, 5.2\lambda_0]$ 可分为 13 个子区间，除中心区间外，每个子区间内选取 2 400 组随机分布的 piston 误差值，每组包含两个 piston 误差值；为了提高 CDnet 在 $[-0.4\lambda_0, 0.4\lambda_0]$ 范围内的预测准确率，在中心区间选取的 piston 误差值增加至 4 400 组。将所有 piston 误差组打乱，并分别将每组误差加置于被测子镜 2 和 3，获取相应的 PSF 图像作为网络训练和测试的样本。

表 7-3　CDnet 子区间划分和数据集分布

Piston 子区间	类别 K	数据集分布	
		训练集	测试集
$[-5.2\lambda_0, -4.4\lambda_0)$	-6	2 000	400
$[-4.4\lambda_0, -3.6\lambda_0)$	-5	2 000	400
$[-3.6\lambda_0, -2.8\lambda_0)$	-4	2 000	400
$[-2.8\lambda_0, -2\lambda_0)$	-3	2 000	400
$[-2\lambda_0, -1.2\lambda_0)$	-2	2 000	400
$[-1.2\lambda_0, -0.4\lambda_0)$	-1	2 000	400
$[-0.4\lambda_0, 0.4\lambda_0]$	0	4 000	400
$(0.4\lambda_0, 1.2\lambda_0]$	1	2 000	400
$(1.2\lambda_0, 2\lambda_0]$	2	2 000	400
$(2\lambda_0, 2.8\lambda_0]$	3	2 000	400
$(2.8\lambda_0, 3.6\lambda_0]$	4	2 000	400
$(3.6\lambda_0, 4.4\lambda_0]$	5	2 000	400
$(4.4\lambda_0, 5.2\lambda_0]$	6	2 000	400

训练过程中应用的损失函数为交叉熵损失函数，优化函数选择 Adam 算法，网络训练环境为 python3.7，tensorflow-gpu2.1.0 以及 keras-gpu2.3.1；设置学习率为 0.000 3、批次大小（Batch-size）为 128、最大迭代次数（Epoch）为 500。网络训练阶段，CDnet2 和 CDnet3 的准确率变化曲线如图 7-25 所示。可以看出，CDnet 的收敛速度非常快，在几个批次内分类准确率就可以提升至较高水平，最终准确率可以接近 98.5%。

训练完成后，使用测试集验证 CDnet 的预测能力。CDnet2 和 CDnet3 在

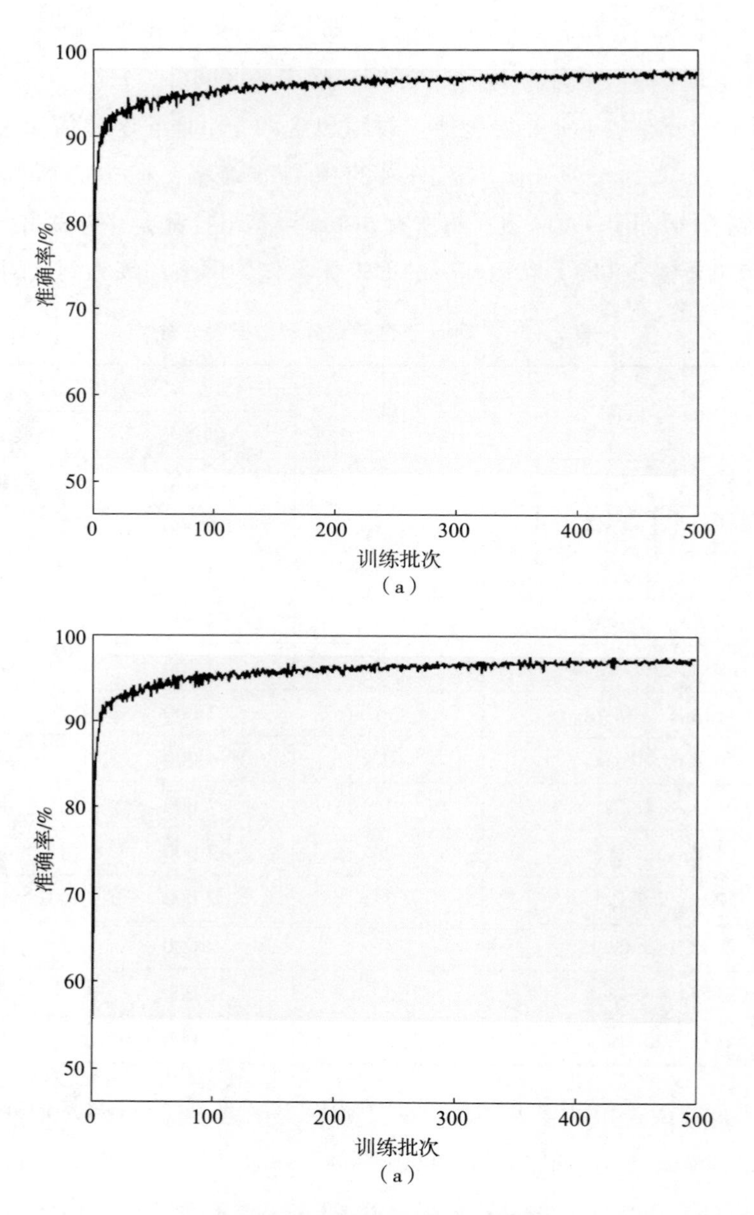

图 7－25　网络准确率变化曲线

（a） CDnet2 的网络准确率变化曲线；（b） CDnet3 的网络准确率变化曲线

测试集上的识别准确率分别为 98. 13% 和 98. 38% 。图 7－26 和图 7－27 分别为 CDnet2 和 CDnet3 测试结果的混淆矩阵（confusion matrix）。混淆矩阵常用于评价监督学习中分类网络的准确率，它的每一行代表数据的真实类别，每一列代表网络的预测类别，每一行元素的总和表示 piston 误差设定值（真实类别）为该类别的测试样本的总数。以第 1 行为例，第 1 行所有元素总和为 400，代表 piston 误差真实类别为“ −6”的测试样本共有 400 个；第 1 行第 1 列中的元素“397”的含义为：真实类别为“ −6”的测试样本中被 CDnet 预测为“ −6”的共有 397 个；第 1 行第 2 列中的元素“1”的含义为：真实类别为“ −6”的测试样本中被 CDnet 预测为“ −5”的共有 1 个，依此类推。那么，由图 7 − 26 和图 7 − 27 可知，主对角线上的元素代表预测正确的情况，分类错误主要出现在混淆矩阵的负对角线上；此外，通过分析虚线框内的数据可以看出，当网络预测值 $K = 0$ 时，两个 CDnet 的分类准确率均为 100%，由此说明，增置的图 7 − 24 中的循环结构，完全避免了粗测阶段的分类错误。

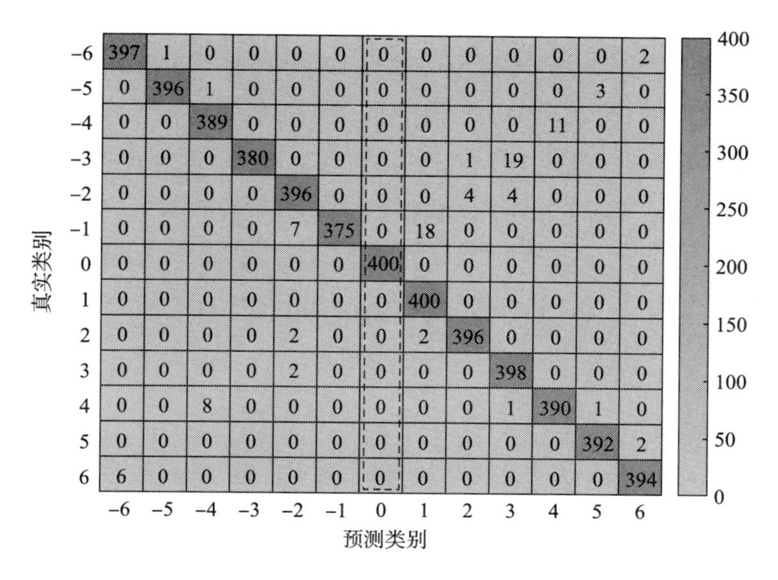

图 7 − 26　CDnet2 预测结果的混淆矩阵

2. FDnet 的预测精度测试

在 $[-0.4\lambda_0, 0.4\lambda_0]$ 范围内，分别给被测子镜 2 和 3 设置 20 000 组随机 piston 误差值，相应得到 20 000 张 PSF 图像，每张 PSF 图像都对应着两个被测子镜的 piston 误差值。因此，数据集共由 20 000 个样本和相应的 20 000

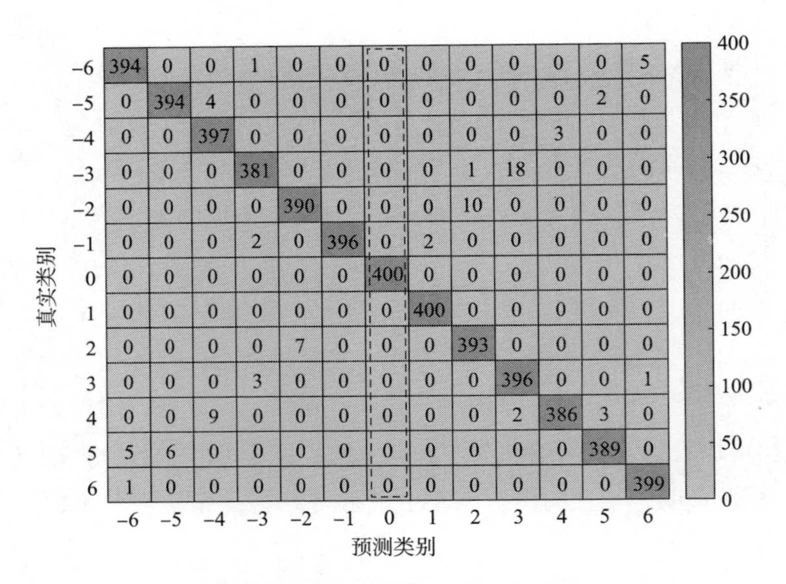

图 7-27　CDnet3 预测结果的混淆矩阵

组标签构成，每组标签包含两个标签，FDnet 的数据集划分情况如表 7-4 所示。

表 7-4　三子镜系统数据集划分情况

数据集	占比/%	样本形状	标签形状
训练集	80	(16 000, 256, 256, 1)	(16 000, 2)
验证集	10	(2 000, 256, 256, 1)	(2 000, 2)
测试集	10	(2 000, 256, 256, 1)	(2 000, 2)

训练过程中 FDnet 应用的损失函数为均方误差（MSE），优化函数选择 Adam 算法，网络训练环境与 CDnet 的相同。设置学习率为 0.000 05、批次大小（Batch-size）为 256、最大迭代次数（Epoch）为 350。训练过程中损失函数（loss）曲线下降情况如图 7-28 所示。由图可知，FDnet 在大约 100 个批次的迭代后收敛。

完成训练后，使用剩余的 2 000 个测试样本对 FDnet 进行测试。测试结果表明，FDnet 对子镜 2 和 3 的预测精度分别为 $0.000\ 51\lambda_0$ RMS 和 $0.000\ 53\lambda_0$ RMS，这意味着当输入光源中心波长 $\lambda_0 = 550$ nm 时，子镜间的 piston 误差的测试均

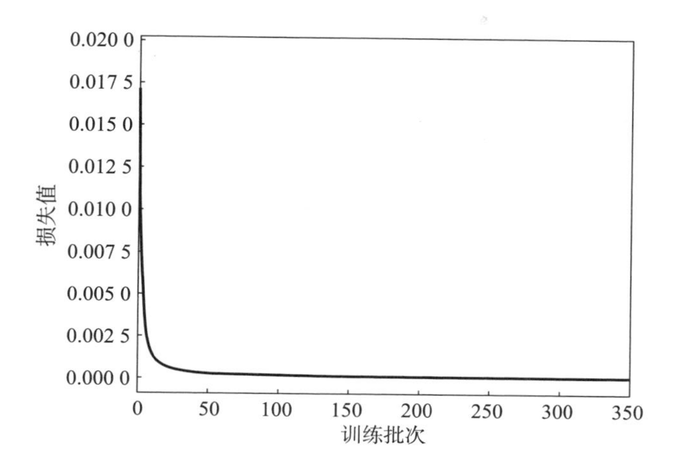

图 7-28　FDnet 损失函数变化曲线

方根误差仅为 0.28 nm 和 0.29 nm，很好地满足了分块镜成像系统为实现衍射受限成像对共相位误差提出的要求（$\lambda/40$ RMS）。

图 7-29 展示了测试样本预测误差的分布直方图和散点图。可以看到，FDnet 的预测误差大部分都可以控制在 0.5 nm 以内，只有极少数超过 1 nm，且 FDnet 的预测误差的最大值小于 1.4 nm。

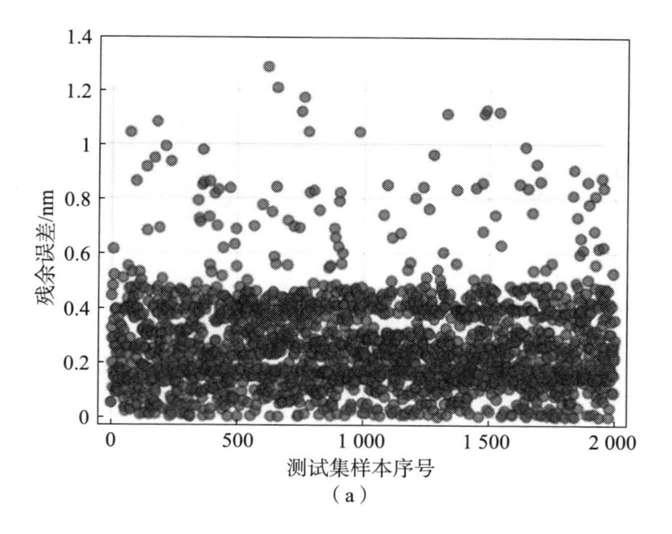

图 7-29　测试样本预测误差的统计图

(a) 被测子镜 2 测试结果的散点图

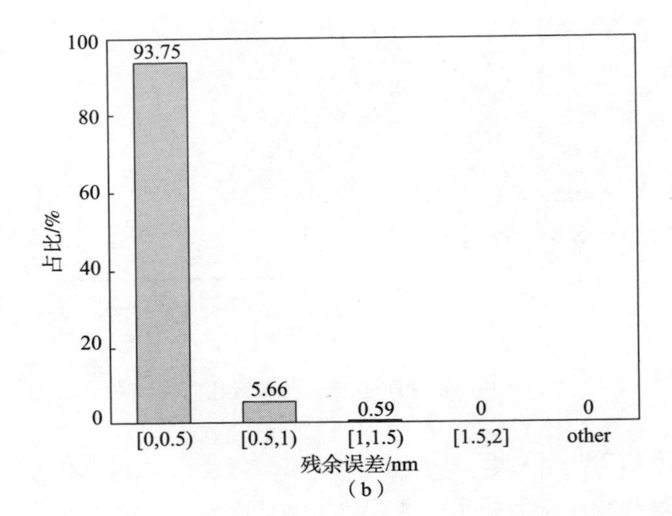

(b)

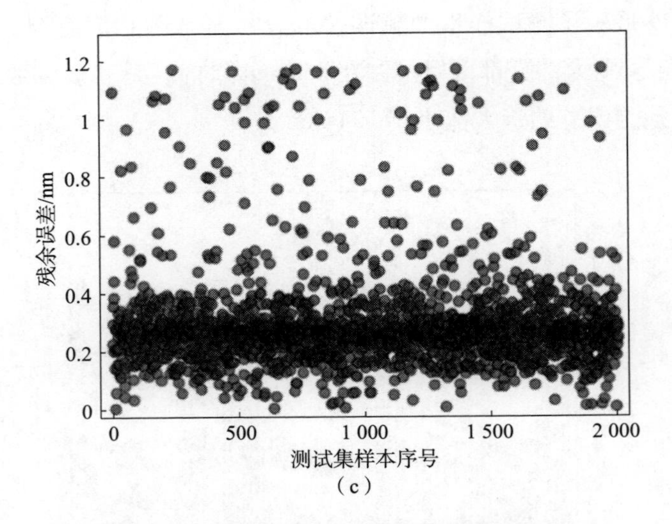

(c)

图 7-29 测试样本预测误差的统计图（续）

(b) 被测子镜 2 测试结果的直方图；(c) 被测子镜 3 测试结果的散点图

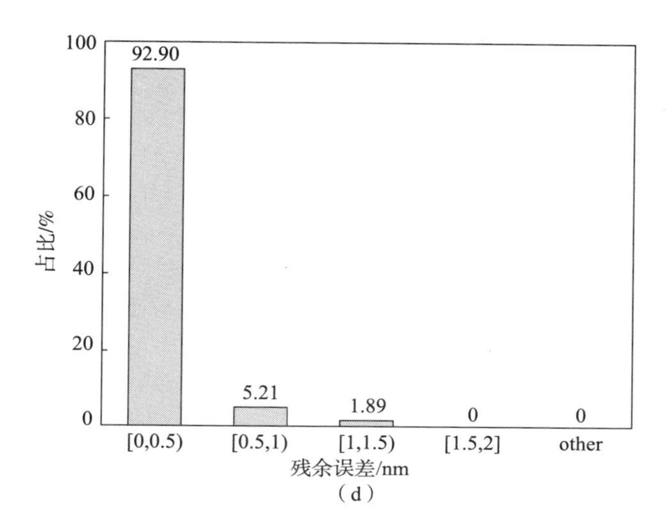

图 7-29　测试样本预测误差的统计图（续）

（d）被测子镜3测试结果的直方图

3. 算法整体流程的测试

如图7-30所示，在 $[-5.2\lambda_0, 5.2\lambda_0]$ 范围内给被测子镜（子镜2和3）设置了100组随机piston误差值，对图7-24的piston误差检测流程进行测试。

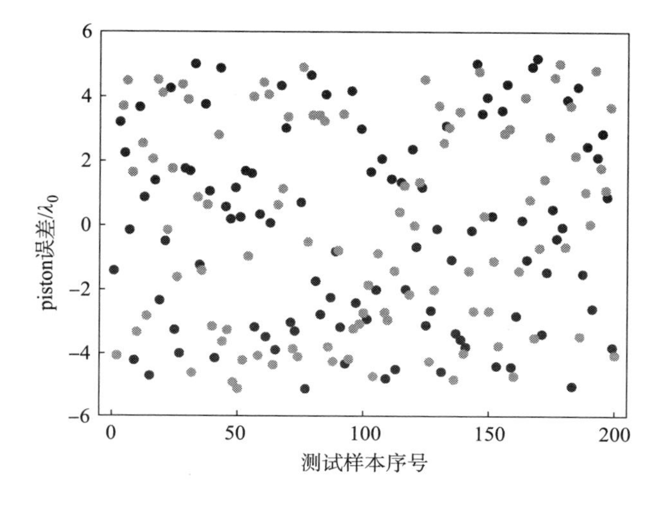

图 7-30　100组被测子镜的初始piston误差值

将与100组被测子镜的初始 piston 误差值所对应的 PSF 图像输入 CDnet，可获得每个子镜 piston 误差所处区间对应的 K 值，分别将各个子镜位置调整 $-0.8\lambda_0$后，相应的 piston 误差值分布如图7－31所示。由图可知，经 CDnet 的初次粗测后，只有三个 piston 误差值未被调整至 $[-0.4\lambda_0, 0.4\lambda_0]$ 范围内。

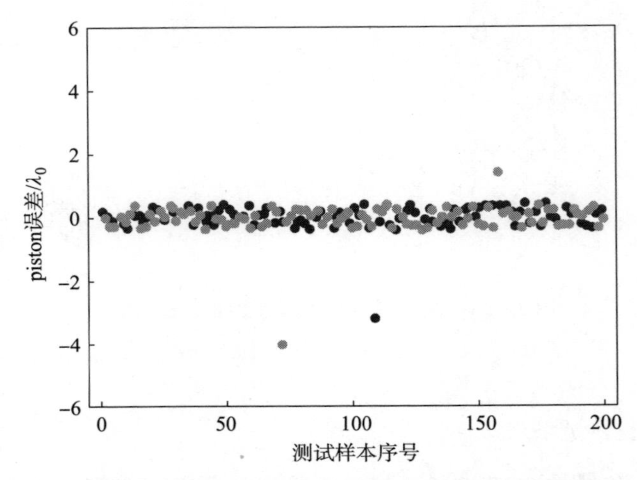

图7－31　被测子镜的100组 piston 误差经初次粗调后的分布情况

经过 CDnet 第二次识别后，被测子镜的100组 piston 误差值的分布情况如图7－32所示。可以看到，被测子镜的所有 piston 误差值均处于 $[-0.4\lambda_0$，

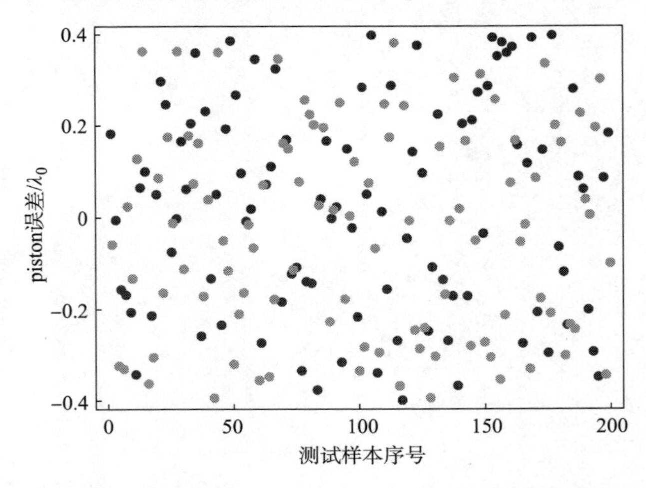

图7－32　被测子镜的100组 piston 误差经二次粗调后的分布情况

$0.4\lambda_0$] 的范围内。这说明，经过两次 CDnet 的粗测、以及 piston 误差的校正，可将 piston 误差减小到 FDnet 的测量范围内，至此，粗测阶段结束。

进入精测阶段，将相应的 PSF 图像输入 FDnet，即可获得被测子镜的 piston 误差值。图 7 – 33 所示为 FDnet 预测误差的分布情况，被测子镜的 100 组 piston 误差值的预测精度为 $0.000\ 64\lambda_0$ RMS。

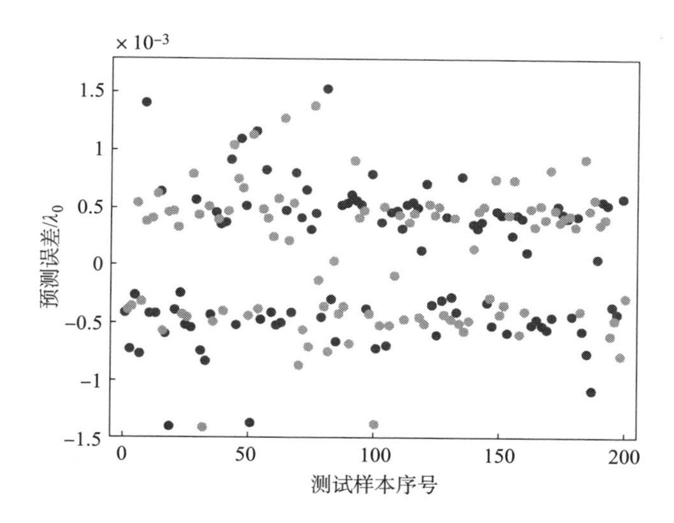

图 7 – 33　FDnet 预测误差分布图

7.3.2.3　网络鲁棒性及泛化能力分析

1. 鲁棒性分析

借助 CNN 从图像数据中获取共相位误差信息，对于 CNN 模型而言，当数据集中的样本存在一定偏差，尤其是训练样本与测试样本不一致时，CNN 预测效果会受到很大影响。前文的分析都是基于理想情况下给出的，而实际系统中的多种干扰因素，不可避免地会引起数据集的偏差，进而降低检测精度，因此要求用于 piston 误差检测的多网络协作方法具有较好的鲁棒性。

CDnet 出现的偏差，可通过增置的循环结构进行多次测试给予很好的弥补。故在此仅对 FDnet 的鲁棒性进行测试。

依然以三子镜系统为例，在 FDnet 网络测试集中分别引入残余 tip – tilt

误差、CCD 噪声以及波前像差，来测试评估多网络协作方法的鲁棒性。为表述方便，下文所述的 piston 误差检测精度均取作两块被测子镜 piston 误差检测精度的平均值。

1）残余 tip – tilt 误差

分块镜系统共相位误差包括 piston 误差和 tip – tilt 误差，其中 piston 误差的检测在完成 tip – tilt 误差的检测和校正后进行。一般地，在完成 tip – tilt 误差的检测和校正后，残余的 tip – tilt 误差为 3.5mas（$0.004\lambda_0$），此时的 PSF 图像不仅包含 piston 误差信息，还包含 tip – tilt 误差信息，PSF 分布如式（4 – 38）所示。为方便讨论，再次给出式（4 – 38）

$$\mathrm{PSF}_m(x,y,\lambda) = \left(\frac{D}{2\lambda f}\right)^2 \cdot$$

$$\left\{\begin{aligned}&\left[\frac{J_1\left(\pi D\sqrt{\left(\frac{x}{\lambda f}\right)^2+\left(\frac{y}{\lambda f}\right)^2}\right)}{\sqrt{\left(\frac{x}{\lambda f}\right)^2+\left(\frac{y}{\lambda f}\right)^2}}\right]^2+\left[\frac{J_1\left(\pi D\sqrt{\left(\frac{x}{\lambda f}-\frac{2a}{\lambda D}\right)^2+\left(\frac{y}{\lambda f}-\frac{2b}{\lambda D}\right)^2}\right)}{\sqrt{\left(\frac{x}{\lambda f}-\frac{2a}{\lambda D}\right)^2+\left(\frac{y}{\lambda f}-\frac{2b}{\lambda D}\right)^2}}\right]^2+\\&2\frac{J_1\left(\pi D\sqrt{\left(\frac{x}{\lambda f}\right)^2+\left(\frac{y}{\lambda f}\right)^2}\right)}{\sqrt{\left(\frac{x}{\lambda f}\right)^2+\left(\frac{y}{\lambda f}\right)^2}}\cdot\frac{J_1\left(\pi D\sqrt{\left(\frac{x}{\lambda f}-\frac{2a}{\lambda D}\right)^2+\left(\frac{y}{\lambda f}-\frac{2b}{\lambda D}\right)^2}\right)}{\sqrt{\left(\frac{x}{\lambda f}-\frac{2a}{\lambda D}\right)^2+\left(\frac{y}{\lambda f}-\frac{2b}{\lambda D}\right)^2}}\cdot\\&\cos k\left(p-\frac{B}{f}\xi\right)\end{aligned}\right\}$$

由上式可知，当 tip – tilt 误差存在时，piston 误差仍仅存在于余弦干涉项中、且为余弦项的初相位，由于 piston 误差引起的干涉条纹的平移量不受残余 tip – tilt 误差的影响，故 CNN 能够在残余 tip – tilt 误差存在时从 PSF 图像中捕获 piston 误差的信息。但是，在采集训练集和测试集的 PSF 图像样本时，残余 tip – tilt 误差的差异会引起除干涉条纹平移以外的光强分布变化，这会降低 piston 误差的解算精度。

为验证校正后的残余 tip – tilt 误差对 piston 误差检测精度的影响程度，测试了不同残余 tip – tilt 误差存在时多网络协作方法的检测精度，测试结果如表 7 – 5 所示。由表可知，当 tip – tilt 误差为 $0.004\lambda_0$时，piston 误差的检测精度几乎不受影响（精度仅出现 10^{-4} 量级的波动）；当 tip – tilt 误差为

$0.3\lambda_0$（对应倾斜角度约为 0.26arcseconds）时，piston 误差的检测精度为 $0.023\lambda_0$ RMS，仍可满足分块镜成像系统为实现衍射受限成像对共相位误差提出的要求（$\lambda/40$ RMS）。

表 7－5　不同的 tip－tilt 误差时的 piston 误差检测精度

tip－tilt 值/λ_0 RMS	0.004	0.04	0.1	0.2	0.3	0.4
精度/λ_0 RMS	0.000 81	0.004 0	0.009 5	0.012	0.023	0.041

2）CCD 噪声

光学系统中将 CCD 相机作为探测器，CNN 数据集中的 PSF 图像直接从 CCD 上读出，CCD 噪声会直接影响多网络协作方法的精度。为此，在数据集样本中引入不同程度的高斯噪声，测试不同信噪比情况下的 piston 误差的检测精度。其中图像信噪比 R_{SN}定义为

$$R_{SN} = 10\lg\left(\frac{P_s}{P_n}\right) \tag{7－15}$$

式中：P_s 为信号功率，P_n 为噪声功率。测试结果如表 7－6 所示。以 piston 误差检测精度不超过 0.025 λ_0为标准，多网络协作方法对 CCD 噪声的允差为 30 dB，目前 CCD 相机信噪比普遍大于 40 dB，所以 7.3 节给出的多网络协作方法对于 CCD 噪声的鲁棒性完全能够满足共相位成像系统对共相位误差提出的要求。

表 7－6　不同信噪比值时方法的检测精度

R_{SN}/dB	50	45	40	35	30	25
精度/λ_0 RMS	0.003 3	0.003 7	0.005 8	0.009 1	0.019	0.073

3）波前像差

上述对多网络协作方法的分析都是在只存在共相位误差的假设下进行的，对于实际的光学系统，不可避免地存在波前像差。因此，设置在分块镜共轭面上的离散孔采集的波面，除了含有各分块子镜的共相位误差信息，还应包含系统的波前像差信息，这将降低 piston 误差的检测精度。应对多网络协作方法的波前像差鲁棒性进行分析。

采用 Zernike 多项式表征子镜波前像差，像差阶数取 4 ~ 11 阶，各阶系

数等权分布。不同像差情况下，piston 误差的检测精度如表 7－7 所示。由表可知，以 piston 误差检测精度不超过 $0.025\lambda_0$ 为标准，系统对 4～11 阶像差的允差为 $0.05\lambda_0$ RMS。

表 7－7　不同波前像差时的 piston 误差的检测精度

像差值/λ_0 RMS	0.01	0.02	0.03	0.04	0.05	0.06
精度/λ_0 RMS	0.004 7	0.009 5	0.014	0.019	0.024	0.032

综上分析，7.3 节介绍的多网络协作方法对 tip－tilt 误差和 CCD 噪声有较好的鲁棒性；对波前像差有一定的要求，要求波前像差优于 0.05λ RMS。在实际系统中，这些条件是容易满足的，说明了此方法具备了实用条件。

2. 泛化能力分析

通过扩大 piston 误差的检测范围及增加分块子镜的数量，对上述多网络协作方法的泛化能力进行评价。

1）不同 piston 误差检测范围时的网络预测效果

由式（4－57）可知，理论上，piston 误差的检测范围由所用光源的相干长度决定，可通过减小光源的谱宽 $\Delta\lambda$ 扩大检测范围。

前文的分析中，光源谱宽取为 100 nm，piston 误差的检测范围为 $[-5.2\lambda_0, 5.2\lambda_0]$，在此范围内，FDnet 和 CDnet 均表现出极高的性能。通过减小谱宽，测试当 piston 误差检测范围扩大时 CDnet 的预测准确率和 FDnet 的预测精度的变化。表 7－8 记录了 FDnet 和 CDnet 在不同的 piston 误差检测范围时的预测能力。

表 7－8　FDnet 和 CDnet 在不同的 piston 误差检测范围时的预测能力

谱宽 $\Delta\lambda$	检测范围	类别数	CDnet 正确率	FDnet 精度
100 nm	$[-5.2\lambda_0, 5.2\lambda_0]$	13	98.26%	$0.000\ 52\lambda_0$
80 nm	$[-6.8\lambda_0, 6.8\lambda0]$	17	97.87%	$0.000\ 58\lambda_0$
60 nm	$[-8.4\lambda_0, 8.4\lambda_0]$	21	97.03%	$0.000\ 50\lambda_0$
40 nm	$[-13.2\lambda_0, 13.2\lambda_0]$	33	95.10%	$0.000\ 52\lambda_0$
20 nm	$[-26.8\lambda_0, 26.8\lambda_0]$	67	91.16%	$0.000\ 55\lambda_0$
10 nm	$[-54.8\lambda_0, 54.8\lambda_0]$	137	89.76%	$0.000\ 53\lambda_0$

由表7-8可知，随着检测范围的扩大，CDnet需要识别的类别增多，其准确率出现了下降，这也说明了在图7-24所示的多网络协作中增置循环结构的必要性，通过粗测阶段的循环结构的设计、增加CDnet的运行次数来校正其准确率的下降。另外，表7-8显示，FDnet的精度完全不受谱宽变化的影响，这是因为FDnet的检测范围始终为 $[-0.4\lambda_0, 0.4\lambda_0]$。

2）用于六子镜系统时的FDnet预测效果

六子镜系统主镜结构及其对应的PSF图像如图7-34所示，设置子镜1为参考子镜，其余5块子镜为被测子镜。系统参数的设置为：离散孔直径 $D=0.3$ m，孔1和孔2的中心距 $B_{12}=1.75$ m，孔1和孔3的中心距 $B_{13}=3.25$ m，孔1和孔4的中心距 $B_{14}=4.50$ m，孔1和孔5的中心距 $B_{15}=3.05$ m，孔1和孔6的中心距 $B_{16}=1.75$m，成像透镜的焦距为 $f=131.4$ m，光源的中心波长 $\lambda_0=550$ nm，谱宽 $\Delta\lambda=100$ nm。仅测试FDnet的预测效果。

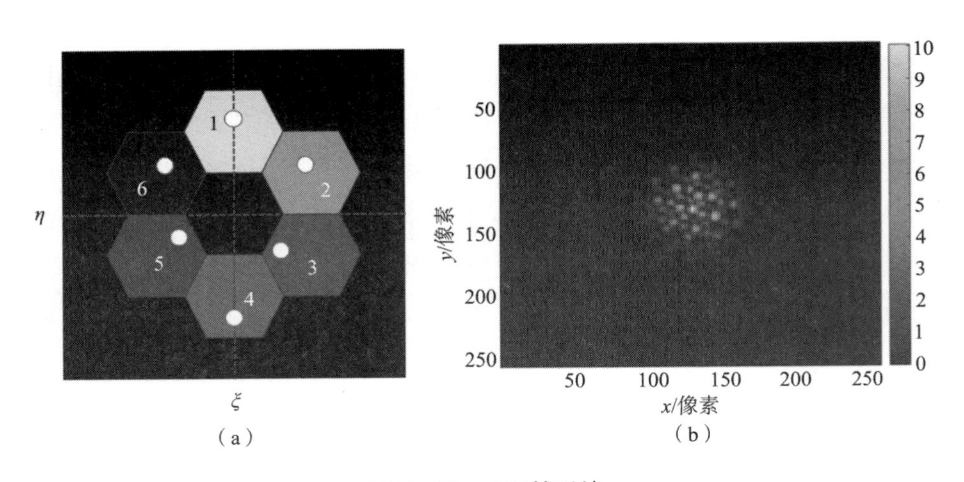

（a）　　　　　　　　　　（b）

图7-34　六子镜系统

（a）分块镜（六边形）和离散光阑孔（圆形）；（b）PSF图像

在 $[-0.4\lambda, 0.4\lambda]$ 范围内分别给子镜2~6设置20 000组随机piston误差值，相应得到20 000张PSF图像，每张PSF图像都对应着5个被测子镜的piston误差值。则六子镜系统的数据集共由20 000个样本和相应的20 000组标签构成，每组标签包含5个标签，六子镜系统对应的数据集划分情况如表7-9所示。

表 7-9 六子镜系统数据集划分情况

数据集	占比/%	样本形状	标签形状
训练集	80	（16 000，128，128，1）	（16 000，5）
验证集	10	（2 000，128，128，1）	（2 000，5）
测试集	10	（2 000，128，128，1）	（2 000，5）

网络训练完成后，使用测试集中的 2 000 个样本对 FDnet 性能进行测试评估，测试结果为：子镜 2 的测试精度为 0.000 85λ_0 RMS，即 0.58 nm；子镜 3 的为 0.001 3λ_0 RMS，即 0.82 nm；子镜 4 的为 0.002 2λ_0 RMS，即 1.39 nm；子镜 5 的为 0.001 2λ_0 RMS，即 0.76 nm；子镜 6 的为 0.000 93λ_0 RMS，即 0.59 nm。图 7-35 为各被测子镜所有测试结果残余误差分布的直方图。由图 7-35 可以发现，子镜 2 和 6 的结果最为接近，两个子镜的 piston 误差的测试残余误差小于 1 nm 的比例均在 90% 以上；子镜 3 和 5 的结果最为接近，二者的测量精度略差于子镜 2 和 6 的，但仍能保证大部分残余误差分布在 1 nm 以内；子镜 4 是 5 块子镜中测量结果最差的，仅有 45.97% 的残余误差分布在 1 nm 以内。这一结果说明，当被测子镜与参考子镜的距离越来越远时，测试误差也将越来越大。即便如此，六子镜系统中所有被测子镜的 piston 误差的平均检测精度仍可达到 0.001 3λ_0 RMS，远优于过衍射受限成像的要求。

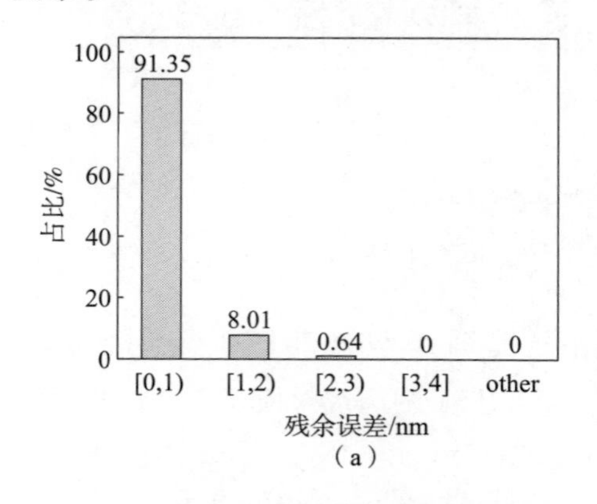

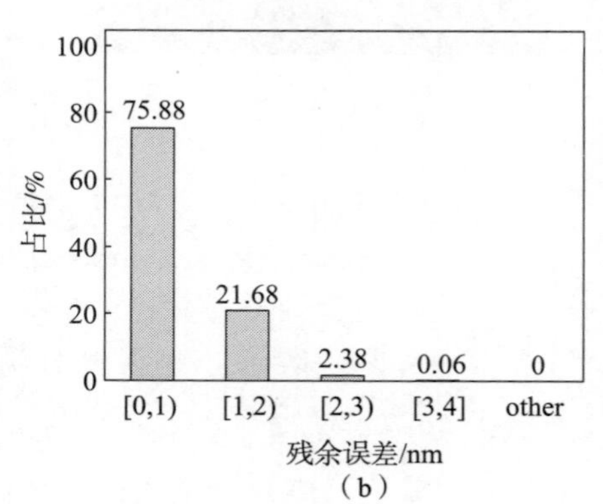

图 7-35 六子镜系统各被测子镜 piston 误差检测的残余误差分布情况

（a）被测子镜 2 的测试结果；（b）被测子镜 3 的测试结果；

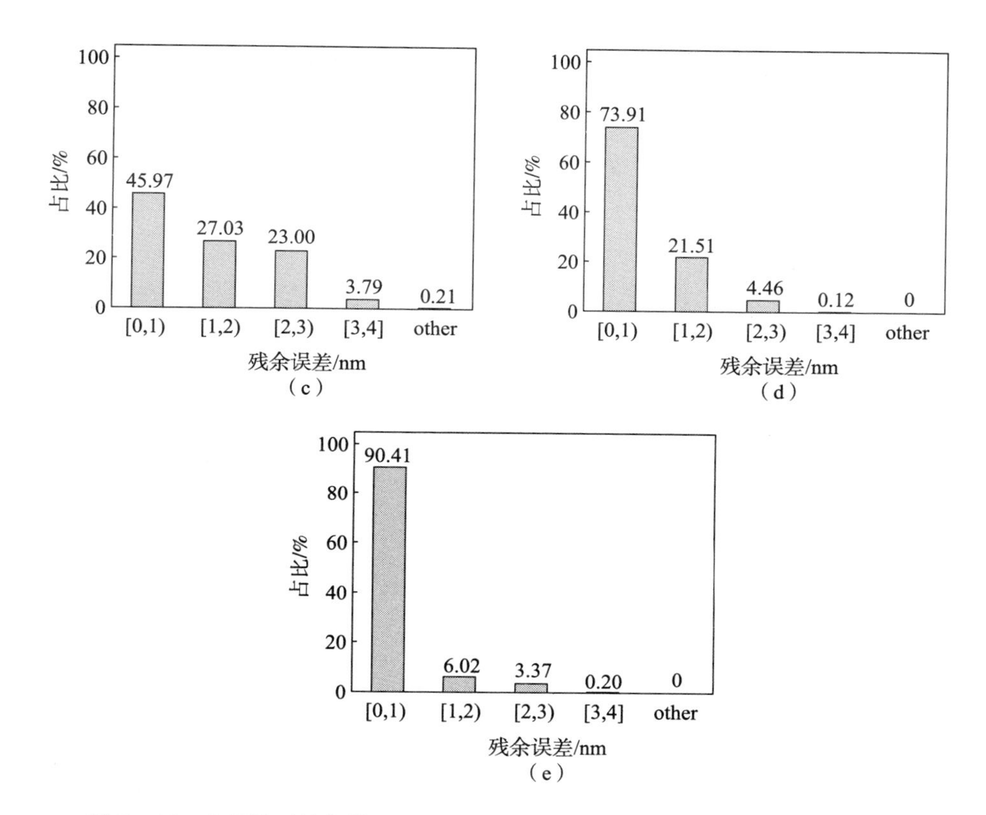

图 7-35　六子镜系统各被测子镜 piston 误差检测的残余误差分布情况（续）

（c）被测子镜 4 的测试结果；（d）被测子镜 5 的测试结果；（e）被测子镜 6 的测试结果

综上所述，基于多个神经网络协调的 piston 误差检测方法，通过在分块镜共轭面设置离散孔光阑，可以创建对 piston 误差极为敏感的数据集，并且将 piston 误差检测分为粗测和精测两个阶段，针对这两个阶段分别搭建了 CDnet 和 FDnet，同时确保了检测的大量程和高精度。分析表明，该方法可以在光源相干长度范围内对 piston 误差实现亚纳米量级精度的检测。方法具有良好的鲁棒性：对残余 tip-tilt 误差的允差达到 $0.3\lambda_0$ RMS、对 CCD 噪声的允差为 30 dB，对 4～11 阶像差的允差为 $0.05\lambda_0$ RMS。此外，方法还具有很好的泛化能力，对于子镜数量较多的系统以及检测范围较大的情况仍然适用。

参考文献

[1] Ian Goodfellow, Yoshua Bengio. Deep Learning [M]. MIT Press, 2016.

[2] Dequan Li, Shuyan Xu, Dong Wang, et al. Large - scale piston error detection technology for segmented optical mirrors via convolutional neural networks [J]. Opt. Lett., 2019, 44 (5): 1170 - 1173.

[3] Mei Hui, Weiqian Li, Ming Liu, et al. Object - independent piston diagnosing approach for segmented optical mirrors via deep convolutional neural network [J]. Appl. Opt., 2020, 59 (3): 771 - 778.

[4] Xiafei Ma, Zongliang Xie, Haotong Ma, et al. Piston sensing of sparse aperture systems with a single broadband image via deep learning [J]. Opt. Express, 2019, 27 (11): 16058 - 16070.

[5] Weirui Zhao, Wang Hao, Zhang Lu, et al. Piston detection in segmented telescopes via multiple neural networks coordination of feature - enhanced images [J]. Optics Communications, 2022, 507: 127617.

[6] 赵伟瑞，王浩，张璐. 基于卷积神经网络的拼接式望远镜平移误差检测方法 [P]. ZL 202110328594. 9.